U0317827

CAXA制造工程师实例教程

（第2版）

主　编　周树银
副主编　赵秀文　李月凤　史清卫

北京理工大学出版社
BEIJING INSTITUTE OF TECHNOLOGY PRESS

内容简介

本教材主要介绍了CAXA制造工程师的基本操作、线架造型与曲面造型、特征实体造型、数控编程及后置处理、实例造型与加工等内容。学习本课程后，学生会对CAXA制造工程师有进一步的了解，掌握二维图形和三维线架的画法，能够用曲面造型或实体造型表达机构零件的结构，进而完成复杂零件的数控编程功能。

本书可作为高等院校机械专业和相关专业的教学或自学用书，也可供自学人员和企业技术人员参考。

图书在版编目（CIP）数据

CAXA制造工程师实例教程/周树银主编．—2版．—北京：北京理工大学出版社，2013.8
ISBN 978－7－5640－8227－7

Ⅰ．①C…　Ⅱ．①周…　Ⅲ．①数控机床－计算机辅助设计－应用软件－高等学校－教材
Ⅳ．①TG659

中国版本图书馆CIP数据核字（2013）第193014号

出版发行／北京理工大学出版社有限责任公司
社　　址／北京市海淀区中关村南大街5号
邮　　编／100081
电　　话／（010）68914775（总编室）
　　　　82562903（教材售后服务热线）
　　　　68948351（其他图书服务热线）
网　　址／http：//www. bitpress. com. cn
经　　销／全国各地新华书店
印　　刷／三河市天利华印刷装订有限公司
开　　本／787毫米×1092毫米　1/16
印　　张／16.5
字　　数／378千字
版　　次／2013年8月第2版　2013年8月第1次印刷
定　　价／48.00元

责任编辑／张慧峰
文案编辑／张慧峰
责任校对／杨　露
责任印制／吴皓云

前言

本书以培养综合应用型人才为目标，在注重基础理论教育的同时，突出实践性教育环节，以企业岗位能力为目标，以真实的工作任务或产品为载体，通过做与学、教与学、学与考、过程评价与结果评价的有机结合，有效实施教学全过程，力图做到深入浅出，便于教学，突出高等教育的特点。本书作为高校机械类专业教育的特色教材，注重基础知识体系的完整以及实践能力和操作技能的培养，全书采用了新颖、统一的格式设计。本书定位准确，理论适中，知识系统，内容翔实，案例丰富，贴近实际，突出实用性，适用范围广泛及通俗易懂，便于学习和掌握等，不仅适用于高等院校模具设计与制造、数控技术加工、数控应用与维修等专业和成人教育机械类各专业的教学，也可作为企业从业人员的在职或岗前培训教材。

本书在编写中力求做到理论与实际相结合，充分体现了“必需、够用、可持续发展”的教育理念。在教材的编写过程中，天津凯龙机电设备有限公司总经理韩金文、北京数码大方科技有限公司（CAXA）天津区经理杨光、天津津兆机电有限公司的设计师张建营参与了教学内容的设计。为贯彻知识、能力、素质的协调发展和综合提高的原则，采用“以就业为导向，以能力为本位”的培养模式。在教材设计中，一方面考虑了学生应掌握的专业知识，同时注重学生的能力培养和素质提高，精心设计了学生的知识、能力、素质结构，认真考虑了实现这种结构的必备知识，融能力培养、素质教育于教学的各个环节，贯穿于整个教材中。在阐述时力求深入浅出、重点突出、通俗易懂。教材结合生产实际，由具有多年教学工作经验的专业教师以及获得国家数控技能大赛一等奖的企业技术能手合作编写，实施任务驱动、项目导向的教学模式，贯彻“教、学、做”一体化的课程改革方案，充分体现了“以教师为主导，以学生为主体”的教学理念，使学生充分掌握CAXA制造工程师的基本操作、曲线曲面实体造型方法及加工参数的设置等技能，书中每章都配有习题，以使读者能更好地理解和掌握所学的知识。本课程建议70～90学时。

CAXA制造工程师是在Windows环境下运行CAD/CAM一体化的数控加工编程软件。软件集成了数据接口、几何造型、加工轨迹生成、加工过程仿真检验、数控加工代码生成、加工工艺单生成等一整套面向复杂零件和模具的数控编程功能。

全书共分五个项目。周树银编写项目一CAXA制造工程师的基本操作、项目二线架造型与曲面造型；赵秀文编写项目三特征实体造型；李月凤编写项目四CAM技术——制造工程师数控铣编程；史清卫编写项目五造型与加工综合实例。全书所有章节由周树银负责统稿。

本书在编写过程中参照了有关文献，恕不一一列举，谨对书后所有参考文献的作者表示感谢。

由于编者水平有限，书中难免存在不妥、疏漏和错误，敬请各位读者批评指正。

编　者

目 录

项目一
CAXA 制造工程师的基本操作

【能力目标】

1. 了解 CAXA 制造工程师的安装过程
2. 熟悉 CAXA 制造工程师的界面
3. 掌握常用键的应用方法

【知识目标】

1. CAXA 制造工程师安装
2. 常用键的应用方法

任务一 CAXA 制造工程师软件的安装

【目的要求】了解 CAXA 制造工程师的功能、软件的安装及系统的运行。
【教学重点】CAXA 制造工程师软件的运行。
【教学难点】CAXA 制造工程师软件的安装。

【知识链接】

一、概述

CAXA 制造工程师是在 Windows 环境下运行 CAD/CAM 一体化的数控加工编程软件。软件集成了数据接口、几何造型、加工轨迹的生成、加工过程仿真检验、数控加工代码生成、加工工艺单生成等一整套面向复杂零件和模具的数控编程功能。

二、功能介绍

(1) 实体曲面结合。
① 方便的特征实体造型;

② 强大的 NURBS 自由曲面造型；
③ 灵活的曲面实体复合造型。
（2）优质高效的数控加工。
① 两轴到三轴的数控加工功能；
② 支持高速加工；
③ 参数化轨迹编辑和轨迹批处理；
④ 加工工艺控制；
⑤ 加工轨迹仿真；
⑥ 通用后置处理。
（3）最新技术的知识加工。
（4）Windows 界面操作。
（5）丰富流行的数据接口。

三、启动 CAXA 制造工程师软件

1. 系统需求

CAXA 制造工程师以 PC 微机为硬件平台。最低要求：英特尔“奔腾”4 处理器 2.4 GHz；512 MB 内存；10 G 硬盘。推荐配置：英特尔“至强”处理器 2.6 GHz；1 G 以上内存；204 G 以上硬盘。可运行于 Win2000 和 WinXP 系统平台之上。

2. 系统安装

（1）启动计算机后，将 CAXA 制造工程师的光盘放入 CD-ROM 驱动器。

① 自动执行安装程序。若未开启自动插入通告，系统将无法自动执行安装程序。

② 打开“我的电脑”，单击光盘图标，右击，在弹出的快捷菜单中选择“打开”命令，在弹出的对话框中的光盘目录中找到 Setup.exe 文件，双击运行。

（2）安装开始前会出现一个安装对话框。

① 欢迎画面。单击“下一个”按钮，继续安装程序，或者单击“取消”按钮，则弹出退出安装对话框，单击“继续”按钮则继续安装程序，或单击“退出设置程序”按钮则退出安装程序，返回操作系统。

② 许可协议。如果接受此协议，单击“是”按钮后，继续安装。如果不接受此协议，单击“否”按钮，退出安装程序。

③ CAXA 制造工程师安装特别说明。请阅读此说明后，单击“下一个”按钮，继续安装程序。

④ 用户信息。请您输入您的姓名及所在单位和产品序列号。

⑤ 注册确认。在确认您的姓名及所在单位和产品序列号输入正确后，单击“是”按钮继续安装程序，单击“否”按钮则修改上述信息。软件的序列号可以从“软件的使用授权证书”得到。

⑥ 安装路径。安装程序默认将软件安装到 C 盘的\ME\目录下；单击“浏览”按钮，可以将软件安装到其他位置。

⑦ 确认画面。如果确认了上述操作单击“下一个”按钮，如果想修改则单击“后退”

按钮。

⑧ 确认了上述操作后，安装程序开始向硬盘复制文件。安装完成后单击“结束”按钮，将重新启动计算机。

3. 系统运行

（1）双击“CAXA 制造工程师”图标就可以打开软件。

（2）选择“开始”→“程序”→“CAXA 制造工程师”→“CAXA 制造工程师”命令打开软件。

（3）CAXA 的文件夹，打开 C:\CAXA\CAXAME\bin\，可看到与桌面上的 CAXA 图标一致的 ME 文件，双击运行该文件即可打开软件。

任务二 CAXA 制造工程师软件界面操作

【目的要求】 熟悉 CAXA 制造工程师软件界面及常用键的应用。
【教学重点】 CAXA 制造工程师常用键的应用。
【教学难点】 CAXA 制造工程师常用键的应用。

【知识链接】

界面是交互式 CAD/CAM 软件与用户进行信息交流的中介。系统通过界面反映当前信息状态将要执行的操作，用户按照界面提供的信息作出判断，并由输入设备进行下一步的操作。

CAXA 制造工程师 2011 的用户界面中各种应用功能通过菜单和工具条驱动；状态栏指导用户进行操作并提示当前状态和所处位置；特征/轨迹树记录了历史操作和相互关系；绘图区显示各种功能操作的结果；同时，绘图区和特征/轨迹树为用户提供了数据的交互功能。

一、绘图区

（1）绘图区是进行绘图设计的工作区域，位于屏幕的中心。

（2）在绘图区的中央设置了一个三维直角坐标系。

二、主菜单

（1）主菜单是界面最上方的菜单条。

（2）菜单条与子菜单构成了下拉主菜单。

主菜单包括文件、编辑、显示、造型、加工、工具、设置和帮助。

三、立即菜单

立即菜单描述了该项命令执行的各种情况和使用条件。根据当前的作图要求，正确地选择某一选项，即可得到准确的响应。

四、快捷菜单

光标处于不同的位置，右击会弹出不同的快捷菜单。熟练使用快捷菜单，可以提高绘图速度。

五、对话框

某些菜单选项要求用户以对话的形式予以回答，单击这些菜单时，系统会弹出一个对话框。

六、工具条

在工具条中，可以通过单击相应的按钮进行操作。

七、常用键含义

1. 鼠标键

左键可以用来激活菜单、确定位置点、拾取元素等；右键用来确认拾取、结束操作和终止命令。

2. 回车键和数值键

回车键和数值键在系统要求输入点时，可以激活一个坐标输入框，在输入框中可以输入坐标值。如果坐标值以@开始，表示相对于前一个输入点的相对坐标。

3. 空格键

（1）当系统要求输入点时，按空格键弹出“点工具”菜单，显示点的类型。

（2）有些操作（如作扫描面）中需要选择方向，这时按空格键，弹出“矢量工具”菜单。

（3）在有些操作（如进行曲线组合等）中，要拾取元素时，按空格键，可以进行拾取方式的选择。如图 1－1 所示。

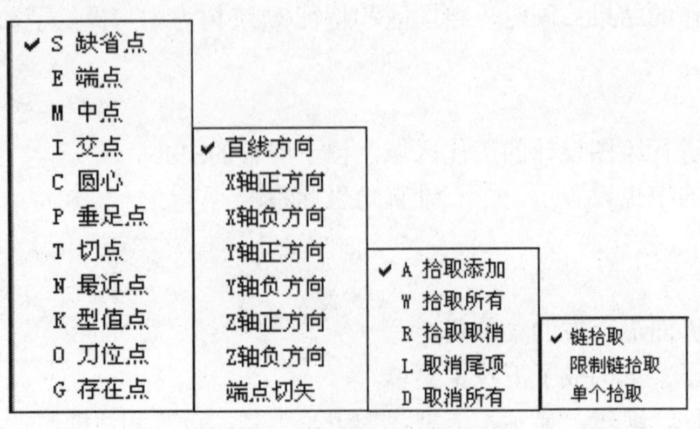

图 1－1　空格键弹出的菜单

（4）在“删除”等需要拾取多个元素时，按空格键则弹出“选择集拾取工具”菜单。

注意：

① 当使用空格键进行类型设置时，在拾取操作完成后，建议重新按空格键，选择弹出菜单中的第一个选项（默认选项），让其回到系统的默认状态下，以便进行下一步的选取。

② 用窗口拾取元素时，若是由左上角向右下角拉动窗口，只有窗口包容整个元素对象时，才能被拾取到；若是从右下角向左上角拉动时，只要元素对象的一部分在窗口内，就可以拾取到。

4. 功能热键

（1）F1 键：请求系统帮助。

（2）F2 键：草图器。用于“草图绘制”模式与“非绘制草图”模式的切换。

（3）F3 键：显示全部图形。

（4）F4 键：重画（刷新）图形。

（5）F5 键：将当前平面切换至 *xOy* 面，同时将显示平面已设置为 *xOy* 面。将图形投影到 *xOy* 面内进行显示。即选取“*xOy* 平面”为视图平面和作图平面。

（6）F6 键：将当前平面切换至 *yOz* 面，同时将显示平面已设置为 *yOz* 面。将图形投影到 *yOz* 面内进行显示。即选取“*yOz* 平面”为视图平面和作图平面。

（7）F7 键：将当前平面切换至 *xOz* 面，同时将显示平面已设置为 *xOz* 面。将图形投影到 *xOz* 面内进行显示。即选取“*xOz* 平面”为视图平面和作图平面。

（8）F8 键：显示轴测图。即按轴测图方式显示图形。

（9）F9 键：切换作图平面（*xOy*、*xOz*、*yOz*），重复按 F9 键，可以在三个平面中相互转换。

（10）方向键（←、↑、→、↓）：显示平移，可以使图形在屏幕上前后左右移动。

（11）Shift＋方向键（←、↑、→、↓）：显示旋转，使图形在屏幕上旋转显示。

（12）Ctrl＋↑：显示放大。

（13）Ctrl＋↓：显示缩小。

（14）Shift＋左键：显示旋转，与 Shift＋方向键（←、↑、→、↓）功能相同。

（15）Shift＋右击：显示缩放。

（16）Shift＋（单击＋右击）：显示平移，与方向键（←、↑、→、↓）功能相同。

坐标系的创建与编辑

【目的要求】熟悉 CAXA 制造工程师坐标系的创建。

【教学重点】CAXA 制造工程师坐标系的建立方法。

【教学难点】坐标系的创建与编辑。

【知识链接】

坐标系是建模的基准，在 CAXA 制造工程师中许可系统同时存在多个坐标系，图 1－2 所示为三维坐标系，其中正在使用的坐标系叫做“当前工作坐标系”。所有的输入都是针对当前工作坐标系而言的。而其他同时存在的坐标系被闲置，直到再次被激活为止。为了区别于其他坐标系，系统将当前坐标系以红色表示，其他坐标系的坐标轴为白色，可以选择菜单“设置”→“系统设置”命令进行更改当前坐标系及其他坐标系的颜色。作图时可以任意设定当前工作坐标系，通过激活坐标系命令，在各坐标系间切换。方法：选择菜单“工具”→“坐标系”→“激活坐标系”命令，并单击所选择的工作坐标系，如图 1－3 所示。

图 1－2　坐标系　　图 1－3　多个坐标系

在 CAXA 制造工程师中系统自动创建的坐标系称为“世界坐标系”，而用户创建的坐标系，称为“用户坐标系”，“用户坐标系”可以被删除，而“世界坐标系”不能被删除。

一、创建坐标系

创建坐标系的方法有 5 种，分别是单点、三点、两相交直线、圆或圆弧和曲线切法线。

（1）单点方式：指输入一坐标原点来确定新的坐标系，此时坐标系的 x、y、z 方向不发生改变，只是坐标系的原点位置发生变化。

【操作步骤】

① 选择“工具”→“坐标系”→“创建坐标系”命令，如图 1－4 所示。

② 在左侧立即菜单中选择“单点”方式，如图 1－5 所示。

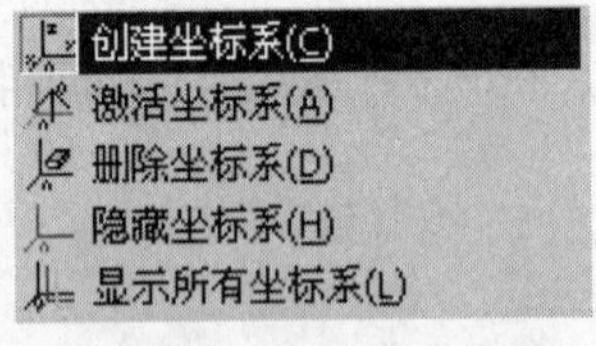

图 1－4　坐标系的创建

图 1－5　坐标系的创建方法

③ 给出坐标原点。

④ 弹出输入框，在此输入坐标系名称，按回车键确定，如图 1－6 所示。生成坐标系如图 1－7 所示。

（2）三点方式：给出坐标原点、x 轴正方向上一点和 y 轴正方向上一点生成新坐标系。

【操作步骤】

① 选择菜单“工具”→“坐标系”→“创建坐标系”命令，在左侧立即菜单上选择“三点”方式。

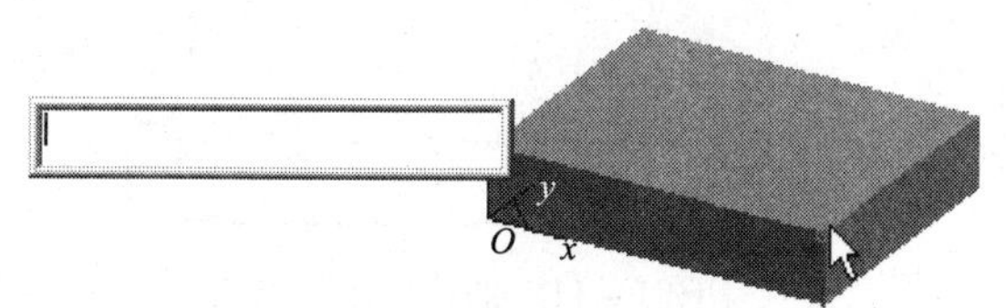

图 1－6　输入坐标系名称

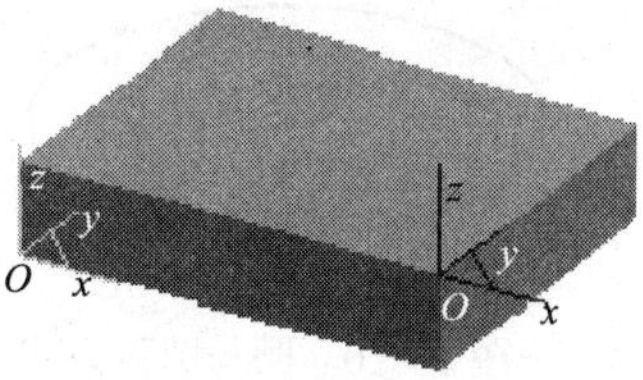

图 1－7　生成后的坐标系

② 给出坐标原点、x 轴正方向上一点和 y 轴正方向上一点，确定 xOy 面如图 1－8 所示。

③ 弹出输入框，在此输入坐标系名称，按回车键确定。

（3）两相交直线方式：拾取一条直线作为 x 轴，给出正方向，再拾取另外一条直线作为 y 轴，给出正方向，生成新的坐标系。

【操作步骤】

① 选择菜单“工具”→“坐标系”→“创建坐标系”命令。在左侧立即菜单中选择“两相交直线”方式，如图 1－9 所示。

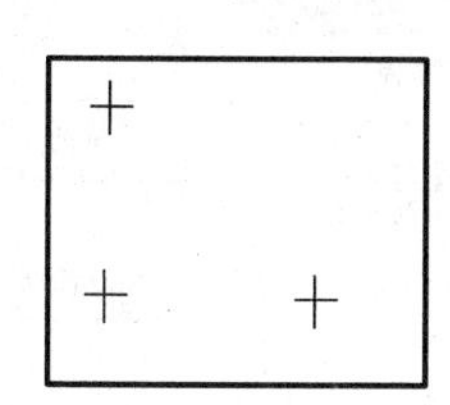

图 1－8　三点创建坐标系图

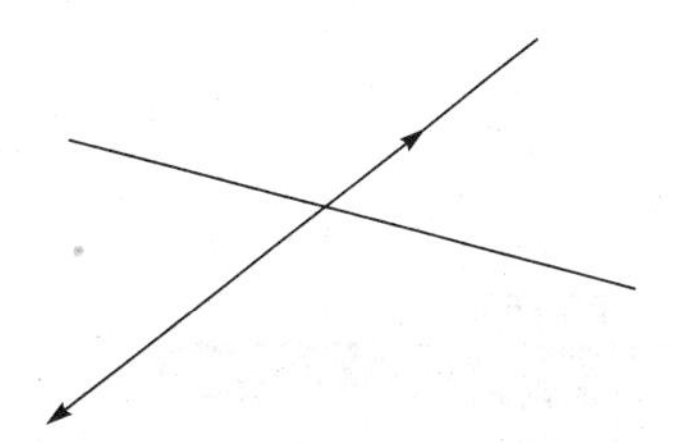

图 1－9　两相交直线方式

拾取第一条直线作为 x 轴，选择方向。

② 拾取第二条直线作为 y 轴，选择方向。

③ 弹出输入框，在此输入坐标系名称，按回车键确定。

（4）圆或圆弧方式：指定圆或圆弧的圆心为坐标原点，以圆的端点方向或指定圆弧端点方向为 x 轴正方向，生成新坐标系。

【操作步骤】

① 选择菜单“工具”→“坐标系”→“创建坐标系”命令，在立即菜单中选择“圆或圆弧”方式。

② 拾取圆或圆弧，选择 x 轴位置（圆弧起点或终点位置），如图 1－10 所示。

③ 弹出输入框，在此输入坐标系名称，按回车键确定。

（5）曲线切法线方式：指定曲线上一点为坐标原点，以该点的切线为 x 轴，该点的法线为 y 轴，生成新的坐标系。

【操作步骤】

① 选择菜单“工具”→“坐标系”→“创建坐标系”命令，在立即菜单中选择“曲线切法线”方式。

② 拾取曲线。

③ 拾取曲线上一点为坐标原点。

④ 弹出输入框，在此输入坐标系名称，如图 1－11 所示，按回车键确定。

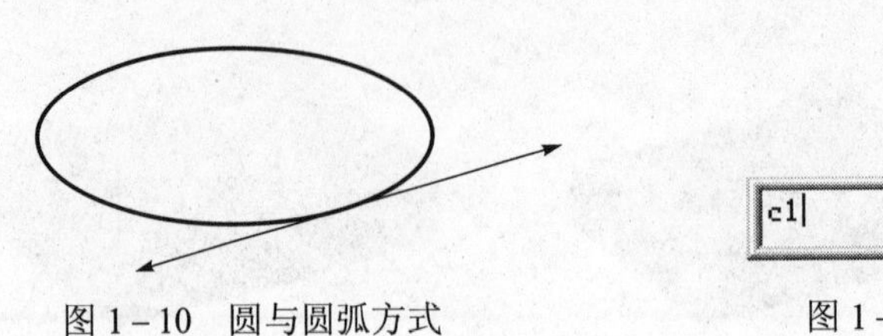

图 1－10　圆与圆弧方式　　　　图 1－11　曲线切法线方式

二、激活坐标系

如果在系统中有多个坐标系，需要激活某一坐标系作为当前坐标系。

【操作步骤】

选择菜单“工具”→“坐标系”→“激活坐标系”命令，如图 1－12 所示，弹出“激活坐标系”对话框。选择坐标系列表中的某一坐标系，单击“激活”按钮，如图 1－13 所示。该坐标系变为红色表示已经被激活。或者单击“手动激活”按钮，然后选择坐标系进行激活，激活结束后单击“激活结束”按钮退出对话框。

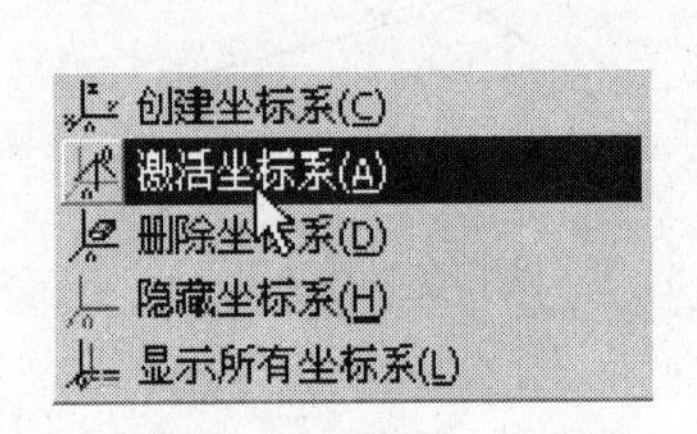

图 1－12　激活坐标系

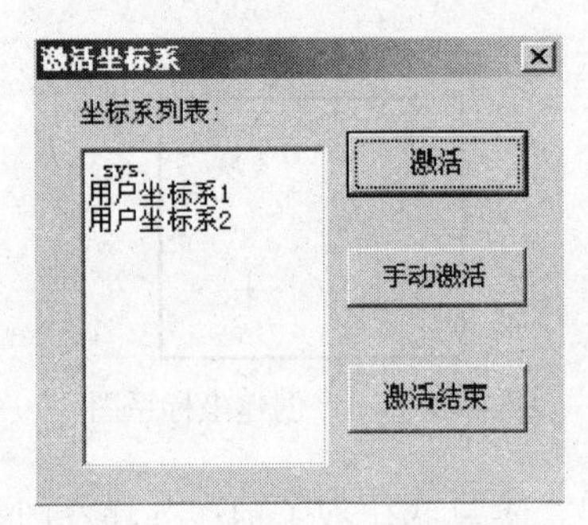

图 1－13　“激活坐标系”对话框

三、删除坐标系

选择菜单“工具”→“坐标系”→“删除坐标系”命令，在弹出的对话框中选择要删除的坐标系，单击“删除”按钮即可。世界坐标系不能被删除，当前坐标系也不能被删除。

四、隐藏坐标系

选择菜单“工具”→“坐标系”→“隐藏坐标系”命令，拾取目标坐标系后完成隐藏坐标系操作。可以一次同时隐藏多个坐标系。

五、显示所有坐标系

选择菜单“工具”→“坐标系”→“显示所有坐标系”命令，则所有坐标系都会显示出来。

坐标系的操作不是独立存在的，它通常使用在建模过程之中，在需要对坐标系进行操作时使用。对于坐标系操作的实例，会在本书建模实例中详细介绍。

项目小结

本项目主要介绍 CAXA 制造工程师的功能、软件安装及系统运行、常用键的使用及坐标系创建的方法。

项目二 线架造型与曲面造型

【能力目标】

1. 掌握线架造型的方法
2. 熟练使用各种命令绘制空间截面线及构造空间曲面
3. 了解曲面编辑的相关应用

【知识目标】

1. 平面图形的绘制
2. 常用图形的编辑命令
3. 三维线架的绘制
4. 构造空间曲面

【知识链接】

线架造型简介

所谓“线架造型”就是直接使用空间点、直线、圆、圆弧等曲线来表达三维零件形状的造型方法，点、线的绘制是实体造型和曲面造型的基础，CAXA 制造工程师软件为“草图”或“线架”的绘制提供了十多种方法，如直线、圆弧、圆、椭圆、样条、点、文字、公式曲线、多边形、二次曲线、等距线、曲线投影、相关线等。利用这些方法可以方便快捷地绘制出各种复杂的图形。

在使用中可以选择绘制工具条中相对应的功能图标或选择菜单中的“造型”→“曲线生成”命令，在弹出的曲线生成工具栏中选取点、线的绘制功能来完成。本项目以单击功能图标的方法进行讲述，如果要进行草图的绘制，只要激活“草图绘制”功能即可。关于“基准面”的选择和“草图绘制”模式的进入与退出，将在项目三中讲解。

在 CAXA 制造工程师 2011 中的“曲线工具”工具栏包含了上述所有绘制点、线的功能，如图 2－1 所示。

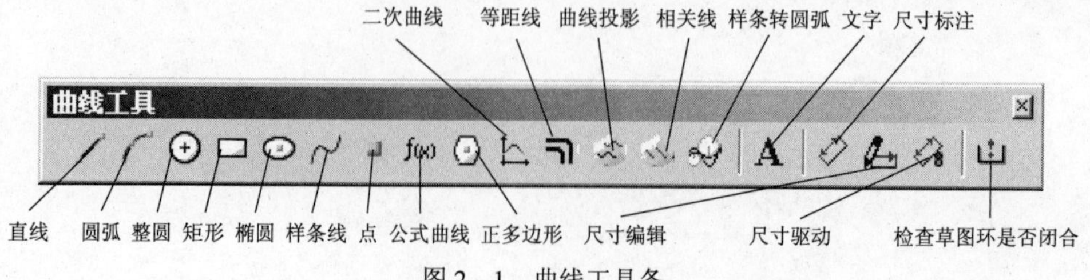

图 2－1　曲线工具条

任务一 连杆轮廓图的绘制

【目的要求】掌握直线命令、圆命令的应用及操作方法，及平面镜像、曲线过渡、删除与修剪等常用编辑命令的应用。

【教学重点】能综合应用各种命令绘制平面轮廓图。

【教学难点】综合应用各种命令绘制连杆轮廓图。

【教学内容】

任务：绘制图 2－2 所示连杆的轮廓图。

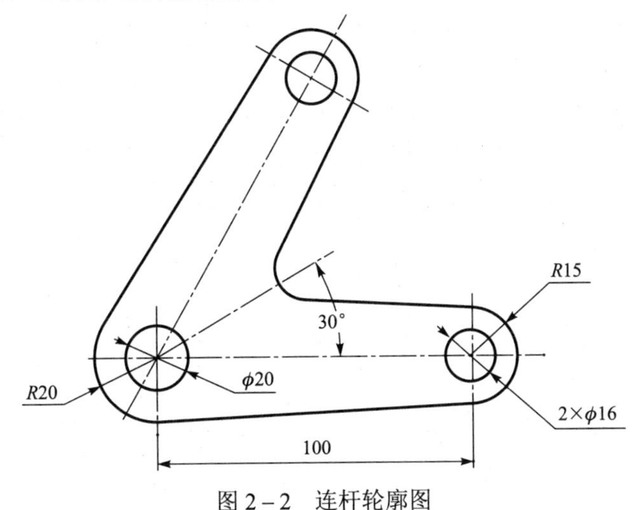

图 2－2　连杆轮廓图

【知识链接】

本图例主要介绍直线命令和圆命令的应用及操作方法，平面镜像、曲线过渡、删除与修剪等常用编辑命令的应用。

1. 直线

【功能】

直线是构成图形的基本要素。直线功能提供了两点线、平行线、角度线、切线/法线、角度等分线和水平/铅垂线 6 种方式。

【操作步骤】

（1）选择菜单“造型”→“曲线生成”→“直线”命令，或选择工具。

（2）在立即菜单中选取不同的画线方式，并根据状态栏提示完成操作。

① 两点线就是在屏幕上按给定的两点画出一条直线段或按给定的连续条件画出连续的直线段。利用两点线命令可以画连续、单个、非正交、正交点方式、长度方式的直线段。

② 平行线是按给定距离或通过给定的已知点绘制与已知线段平行且长度相等的平行线段。绘制平行线可采取点方式或距离方式，选择距离方式作平行线时，还可以指定条数，同时作出多条平行线。

③ 角度线就是生成与坐标轴或已知直线成一定夹角的直线。

④ 切线/法线用于过给定点作已知曲线的切线或法线。绘制切线/法线时，先拾取已知曲线，再输入直线（即要绘制的切线/法线）的中点即可。

⑤ 角度等分线用于按给定的等分份数和给定长度画一条或几条直线段，并将一个角等分。

⑥ 水平/铅垂线用于生成平行或垂直当前平面坐标轴的给定长度的直线段。

注意：点的输入可采取两种方式，按回车键直接输入坐标值或按空格键拾取工具点。

2. 圆

【功能】

圆是构成图形的基本要素。圆功能提供了圆心_半径、三点和两点_半径 3 种方式。

【操作步骤】

（1）选择菜单“造型”→“曲线生成”→“圆”命令，或直接选择工具。

（2）在立即菜单中选取画圆方式，并根据状态栏提示完成操作。

① 圆心_半径：给出圆心点，输入圆上一点或圆的半径，即可生成圆。

② 三点：给定第一点、第二点、第三点，即可生成圆。

③ 两点_半径：给定第一点和第二点，并给出半径值即可生成圆。

注意：绘制圆弧或圆时，状态栏动态显示半径大小。半径的输入方式为：按回车键，在弹出的输入框中输入半径值后再按回车键即可。

3. 平面镜像

【功能】

对拾取到的曲线或曲面以某一条直线为对称轴，进行同一平面上的对称镜像或对称拷贝。平面镜像有拷贝和平移两种方式。

【操作步骤】

（1）选择菜单“造型”→“几何变换”→“平面镜像”命令，或者选择工具。

（2）在立即菜单中选择“移动”或“拷贝”命令。

（3）拾取镜像轴首点和镜像轴末点，拾取镜像元素，右击确认，平面镜像完成。

4. 曲线过渡

【功能】

曲线过渡是对指定的两条曲线进行圆弧过渡、尖角过渡或对两条直线倒角。曲线过渡共有圆弧过渡、尖角过渡和倒角过渡 3 种方式，对过渡中需裁剪的情况，拾取的段均是需保留的段。

【操作步骤】

（1）选择菜单“造型”→“曲线编辑”→“曲线过渡”命令，或直接选择工具。弹出曲线过渡的立即菜单。

（2）根据需要在立即菜单中选择过渡方式并输入必要参数。

（3）按状态行提示在绘图区拾取曲线，右击确定。

5. 删除

【功能】

删除拾取到的元素。

【操作步骤】

（1）选择菜单“编辑”→“删除”命令，或者直接选择工具。

（2）拾取要删除的元素，右击确认。

6. 修剪

【功能】

使用曲线做剪刀，裁掉曲线上不需要的部分。即利用一个或多个几何元素（曲线或点，称为剪刀）对给定曲线进行修整，删除不需要的部分，得到新的曲线。

曲线裁剪有快速裁剪、线裁剪、点裁剪、修剪4种方式。

【操作步骤】

（1）选择菜单“造型”→“曲线编辑”→“曲线裁剪”命令，或直接选择工具。

（2）根据需要在立即菜单中选择裁剪方式。

（3）在绘图区拾取曲线，右击确定。

【画图2-2的基本步骤】

基本步骤见表2－1。

表2－1　基本步骤

步骤	设计内容	设计结果图例	主要设计方法
1	画圆		圆/两点_半径
2	画直线		直线/两点线/非正交
3	画斜线		直线/角度线
4	镜像图形		几何变换/平面镜像

续表

步骤	设计内容	设计结果图例	主要设计方法
5	倒圆角		线面编辑/曲线过渡
6	删除多余的曲线		线面编辑/删除 线面编辑/曲线裁剪

【教学拓展】

绘制图 2－3 所示零件的二维图。

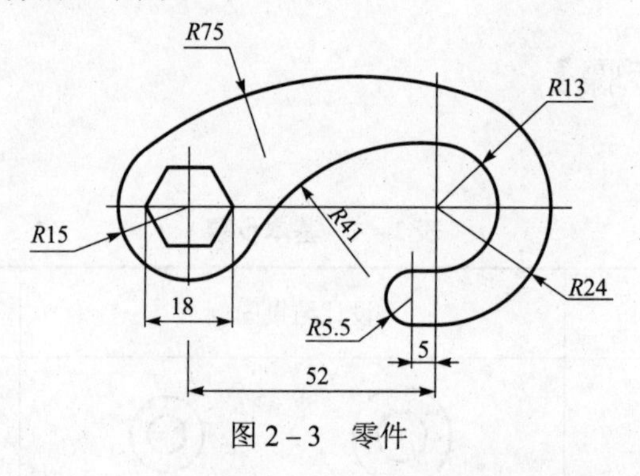

图 2－3　零件

作图步骤见表 2－2。

表 2－2　作图步骤

步骤	设计内容	设计结果图例	主要设计方法
1	绘制圆和正六边形		曲线生成/圆 曲线生成/多边形
2	绘制圆弧 *R*75、*R*41，删除、修剪多余线段		曲线生成/圆

续表

步骤	设计内容	设计结果图例	主要设计方法
3	绘制圆弧 *R*5		曲线生成/直线 曲线生成/圆

任务二 挂钩轮廓图的绘制

【目的要求】 掌握圆弧、等距、曲线拉伸、旋转等命令的应用与操作。

【教学重点】 能综合应用各种命令绘制平面轮廓图。

【教学难点】 综合应用各种命令绘制连杆轮廓图。

【教学内容】

任务：绘制图 2－4 所示挂钩的轮廓图。

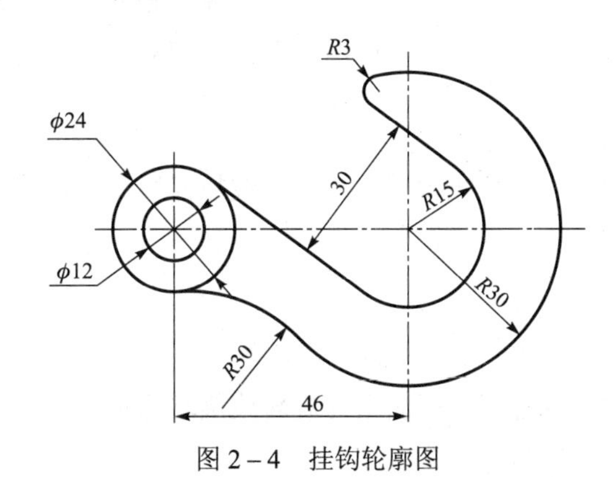

图 2－4　挂钩轮廓图

【知识链接】

本部分主要介绍画圆弧、等距线、曲线拉伸、旋转等命令的应用与操作。

1. 圆弧

【功能】

圆弧是构成图形的基本要素。为了适应多种情况下的圆弧绘制，圆弧功能提供了 6 种方式：三点圆弧、圆心_起点_圆心角、圆心_半径_起终角、两点_半径、起点_终点_圆心角和起点_半径_起终角。

【操作步骤】

（1）选择菜单“造型”→“曲线生成”→“圆弧”命令，或直接选择工具。

（2）在立即菜单中选取画圆弧的方式，并根据状态栏提示完成操作。

① 三点圆弧：给定三点画圆弧，其中第一点为圆弧起点，第二点决定圆弧的位置和方向，第三点为圆弧的终点。

② 圆心_起点_圆心角：已知圆心、起点及圆心角或终点画圆弧。

③ 圆心_半径_起终角：由圆心、半径和起终角画圆弧。

④ 两点_半径：给定两点及圆弧半径画圆弧。

⑤ 起点_终点_圆心角：已知起点、终点和圆心角画圆弧。

⑥ 起点_半径_起终角：由起点、半径和起终角画圆弧。

2. 等距线

【功能】

绘制给定曲线的等距线，单击带方向的箭头可以确定等距线位置。

【操作步骤】

（1）选择菜单“造型”→“曲线生成”→“等距线”命令，或者直接选择工具。

（2）在立即菜单中选取画等距线方式，根据提示，完成操作。

3. 曲线拉伸

【功能】

曲线拉伸用于将指定曲线拉伸到指定点。拉伸有伸缩和非伸缩两种方式。伸缩方式就是沿曲线的方向进行拉伸；而非伸缩方式是以曲线的一个端点为定点，不受曲线原方向的限制进行自由拉伸。

【操作步骤】

（1）选择菜单“造型”→“曲线编辑”→“曲线拉伸”命令，或者直接选择工具。

（2）按状态栏中的提示进行操作。

4. 旋转

【功能】

对拾取到的曲线或曲面进行同一平面上的旋转或旋转拷贝。

【操作步骤】

（1）选择菜单“造型”→“几何变换”→“平面旋转”命令，或者直接选择工具。

（2）在立即菜单中选择“移动”或“拷贝”命令，在弹出的输入框中输入角度值，并指定旋转中心，右击确认，平面旋转完成。如选择“拷贝”命令，还需输入拷贝份数。

【画图 2-4 的基本步骤】

画图步骤见表 2－3。

表 2-3　画图步骤

步骤	设计内容	设计结果图例	主要设计方法
1	确定圆心位置	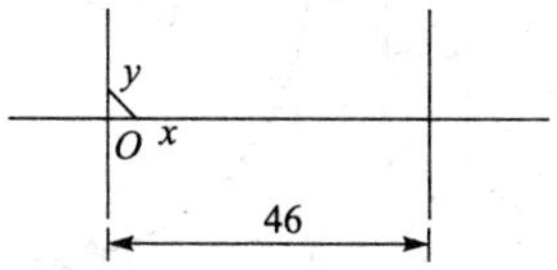 y O x 46	直线/水平 +垂直 线面编辑/曲线拉伸 直线/平行线
2	绘制圆	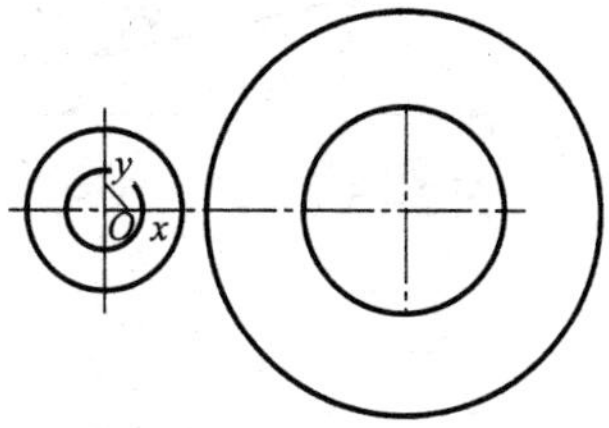 y O x	曲线绘制 圆/圆心_半径
3	绘制等距线	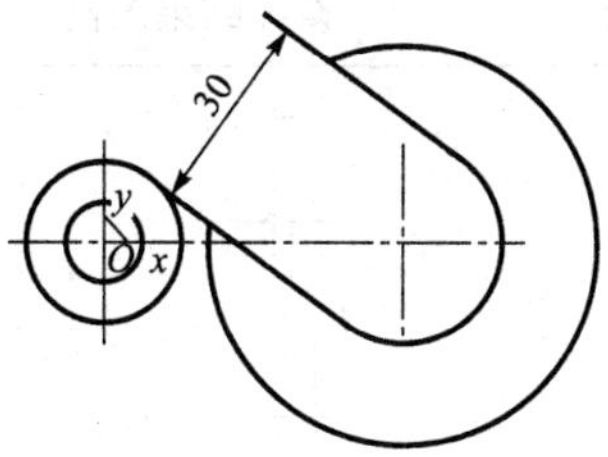 30 y O x	曲线绘制/等距线
4	绘制圆弧	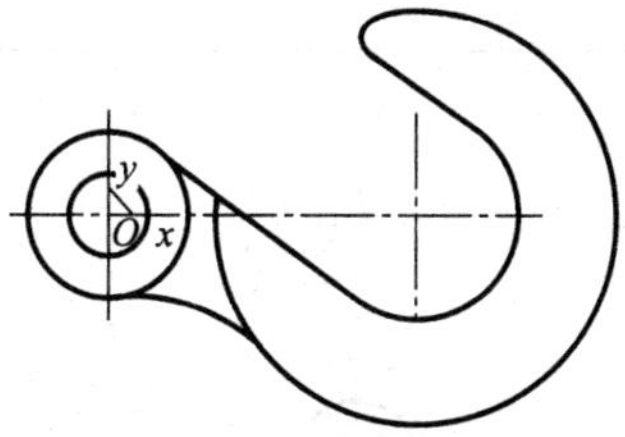 y O x	曲线绘制/ 圆弧/两点_半径 线面编辑/曲线过渡
5	删除多余曲线	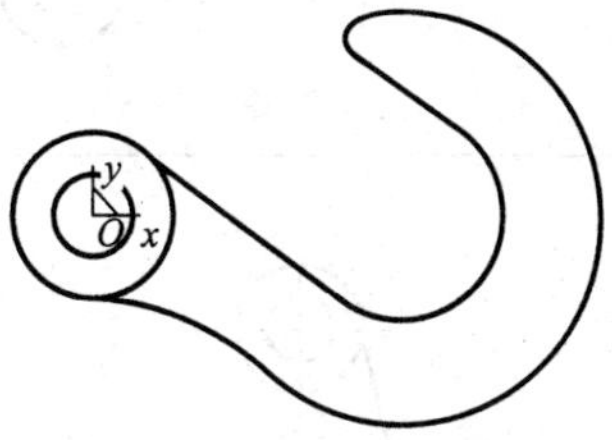 y O x	线面编辑/删除 线面编辑/曲线裁剪

【教学拓展】

绘制图 2-5 所示零件的二维图。

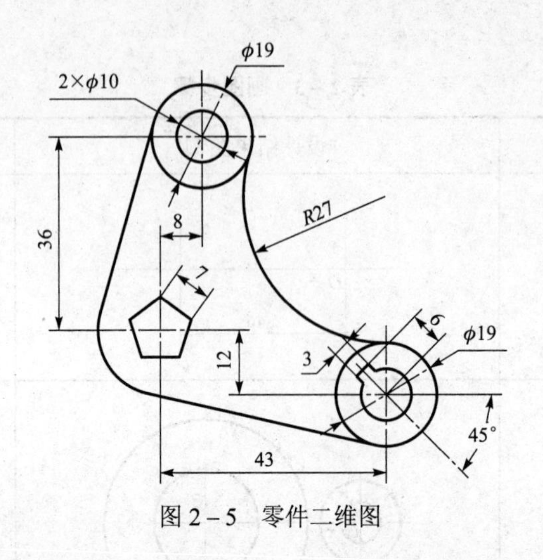

图 2－5　零件二维图

作图步骤见表 2－4。

表 2－4　作图步骤

步骤	设计内容	设计结果图例	主要设计方法
1	确定中心位置	y O x	曲线生成/直线
2	绘制圆	y O x	曲线生成/圆
3	绘制两条公切线	y O x	设置工具点为“切点” 曲线生成/直线

续表

步骤	设计内容	设计结果图例	主要设计方法
4	绘制与两个圆相切的圆弧		曲线生成/圆弧/两点_半径
5	绘制键槽孔、删除或修剪多余的线段		曲线生成/等距线 线面编辑/曲线裁剪
6	绘制正五边形		曲线生成/多边形

任务三 机箱后盖轮廓图的绘制

【目的要求】掌握矩形、阵列等命令的应用与操作。

【教学重点】综合应用矩形、阵列等命令。

【教学难点】综合应用矩形、阵列等命令绘制机箱后盖轮廓图。

【教学内容】

任务：绘制图 2－6 所示机箱后盖的轮廓图。

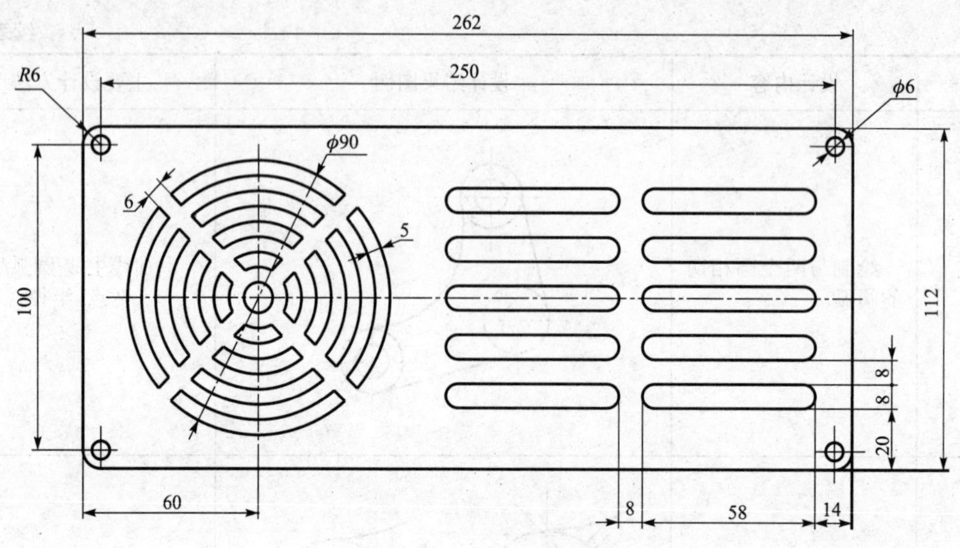

图 2－6　机箱后盖轮廓图

【知识链接】

本部分主要介绍如何采用圆形阵列和矩形阵列命令绘制具有多个相同结构的图形。

1. 矩形

【功能】

矩形是构成图形的基本要素。矩形功能提供了两点矩形和中心_长_宽两种绘制方式。

【操作步骤】

（1）选择菜单“造型”→“曲线生成”→“矩形”命令，或直接选择工具。

（2）在立即菜单中选取画矩形方式，并根据状态栏提示完成操作。

① 两点矩形：给出起点和终点，生成以给定两点为对角线的矩形。

② 中心_长_宽矩形：选取中心_长_宽方式画矩形时，要先在立即菜单中输入长度和宽度值，然后在屏幕上给出矩形中心，即可生成矩形。

2. 阵列

【功能】

对拾取到的曲线或曲面，按圆形或矩形方式进行阵列复制。

【操作步骤】

（1）选择菜单“造型”→“几何变换”→“阵列”命令，或者直接选择工具。

（2）在立即菜单中选择方式，并根据需要输入参数值。

（3）拾取阵列元素，右击确认，阵列完成。

下面介绍两种阵列。

（1）圆形阵列。

对拾取到的曲线或曲面，按圆形方式进行阵列复制。此方式需先在立即菜单中选取“圆形”，并选择“夹角”或“均布”。若选择“夹角”，则给出邻角（阵列复制后相邻两元素的夹角）和填角（阵列复制后全部元素所在的夹角）值；若选择“均布”，则给出份数。拾取需阵列的元素后，右击确认，并输入阵列中心点，阵列完成。

（2）矩形阵列。

对拾取到的曲线或曲面，按矩形方式进行阵列复制。此方式需在立即菜单中选取“矩形”，并输入行数、行距、列数和列距 4 个值。拾取所需阵列的元素后，右击确认，阵列完成。

【画图 2-6 的基本步骤】

基本步骤见表 2－5。

表 2－5　基本步骤

步骤	设计内容	设计结果图例	主要设计方法
1	绘制矩形、四个小圆孔		曲线绘制/矩形 曲线绘制/圆
2	绘制弧形槽		曲线绘制/圆 曲线绘制/等距线 线面编辑/曲线裁剪
3	圆形阵列弧形槽		几何变换/阵列/圆形
4	绘制长槽		曲线绘制/等距线 曲线绘制/圆弧/三点
5	矩形阵列长槽		几何变换/阵列/矩形
6	删除多余曲线		删除 曲线裁剪

【教学拓展】

绘制图 2－7 所示零件的二维图。

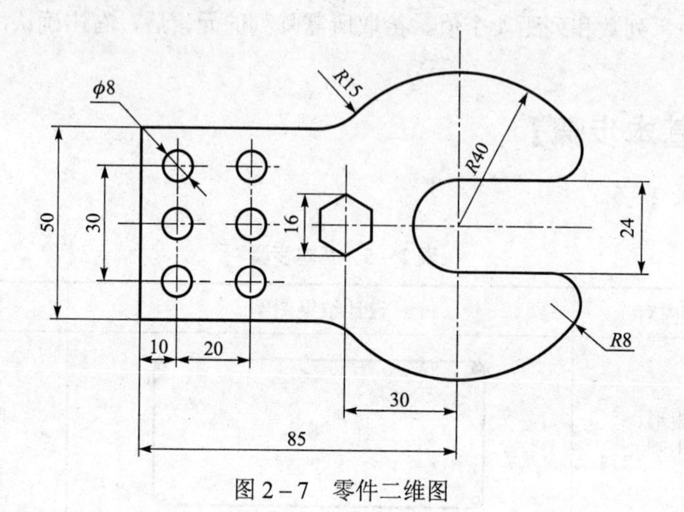

图 2－7　零件二维图

作图步骤见表 2－6。

表 2－6　作图步骤（二维图）

步骤	设计内容	设计结果图例	主要设计方法
1	绘制圆弧部分	y O x	曲线生成/圆 曲线生成/直线
2	绘制矩形部分	y O x	曲线生成/直线 线面编辑/曲线裁剪
3	倒圆角 *R*15、*R*8	y O x	线面编辑/曲线过渡

续表

步骤	设计内容	设计结果图例	主要设计方法
4	绘制$\phi 8$的圆和正六边形		曲线生成/圆 曲线生成/多边形
5	阵列六个$\phi 8$的小圆		几何变换/阵列

任务四 壳体三维线架构造

【目的要求】掌握直线命令和圆命令的应用及操作方法，坐标平面的变换，曲线过渡、删除与修剪等常用编辑命令的应用。

【教学重点】能综合应用各种命令绘制三维线架图。

【教学难点】综合应用各种命令绘制三维线架轮廓图。

【教学内容】

任务：绘制图 2－8 所示零件的三维线架。

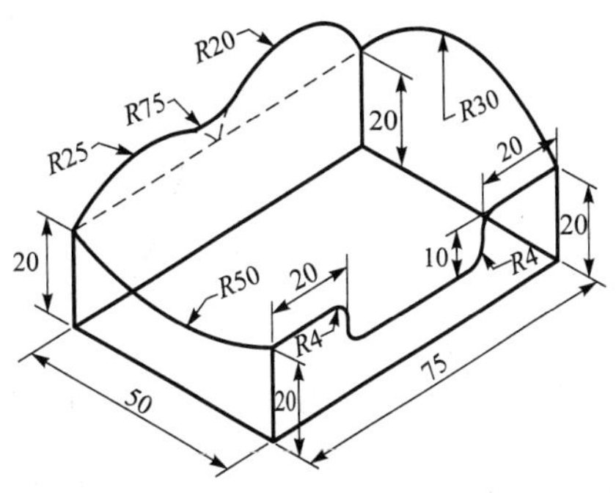

图 2－8　三维线架

【画图 2-8 的基本步骤】

（1）按 F5 键，选择 xOy 平面为作图平面，选择中心_长_宽方式，设置参数如图 2－9 所示，绘制矩形如图 2－10 所示。

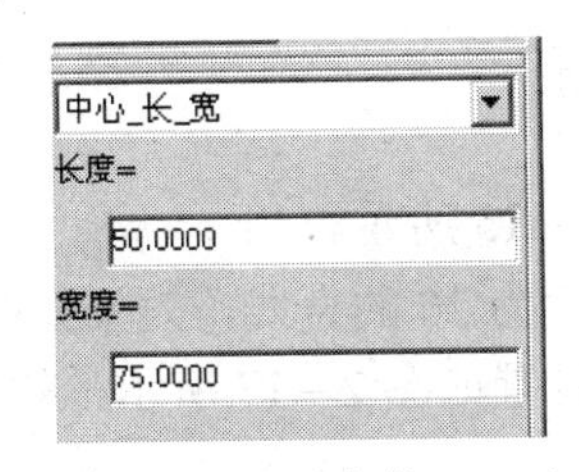

图 2－9　设置参数（xOy）

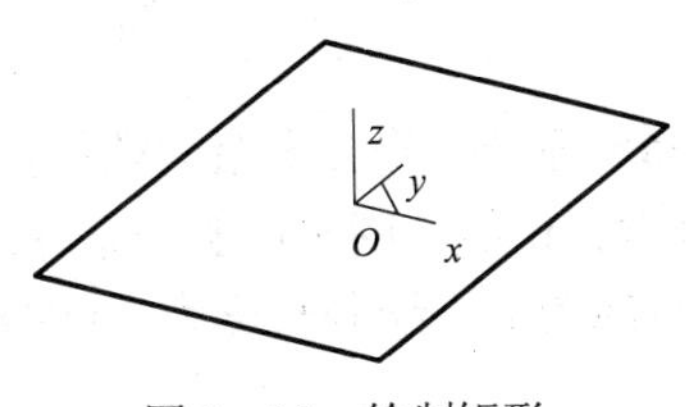

图 2－10　绘制矩形

（2）按 F9 键，切换作图平面到 xOz 平面，如图 2－11 所示设置参数，绘制直线如图 2－12 所示。

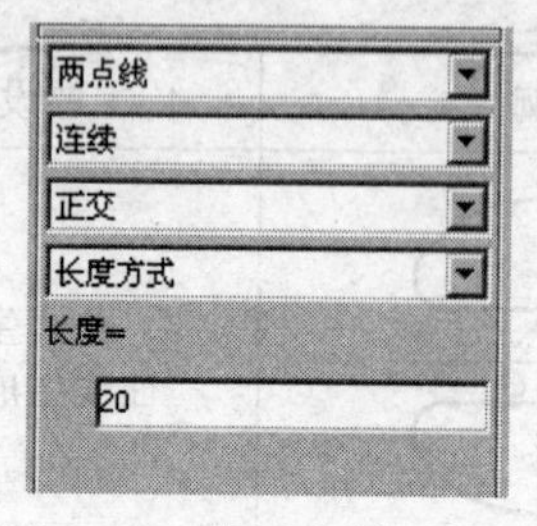

图 2-11　设置参数（xOz）

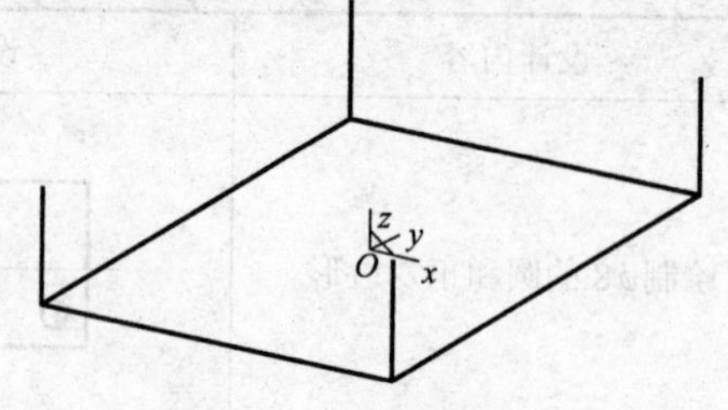

图 2-12　绘制直线

注意：视图转换。在绘制三维图形时，需要在不同的平面绘制图线。因此，需要在不同的平面之间进行转换，在 CAXA 制造工程师中，“当前面”就是“当前工作坐标系”下的“作图平面”，用来作为当前操作中所依赖的平面，系统用黑色斜杠来表示“当前面”。若想改变“当前面”可通过按 F9 键在当前坐标系下的三个平面间进行切换，如图 2-13 所示。若只改变观察方向，可通过按 F5（显示 xy 平面）、F6（显示 yz 平面）、F7（显示 xz 平面）、F8（轴测显示）键进行控制。

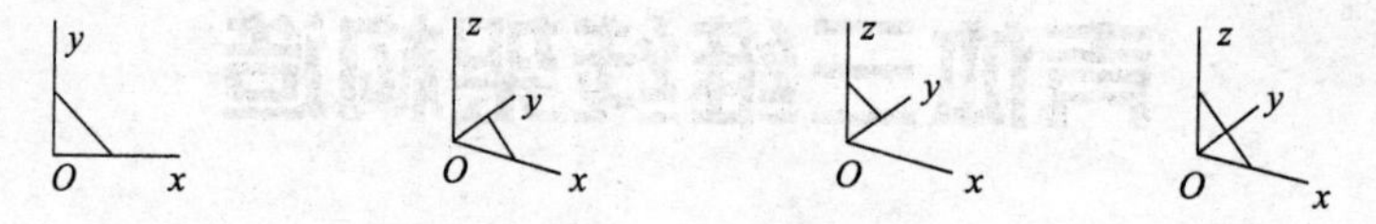

图 2-13　视图转换

（3）绘制 $R=50$ 和 $R=30$ 的圆，如图 2-14 所示。

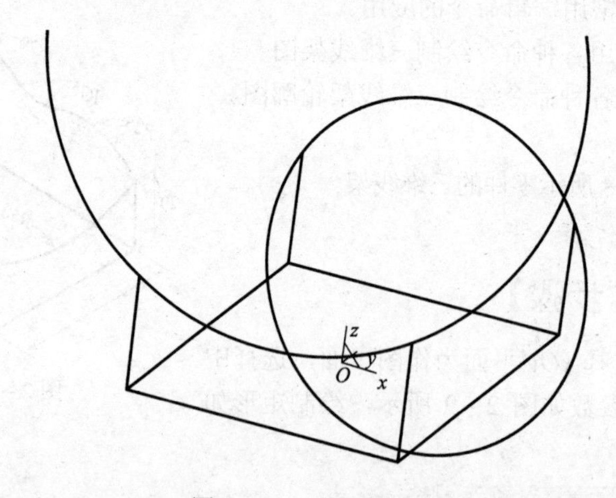

图 2-14　绘制两个圆

（4）使用修剪命令，修去多余的曲线，效果如图 2-15 所示。

（5）按 F9 键，切换作图平面到 yOz 平面，绘制长度为 20 的直线，效果如图 2-16 所示。

（6）选取直线命令，绘制长度为 10 的直线，参数设置如图 2-17 所示，效果如图 2-18 所示。

（7）输入直线命令，选择图 2-19 所示的点方式绘制两点线，效果如图 2-20 所示。

（8）选择圆弧过渡命令，参数设置如图 2-21 所示，结果如图 2-22 所示。

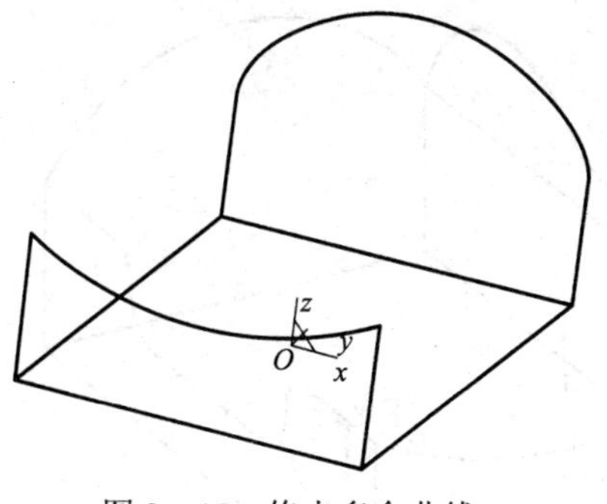

图 2－15　修去多余曲线

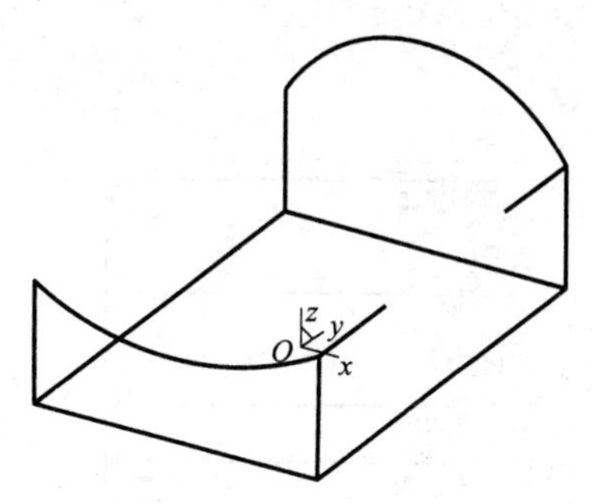

图 2－16　绘制直线

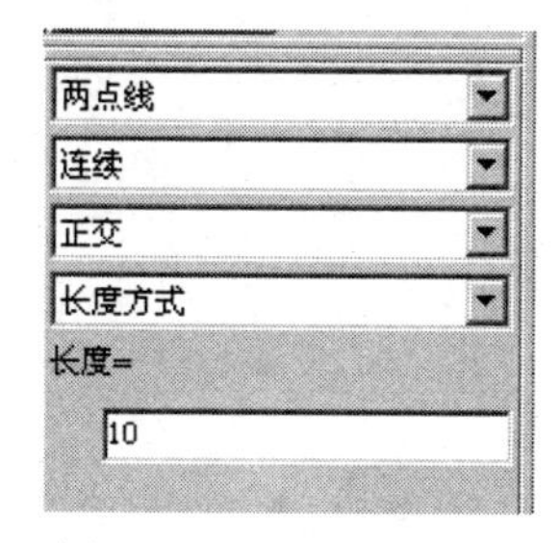

图 2－17　设置参数

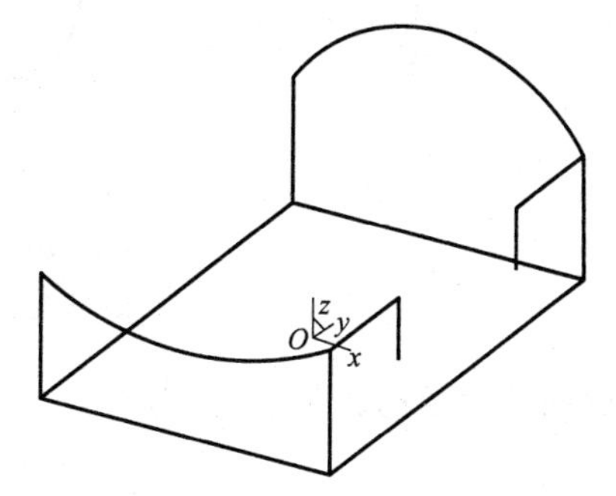

图 2－18　绘图效果

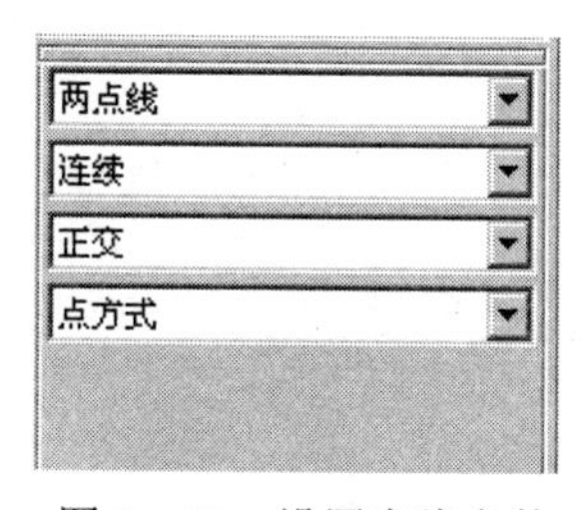

图 2－19　设置直线参数

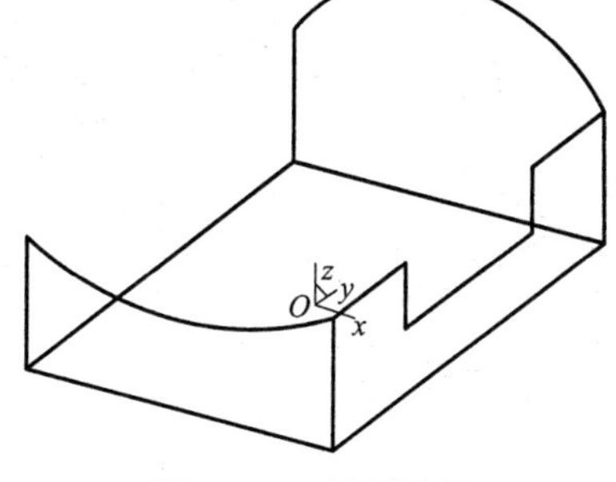

图 2－20　绘制效果

图 2－21　圆弧过渡设置

（9）输入直线命令，两点线绘制直线，然后两点_半径绘制圆，如图 2－23 所示。

（10）使用圆弧过渡，参数设置及绘图如图 2－24（a）和图 2－24（b）所示。

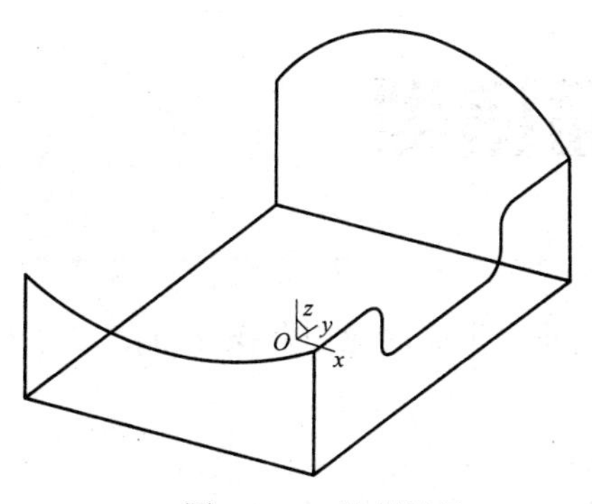

图 2－22　绘制效果

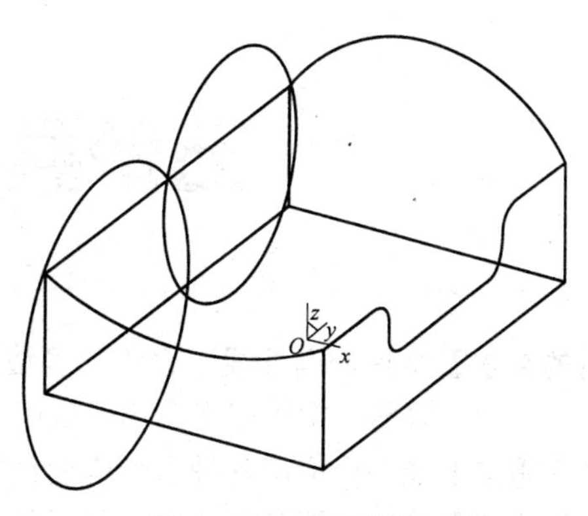

图 2－23　绘制直线和圆

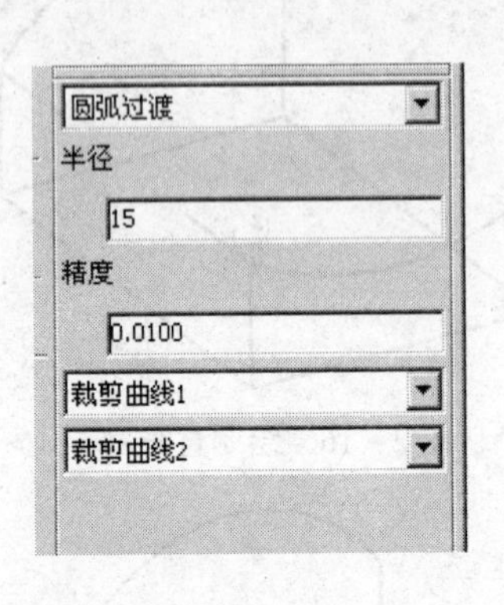

（a）

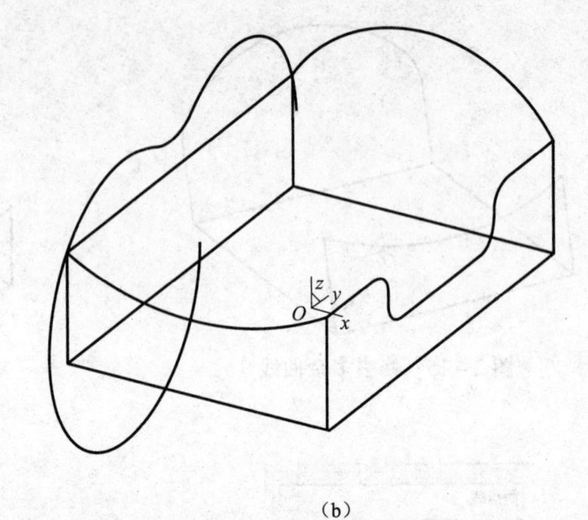

（b）

图 2－24　设置及绘图

（a）设置参数；（b）绘图

（11）修剪后的图形如图 2－25 所示。

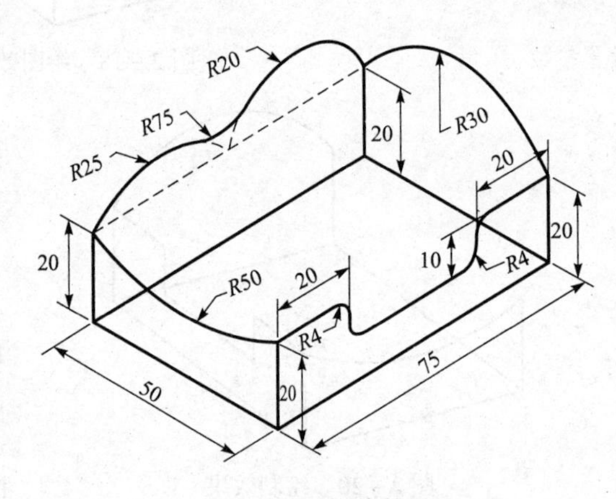

图 2－25　修剪效果

任务五　五角星的曲面造型

【目的要求】掌握空间曲线、直线、多边形、圆、直纹面、平面的应用及操作方法，阵列、修剪等常用编辑命令的应用。

【教学重点】能综合应用各种命令构造直纹面空间曲面。

【教学难点】综合应用各种命令绘制五角星的曲面造型。

【教学内容】

任务：完成图 2－26 所示五角星的曲面造型。

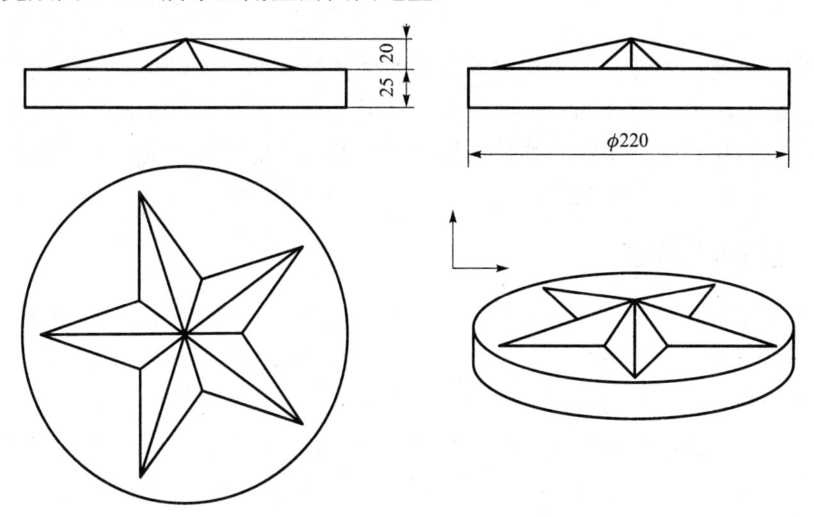

图 2－26　五角星图

【知识链接】

一、自由曲面

曲面是用数学方程式以“表层”的方式来表现物体的形状。一个曲面通常含有许多断面或缀面，这些熔接在一起形成一个物体的形状；另外，也常在较复杂的工件上看到多曲面结合而成的形状，它是由曲面熔接技术来产生单一曲面的模型，在曲面模型的设计分析和 NC 刀具路径的制作上是非常有用的。对于此类由多个曲面熔接而成的曲面模型，通常被称为“复合曲面”。

用数学方法来描述所需构造的外形曲面的过程大致为：采用插值方法严格按照数学定义构造曲面特征的两组曲线，一组为纵向，另一组为横向，由这两组曲线构成的网格定义了许多曲面片，对一个光滑表面而言，每一个曲面片一般以 4 条光滑连续的曲线作为边界；用二维插值法描述被网格所划分成的各个曲面片，分片描述的各曲面应保证相邻曲面片之间的光滑连续，以组成一个完整的光滑曲面。

曲面建模可产生具有真实感的物体图像；适合复杂型腔模具的造型，但与实体建模相比，造型复杂度高，操作步骤比较烦琐；由于增加了有关面的信息，表达了零件表面和边界定义的数据信息，有助于对零件进行渲染等处理和系统直接提取有关面的轨迹信息生成数控加工指令，因此，大多数 CAD/CAM 系统中都具备曲面建模的功能。同时，在提供三维实体的完整性和严密性方面，曲面建模比线框建模先进了一步，它克服了线框建模的许多缺点，能够比较完整地定义三维立体的表面，所能描述的零件范围广，特别像汽车覆盖件、飞机机翼等难于用简单的数学模型表达的物体，均可采用曲面建模的方法构造其模型，而且利用曲面建模在图形终端上生成逼真的彩色图像，以便于用户直观地从事产品的外形设计，从而避免了表面形状设计的缺陷。另外，曲面建模可以为 CAD/CAM 中的其他场合提供数据，例如有限元分析中的网格划分就可以直接利用曲面建模构造的模型。

在物体性能计算方面，曲面建模中面信息的存在有助于对物理方面与面积有关特征的计算。同时对于封闭的零件来说，采用扫描等方法也可实现对零件进行与体积等物理性能有关的特征计算。

曲面建模也有其局限性，由于描述的仅是实体的外表面，并没切开物体而展示其内部结构，因而，也就无法表示零件的立体属性和无法区分物体的内外。由此很难确定一个经过曲面建模生成的三维物体是一个实心物体，还是一个具有一定壁厚的壳，这样的不确定性同样会给物体的质量特性分析带来问题。

二、常见曲面的构造

CAXA 制造工程师目前提供了 10 种曲面生成方式，分别是：直纹面、旋转面、扫描面、边界面、放样面、网格面、导动面、等距面、平面和实体表面。在构造曲面时需要根据曲面特征线的不同组合方式，采用不同的曲面生成方式。

直纹曲面的特点是母线为直线，曲面形状受两条轨迹曲线控制，该类型曲面的应用场合较为普遍，即在知道两条曲线的情况下，可构造直纹曲面，如圆柱面、圆锥面、上下异形、飞机机翼等都是直纹曲面。

当直纹曲面的两条边界控制曲线具有不同的阶数和不同的节点分隔时，需要先运用升阶公式将次数较低的一条曲线提高到另一条曲线的相同次数，然后插入节点，使两条曲线的节点序列相等。同时，两条曲线的走向必须相同，否则曲面扭曲。

CAXA 制造工程师生成直纹曲面时，在立即菜单中有 3 种可选择方式：曲线 + 曲线；点 + 曲线；曲线 + 曲面。

【例题 2－1】已知图 2－27（a）所示的两条空间曲线，利用“曲线 + 曲线”方式生成直纹面。

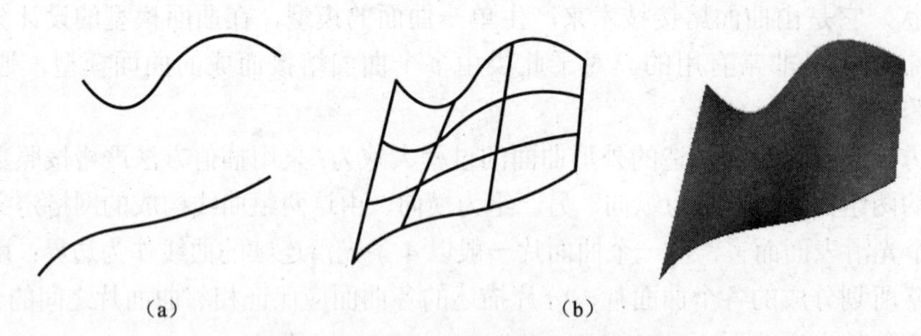

图 2－27　两条空间曲线生成直纹面

（a）空间任意两条曲线；（b）生成的直纹面

【操作步骤】

（1）选择菜单“造型”→“曲面生成”→“直纹面”命令，或选择工具。

在立即菜单中选择生成直纹面方式 曲线+曲线 ，如图 2－27 所示。

（2）按状态栏的提示依次拾取两条空间曲线，拾取完毕生成直纹面。如图 2－27（b）所示。

【例题 2－2】已知图 2－28（a）所示为一条曲线和一个曲面，利用“曲线 + 曲面”方式生成直纹面。

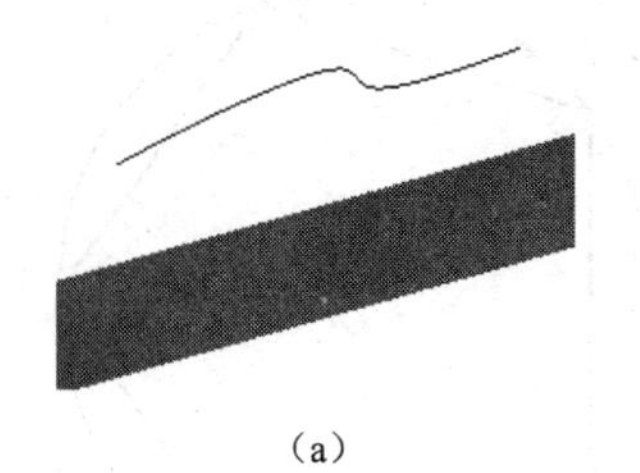
(a)

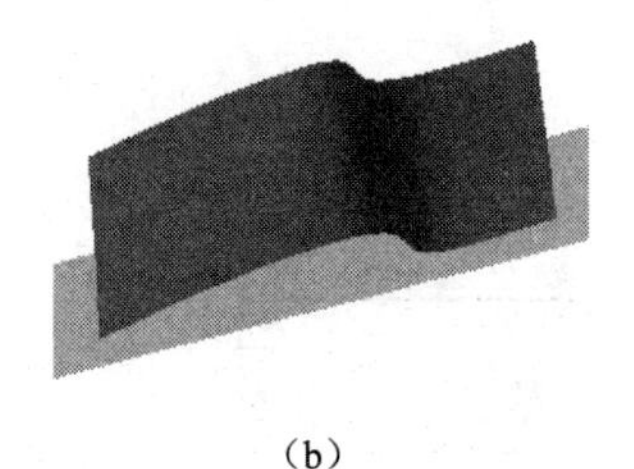
(b)

图 2－28　曲线＋曲面方式生成直纹面
(a) 曲线＋曲面；(b) 生成的直纹面

【操作步骤】

(1) 选择菜单“造型”→“曲面生成”→“直纹面”命令，或选择工具。在立即菜单中选择生成直纹面方式，如图 2－29 所示，输入角度和精度数值。

注意：此处的角度值是指锥体母线和中心线的夹角。

(2) 按状态栏的提示依次拾取曲面和空间曲线。

(3) 按状态栏的提示输入投影方向。单击空格键弹出矢量工具，按题目要求选择投影方向，如图 2－30 所示。

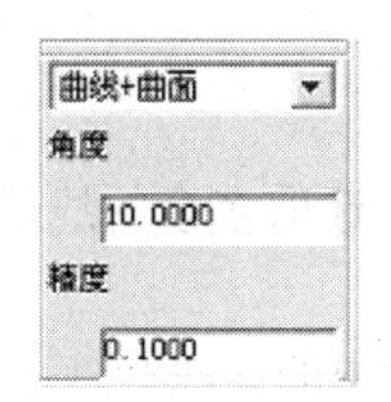

图 2－29　直纹面立即菜单

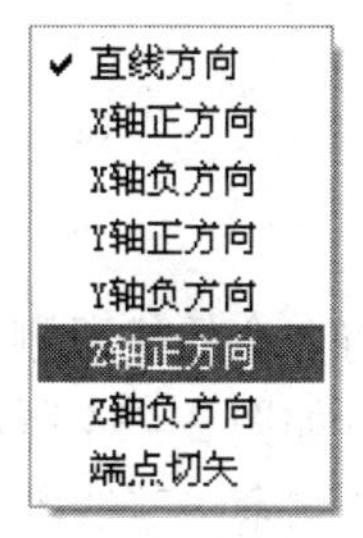

图 2－30　选择投影方向

(4) 按状态栏的提示选择锥度方向，生成直纹面，如图 2－28 (b) 所示。

【任务五的操作步骤】

一、绘制五角星的框架

1. 五边形的绘制

选择曲线生成工具栏上的工具，在特征树下方的立即菜单中选择“中心”定位，边数 5 条并选择内接方式，如图 2－31 所示。按照系统提示选取中心点，在“输入边起点”提示下输入 100，然后右击结束该五边形的绘制。这样就得到了五角星的 5 个角点，如图 2－32 所示。

2. 构造五角星的轮廓线

通过上述操作得到了五角星的 5 个角点，使用曲线生成工具栏上的直线工具，在特征树下方的立即菜单中选择“两点线”、“连续”、“非正交”(如图 2－33 (a) 所示)，将五角星的各个角点连接，如图 2－33 (b) 所示。

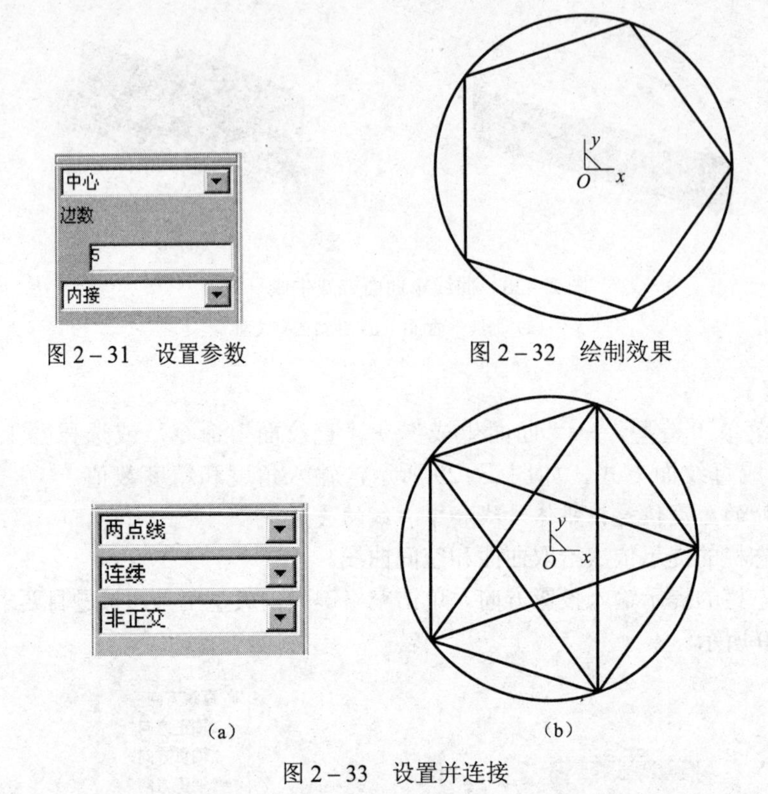

图 2－31　设置参数

图 2－32　绘制效果

图 2－33　设置并连接

使用裁剪工具将多余的线段删除，选择工具，单击选取多余的线段，拾取的线段会变成红色，右击确认，如图 2－34 所示。

裁剪后图中还会剩余一些线段，选择线面编辑工具栏中的曲线裁剪工具，在特征树下方的立即菜单中选择“快速裁剪”和“正常裁剪”方式，单击选取剩余的线段就可以实现曲线裁剪。这样就得到了五角星的一个轮廓。如图 2－35 所示。

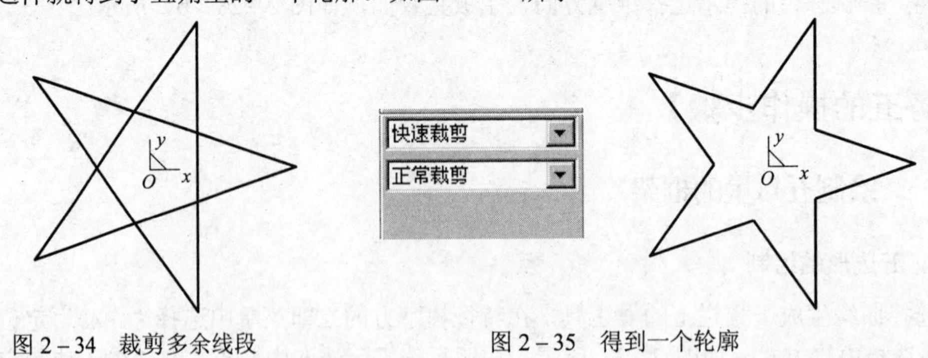

图 2－34　裁剪多余线段

图 2－35　得到一个轮廓

3. 构造五角星的空间线架

在构造空间线架时，还需要五角星的一个顶点，因此需要在五角星的高度方向上找到一点（0，0，20），以便通过两点连线实现五角星的空间线架构造。

选择曲线生成工具栏上的直线工具，在特征树下方的立即菜单中选择“两点线”、“连续”和“非正交”方式，单击选取五角星的一个角点，然后按回车键，输入顶点坐标（0，0，20），同理，作五角星各个角点与顶点的连线，完成五角星的空间线架。如图 2－36 所示。

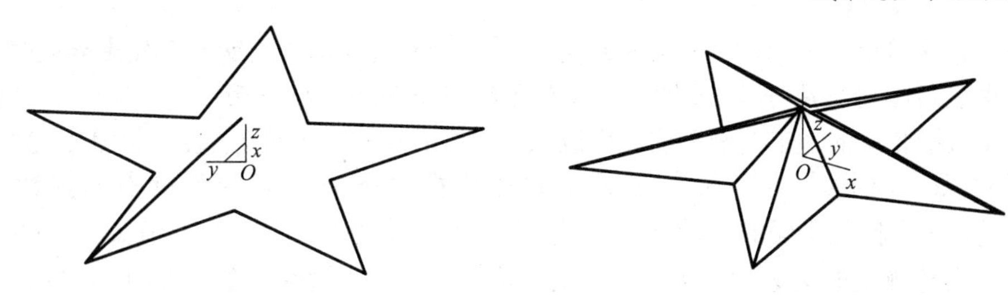

图 2－36　五角星的空间线架

二、五角星曲面生成

（1）通过直纹面生成曲面。以选择五角星的一个角为例，选择曲面工具栏中的直纹面工具，在特征树下方的立即菜单中选择“曲线＋曲线”的方式生成直纹面，然后单击拾取该角相邻的两条直线完成曲面，如图 2－37 所示。

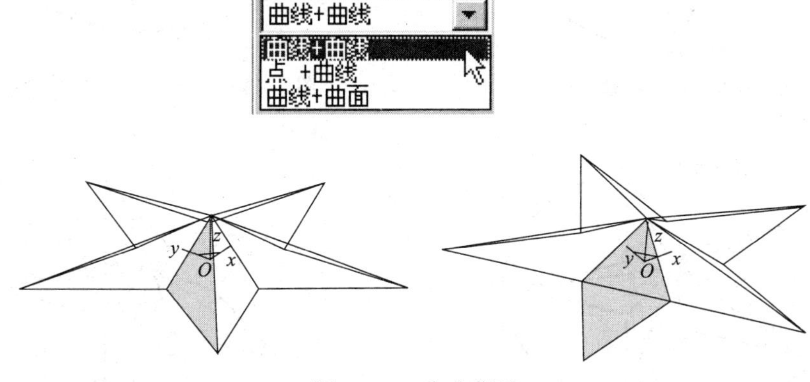

图 2－37　生成曲面

注意：在拾取相邻直线时，单击拾取位置应该尽量保持一致（相对应的位置），这样才能保证得到正确的扫描面。

（2）生成其他各角的曲面。在生成其他曲面时，可以利用直纹面逐个生成曲面，也可以使用阵列功能对已有一个角的曲面进行圆形阵列来实现五角星的曲面构成。选择几何变换工具栏中的工具，在特征树下方的立即菜单中选择“圆形”阵列方式，分布形式为“均布”，份数为“5”，单击拾取一个角上的两个曲面，右击确认，然后根据提示输入中心点坐标（0，0，0），也可以直接单击拾取坐标原点，系统会自动生成各角的曲面。如图 2－38 所示。

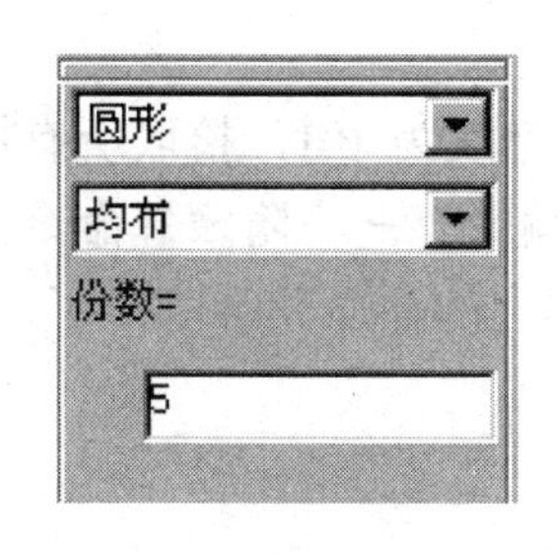

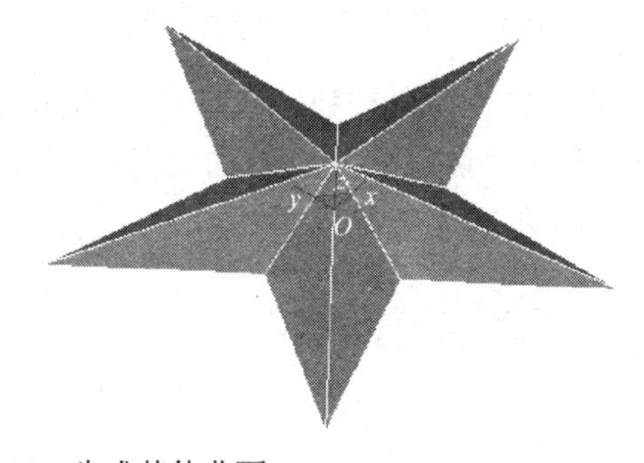

图 2－38　生成其他曲面

注意：在使用圆形阵列时，一定要注意阵列平面的选择，否则曲面会发生阵列错误。因此，本例中使用阵列前最好按F5键，用来确定阵列平面为 xOy 平面。

（3）生成五角星的加工轮廓平面。先以原点为圆心作圆，半径为110。如图2－39所示。

选择曲面工具栏中的平面工具，并在特征树下方的立即菜单中选择裁剪平面 裁剪平面。单击拾取平面的外轮廓线，然后确定链搜索方向（单击选取箭头），系统会提示拾取第一个内轮廓线如图2－40所示，用鼠标拾取五角星底边的一条线如图2－41所示，右击确定，完成轮廓平面。如图2－42所示。

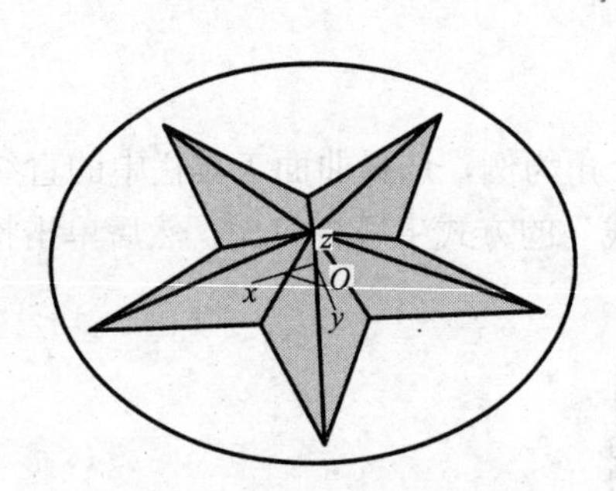

图2－39　加工轮廓平面

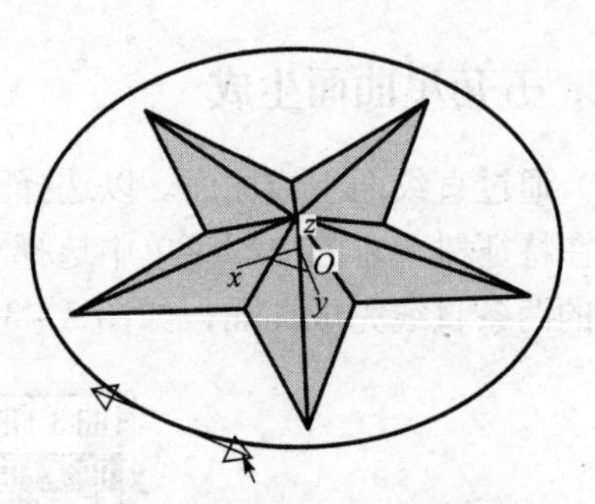

图2－40　拾取第一个内轮廓线

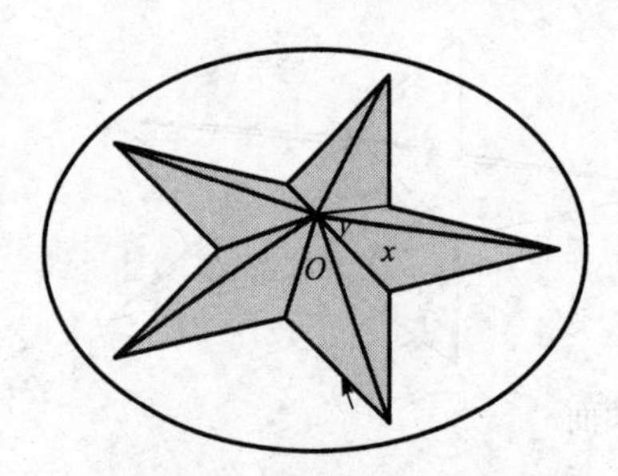

图2－41　拾取底边一条线

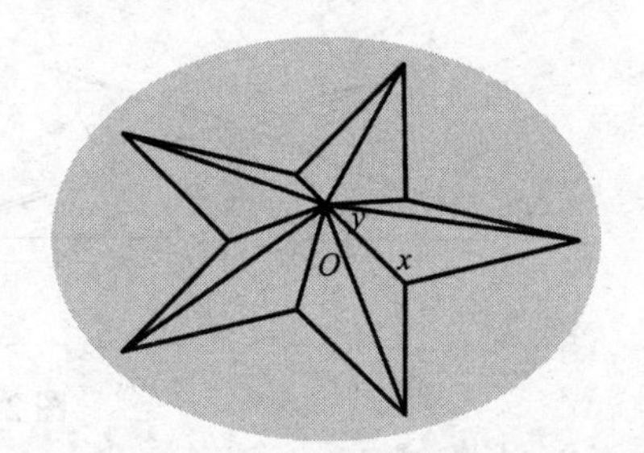

图2－42　轮廓平面效果

（4）单击曲面工具栏中的“扫描面”按钮，选择在 z 轴负方向，扫描距离为25，扫描曲线为底部 $\phi 220$ 的圆轮廓线。

（5）选择曲线工具中的相关线工具，在界面左侧的立即菜单中选择“曲面边界线”，单击拾取已有的外轮廓圆，将圆投影到 xOy 上。选择曲面工具栏中的平面工具，并在特征树下方的立即菜单中选择“裁剪平面” 裁剪平面。单击拾取圆弧为平面的外轮廓线，然后确定链搜索方向（单击点取箭头），确定链搜索方向，右击确认。另外用生成直纹面中的（点+曲线）方式也可。

（6）单击曲面加厚增料按钮，选择闭合曲面填充，精度为0.1，拾取所有曲面，单击“确定”按钮。利用“隐藏”功能将曲面隐藏。选择“编辑”→“隐藏”命令，用鼠标从右向左框选实体（单击单个拾取曲面），右击确认，实体上的曲面就被隐藏了。如图2－43所示。

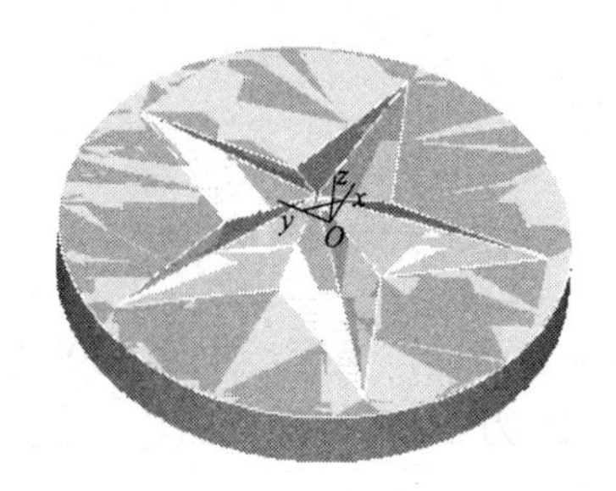
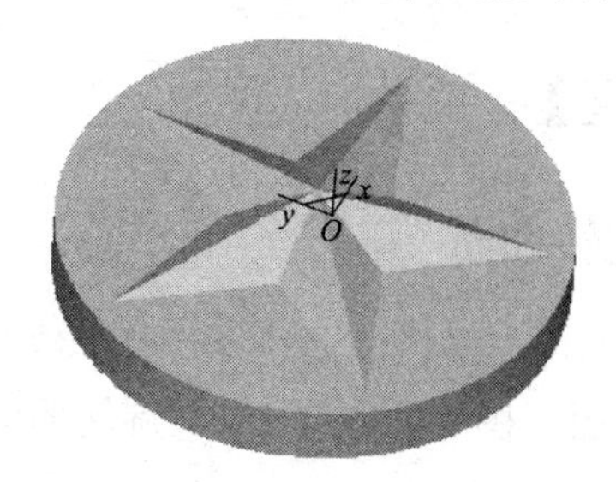

图 2－43　隐藏实体曲面

任务六　吊钩的曲面造型

【目的要求】掌握直线命令、圆、圆弧、直纹面、平面、网格面命令的应用及操作方法，等距线、曲线过渡、删除与修剪等常用编辑命令的应用。

【教学重点】能综合应用各种命令绘制空间截面线及构造空间曲面。

【教学难点】综合应用各种命令绘制吊钩的曲面造型。

【教学内容】

任务：完成图 2－44 所示的吊钩曲面造型。

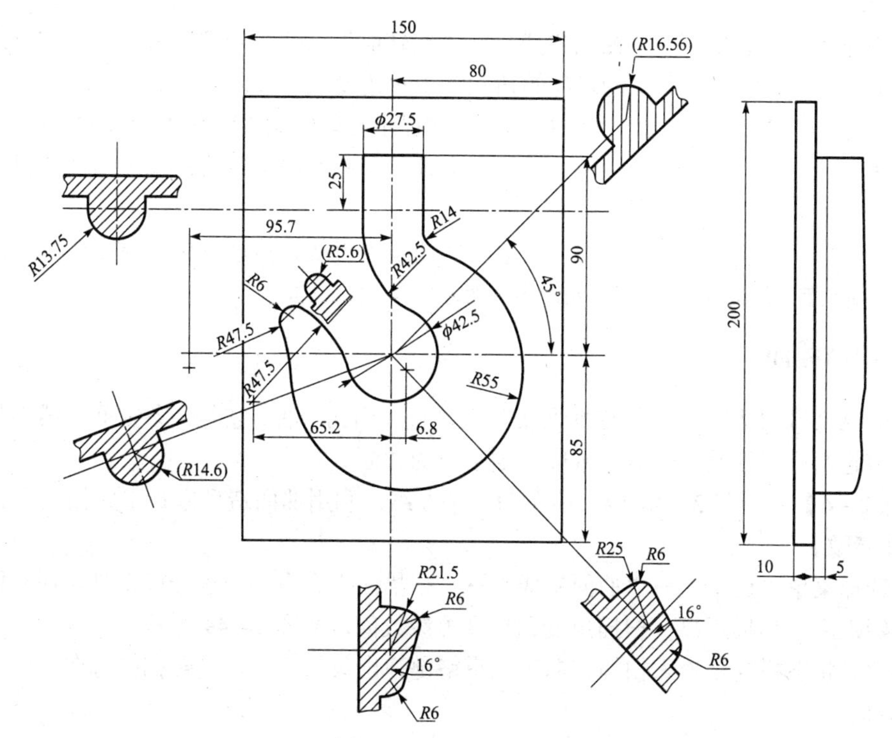

图 2－44　吊钩曲面造型

【知识链接】

一、旋转曲面

旋转曲面由一条空间曲线（母线）绕某一轴线旋转而成，当旋转角为 360° 时得到一张完整的旋转面。图 2－45 为 270° 旋转曲面，图 2－46 为 360° 旋转曲面。

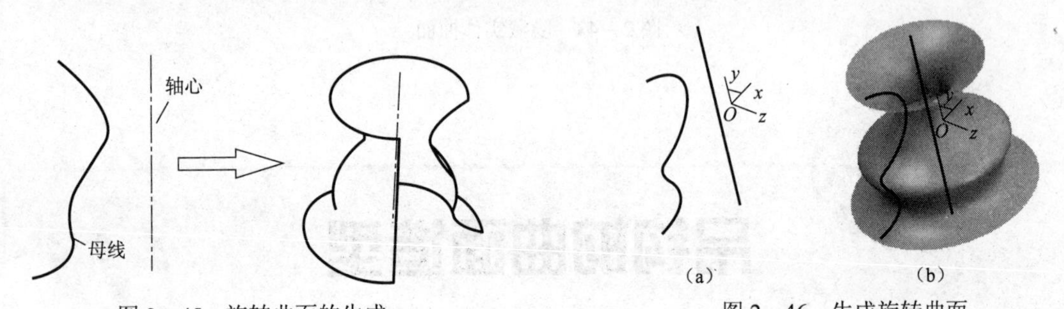

图 2－45　旋转曲面的生成

图 2－46　生成旋转曲面

(a) 旋转轴＋曲线；(b) 生成旋转曲面

CAXA 制造工程师生成旋转曲面时，需要在立即菜单中输入两个相关参数：起始角，即生成曲面的起始位置与母线和旋转轴构成的平面夹角；终止角，即生成曲面的终止位置与母线和旋转轴构成的平面夹角。

【例题 2－3】已知图 2－46（a）所示为一条曲线（母线）和一个旋转轴，利用曲面造型方式生成旋转面。

【操作步骤】

（1）选择菜单“造型”→“曲面生成”→“旋转面”命令，或选择工具。在立即菜单中输入起始角和终止角角度值，如图 2－47 所示。

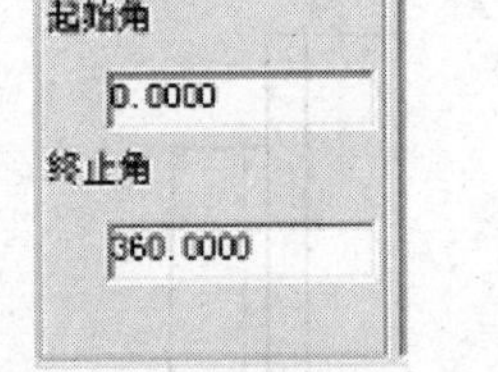

图 2－47　旋转面立即菜单

（2）按状态栏的提示拾取空间直线作为旋转轴并选择方向。

注：选择方向时，箭头方向与曲面旋转方向两者遵循右手螺旋法则。

（3）拾取空间曲线为母线，拾取完毕即可生成旋转面，如图 2－46（b）所示。

二、扫描曲面

在 CAXA 制造工程师中，扫描曲面实际上是直纹面的一种，它是一条空间曲线沿指定方向从给定的起始位置开始以一定的锥度扫描生成的曲面。

【例题 2－4】已知图 2－48（a）所示为一条曲线，利用曲面造型方式生成扫描面。

【操作步骤】

（1）选择菜单“造型”→“曲面生成”→“扫描面”命令，或选择工具。在立即菜单中输入起始距离、扫描距离、扫描角度和精度等参数值，如图 2－49 所示。

（2）此时状态栏提示输入扫描方向。按空格键弹出矢量工具，选择扫描方向（此题选择 z 轴的正方向）。

（3）拾取空间曲线。

（4）若扫描角度不为零，则选择扫描夹角方向，扫描面生成。如图 2－48（b）所示。

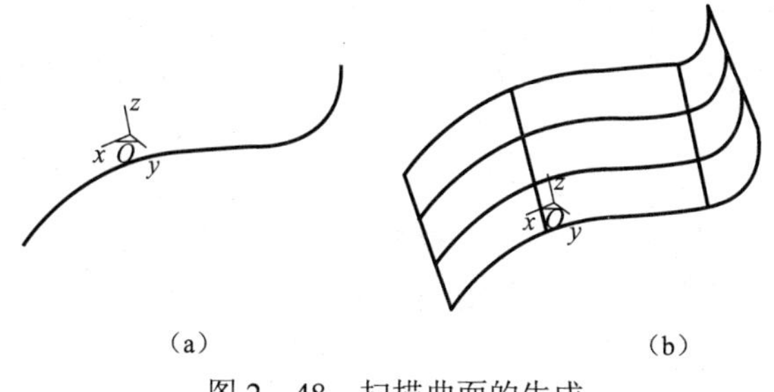

图 2－48　扫描曲面的生成

（a）一条空间曲线；（b）生成扫描面

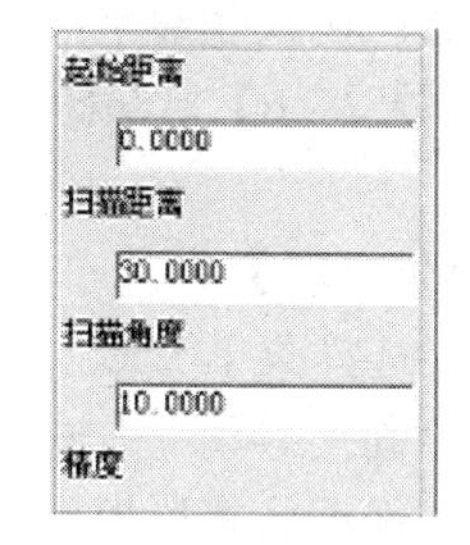

图 2－49　扫描面立即菜单

【相关参数】

（1）起始距离：指生成曲面的起始位置与曲线平面沿扫描方向上的间距。

（2）扫描距离：指生成曲面的起始位置与终止位置沿扫描方向上的间距。

（3）扫描角度：指生成的曲面母线与扫描方向的夹角。

注意：扫描方向的不同选择可以产生不同的效果。

三、导动面

导动面是截面曲线或轮廓线沿着特征轨迹线扫动生成的曲面。在扫动过程中，对截面线和轨迹线施加不同的几何约束，使截面线和轨迹线保持不同的位置关系，就可以生成形状变化多样的导动面。

CAXA 制造工程师生成导动面时，在立即菜单中有 6 种可选择方式，即平行导动、固接导动、导动线&平面、导动线&边界线、双导动线和管道曲面。

1. 平行导动

平行导动是指截面线沿导动线的趋势并始终平行于它自身扫描移动而生成的曲面，且截面线在运动过程中没有任何旋转。

【例题 2－5】已知图 2－50 所示的截面线和导动线，应用平行导动方式生成图中的导动面。

【操作步骤】

（1）选择菜单“造型”→“曲面生成”→“导动面”命令，或选择工具。在立即菜单中选择“平行导动”方式平行导动。

（2）根据状态栏提示单击拾取导动线并选择导动方向。

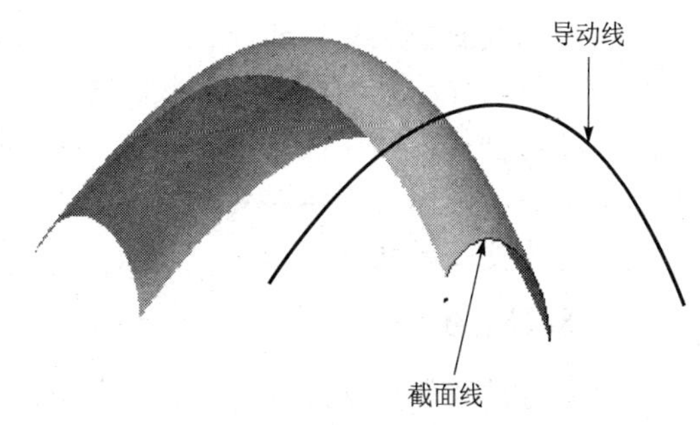

图 2－50　平行导动生成导动面

注意：导动方向不同则生成的导动面亦不同。

（3）根据状态栏提示单击拾取截面线，即可生成图 2－50 所示的导动面。

2. 固接导动

固接导动是指在导动过程中，截面线和导动线保持固定连接关系（即截面线平面与导动线的切矢方向保持相对角度不变），并且截面线在自身相对坐标系中的位置关系保持不变，截面线沿导动线变化的趋势扫动生成曲面。

注意：固接导动中，截面线可以是一条或两条。

【例题 2-6】 已知图 2-51 所示的截面线和导动线，应用固接导动方式生成图中的导动面。

【操作步骤】

（1）选择菜单“造型”→“曲面生成”→“导动面”命令，或选择工具。在立即菜单中选择“固接导动”方式，根据需要选择单截面线或双截面线。

（2）根据状态栏提示先拾取导动线，并选择导动方向，然后分别拾取两条截面线生成导动面，如图 2-51 所示。

3. 导动线&平面

“导动线&平面”导动方式与“固接导动”方式类似。截面线沿一条二维平面或三维空间导动线（脊线）扫动生成曲面。在扫动过程中，截面线平面的方向与导动线上每一点的切矢方向之间的相对夹角始终保持不变，并与所定义的平面法矢的方向始终保持不变。

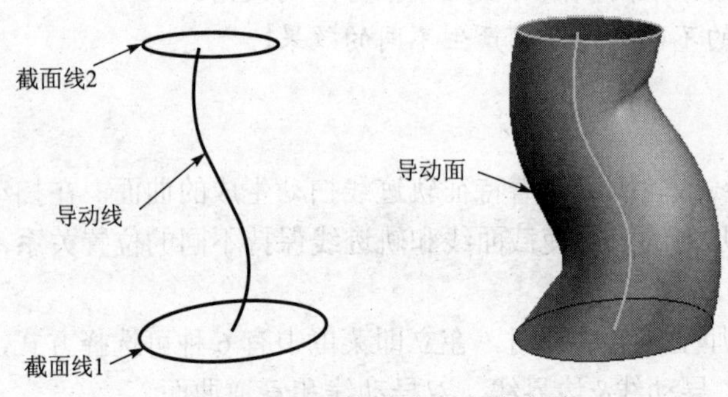

图 2-51　固接导动生成导动面

注意：导动线&平面导动中，截面线亦可以是一条或两条。

4. 导动线&边界线

“导动线&边界线”导动方式，在截面线沿一条导动线扫动生成导动面的过程中，截面线平面始终与导动线垂直，并且截面线平面与两边界线的交点在扫动过程中，对截面线进行放缩（即截面线横跨于两个交点上）。当截面线进行放缩变换时，如果仅变化截面线的长度而高度不变，则称为等高导动；如果不仅变换截面线的长度，同时等比例地变换截面线的高度，则称为变高导动。

5. 双导动线

“双导动线”导动方式，是将一条或两条截面线沿着两条导动线匀速地扫动而生成的曲面，同“导动线&边界线”导动方式一样，“双导动线”方式支持等高导动和变高导动。

6. 管道曲面

“管道曲面”导动方式是指起始圆形截面线在沿导动线扫动过程中，同时进行放缩变换，最终变化为终止圆形截面线而扫成的曲面。管道曲面的两个截面线一定是整圆，截面线在导动过程中其圆心总是位于导动线上，并且圆形截面总是与导动线垂直。

【相关参数】

（1）起始半径：指管道曲面导动开始时的圆截面半径。

（2）终止半径：指管道曲面导动终止时的圆截面半径。

四、等距面

在已存在的平面（曲面）以外，按给定的距离和等距方向生成的与已知平面（曲面）等距的平面（曲面）。

注意：该命令类似曲线造型中的“等距线”命令，不同的是“线”换成了“面”。

五、平面

可以利用此功能生成各种所需的平面。可通过“裁剪平面”和“工具平面”方式生成平面。

注意：平面与基准面是不同的。基准面是在绘制草图时的参考面，而平面则是一个实际存在的面。

1. 裁剪平面

由封闭内轮廓进行裁剪形成的有一个或者多个边界的平面。封闭内轮廓可以有多个。

2. 工具平面

可以利用此功能生成包括 *xOy* 平面、*yOz* 平面、*zOx* 平面、三点平面、矢量平面、曲线平面和平行平面共 7 种平面。

【相关参数】

（1）*xOy* 平面：绕 *x* 或 *y* 轴旋转一定角度生成一个指定长度和宽度的平面。

（2）*yOz* 平面：绕 *y* 或 *z* 轴旋转一定角度生成一个指定长度和宽度的平面。

（3）*zOx* 平面：绕 *z* 或 *x* 轴旋转一定角度生成一个指定长度和宽度的平面。

（4）三点平面：按给定三点生成一个指定长度和宽度的平面，其中第一点为平面中点。

（5）矢量平面：生成一个指定长度和宽度的平面，其法线的端点为给定的起点和终点。

（6）曲线平面：在给定曲线的指定点上，生成一个指定长度和宽度的法平面或切平面。

（7）平行平面：平行平面功能与等距面功能相似，同样是指定距离后移动给定平面或生成一个复制平面（也可以是曲面）。

六、边界面

边界面是指在已知边界线围成的边界区域内生成的曲面。边界面有两种类型，一种是通过 3 条空间曲线生成的三边面，另一种是通过 4 条空间曲线生成的四边面。

注意：生成边界面所拾取的 3 条（4 条）曲线必须首尾相连成封闭环，并且拾取的曲线应当是光滑曲线。

【操作步骤】

选择菜单“造型”→“曲面生成”→“边界面”命令，或选择工具。

在边界面立即菜单中选择三边面或四边面［四边面］。根据状态栏提示拾取各条边界曲线，生成边界面。

七、放样面

放样曲面是由一组互不相交、方向相同、形状相似的特征线（或截面线）为骨架进行形状控制的，并过这组曲线蒙面生成的曲面。放样面有两种类型，即截面曲线和曲面边界。

注意：（1）组成骨架的相似截面线必须是光滑曲线，并且互不相交、方向一致，否则生成的曲面将发生扭曲；

（2）拾取截面时需要根据摆放的方位向一个方向拾取曲线。

八、网格面

由多条横竖相交的特征曲线组成的网格，并以网格为基本骨架蒙上自由曲面生成的曲面称为网格面。网格面可以是封闭网格面。

构造网格面的步骤是：首先构造曲面的特征网格线来确定曲面的初始骨架形状；再用自由曲面插值特征网格线生成曲面。特征网格线可以是曲面边界线或曲面截面线等。

九、实体表面

在已经存在的实体上剥离一个表面生成一个独立的面。

【任务六的操作步骤】

1. 作吊钩平面轮廓曲线

（1）建立新文件，按 F5 键将绘图平面切换到 xOy 平面。

（2）单击曲线工具中的直线按钮，在界面左侧的立即菜单中选择“水平/铅垂线”，“水平 + 铅垂”方式，输入长度 200，光标拾取到坐标原点，并绘制中心线。

（3）圆的绘制。选择曲线生成工具栏上的工具，进入空间曲线绘制状态，在特征树下方的立即菜单中选择作圆方式“圆心_半径”，然后按照提示单击选取坐标系原点，也可以按回车键，在弹出的对话框内输入圆心点的坐标（0，0，0），半径为 42.5/2 并确认，然后右击结束该圆的绘制。

（4）选择曲线工具栏中的等距线工具，在立即菜单中输入距离 13.75，拾取竖直中心线，分别选择向左、向右箭头为等距方向，生成距离为 27.5 的等距线。

（5）相同的等距方法。在立即菜单中输入距离 90，拾取水平中心线，选择向上箭头为等距方向，生成距离为 90 的等距线，如图 2－52 所示。

选择菜单“造型”→“曲线编辑”→“曲线裁剪”命令，或直接选择工具。

（6）绘制 $R55$ 的圆弧。选择曲线工具中的直线工具，在界面左侧的立即菜单中选择“角度线”，与 x 轴夹角 $-45°$。选择曲线工具栏中的等距线工具，在立即菜单中输入距离 6.8，拾取竖直中心线，选择向右箭头为等距方向，生成距离为 6.8 的等距线。选择曲线生成工具栏上的工具，在立即菜单中选择作圆方式“圆心_半径”，然后按照提示单击选取 $-45°$ 直线与 6.8 的等距线的交点为圆心，半径为 55 并确认，然后右击结束该圆的绘制，如图 2－53 所示。

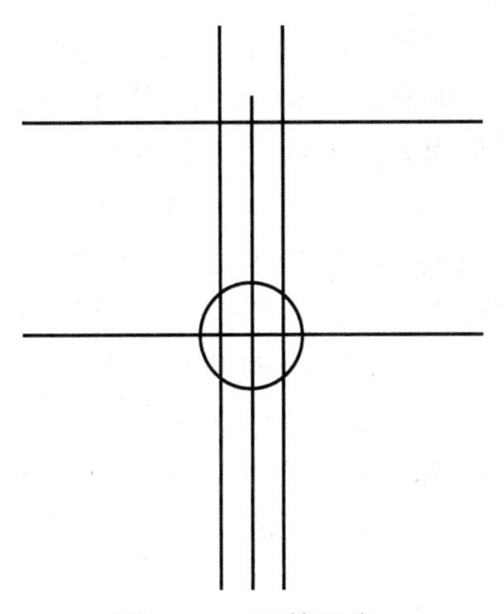

图 2-52　画等距线

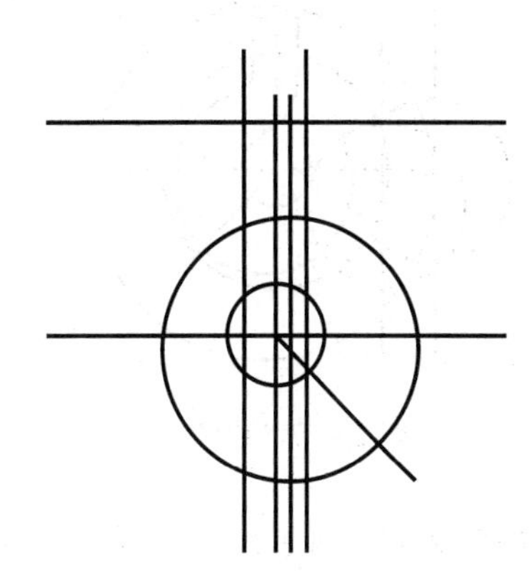

图 2-53　绘制圆弧

（7）选择曲线过渡工具，选择“圆弧过渡”方式，半径为 14，对右侧 13.75 的等距线和 *R*55 圆弧进行过渡；同样选择“圆弧过渡”方式，半径为 42.5，对左侧 13.75 的等距线和 ϕ42.5 圆弧进行过渡；选择“尖角”方式，分别选择 90 的等距线和 13.75 的等距线，如图 2-54 所示。

（8）选择菜单“造型”→“曲线编辑”→“曲线拉伸”命令，或者选择工具。选择 ϕ42.5 圆弧和 55 圆弧进行拉伸，如图 2-55 所示。

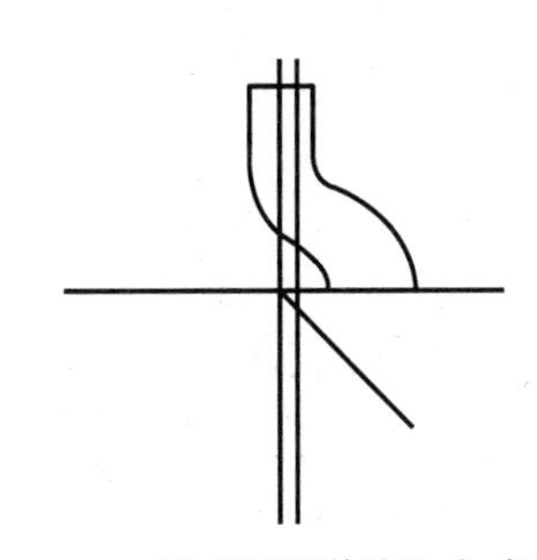

图 2-54　用“圆弧过渡”方式绘图

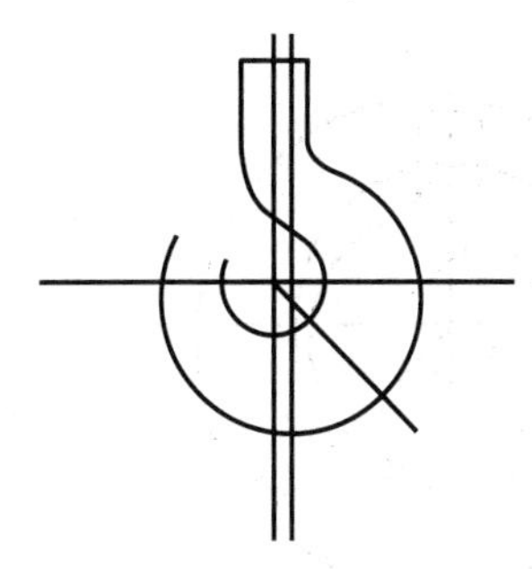

图 2-55　拉伸

（9）选择菜单“编辑”→“删除”命令，或者直接选择工具。拾取 6.8 的等距线，右击确认。

（10）选择曲线工具栏中的等距线工具，在立即菜单中输入距 65.2，拾取竖直中心线，选择向左箭头为等距方向，生成距离为 65.2 的等距线。

（11）选择曲线生成工具栏上的工具，在立即菜单中选择作圆方式“圆心_半径”，然后按照提示单击选取坐标系原点，半径为 68.75，重复作圆方式“圆心_半径”，然后按照提示单击选取 65.2 的等距线与 *R*68.75 圆下面的交点为圆心，半径为 47.5 并确认，然后右击结束该圆的绘制，如图 2-56 所示。

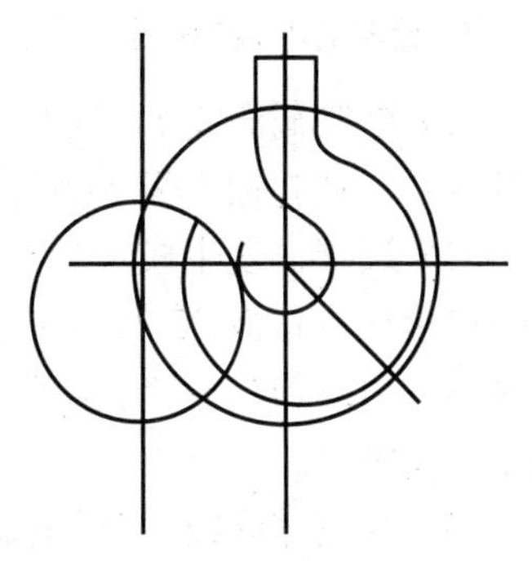

图 2-56　绘圆

（12）选择曲线工具栏中的等距线工具，在立即菜单中输入距 95.7，拾取竖直中心线，选择向左箭头为等距方向，生成距离为 95.7 的等距线。

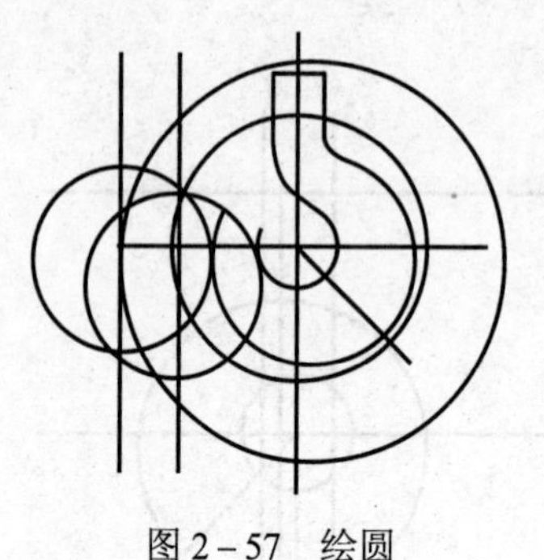

图 2－57　绘圆

（13）选择曲线生成工具栏上的工具，在立即菜单中选择作圆方式“圆心_半径”，然后按照提示单击选取 *R*55 圆的圆心为圆心，半径为 102.5，重复作圆方式“圆心_半径”，然后按照提示单击选取 95.7 的等距线与 *R*102.5 圆的交点为圆心，半径为 47.5 并确认，然后右击结束该圆的绘制，如图 2－57 所示。

（14）选择曲线过渡工具，选择“圆弧过渡”方式，半径为 6，对两个 *R*47.5 的圆弧进行过渡，如图 2－58 所示。

（15）选择菜单“编辑”→“删除”命令，或者直接选择工具。拾取要删除的元素，右击确认。选择曲线过渡工具，选择“尖角”方式，修剪多余的曲线，如图 2－59 所示。

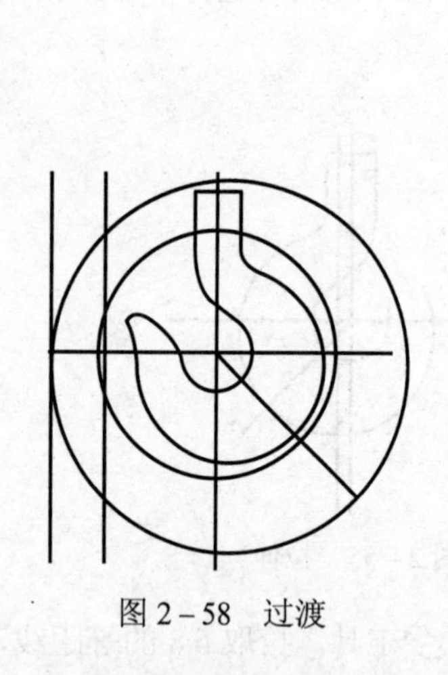

图 2－58　过渡

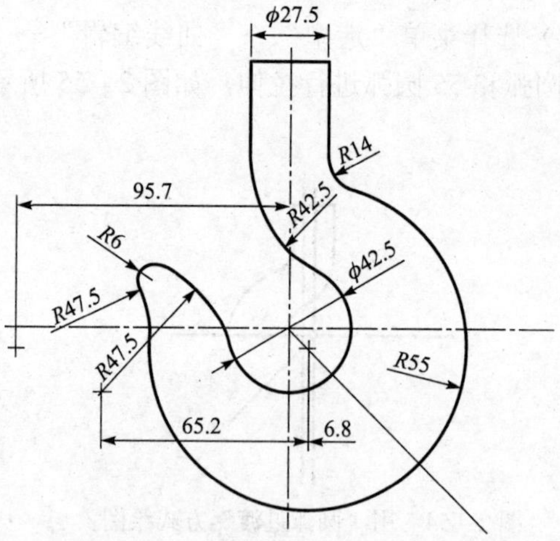

图 2－59　修剪多余曲线

2. 绘制吊钩截面线

（1）绘制截面线 1，选择曲线工具栏中的等距线工具，在立即菜单中输入距 25，拾取上部直线，选择向下箭头为等距方向，生成距离为 25 的等距线。

（2）选择曲线生成工具栏上的工具，在立即菜单中选择作圆方式“圆心_半径”，然后按照提示单击选取 25 的等距线中点为圆心，该直线端点为半径，然后右击结束该圆的绘制。选择菜单“编辑”→“删除”命令，或者直接选择工具。拾取下部分圆弧，右击确认。如图 2－60 所示。

（3）绘制截面线 2。选择曲线工具中的直线工具，在界面左侧的立即菜单中选择“角度线”，与 x 轴夹角 45°，如图 2－61 所示。

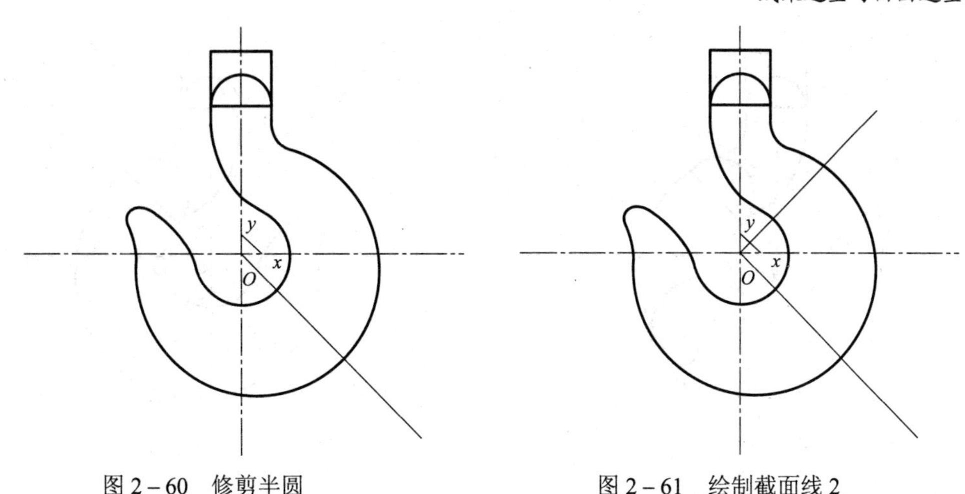

图 2-60　修剪半圆　　　　图 2-61　绘制截面线 2

（4）选择曲面编辑工具栏中的裁剪工具，去掉不需要的部分。选择曲线生成工具栏上的工具，在立即菜单中选择作圆方式“圆心_半径”，然后按照提示单击选取该线中点为圆心，该直线端点为半径，然后右击结束该圆的绘制，选择工具。拾取下部分圆弧，右击确认。如图 2-62 所示。

（5）绘制截面线 3。选择曲面编辑工具栏中的裁剪工具，修剪 −45° 直线的两端部分，选择曲线生成工具栏上的工具，在立即菜单中选择作圆方式“两点_半径”，然后按照提示单击分别点取 ϕ47.5 圆弧的切点和 −45° 线左侧端点，半径为 25，然后右击结束该圆的绘制；同样在立即菜单中选择作圆方式“两点_半径”，然后按照提示单击分别选取 *R*55 圆弧的切点和 −45° 线右侧端点，半径为 6，然后右击结束该圆的绘制；如图 2-63 所示。

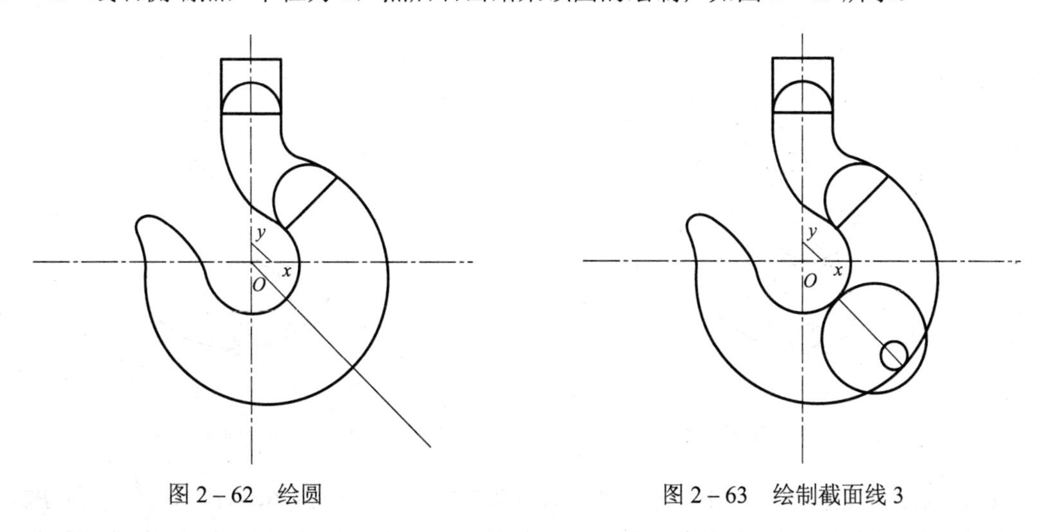

图 2-62　绘圆　　　　图 2-63　绘制截面线 3

（6）选择曲线工具中的直线工具，在界面左侧的立即菜单中选择“角度线”，与直线夹角 −16°，选取 −45° 线作为参照直线，*R*6 圆弧的切点为直线的起始点，任意选取缺省点为终点，如图 2-64 所示。

（7）选择曲线过渡工具，选择“圆弧过渡”方式，半径为 6，对−16° 直线和 *R*25 圆弧进行过渡；同样选择“尖角”方式，分别选择−16° 直线和 *R*6 的圆弧，如图 2-65 所示。

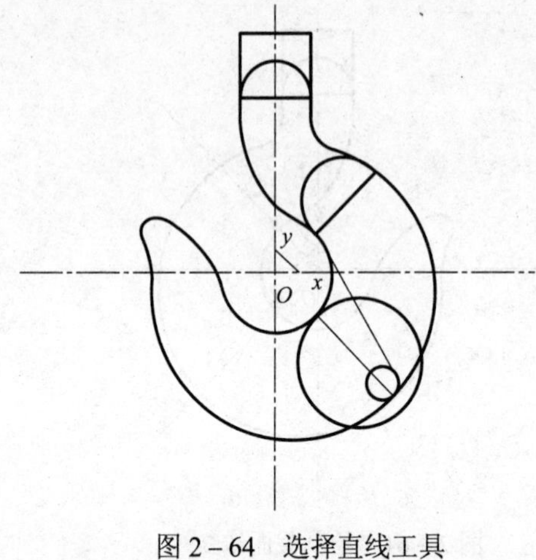

图 2－64　选择直线工具

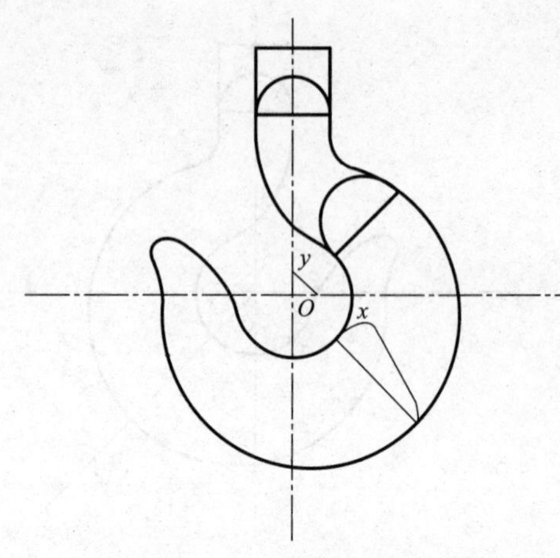

图 2－65　圆弧过渡

（8）绘制截面线 4。选择曲面编辑工具栏中的裁剪工具，修剪铅垂线的两端部分，选择曲线生成工具栏上的工具，在立即菜单中选择作圆方式“两点_半径”，然后按照提示单击分别选取ϕ47.5 圆弧的切点和铅垂线上侧端点，半径为 21.5，然后右击结束该圆的绘制；同样在立即菜单中选择作圆方式“两点_半径”，然后按照提示单击分别选取 R55 圆弧的切点和铅垂线下侧端点，半径为 6，然后右击结束该圆的绘制；如图 2－66 所示。

（9）选择曲线工具中的直线工具，在界面左侧的立即菜单中选择“角度线”，与直线夹角 －16°，选取铅垂线作为参照直线，R6 圆弧的切点为直线的起始点，任意选取缺省点为终点，如图 2－67 所示。

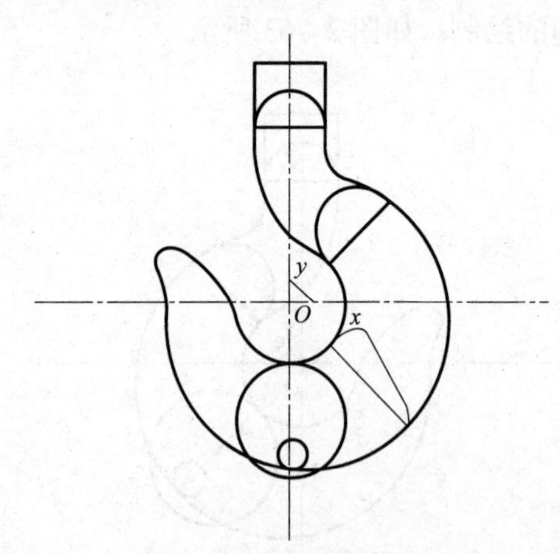

图 2－66　绘制截面线 4

图 2－67　选取直线工具

（10）选择曲线过渡工具，选择“圆弧过渡”方式，半径为 6，对－16° 直线和 R21.5 圆弧进行过渡；同样选择“尖角”方式，分别选择－16° 直线和 R6 的圆弧，如图 2–68 所示。

（11）绘制截面线 5。选择曲线工具中的直线工具，在界面左侧的立即菜单中选择“两点线”，分别选择钩头 R6 圆弧的两个端点。

（12）选择曲线生成工具栏上的工具，在立即菜单中选择作圆方式“圆心_半径”，然后按照提示单击选取该线中点为圆心，该直线端点为半径，然后右击结束该圆的绘制，选择曲面编辑工具栏中的裁剪工具，拾取下部分圆弧，右击确认，如图 2－69 所示。

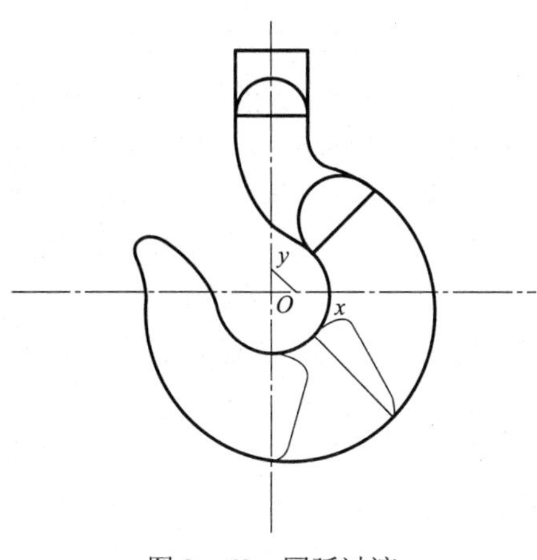

图 2-68　圆弧过渡

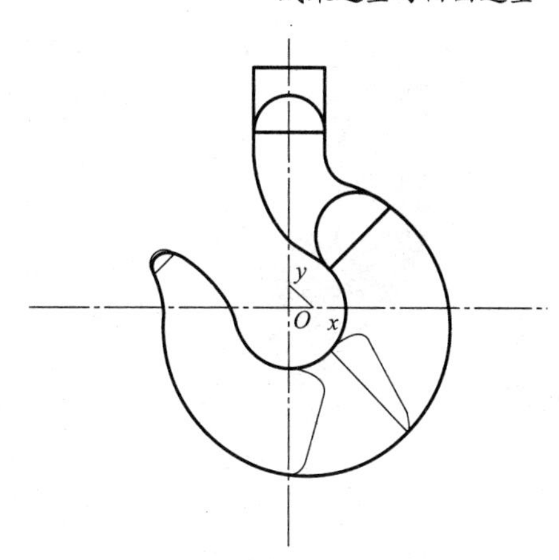

图 2-69　拾取下部分圆弧

3. 对截面线进行空间变换

（1）按 F8 键进入轴测图状态，需要对图中 6 处截面线进行绕轴旋转，使它们都能垂直于 *xy* 平面。需要注意的是中段截面线在旋转前需要先用组合曲线命令将截面线 3 和截面线 4 的曲线组合成一条样条线。选择曲线组合工具，拾取截面线，并选择方向，将其组合成一样条曲线，如图 2-70 所示。

（2）选择曲线旋转工具，采用移动方式旋转 90°，系统会提示拾取旋转轴的两个端点。注意旋转轴的指向（始点指向终点）和旋转方向符合右手法则，各段曲线旋转后的结果如图 2-71 所示。

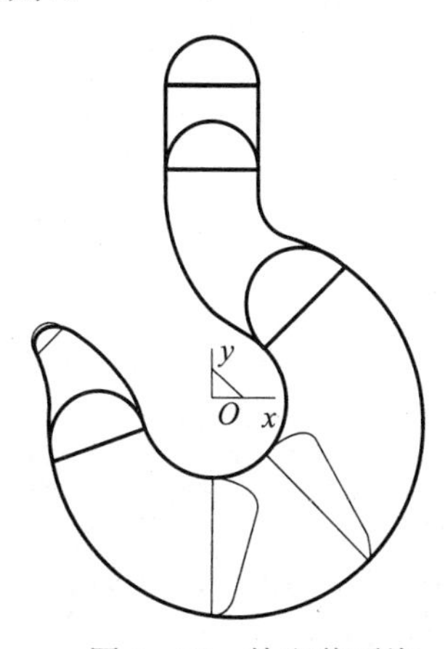

图 2-70　拾取截面线

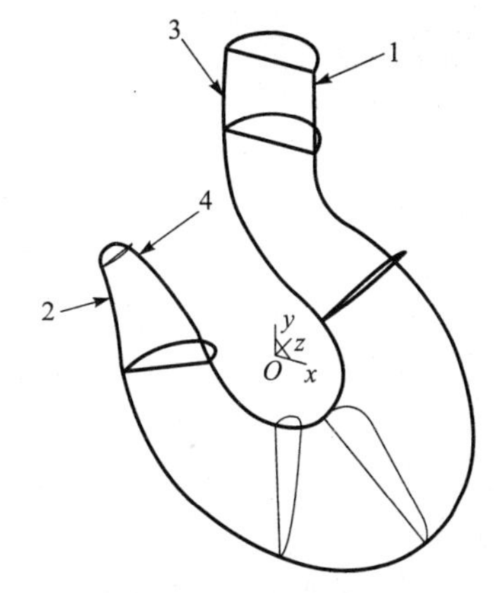

图 2-71　旋转效果

（3）对底面轮廓线曲线进行组合。将 1、2 两点之间的曲线组合成一条样条线，将 3、4 两点之间的曲线组合成一条样条线。

4. 生成曲面

（1）选择曲面工具栏中的网格面工具，依次拾取 U 截面线共 2 条，右击确认；再依次拾取 V 截面线共 7 条，右击确认，稍等片刻后曲面生成。如图 2-72 所示。

（2）选择曲面工具栏中的平面工具，并在特征树下方的立即菜单中选择“裁剪平面”

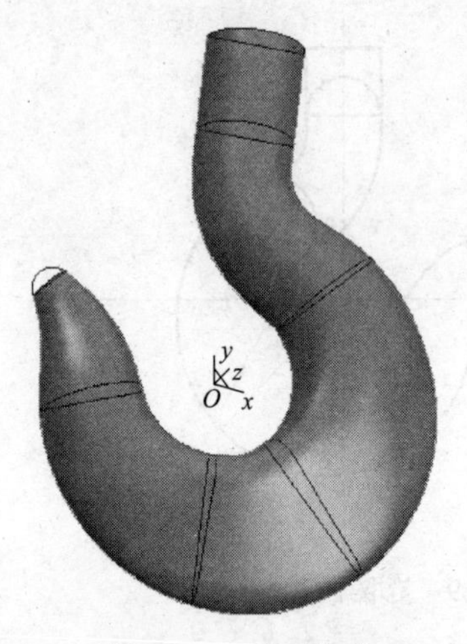

图 2-72　曲面生成

裁剪平面。单击拾取吊钩上部直线和圆弧为平面的外轮廓线，然后确定链搜索方向（单击选取箭头），确定链搜索方向，右击确认，如图 2-73 所示。

（3）选择曲面工具栏中的“扫描面”工具，选择在 z 轴负方向，扫描距离为 5，扫描曲线为底部轮廓线。如图 2-74 所示。

（4）生成吊钩头部的球面。选择曲线工具中的直线工具，在界面左侧的立即菜单中选择“两点线”，选择吊钩头部 R6 圆弧端点作直线，重复直线工具，过该直线和 R6 圆弧中点作直线。选择曲面编辑工具栏中的裁剪工具，拾取 R6 圆弧右侧圆弧，右击确认。应用旋转面命令，以刚做的直线为旋转轴，R6 圆弧为母线旋转 180°，生成曲面如图 2-75 所示。

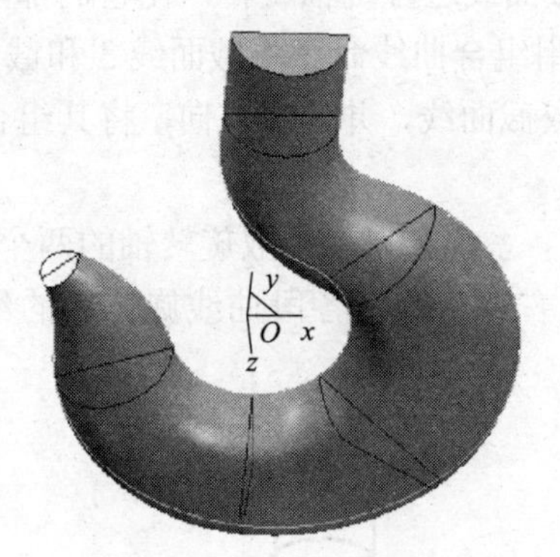

图 2-73　裁剪平面

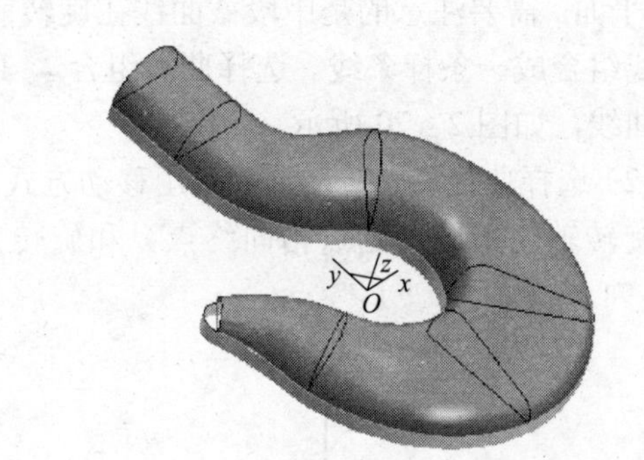

图 2-74　扫描面

（5）选择曲面工具栏中的相关线工具，并在特征树下方的立即菜单中选择“曲面边界线”曲面边界线、单根。拾取扫描曲面底边界轮廓线和圆弧，右击确认。将曲线隐藏，如图 2-76 所示。

（6）换 F5 键，在特征树中单击“xy 平面”，绘制如图 2-77 所示。

（7）选择曲线平移工具，选择主菜单“编辑”“可见”下的吊钩底部轮廓线和矩形边框线，在界面左侧的立即菜单中选择“偏移量”和“拷贝”选项，DX = 0，DY = 0，DZ = -5。右击确认，如图 2-78 所示。

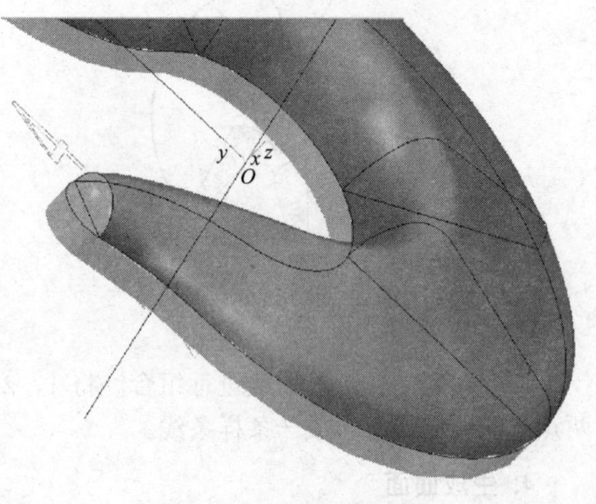

图 2-75　生成吊钩头部

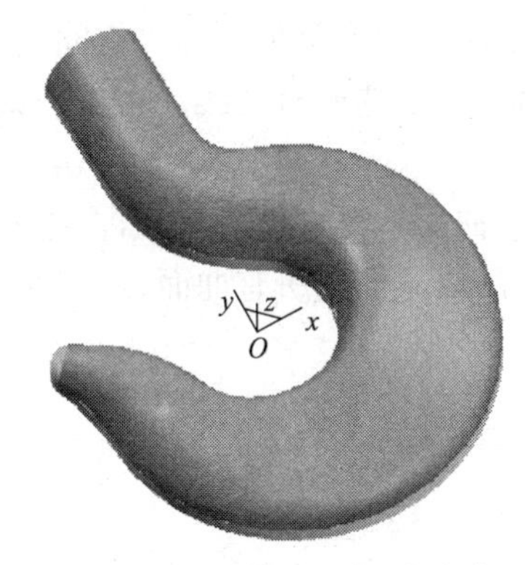

图 2－76　吊钩曲面（隐藏曲线）

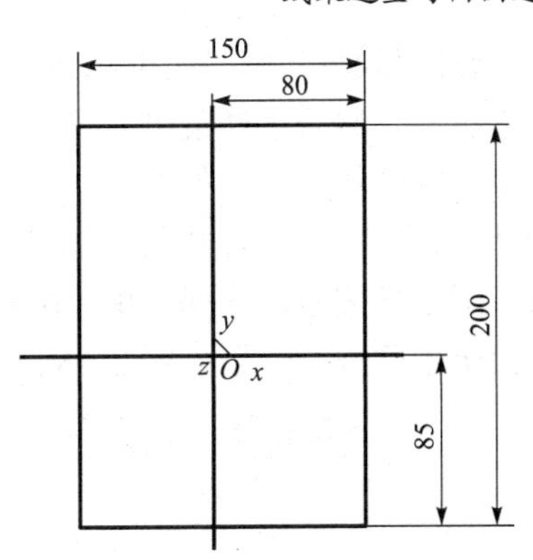

图 2－77　单击 xy 面

（8）选择曲面工具栏中的平面工具，拾取平移后的矩形边框为外轮廓线，吊钩底边轮廓线为内轮廓线，确定链搜索方向，右击确认，如图 2－79 所示。

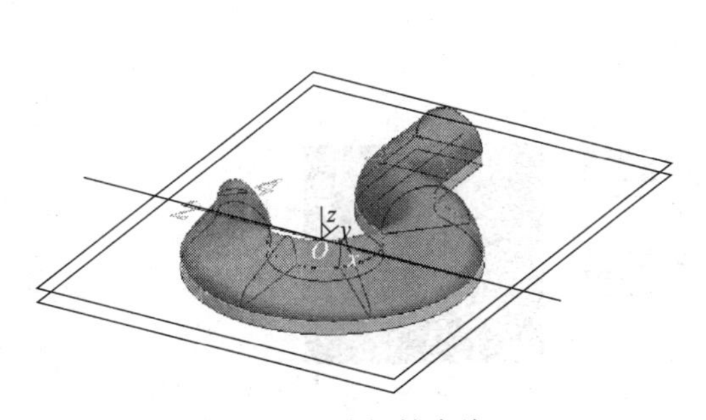
图 2－78　选择轮廓线

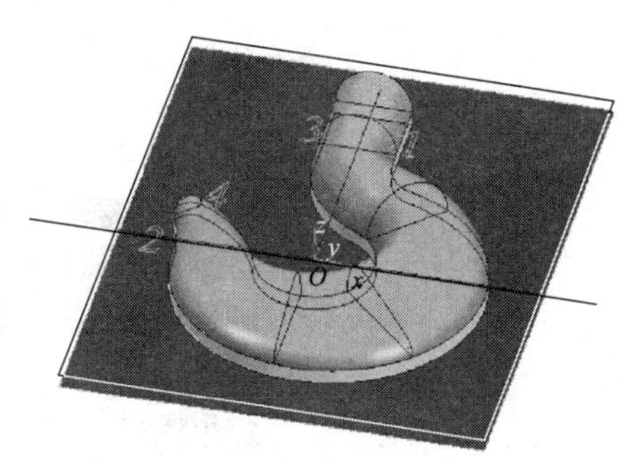
图 2－79　拾取和平移

（9）选择曲线平移工具，选择首次绘制的矩形边框线，在界面左侧的立即菜单中选择“偏移量”和“拷贝”选项，DX=0，DY=0，DZ=－15。右击确认，如图 2－80 所示。

（10）通过直纹面生成 5 张曲面。选择曲面工具栏中的直纹面工具，在特征树下方的立即菜单中选择“曲线＋曲线”的方式生成直纹面，然后单击拾取相距为 10 的两两相对诸个矩形轮廓线完成曲面造型，如图 2－81 所示。

注意：在拾取相邻直线时，单击拾取位置应该尽量保持一致（相对应的位置），这样才能保证得到正确的直纹面。

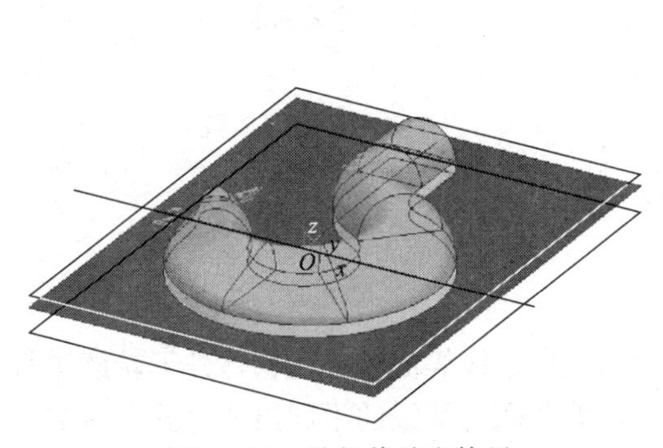
图 2－80　选择偏移和拷贝

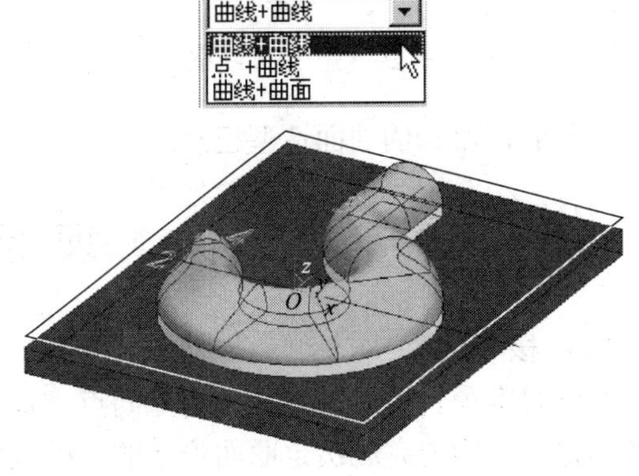

图 2－81　生成曲面

（11）选择“设置”→“拾取过滤设置”命令，取消图形元素类型中的“空间曲面”项，如图 2－82 所示。然后选择菜单“编辑”→“隐藏”命令，框选所有曲线，右击确认，就可以将线框全部隐藏掉，结果如图 2－83 所示。

（12）生成实体。单击曲面加厚增料按钮，选择闭合曲面填充，精度为 0.1，拾取所有曲面，单击“确定”按钮，选择菜单“编辑”→“隐藏”命令，框选所有曲面，右击确认，就可以将曲面全部隐藏，结果如图 2－84 所示。

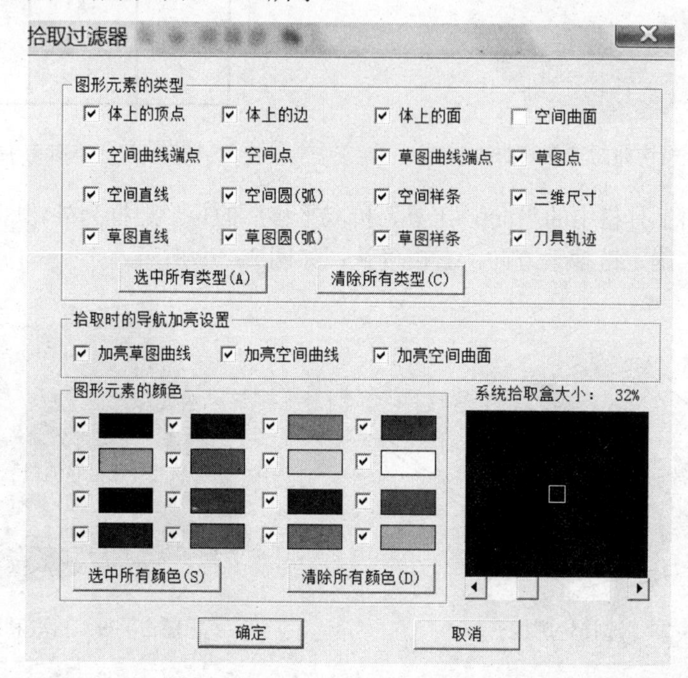

图 2－82　取消空间曲面

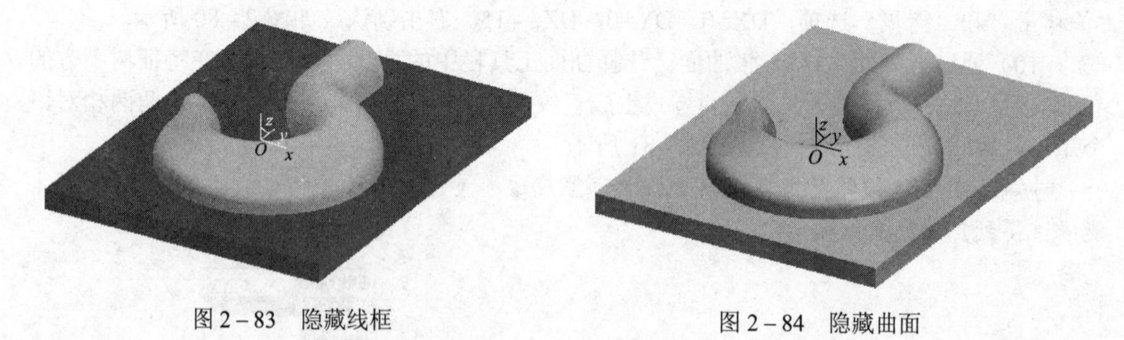

图 2－83　隐藏线框　　　　图 2－84　隐藏曲面

至此，吊钩的曲面造型已经绘制完成。

项 目 小 结

➢ **核心概念**

学习本项目后可以熟练使用空间点、直线、圆弧及样条线等曲线描述物体外形轮廓进行线架造型，构造完成决定曲面形状的关键线框后，根据曲面特征线的不同组成方式，生成不同的曲面类型。曲面生成方式有直纹面、旋转面、扫描面、边界面、放样面、网格面、导动面、等距面、平面和实体表面。

➢ 双基训练

CAXA 制造工程师考题（一）

一、填空题

1. CAXA 制造工程师采用精确的________造型技术，可将设计信息用________来描述，简便而准确。

2. CAXA 制造工程师的“轨迹再生成”功能可实现________轨迹编辑。用户只需要选中已有的数控加工轨迹，修改原定义的加工参数表，即可重新生成加工轨迹。

3. CAXA 制造工程师常用的命令以________的方式显示在绘图区的上方。

4. CAXA 制造工程师可自动按照加工的先后顺序产生________。

5. 移动是对拾取到的曲线相对原址进行________或________。

6. 等距线的生成方式有________和________两种。

7. CAXA 制造工程师生成旋转曲面时，需要在立即菜单中输入两个相关参数。① ________：生成曲面的起始位置与母线和旋转轴构成的平面夹角；② ________：生成曲面的终止位置与母线和旋转轴构成的平面夹角。

8. 在 CAXA 制造工程师中，扫描曲面实际上是________的一种，它是一条空间曲线沿指定方向从给定的起始位置开始以一定的锥度扫描生成曲面。

二、选择题

1. 计算机辅助工艺规划的英文缩写是（　　）。

A. CAD　　B. CAM　　C. CAE　　D. CAPP

2. 在 CAXA 制造工程师导动特征功能中，截面线与导动线保持固接关系，该方式称为（　　）。

A. 单向导动　　B. 双向导动　　C. 平行导动　　D. 固接导动

3. 修剪是拾取一条曲线或多条曲线作为（　　），对一系列被裁剪曲线进行裁剪。

A. 裁剪点　　B. 裁剪线　　C. 裁剪面　　D. 裁剪体

三、简答题

1. 简述 CAXA 制造工程师的基本功能。

2. 简述 CAXA 制造工程师提供的特征造型方式。

CAXA 制造工程师考题（二）

一、填空题

1. 平行导动指截面线沿导动线趋势始终平行它自身的________而生成的特征实体。

2. 边界面是指在已知边界线围成的________区域内生成曲面。

3. CAXA 制造工程师中提供的造型方法属于________。

4. 在 3 张曲面之间对两两曲面进行过渡处理，并用 1 张角面将所得的 3 张过渡面连接起来。若两两曲面之间的 3 个过渡半径________，称为________半径过渡。

5. 所谓“线架造型”就是直接使用空间点、直线、圆、圆弧等来表达________的造型方法。

二、选择题

1. 计算机辅助制造的英文缩写为（　　）。

A. CAD　　B. AI　　C. CAM　　D. CAPP

2. 在 CAXA 制造工程师中提供了（　　）种绘制圆的方法。

A. 2　　B. 3　　C. 4　　D. 5

3. 曲面缝合是指将（　　）光滑连接为一张曲面。

A. 2 张曲面　　B. 3 张曲面　　C. 4 张曲面　　D. 多张曲面

4. 在 CAXA 制造工程师中系统用黑色斜杠来表示当前面。若想改变当前面可通过按（　　）键在当前坐标系下的 3 个平面间进行切换。

A. F7　　B. F8　　C. F9　　D. F10

5. 曲面拼接共有 3 种方式，下面不正确的是（　　）。

A. 两面拼接　　B. 三面拼接　　C. 四面拼接　　D. 五面拼接

三、简答题

简述 CAXA 制造工程师中曲面过渡的概念及其种类。

CAXA 制造工程师考题（三）

一、填空题

1. 圆弧过渡用于在两根曲线之间进行给定半径的________。

2. 阵列是通过一次操作同时生成若干个相同的图形，可以提高作图速度。阵列有________与________两种方式。

3. 等距线的生成方式有________和________两种。

4. CAXA 制造工程师目前提供 10 种曲面生成方式，分别是直纹面、旋转面、扫描面、边界面、放样面、网格面、导动面、等距面、________和________。

5. 直纹曲面的特点是母线为________，曲面形状受两条轨迹曲线控制。

6. 坐标系是建模的基准，在 CAXA 制造工程师中许可系统同时存在多个坐标系，其中正在使用的坐标系叫________。

7. ________是指对指定的两条曲线进行圆弧过渡、尖角过渡或对两条直线倒角。

8. 移动是对拾取到的曲线相对原址进行________或________。

二、选择题

1. 在 CAXA 制造工程师导动特征功能中，截面线与导动线保持固接关系的方式称为（　　）。

A. 单向导动　　B. 双向导动　　C. 平行导动　　D. 固接导动

2. 计算机辅助工艺规划的英文缩写是（　　）。

A. CAD　　B. CAM　　C. CAE　　D. CAPP

3. 在 CAXA 制造工程师中改变观察方向，通过按 F8 键会显示（　　）。

A. *xz* 平面　　B. 轴测　　C. *xy* 平面　　D. *yz* 平面

三、简答题

1. 简述 CAD、CAM、CAPP 的基本概念。

2. 简述 CAXA 制造工程师提供的特征造型方式。

CAXA 制造工程师考题（四）

一、填空题

1. 在 CAXA 制造工程师中提供了 3 种绘制圆的方法，分别是________、________和________方式。

2. ________是指对指定的两条曲线进行圆弧过渡、尖角过渡或对两条直线倒角。

3. 尖角过渡用于在给定的两根曲线之间进行过渡，过渡后在两曲线的交点处呈________。

4. 平面镜像是曲线以平面上一直线为________，并关于对称轴进行复制。

5. 导动面是截面曲线或轮廓线沿着________扫动生成的曲面。

6. 放样是指将________截面的实体轮廓按照轨迹线方向生成实体的造型方法。

7. 在 CAXA 制造工程师中，扫描曲面实际上是________的一种，它是一条空间曲线沿指定方向从给定的起始位置开始以一定的锥度扫描生成曲面。

8. 曲线过渡是指对指定的两条曲线进行________、________或________倒角。

9. 尖角过渡用于在给定的________________________________呈尖角。

10. 在 CAXA 制造工程师中系统用黑色斜杠来表示当前面。若想改变当前面可通过按________键在当前坐标系下的 3 个平面间进行切换。

二、判断题

1. 平面与基准面是不同的。基准面是在绘制草图时的参考面，而平面则是一个实际存在的面。（　　）

2. 导动面是空间直线沿着特征轨迹线扫动生成的曲面。（　　）

3. 平行导动是指截面线沿导动线的趋势并始终平行于它自身扫描移动而生成的曲面，且截面线在运动过程中没有任何旋转。（　　）

4. 在平行导动中，导动方向不同则生成的导动面也不同。（　　）

5. 旋转曲面由一条空间直线绕某一轴线旋转而成。（　　）

三、简答题

1. 简述固接导动与平行导动的区别。

2. 简述 CAXA 制造工程师的基本功能。

➢ 实训演练

二维线架绘制演练。

1.

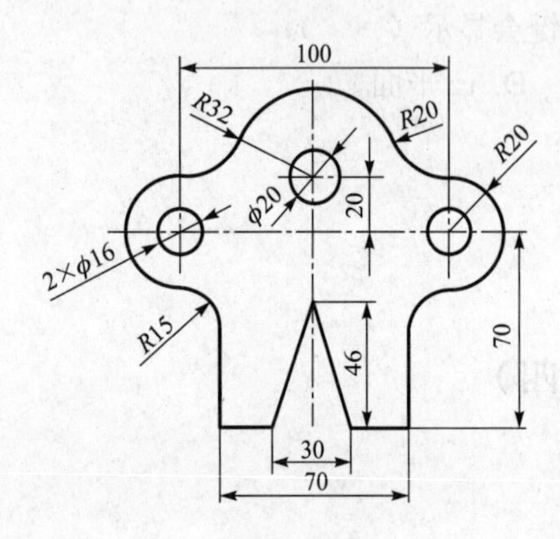

2.

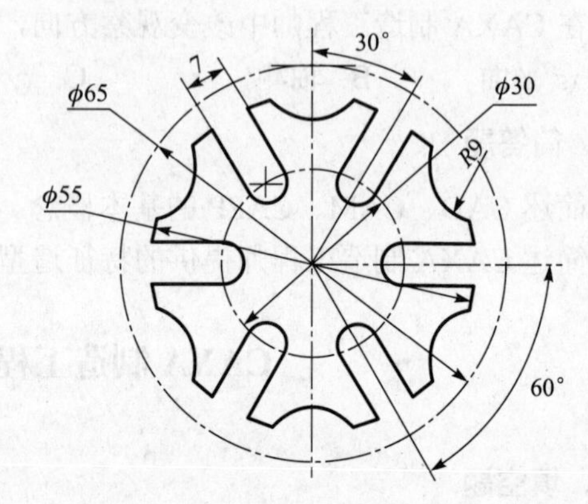

3.

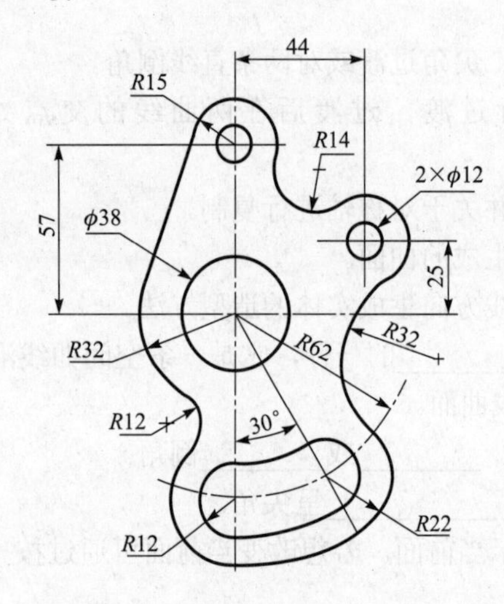

4.

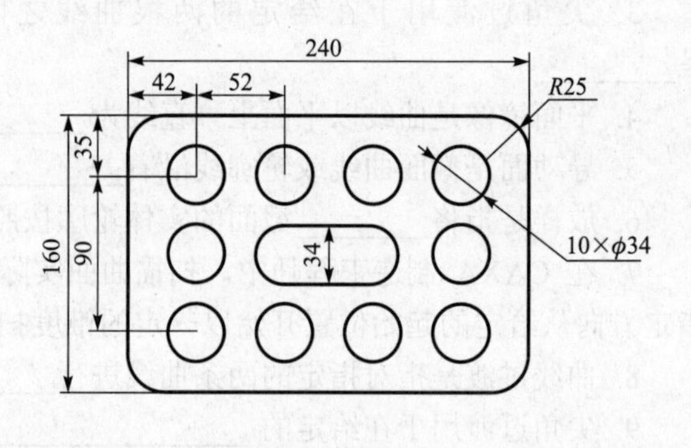

5.

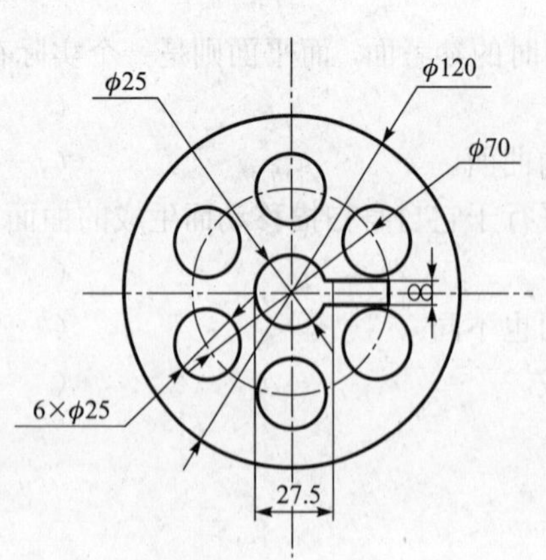

6.

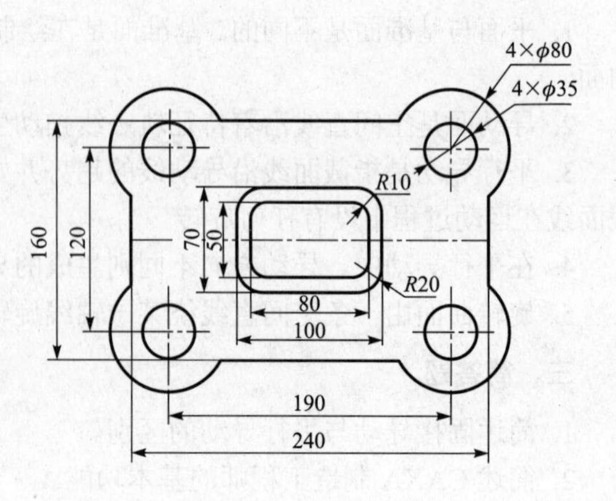

7.

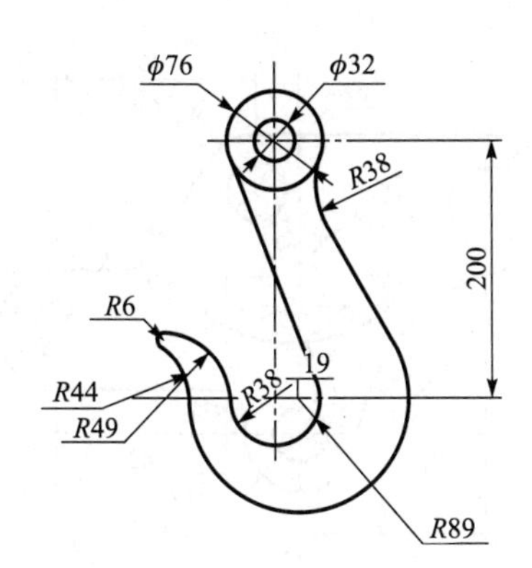

8.

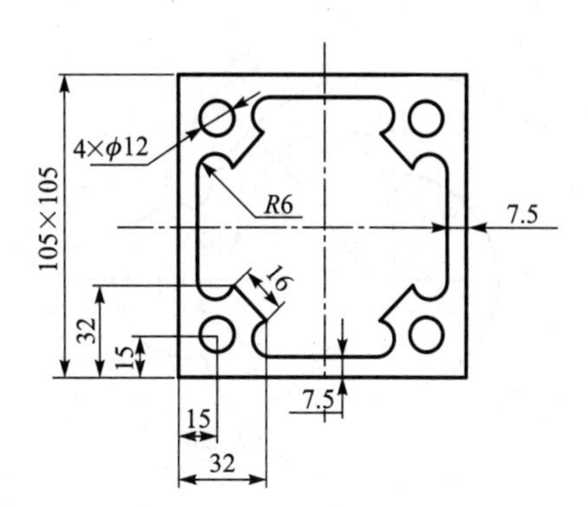

9.

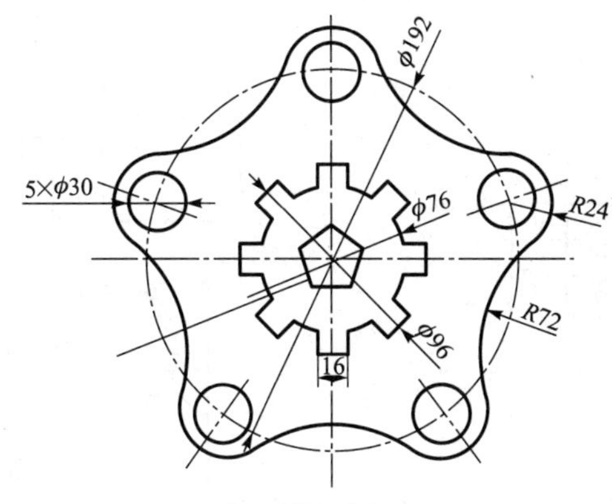

五边形内接圆半径为17

10.

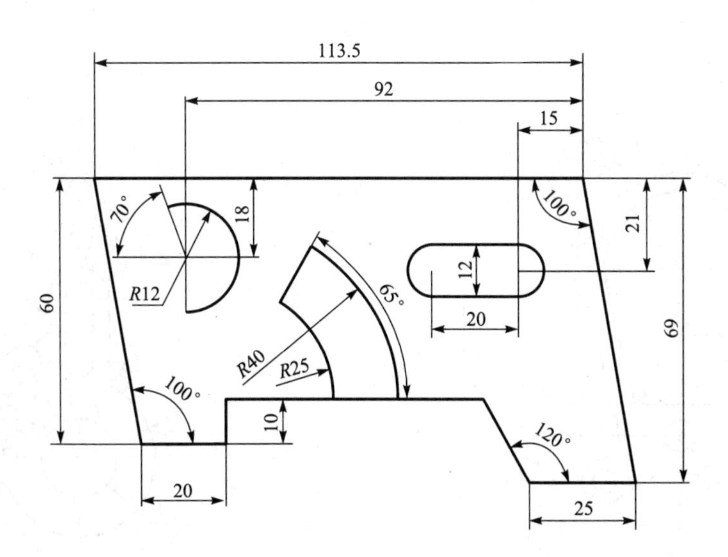

11.

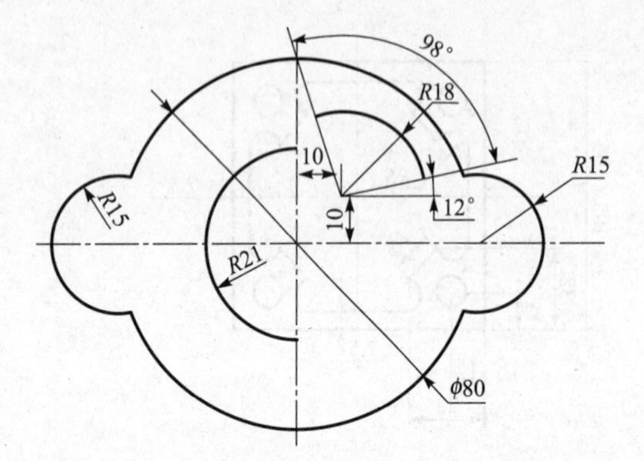

12.

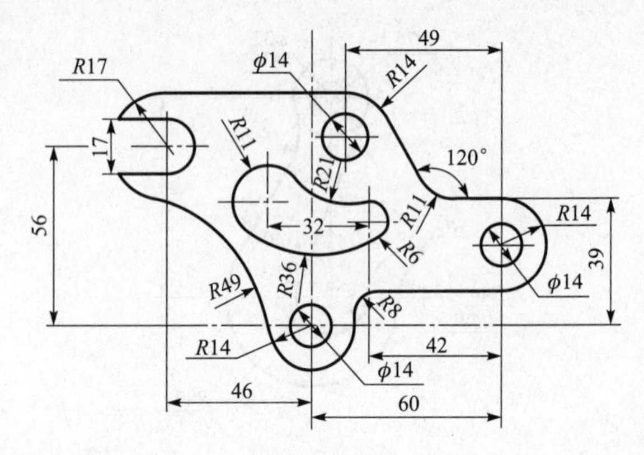

13.

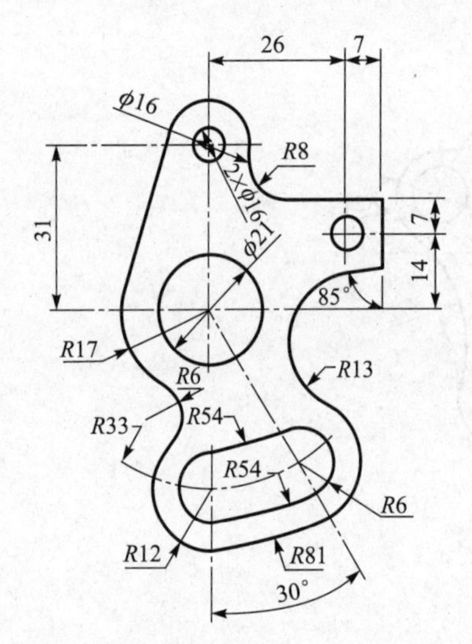

14.

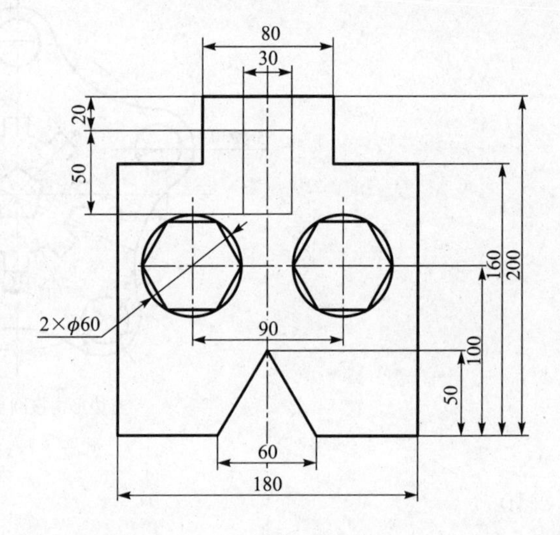

15.

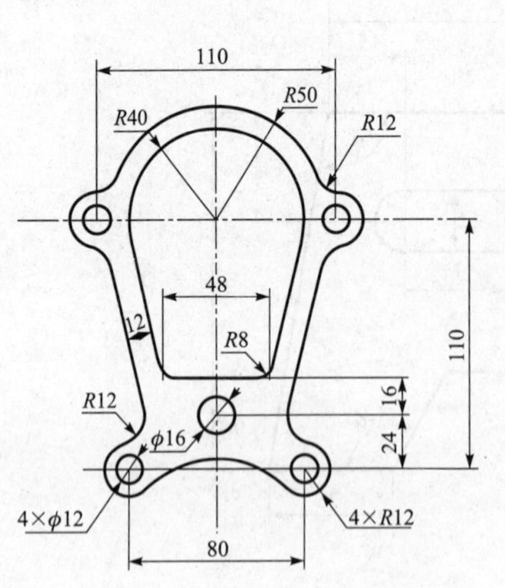

16.

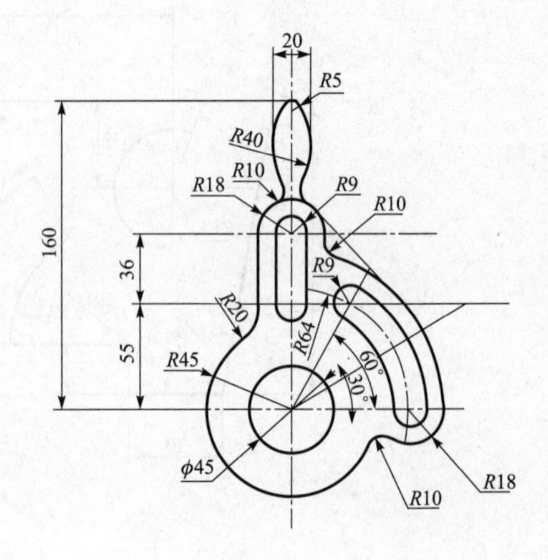

17.

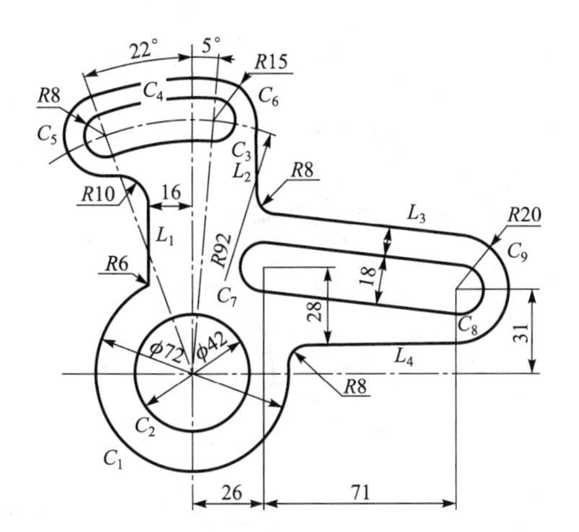
22°
5°
R15
R8
C4
C6
C5
C3
L2
R10
16
R8
L3
R20
L1
C9
R6
R92
18
C7
28
C8
31
φ72
φ42
L4
R8
C2
C1
26
71

18.

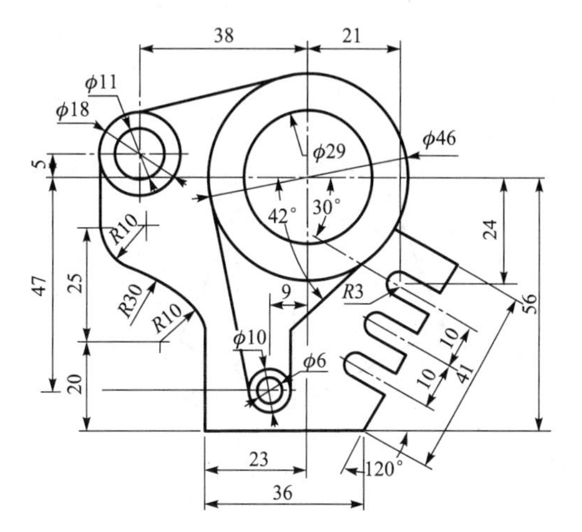
38
21
φ11
φ18
φ46
φ29
5
42°
30°
24
R10
47
25
56
R30
9
R3
R10
φ10
10
φ6
10
41
20
23
120°
36

19.

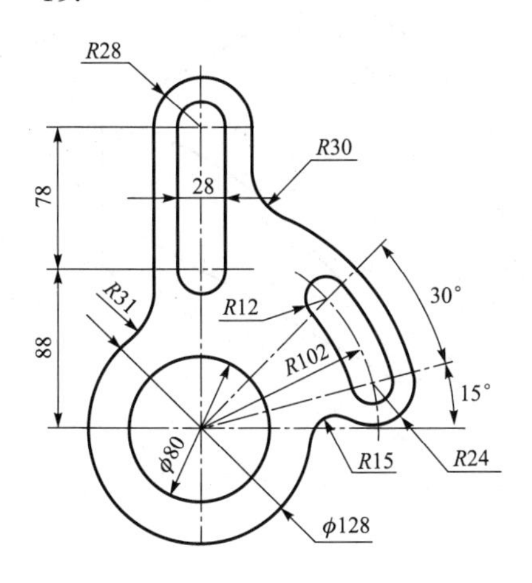
R28
R30
78
28
30°
R31
R12
88
R102
15°
φ80
R15
R24
φ128

20.

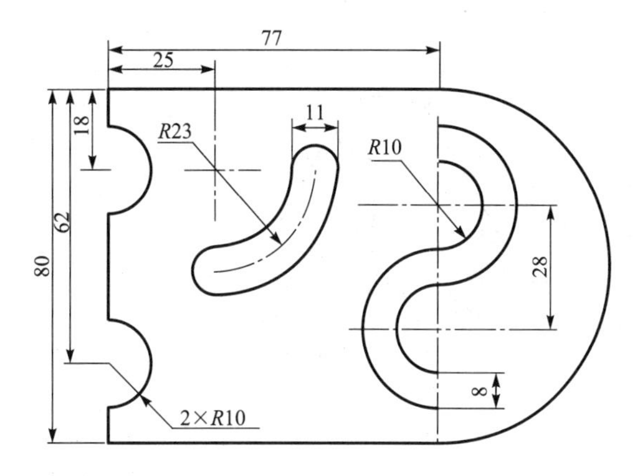
77
25
11
18
R23
R10
80
62
28
8
2×R10

21.

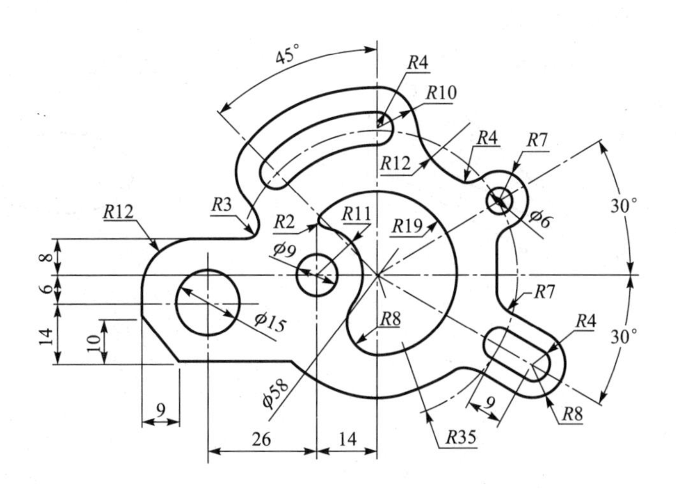
45°
R4
R10
R4
R7
R12
30°
R12
R3
R11
φ6
R2
R19
φ9
8
6
R7
R4
30°
14
10
φ15
R8
φ58
9
9
R8
R35
26
14

三维线架绘制演练。

1.

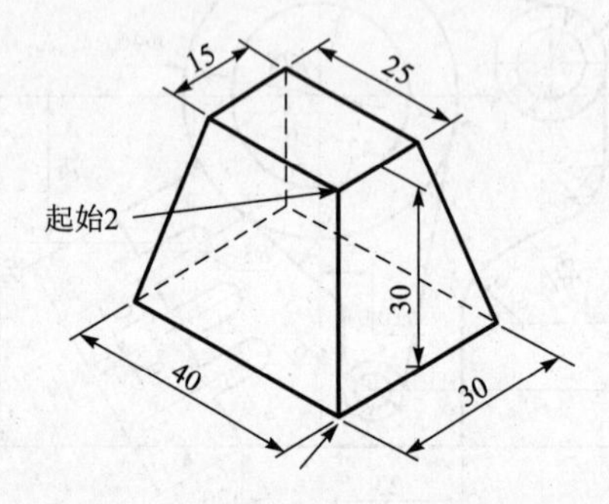

2.

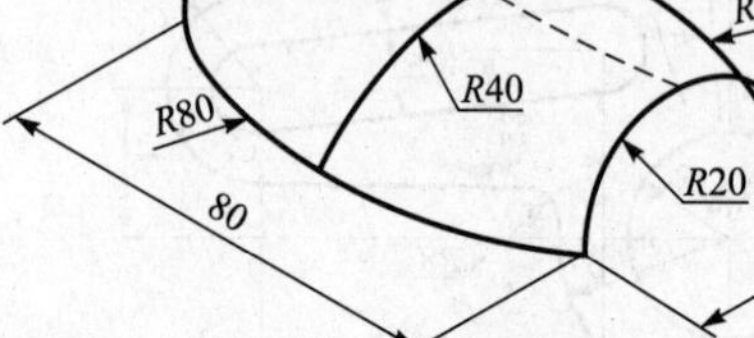

3.

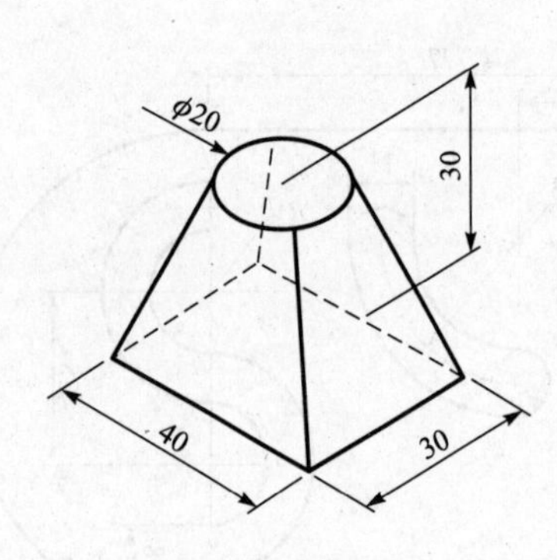

4.

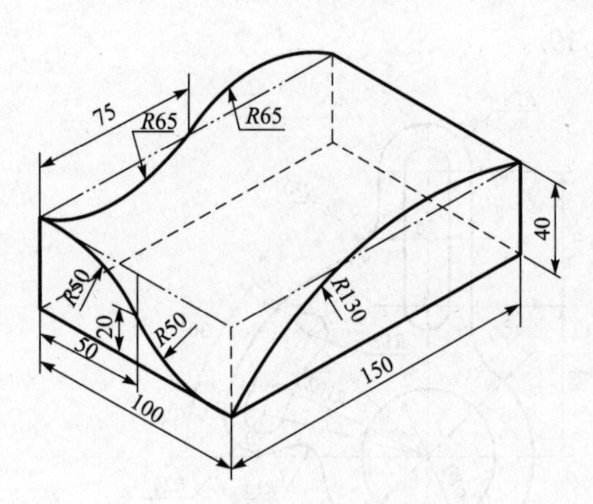

5.

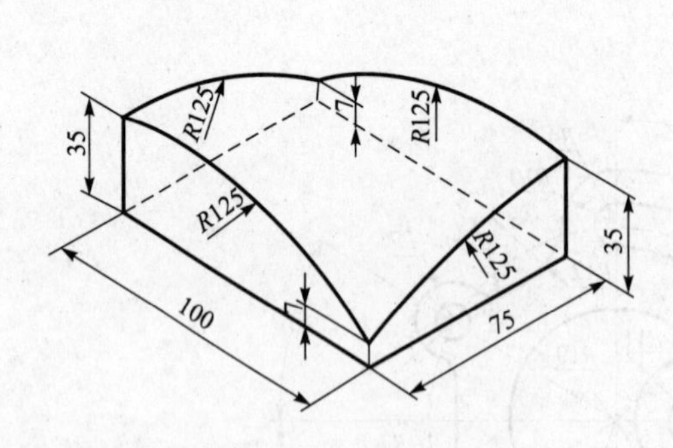

6.

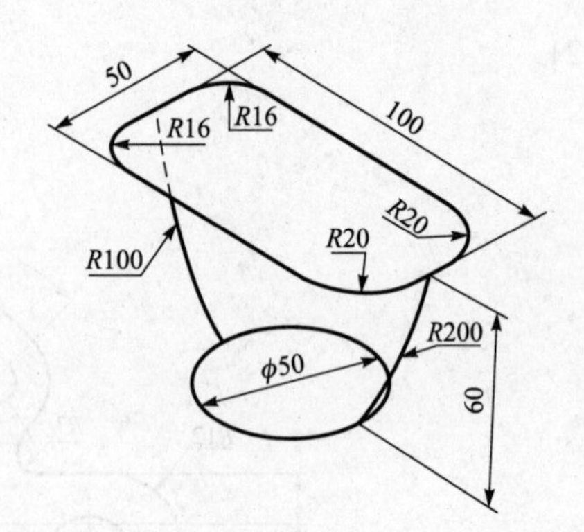

7.

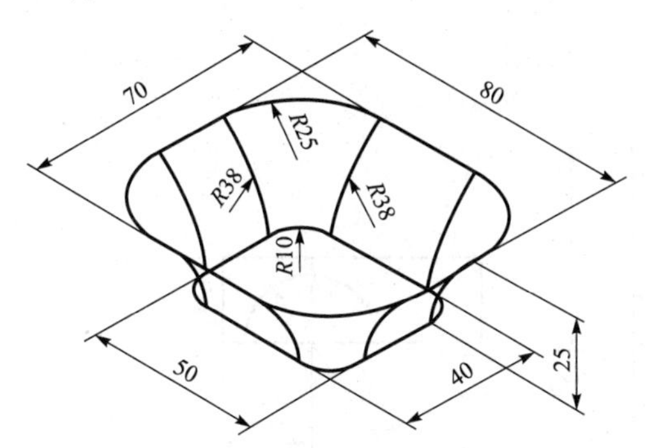

8.

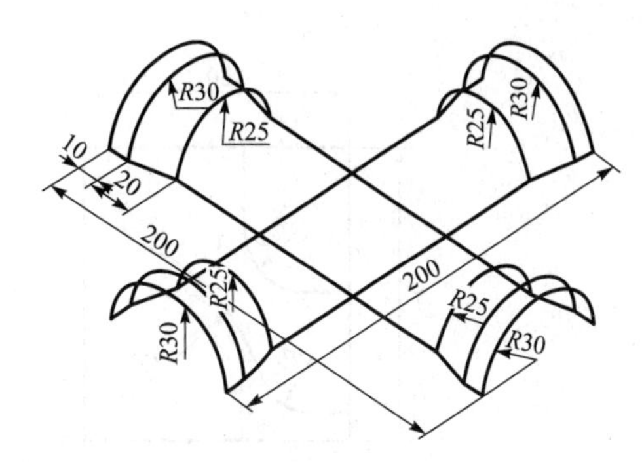

9.

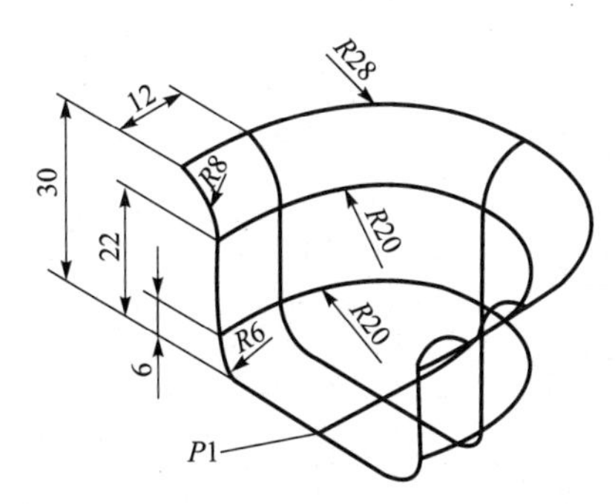

10.

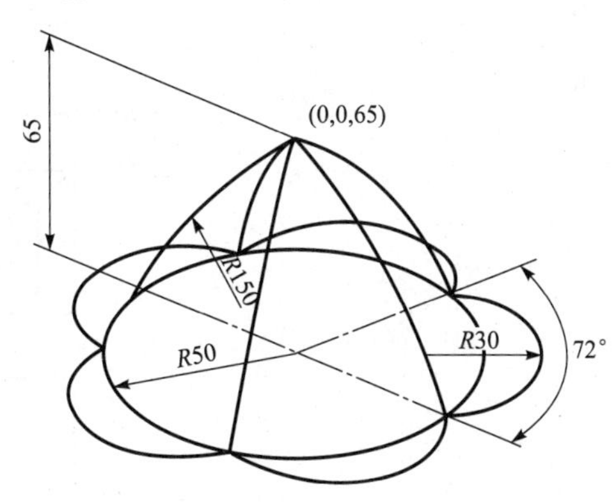

11.

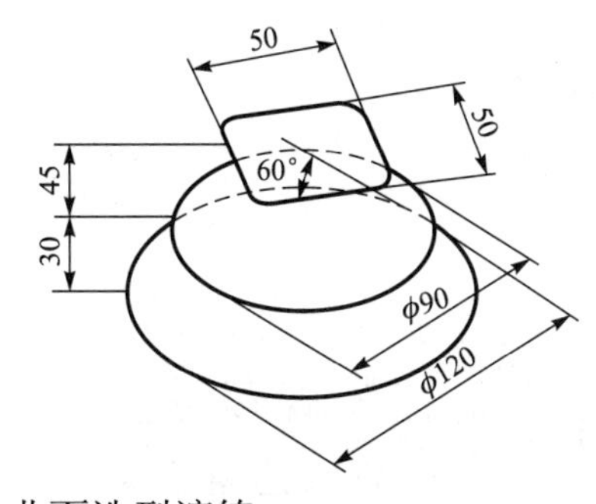

12.

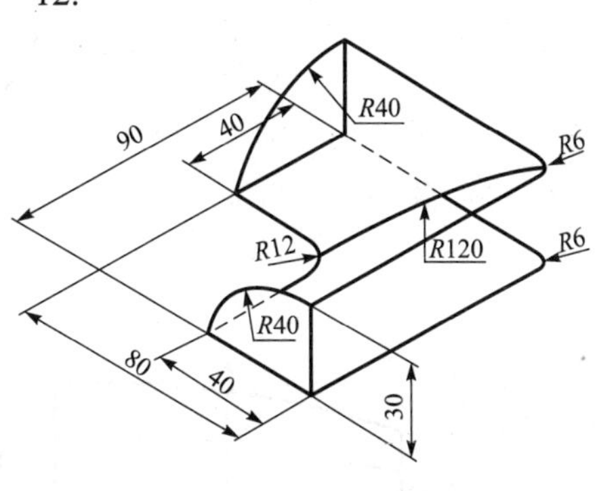

曲面造型演练。

1.

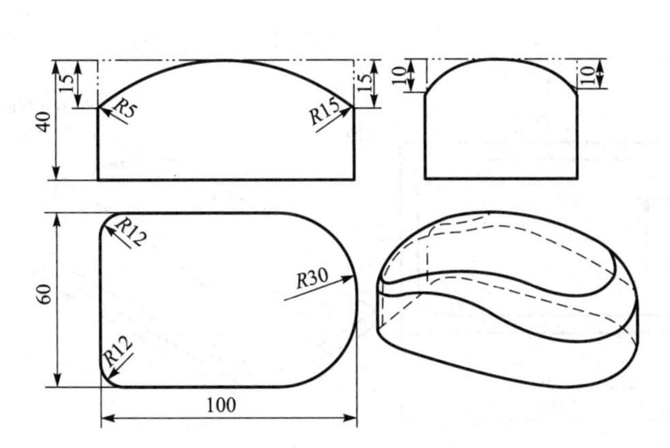

2.

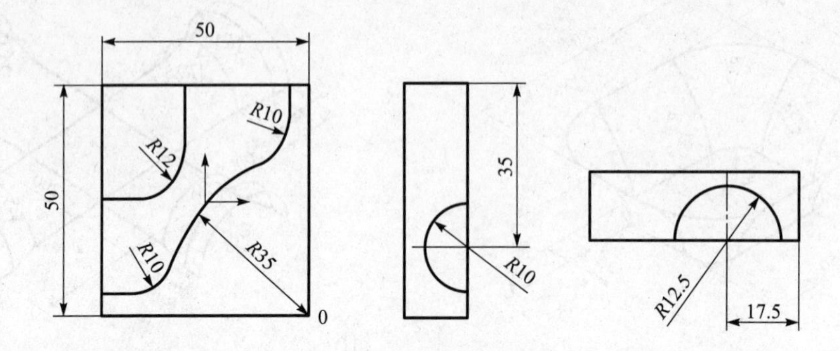
50
50
R10
R12
R10
R35
0
35
R10
R12.5
17.5

3.

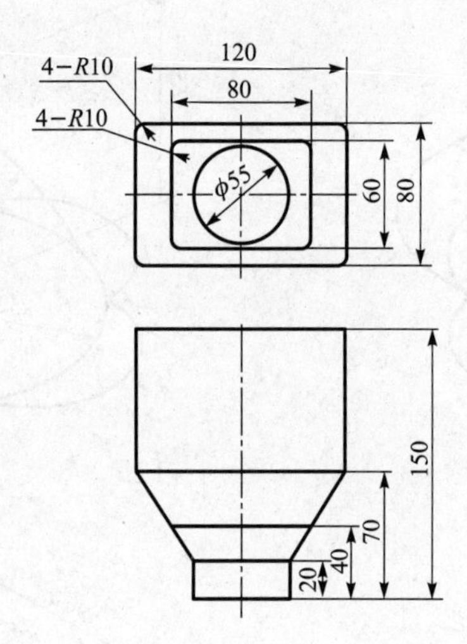
120
4−R10
80
4−R10
ϕ55
60
80
150
70
40
20

4.

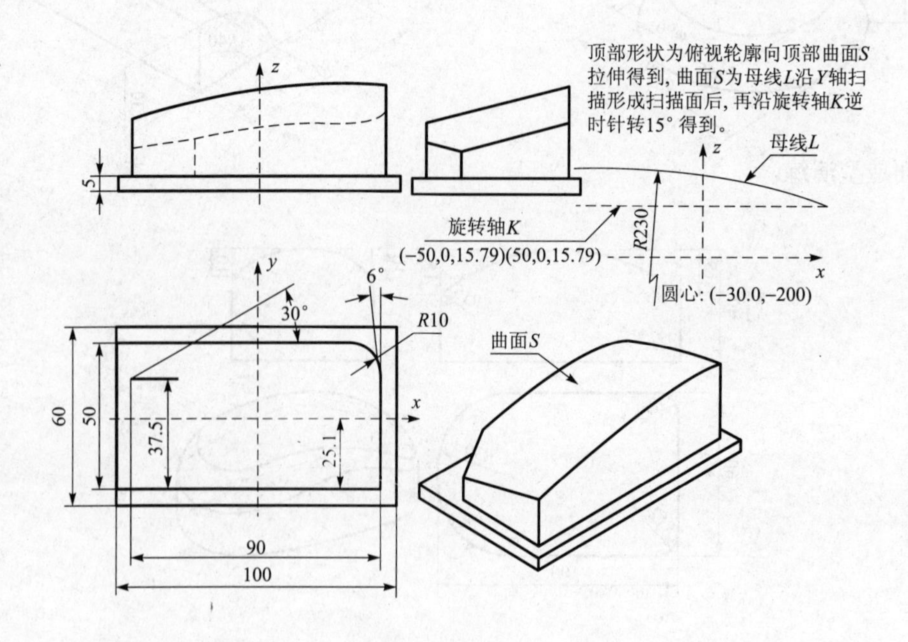
顶部形状为俯视轮廓向顶部曲面S拉伸得到，曲面S为母线L沿Y轴扫描形成扫描面后，再沿旋转轴K逆时针转15°得到。
z
5
母线L
R230
旋转轴K
(−50,0,15.79)(50,0,15.79)
x
圆心：(−30.0,−200)
y
6°
30°
R10
曲面S
x
60
50
37.5
25.1
90
100

5.

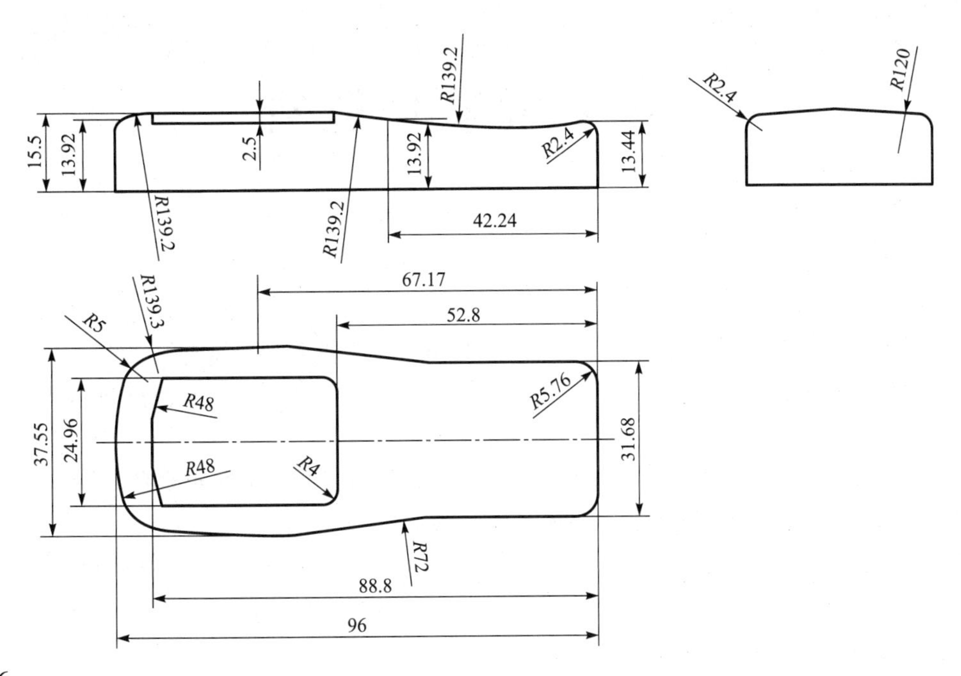
15.5
13.92
2.5
R139.2
13.92
13.44
R2.4
R139.2
R139.2
42.24
R2.4
R120
67.17
52.8
R139.3
R5
R48
R5.76
37.55
24.96
31.68
R48
R4
R72
88.8
96

6.

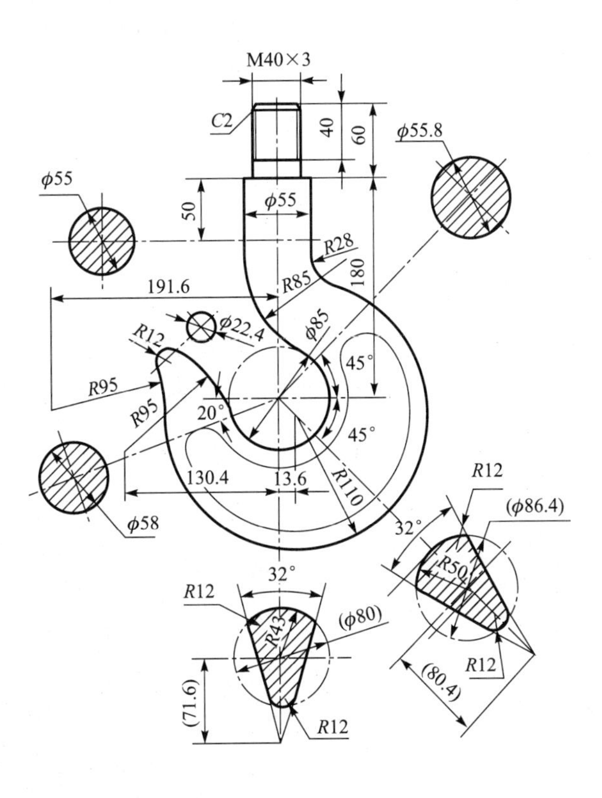
M40×3
C2
40
60
φ55.8
φ55
50
φ55
R28
191.6
R85
180
φ22.4
φ85
R12
45°
R95
R95
20°
45°
130.4
13.6
R110
R12
(φ86.4)
φ58
32°
R50
32°
R12
R43
(φ80)
R12
(71.6)
R12
(80.4)

项目三 特征实体造型

【能力目标】

1. 掌握特征实体造型的方法与技巧。

2. 熟练使用各种特征实体造型命令及特征处理命令完成零件的造型。

3. 了解草图的概念，生成草图的方法与草图基准面的创建方法及草图封闭环的检查。

【知识目标】

1. 特征实体造型（拉伸增料与除料、旋转增料与除料、导动增料与除料、放样增料与除料、曲面加厚增料与除料、曲面裁剪实体）命令的应用。

2. 特征处理（过渡、倒角、打孔、拔模、抽壳、筋板、线性阵列、环形阵列）命令的应用。

3. 模具生成（缩放、型腔、分模）和实体布尔运算命令的应用。

【知识链接】

特征实体造型是 CAXA 制造工程师的重要组成部分。CAXA 制造工程师采用精确的特征实体造型技术，完全抛弃了传统的体素合并和交并差的烦琐方式，将设计信息用特征术语来描述，使整个设计过程直观、简单和准确。

一、草图

草图是特征实体生成所依赖的曲线组合也是为特征造型准备的一个平面封闭图形。草图绘制是特征实体造型的关键步骤。

1. 确定基准平面

草图必须依赖于一个基准面，开始绘制一个新草图前必须选择一个基准面。基准面可以是特征树中已有的坐标平面（如 *xOy*、*xOz*、*yOz* 坐标平面），也可以是实体表面的某个平面，还可以是构造出的平面。

2. 选择基准平面

实现选择基准平面很简单，只要选择特征树中的平面（包括 3 个坐标平面和构造的平面）的任何一个，或直接选择已生成实体的某个平面就可以了。

3. 构造基准平面

【功能】

基准平面是草图和实体赖以生存的平面。在 CAXA 制造工程师中一共提供了“等距平面确定基准平面”“过直线与平面成夹角确定基准平面”“生成曲面上某点的切平面”“过点且垂直于曲线确定基准平面”“过点且平行平面确定基准平面”“过点和直线确定基准平面”和

“三点确定基准平面”7 种构造基准平面的方式，非常方便、灵活，从而极大提高了实体造型的速度。

【操作步骤】

（1）选择菜单“造型”→“特征生成”→“基准面”命令，或选择基准面工具，弹出“构造基准面”对话框，如图 3－1 所示。

（2）在该对话框中选择所需的构造方式，依照“构造方法”下的提示做相应操作，这个基准面就作好了。在特征树中，可见新增了刚刚作好的这个基准平面 3（如图 3－2 所示）。

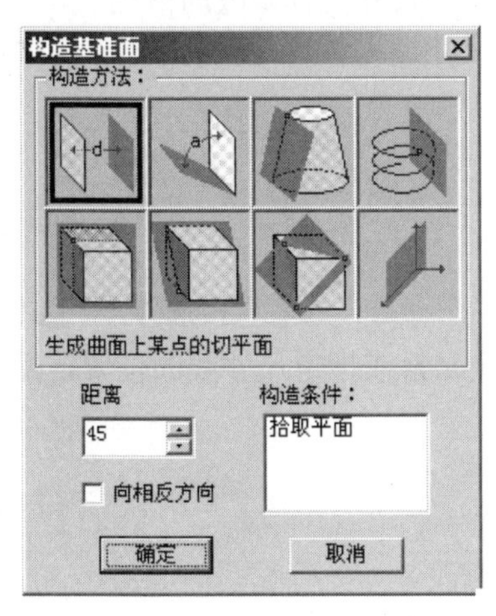

图 3－1 “构造基准面”对话框

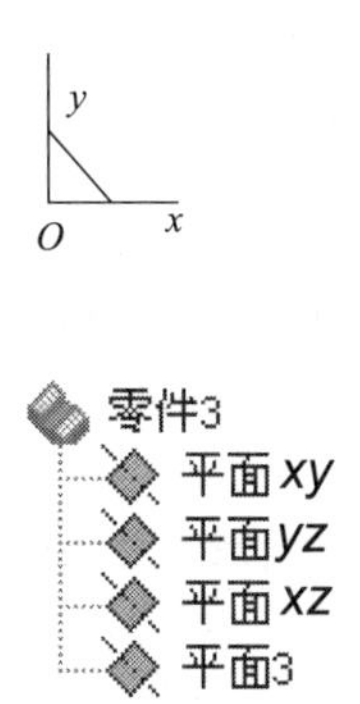

图 3－2 构造基准平面[①]

（3）取第一个构造方法：“等距平面确定基准平面”。先单击“构造条件”中的“拾取平面”，然后再选择特征树中的 *xy* 平面。这时，构造条件中的“拾取平面”显示“平面准备好”。同时，在绘图区显示的红色虚线框代表 *xy* 平面，绿色线框则表示将要构成的基准平面。

（4）在“距离”中输入 45。

（5）选中“向相反方向”复选框，再单击“确定”按钮。系统就生成了一个在 *z* 轴负方向上与 *xy* 平面相距 45 mm 的基准平面。

4. 进入草图状态

选择一个基准平面后，选择绘制草图工具（或按 F2 键），在特征树中添加了一个草图分支，表示已经处于草图状态，开始了一个新草图。

5. 草图绘制

进入草图状态后，利用曲线生成命令可以直接绘制需要的草图；也可以利用相关线和投影线命令将实体边界、空间曲线等转变为草图。

6. 编辑草图

在草图状态下绘制的草图一般要进行编辑和修改。在草图状态下进行的编辑操作只与该草图相关，不能编辑其他草图曲线或空间曲线。

如果退出草图状态后，还想修改某基准平面上已有的草图，则只需在特征树中选取这个草图，单击绘制草图按钮或将光标移到特征树的草图上，右击在弹出的快捷菜单中选择编辑草图，

① CAXA 制造工程师软件中称平面 *xOy*、*yOz*、*xOz* 为平面 *xy*、*yz*、*xz*，二者同义。

进入草图状态，也就是说该草图被打开了。草图只有处于打开状态时，才可以被编辑和修改。

7. 草图参数化修改

在草图环境下，可以任意绘制曲线，也可以不考虑坐标和尺寸的约束。之后，对绘制的草图标注尺寸，只需改变尺寸的数值，二维草图就会随着给定的尺寸值而变化，达到最终希望的精确形状，这就是草图参数化功能，也就是尺寸驱动功能。制造工程师还可以直接读取非参数化的 EXB、DW、DWG 等格式的图形文件，在草图中对其进行参数化重建。草图参数化修改适用于图形的几何关系保持不变，只对某一尺寸进行修改的情况。

尺寸驱动模块中共有 3 个功能：尺寸标注、尺寸编辑和尺寸驱动。

（1）尺寸标注。

【功能】

在草图状态下，对所绘制的图形标注尺寸。

【操作步骤】

① 选择菜单“造型”→“尺寸”→“尺寸标注”命令，或者直接选择工具。

② 拾取尺寸标注元素，并拾取另一尺寸标注元素或指定尺寸线的位置，操作完成，如图 3－3 所示。

（2）尺寸编辑。

【功能】

草图状态下，对标注的尺寸进行标注位置的修改。

【操作步骤】

① 选择菜单“造型”→“尺寸”→“尺寸编辑”命令，或者直接选择工具。

② 拾取需要编辑的尺寸元素，修改尺寸线位置，尺寸编辑完成。

（3）尺寸驱动。

【功能】

尺寸驱动用于修改某一尺寸，而图形的几何关系保持不变。

【操作步骤】

① 选择菜单“造型”→“尺寸”→“尺寸驱动”命令，或者直接选择工具。

② 拾取要驱动的尺寸，弹出“半径”对话框。输入新的尺寸值，尺寸驱动完成，如图 3－4 所示。

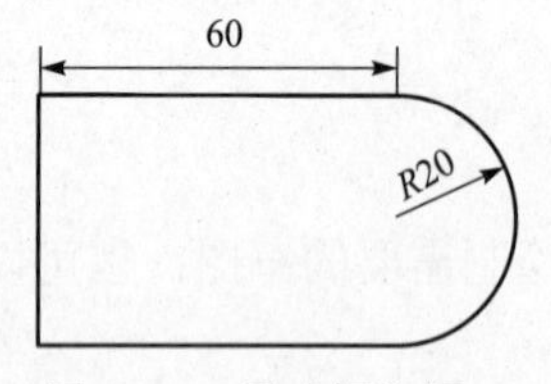

图 3－3　尺寸标注图

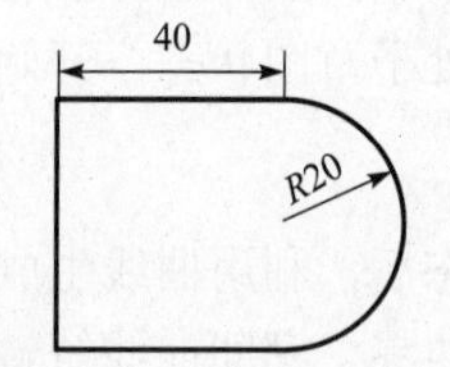

图 3－4　尺寸驱动

注意：只有在草图状态下才能进行尺寸标注、尺寸编辑和尺寸驱动。

8. 草图环检查

【功能】

用来检查草图环是否封闭。当草图环封闭时，系统提示“草图不存在开口环”。当草图环不封闭时，系统提示“草图在标记处为开口或重合”，并在草图中用红色的点标记出来。

【操作步骤】

选择菜单“造型”→“草图环检查”命令，或者直接选择草图环检查工具，系统弹出图 3－5 所示的草图是否封闭的提示。

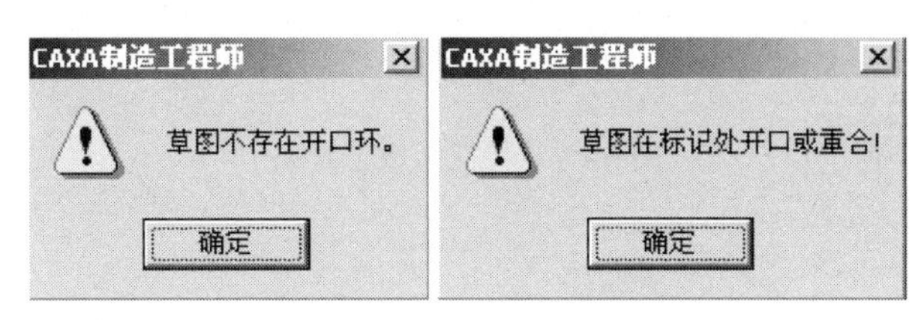

图 3－5　草图环检查

注意：要养成在退出草图状态前检查草图是否封闭的良好习惯。草图环检查按钮位于曲线工具条的最下边，位置较隐蔽。

9. 退出草图状态

当草图编辑完成后，选择绘制草图工具，按钮弹起表示已退出草图状态。

二、特征造型及特征处理

CAXA 制造工程师提供了功能强大、操作方便灵活的多种由草图生成特征实体的方法。分别是：拉伸增料和拉伸除料、旋转增料和旋转除料、放样增料和放样除料、导动增料和导动除料、曲面加厚增料和曲面加厚除料、曲面裁剪。用户可以通过单击“特征工具条”或选择菜单“应用”→“特征生成”命令来实现，如图 3－6 所示，单击命令生成各种三维实体。

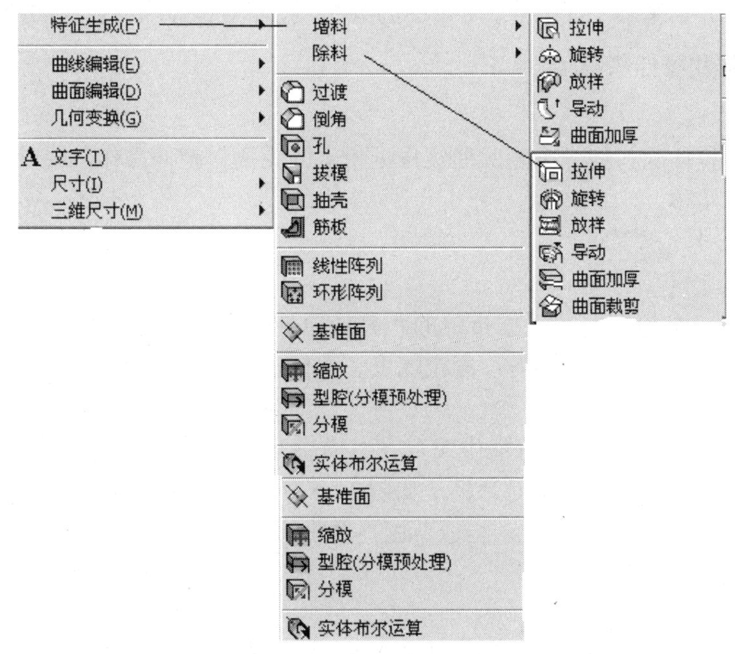

图 3－6　特征生成子菜单

在 CAXA 制造工程师中的“特征生成栏”工具条包含了上述所有实体造型功能，如图 3－7 所示。直接单击该工具条上的图标也能生成各种三维实体。

导动增料 曲面加厚增料 放样除料 导动除料 曲面裁剪除料 倒角 拔模 线性阵列 构造基准面 布尔运算

特征生成栏

拉伸增料 旋转增料 放样增料 拉伸除料 旋转除料 曲面加厚除料 过渡 筋板 抽壳 打孔 环形阵列 缩放 型腔 分模

图 3－7 特征生成工具条

任务一

轴承支座实体造型

【目的要求】 掌握拉伸增料与除料命令的应用与操作。

【教学重点】 综合应用拉伸增料与除料命令。

【教学难点】 综合应用拉伸增料与除料命令对支座进行实体造型。

【知识链接】

本图例主要介绍基准平面的选择、草图的绘制、拉伸增料与除料命令的应用及操作方法。

1. 拉伸增料和拉伸除料

【功能】

拉伸增料和拉伸除料将一个轮廓曲线根据指定的距离做拉伸操作，用以生成一个增加或减去材料的特征实体。

（1）拉伸增料。

【功能】

拉伸增料将一个轮廓曲线根据指定的距离做拉伸操作，用以生成一个增加材料的特征（或薄壁特征）。拉伸增料的类型有：固定深度、双向拉伸和拉伸到面。

【操作步骤】

① 选择菜单“应用”→“特征生成”→“增料”→“拉伸”命令，或者直接选择拉伸增料工具，弹出“拉伸增料”对话框。如图 3－8 所示。

② 选取拉伸类型，填入深度，拾取草图，单击“确定”按钮完成操作。

（2）拉伸除料。

【功能】

拉伸除料将一个轮廓曲线根据指定的距离做拉伸操作，用以生成一个减去材料的特征。

【操作步骤】

① 选择菜单“应用”→“特征生成”→“除料”→“拉伸”命令，或者直接选择工具，弹出“拉伸除料”对话框，如图 3－9 所示。

图 3－8 “拉伸增料”对话框

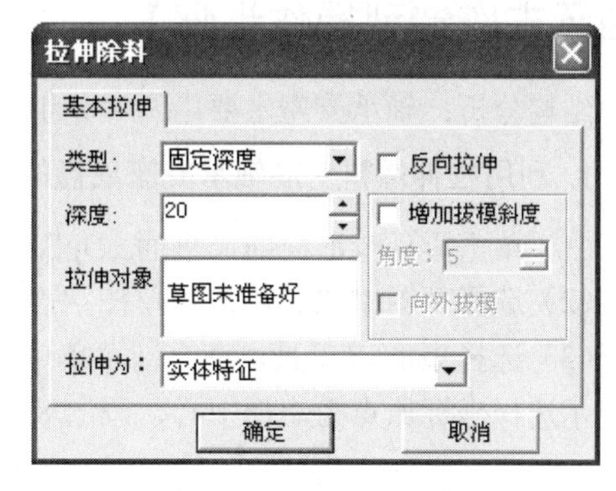

图 3－9 “拉伸除料”对话框

② 选取拉伸类型，填入深度，拾取草图，单击“确定”按钮完成操作。

注意：拉伸类型包括“固定深度”“双向拉伸”“拉伸到面”和“贯穿”（拉伸除料）。

固定深度是指按照给定的深度数值进行单向的拉伸；深度是指拉伸的尺寸值，可以直接输入所需数值，也可以单击右侧的上下箭头按钮来调节大小；拉伸对象是指将要拉伸的草图；反向拉伸是指与默认方向相反的方向进行拉伸；增加拔模斜度是指使拉伸的实体带有锥度；角度是指拔模时母线与中心线的夹角；向外拔模是指与默认方向相反的方向进行拔模操作；双向拉伸是指以草图为中心，同时向相反的两个方向进行拉伸，深度值以草图为中心平分；贯穿拉伸除料的特定方式，是指草图拉伸后，将实体整个穿透；拉伸到面是指拉伸位置以曲面为结束位置进行拉伸，需要选择要拉伸的草图和要拉伸到的曲面。

薄壁特征生成：如果绘制的草图是封闭的，系统会弹出默认的“基本拉伸”对话框，也就是将草图拉伸为实体特征。单击并选择“拉伸为”下拉菜单中的“薄壁特征”命令，系统会自动弹出“拉伸增料”对话框，切换到“薄壁特征”选项卡。如图 3－10 所示。

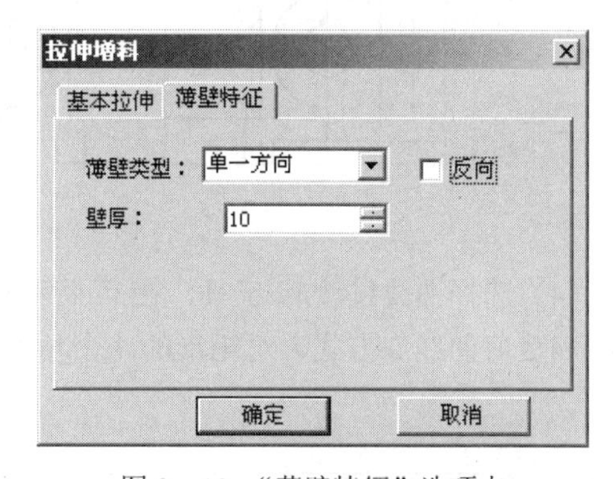

图 3－10 “薄壁特征”选项卡

在“薄壁特征”选项卡中，选取相应的薄壁类型以及薄壁厚度，单击“确定”按钮完成设定。

注意以下几点。

- 拉伸除料必须在实体上进行，否则该功能不可用。
- 在进行“双面拉伸”时，拔模斜度可用。
- 在进行“拉伸到面”时，要使草图能够完全投影到这个面上，如果面的范围比草图小，就会产生操作失败。
- 在进行“拉伸到面”时，可以给定拔模斜度，但是深度和反向拉伸不可用。
- 草图中隐藏的线不能参与特征拉伸。
- 在生成薄壁特征时，草图可以是封闭的也可以不是封闭的，不封闭草图的线段必须是连续的。

【轴承支座造型操作步骤】

结构分析：轴承支座主要由两部分组成：底盘和座体，零件如图 3－11 所示。

1. 利用拉伸增料生成轴承支座底盘的实体

（1）单击零件特征树的“平面 xOy”，选定该平面为草图基准面。

（2）选择草图工具，进入草图状态。

（3）选择矩形工具，在立即菜单中选择“中心_长_宽”方式，长度 82，宽度 34；根据提示选择坐标原点为矩形中心，画出 82×34 的矩形。

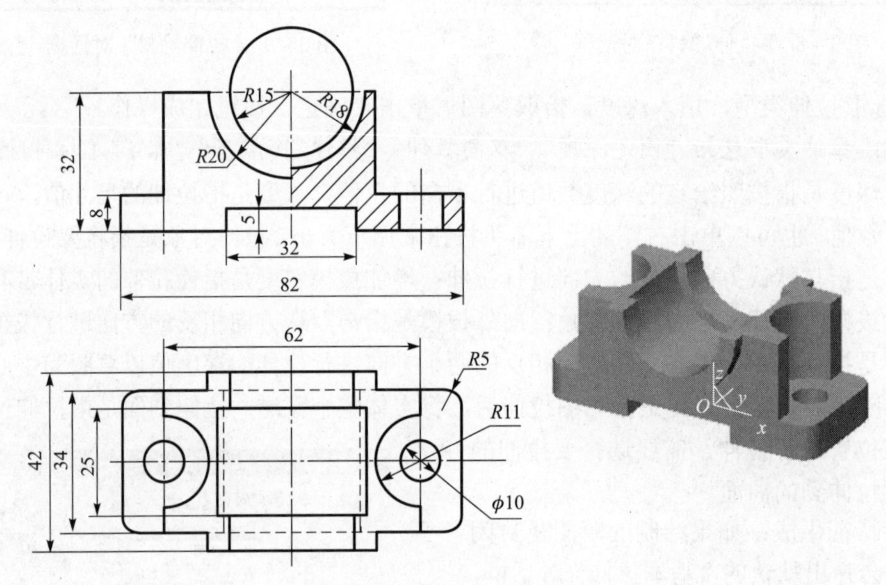

图 3－11　轴承支座零件图

（4）选择曲线过渡工具，在立即菜单中选择“圆弧过渡”方式，输入半径 5，裁剪曲线 1 和裁剪曲线 2 方式，对矩形的 4 个角进行曲线过渡。

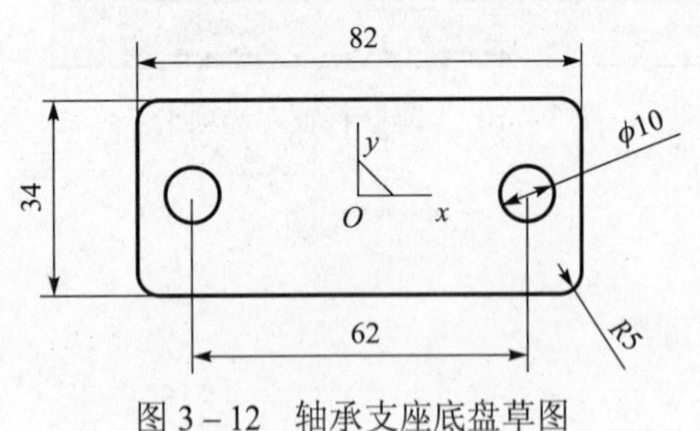

图 3－12　轴承支座底盘草图

（5）选择直线工具，在立即菜单中选择“水平/垂直”中的水平，长度 62，根据提示选择坐标原点为直线的中点，画出长度为 62 的水平线（目的是为了确定两个直径为 10 的小圆的圆心）。

（6）选择画圆工具，在立即菜单中选择“圆心_半径”方式，根据提示分别捕捉上一步所画的水平线的端点为圆心点，输入半径 5，按回车键，画出两个直径为 10 的小圆。然后删除水平线。得到图 3－12 所示的草图。

（7）选择拉伸增料工具，在弹出的对话框中选择“固定深度”方式，拉伸对象为上一步所画的草图“草图 0”，输入深度值为 8，按 F8 键在轴测图中观察，单击“确定”按钮。拉伸结果如图 3－13 所示。

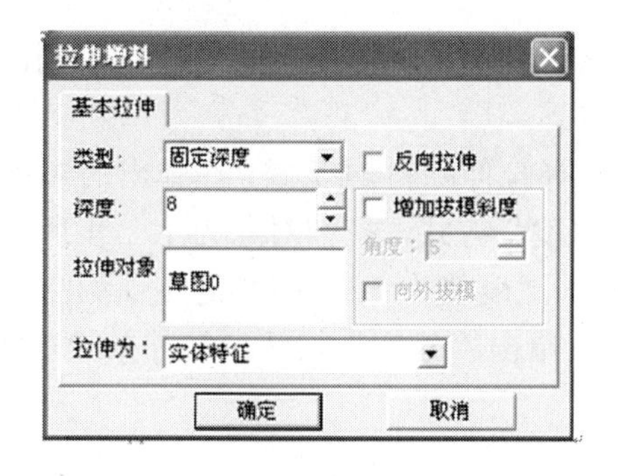

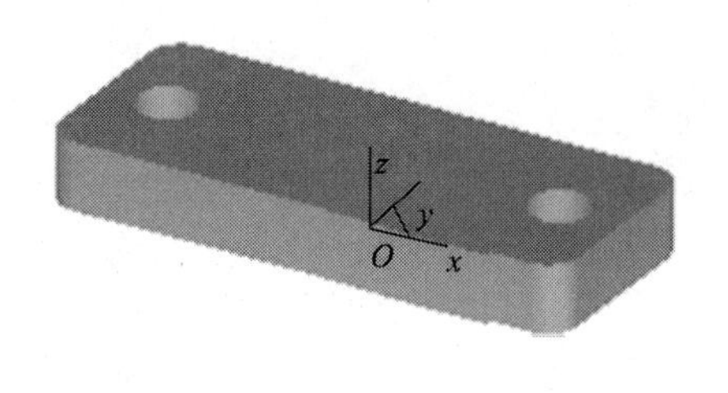

图 3－13　轴承支座底盘

2. 利用拉伸增料生成轴承支座体的实体

（1）单击零件特征树的“平面 xOy”，选定该平面为草图基准面。

（2）选择草图工具，进入草图状态。

（3）选择矩形工具，在立即菜单中选择“中心_长_宽”方式，长度 62，宽度 34；根据提示选择坐标原点为矩形中心。

（4）选择画圆工具，在立即菜单中选择“圆心_半径”方式，根据提示分别捕捉上一步所画的矩形宽边中点为圆心点，输入半径 11，按回车键，画出两直径为 22 的圆。

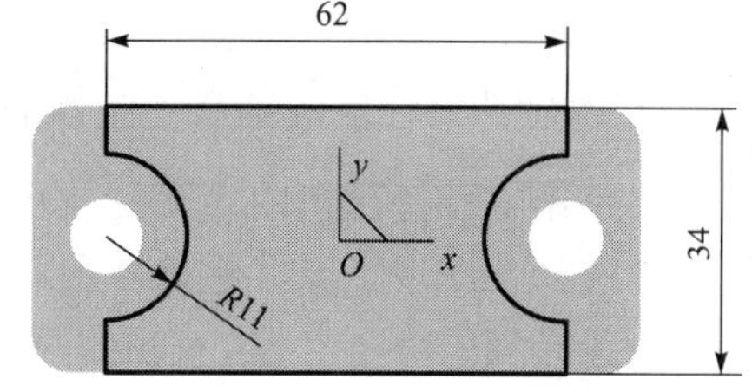

图 3－14　裁剪效果

（5）选择曲线裁剪工具，在立即菜单中选择“快速裁剪”、“正常裁剪”方式，根据提示选择被裁掉的部分，得到图 3－14 所示的草图。

（6）选择拉伸增料工具，在弹出的对话框中选择“固定深度”方式，拉伸对象为上一步所画的“草图 1”，输入深度值为 32，按 F8 键在轴测图中观察，单击“确定”按钮。拉伸效果如图 3－15 所示。

图 3－15　拉伸设置及效果

3. 利用拉伸除料生成轴承支座底盘槽

（1）单击零件特征树的“平面 xOy”，选定该平面为草图基准面。

（2）选择草图工具，进入草图状态。

（3）选择矩形工具，在立即菜单中选择“中心_长_宽”方式，长度 32，宽度 34；

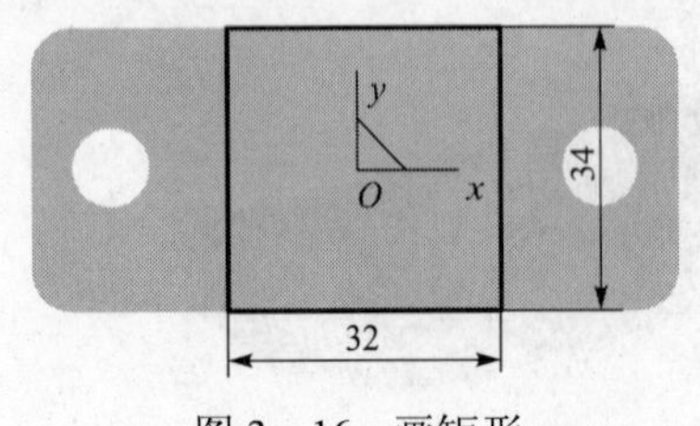

图 3－16　画矩形

根据提示选择坐标原点为矩形中心，得到图 3－16 所示的草图。

（4）选择拉伸除料工具，在弹出的对话框中选择“固定深度”方式，拉伸对象为上一步所画的“草图 2”，输入深度值为 5，按 F8 键在轴测图中观察，反向拉伸，单击“确定”按钮。拉伸效果如图 3－17 所示。

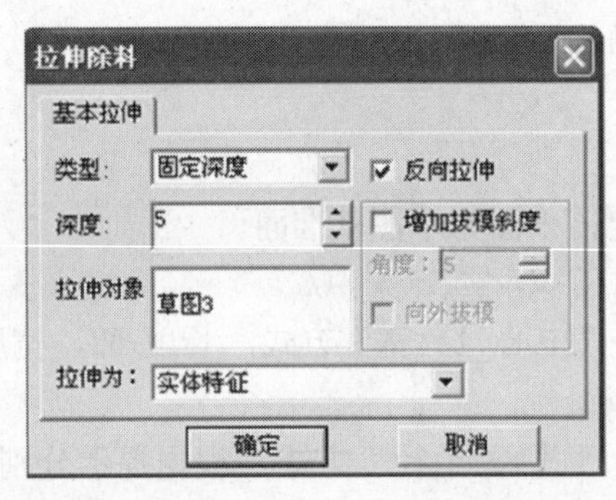

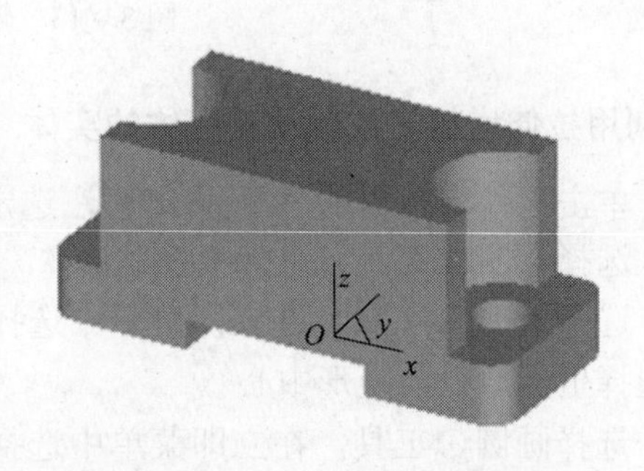

图 3－17　拉伸设置和效果

4. 利用拉伸增料生成轴承支座体的半圆凸沿的实体

（1）单击零件特征树的“平面 *xOz*”，选定该平面为草图基准面。

（2）选择草图工具，进入草图状态。

（3）选择相关线工具，在立即菜单中选择“实体边界”方式，根据提示选择轴承支座体前上边界（或后上边界）。

（4）选择画圆工具，在立即菜单中选择“圆心_半径”方式，根据提示分别捕捉上一步所画的实体边界中点为圆心点，输入半径 20，按回车键，画出直径为 40 的圆。

（5）选择曲线裁剪工具，在立即菜单中选择“快速裁剪”、“正常裁剪”方式，根据提示选择被裁掉的部分，得到图 3－18 所示的草图。

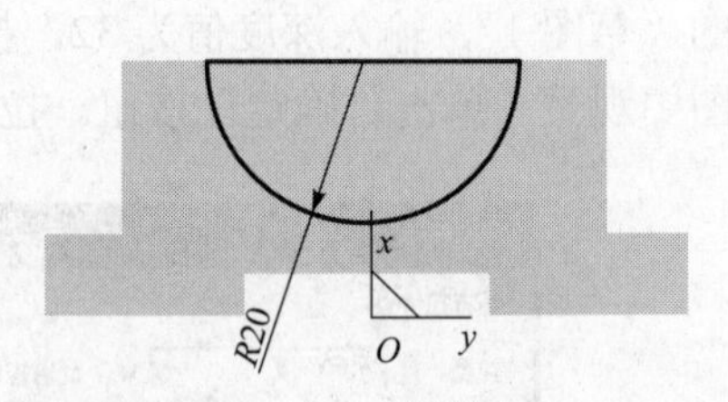

图 3－18　裁剪图形

（6）选择拉伸增料工具，在弹出的对话框中选择“双向拉伸”方式，拉伸对象为上一步所画的“草图 3”，输入深度值为 42，按 F8 键在轴测图中观察，单击“确定”按钮。拉伸效果如图 3－19 所示。

5. 利用拉伸除料生成轴承支座体的 *R*15 圆弧槽

（1）单击零件特征树的“平面 *xOz*”，选定该平面为草图基准面。

（2）选择草图工具，进入草图状态。

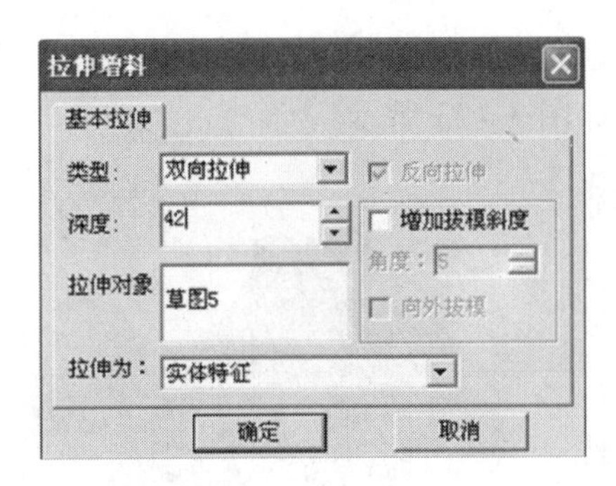

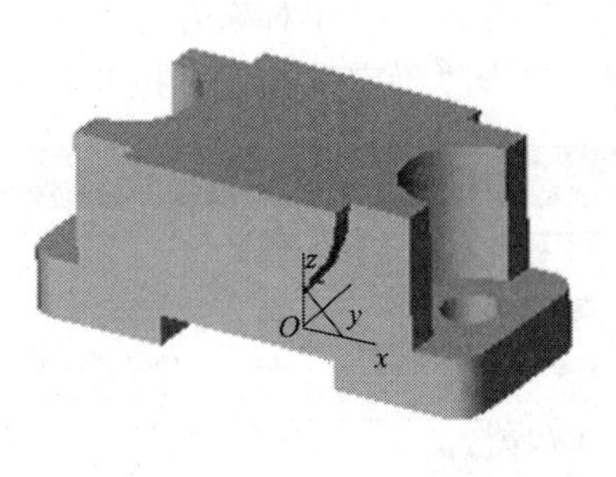

图 3－19　拉伸设置和效果

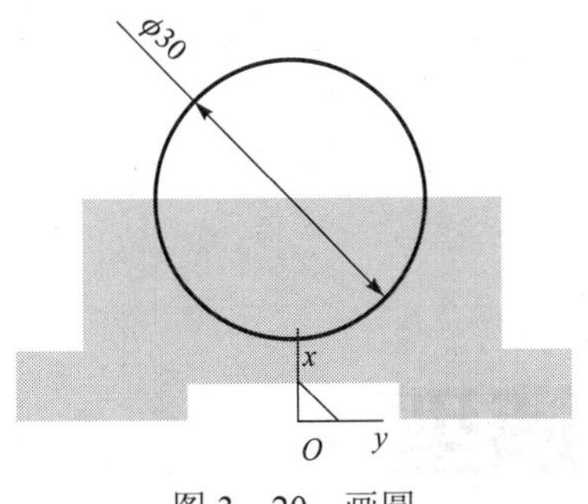

图 3－20　画圆

（3）选择画圆工具，在立即菜单中选择“圆心_半径”方式，在输入圆心提示下，按空格键，弹出“点工具”菜单，选择“圆心”，拾取上一步所画的半圆凸沿圆弧边界为圆心点，输入半径 15，按回车键，画出直径为 30 的圆，得到图 3－20 所示的草图。

（4）选择拉伸除料工具，在弹出的对话框中选择“贯穿”方式，拉伸对象为上一步所画的“草图 4”，按 F8 键在轴测图中观察，单击“确定”按钮。拉伸效果如图 3－21 所示。

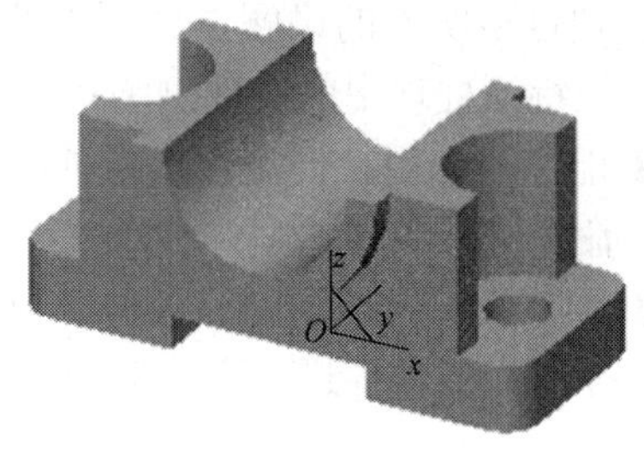

图 3－21　拉伸设置及效果

6. 利用拉伸除料生成轴承支座体的 *R*18 圆弧槽

（1）单击零件特征树的“平面 *xOz*”，选定该平面为草图基准面。

（2）选择草图工具，进入草图状态。

（3）选择画圆工具，在立即菜单中选择“圆心_半径”方式，在输入圆心提示下，按空格键，弹出“点工具”菜单，选择“圆心”，拾取上一步所画的半圆凸沿圆弧边界为圆心点，输入半径 18，按回车键，画出直径为 36 的圆，得到图 3－22 所示的草图。

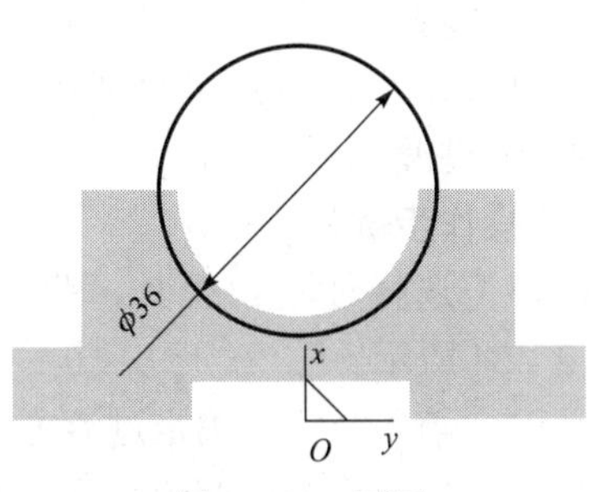

图 3－22　画圆

（4）选择拉伸除料工具，在弹出的对话框中选择“双向拉伸”方式，拉伸对象为上一步所画的“草图 9”，输入深度值为 25，按 F8 键在轴测图中观察，单击“确定”按钮。拉伸效果如图 3－23 所示。

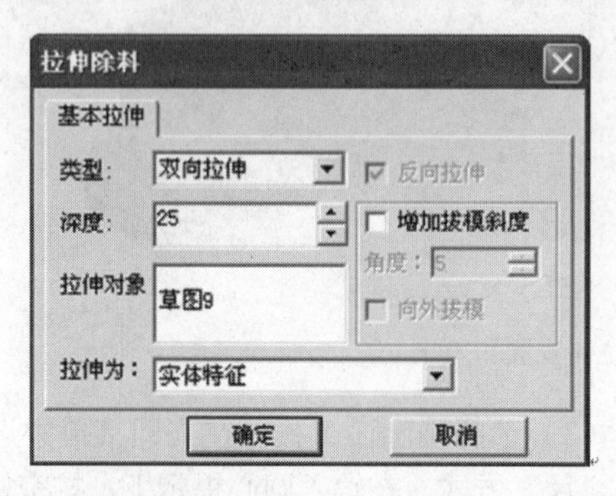

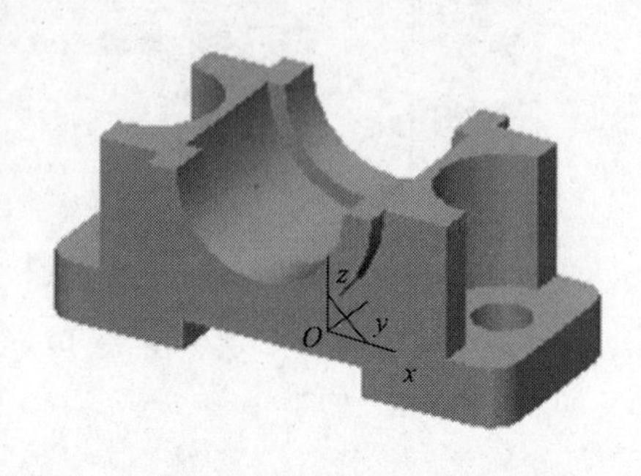

图 3－23　拉伸设置和效果

任务二　叉类零件实体造型

【目的要求】通过该实例的讲解，进一步熟练拉伸增料、拉伸除料、构造基准面的命令，掌握特征处理中的实体倒圆角、实体倒角和筋板命令。

【教学重点】能综合应用拉伸增料、拉伸除料、构造基准面、实体倒圆角、实体倒角、筋板命令进行实体造型。

【教学难点】综合应用拉伸增料、拉伸除料、构造基准面、实体倒圆角、实体倒角、筋板命令对叉类零件进行实体造型。

【知识链接】

1. 过渡（实体倒圆角）

【功能】

过渡是指以给定半径或半径规律在实体间作光滑（曲面）过渡。

【操作步骤】

（1）选择过渡工具，弹出“过渡”对话框，如图 3－24 所示。

（2）填入半径，确定过渡方式和结束方式，选择变化方式，拾取需要过渡的元素，单击“确定”按钮完成操作。

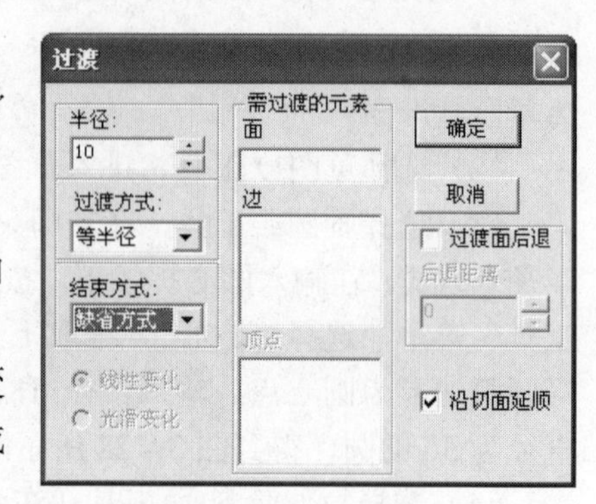

图 3－24　“过渡”对话框

注意：半径是指过渡圆角的尺寸值，可以直接输入所需数值，也可以单击按钮来调节。

结束方式有3种：缺省方式、保边方式和保面方式。缺省方式是指以系统默认的保边或保面方式进行过渡；保边方式是指线面过渡，如图3－25所示；保面方式是指面面过渡，如图3－26所示。

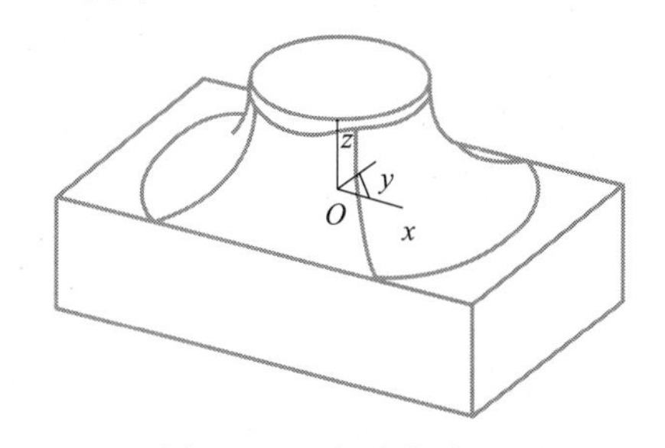

图3－25　保边方式

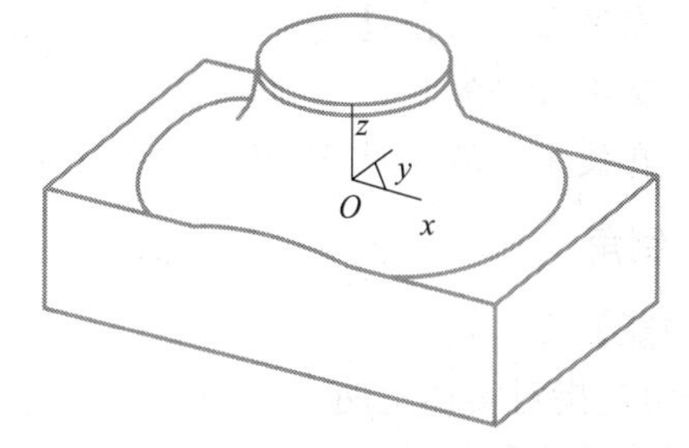

图3－26　保面方式

过渡方式有两种：等半径和变半径。等半径是指整条边或面以固定的尺寸值进行过渡，如图3－27所示；变半径是指在边或面以渐变的尺寸值进行过渡，需要分别指定各点的半径，如图3－28所示。

线性变化是指在变半径过渡时，过渡边界为直线；光滑变化是指在变半径过渡时，过渡边界为光滑的曲线；需过渡的元素是指对需要过渡的实体上的边或者面的选取；顶点是指在变半径过渡时，所拾取的边上的顶点。

沿切面延顺是指在相切的几个表面的边界上拾取一条边时，可以将边界全部过渡，先将竖的边过渡后，再用此功能选取一条横边，结果如图3－29所示。

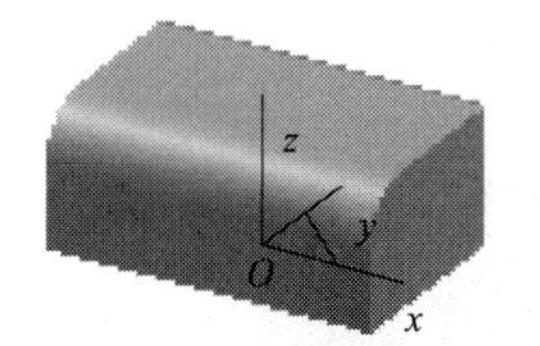

图3－27　等半径过渡

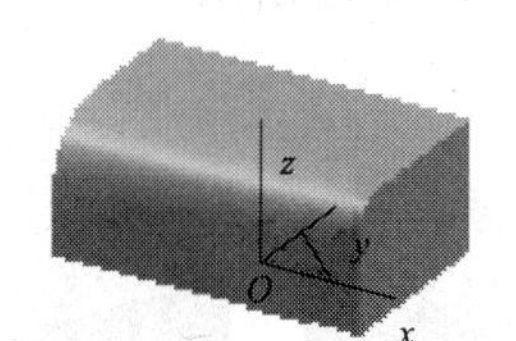

图3－28　变半径过渡

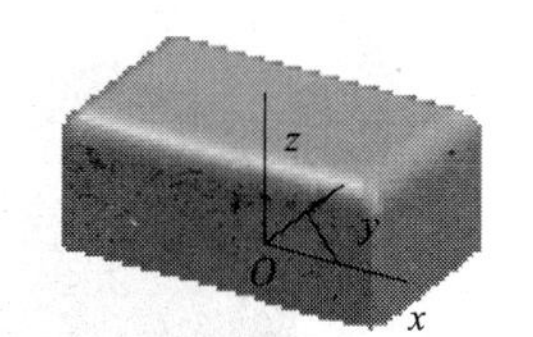

图3－29　沿切面延顺过渡

过渡面后退零件在使用过渡特征时，可以使用“过渡面后退”使过渡变得缓慢光滑，如图3－30所示。

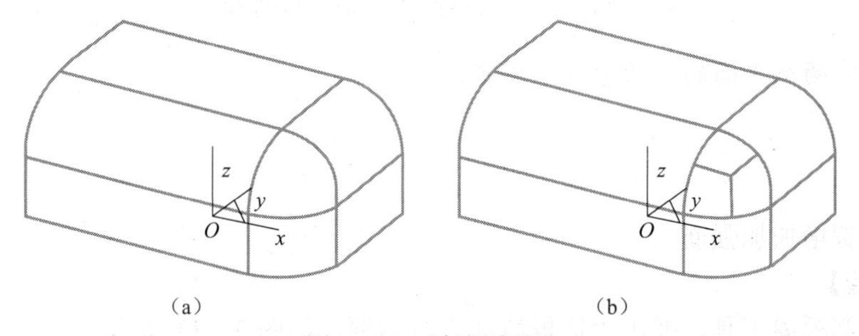

（a）　　（b）

图3－30　过渡面后退

（a）没有后退的情况；（b）有后退的情况

① 使用“过渡面后退”功能时，首先要选中“过渡面后退”复选框，然后再拾取过渡边，并给定每条边所需要的后退距离，每条边的后退距离可以相等也可以不相等。

② 如果先拾取了过渡边而没有选中“过渡面后退”复选框，那么必须重新拾取所有过渡边，这样才能实现过渡面后退功能。

③ 在“过渡”对话框中选择适当的半径值和过渡方式，单击“确定”按钮完成设置。

注意：

① 在进行变半径过渡时，只能拾取边，不能拾取面。

② 变半径过渡时，注意控制点的顺序。

③ 在使用过渡面后退功能时，过渡边不能少于 3 条且有公共点。

2. 倒角

【功能】

倒角是指对实体上两个平面的棱边进行光滑平面过渡的方法。

【操作步骤】

（1）选择倒角工具，弹出“倒角”对话框，如图 3－31 所示。

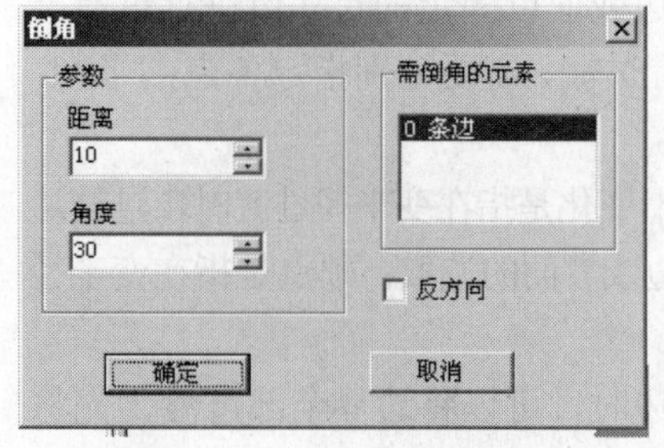

图 3－31 “倒角”对话框

（2）输入距离和角度，拾取需要倒角的元素，单击“确定”按钮完成设置。

距离是指倒角边的尺寸值，可以直接输入所需数值，也可以单击按钮来调节；角度是指所需倒角角度的尺寸值，可以直接输入所需数值，也可以单击按钮来调节；需倒角的元素是指对需要过渡的实体上的边的选取；反方向是指与默认方向相反的方向进行操作，分别按照两个方向生成实体，如图 3－32 所示。

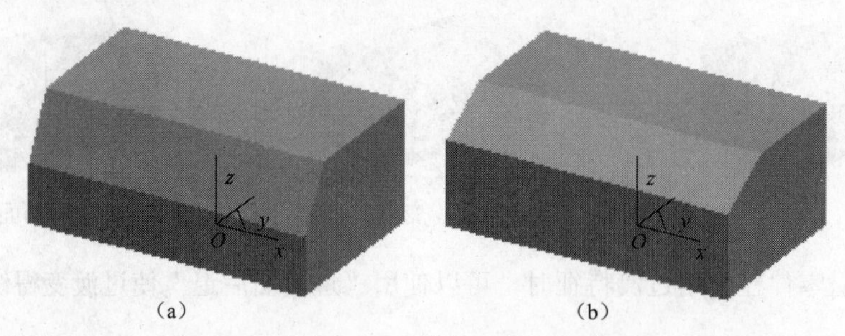

图 3－32 正、反方向倒角生成（角度 30°）

注意：只有两个平面的棱边才可以倒角。

3. 筋板

【功能】

在指定位置增加加强筋。

【操作步骤】

（1）选择筋板工具，弹出“筋板特征”对话框，如图 3－33 所示。

（2）选取筋板加厚方式，填入厚度，拾取草图，单击“确定”按钮完成操作。

单向加厚是指按照固定的方向和厚度生成实体；反向是指与默认给定的单向加厚方向相反；双向加厚是指按照相反的方向生成给定厚度的实体，厚度以草图为中心平分；加固方向反向是指与默认方向相反，如图 3－34 所示的单向加厚与双向加厚。

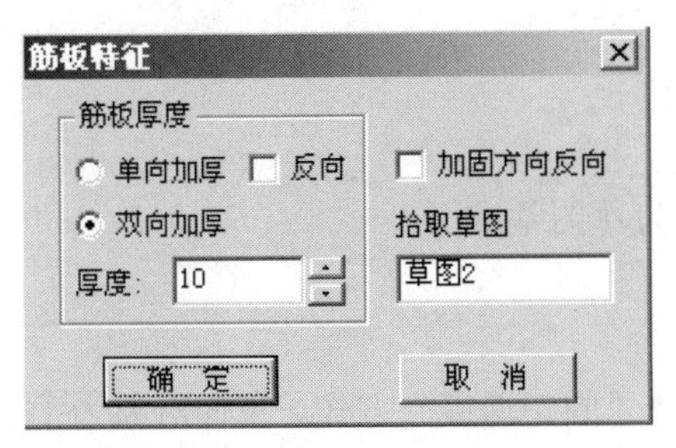

图 3-33 “筋板特征”对话框

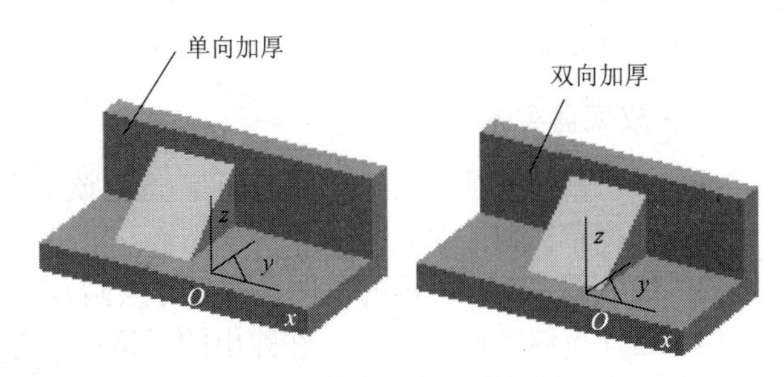

图 3-34 单向加厚与双向加厚

注意：

① 加固方向应指向实体，否则操作失败。

② 草图形状可以不封闭。

【叉类零件造型操作步骤】

结构分析：该零件主要由四部分组成：底盘、连接板、筋板、套筒。零件如图 3-35 所示。实例主要介绍拉伸增料、拉伸除料、构造基准面、实体倒圆角、实体倒角和筋板命令。

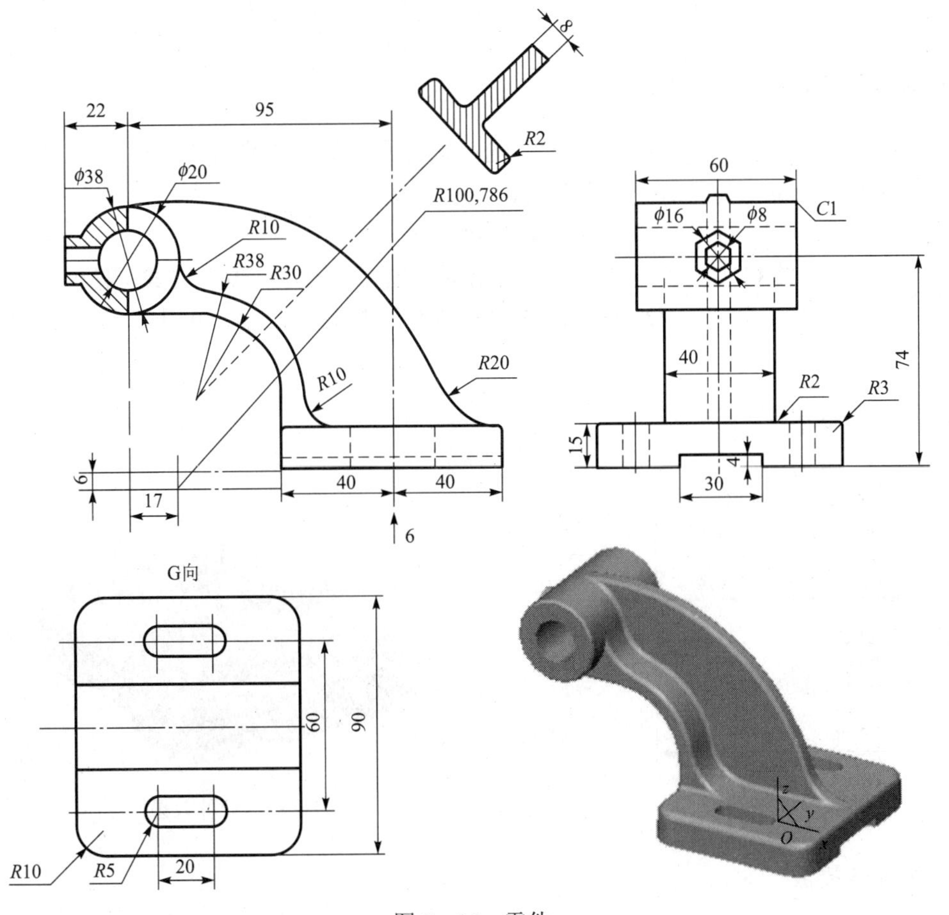

图 3-35 零件

叉类零件造型步骤如下。

1. 生成底盘实体

（1）单击零件特征树的“平面 xOy”，选定该平面为草图基准面。

（2）选择草图工具，进入草图状态。

（3）绘制图 3－36 所示的草图（按尺寸绘制）。

（4）选择拉伸增料工具，在弹出的对话框中选择“固定深度”方式，拉伸对象为上一步所画的“草图 0”，输入深度值为 15，按 F8 键在轴测图中观察，单击“确定”按钮，如图 3－37 所示。

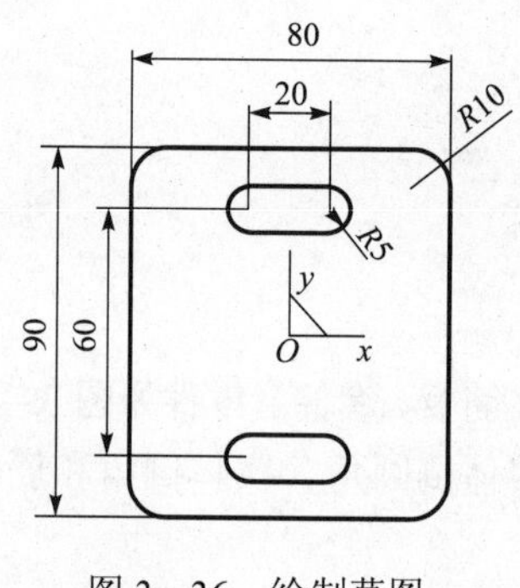

图 3－36　绘制草图

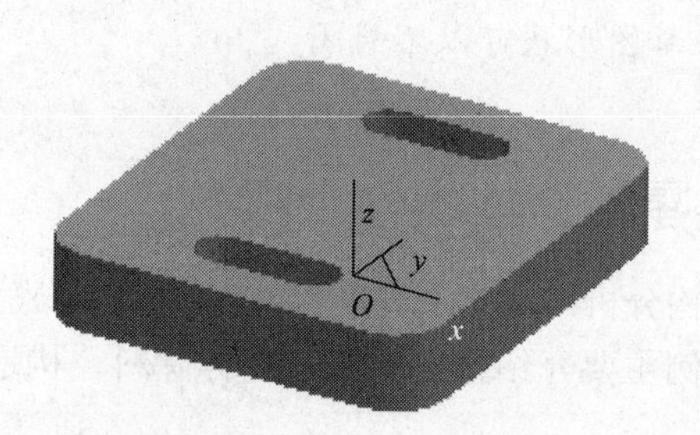

图 3－37　拉伸效果

2. 生成底盘槽

（1）单击零件特征树的“平面 xOy”，选定该平面为草图基准面。

（2）选择草图工具，进入草图状态。

（3）绘制图 3－38 所示的草图（按尺寸绘制）。

（4）选择拉伸除料工具，在弹出的对话框中选择“固定深度”方式，拉伸对象为上一步所画的“草图 1”，输入深度值为 4，按 F8 键在轴测图中观察，单击“确定”按钮，如图 3－39 所示。

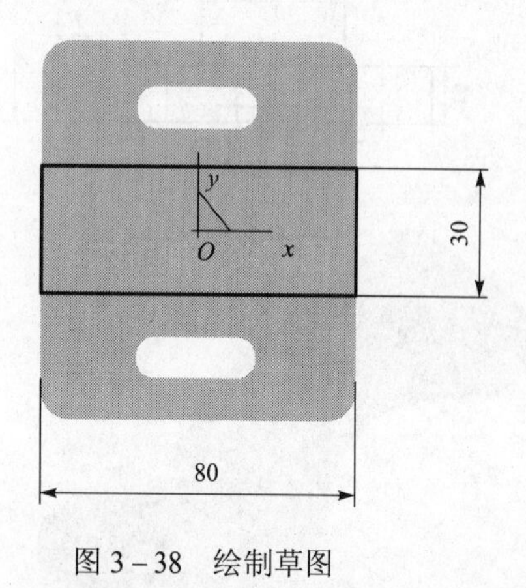

图 3－38　绘制草图

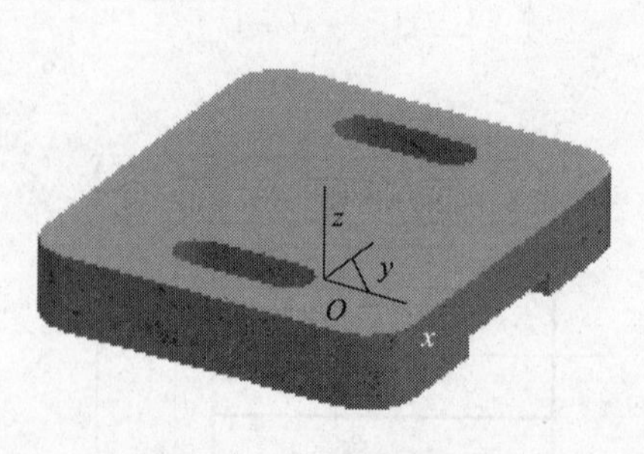

图 3－39　拉伸效果

3. 生成连接板

（1）按 F7 键，在 xOz 平面按零件图尺寸绘制出如图 3－40 所示的图形（注意：不要进入草图状态）。

（2）单击零件特征树的“平面 *xOz*”，选定该平面为草图基准面。

（3）选择草图工具，进入草图状态。

（4）选择曲线投影工具，将 1、2、3、4、5、6、7、8 共 8 条线投影成草图，如图 3－41 所示。

（5）选择曲线裁剪工具，在立即菜单中选择“快速裁剪”“正常裁剪”方式，根据提示选择被裁掉的部分，得到图 3－42 所示的草图（也可以利用尖角过渡完成）。

（6）选择拉伸增料工具，在弹出的对话框中选择“双向拉伸”方式，拉伸对象为上一步所画的“草图 2”，输入深度值为 40，按 F8 键在轴测图中观察，单击“确定”按钮，如图 3－43 所示。

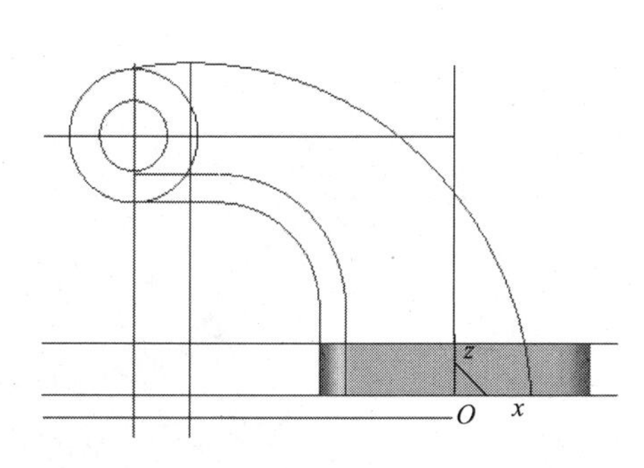

图 3－40　绘制图形

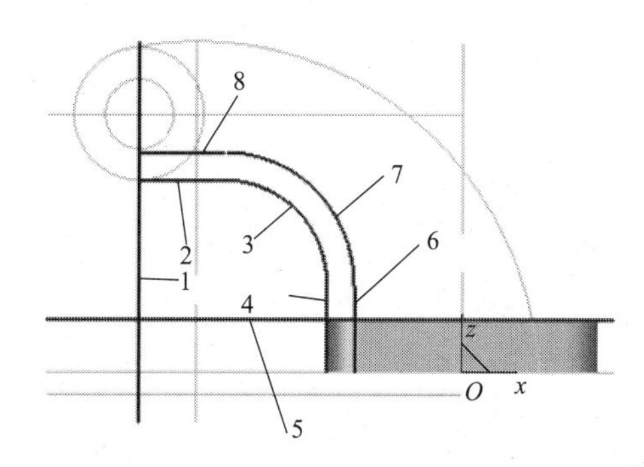

图 3－41　投影

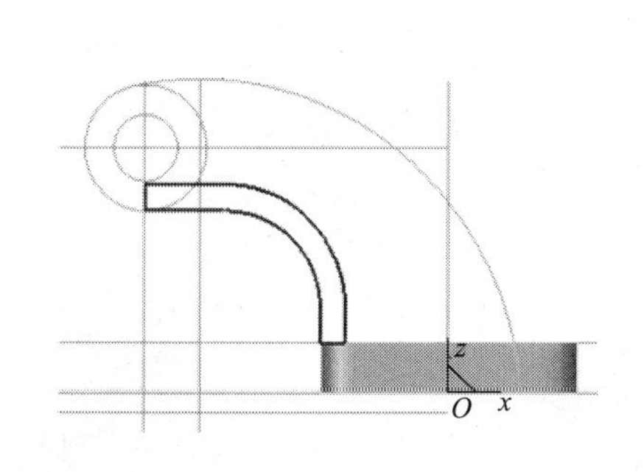

图 3－42　裁剪图形

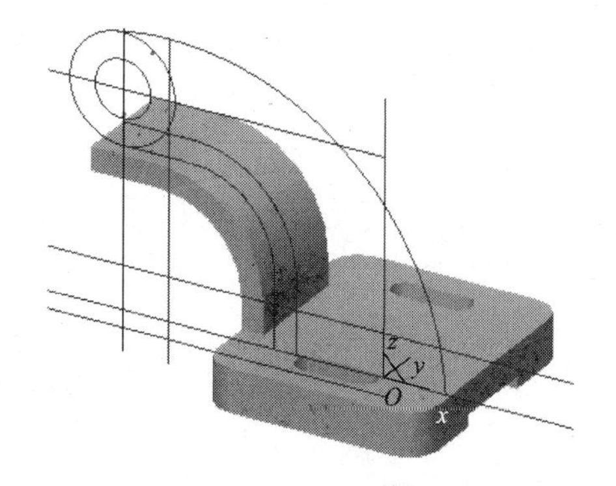

图 3－43　拉伸效果

4. 生成套筒

（1）单击零件特征树的“平面 *xOz*”，选定该平面为草图基准面。

（2）选择草图工具，进入草图状态。

（3）选择曲线投影工具，将 1、2 共 2 条线投影成草图，如图 3－44 所示。

（4）选择拉伸增料工具，在弹出的对话框中选择“双向拉伸”方式，拉伸对象为上一步所画的“草图 3”，输入深度值为 60，按 F8 键在轴测图中观察，单击“确定”按钮，如图 3－45 所示。

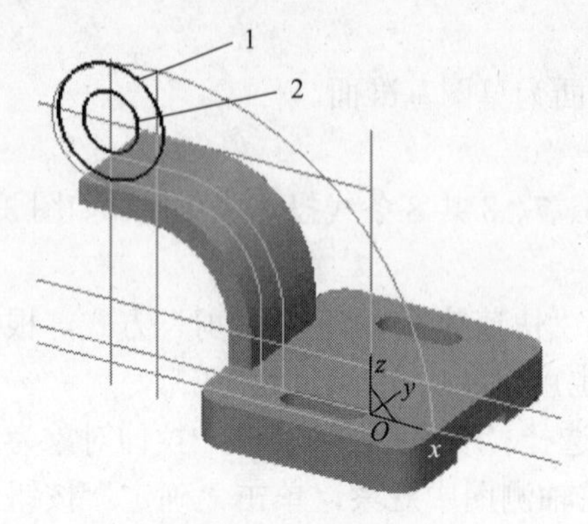

图 3－44　投影

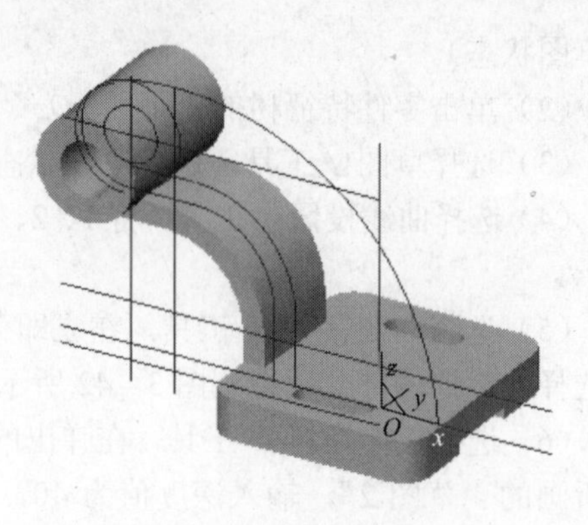

图 3－45　拉伸效果

5. 生成筋板

（1）单击零件特征树的“平面 *xOz*”，选定该平面为草图基准面。

（2）选择草图工具，进入草图状态。

（3）选择曲线投影工具，将 1 线投影成草图，如图 3－46 所示。

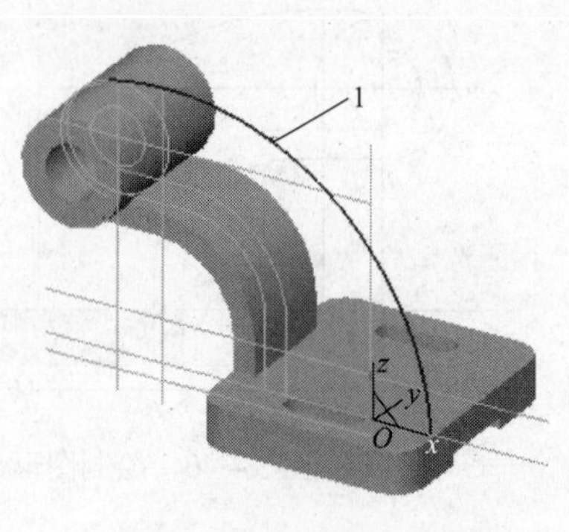

图 3－46　投影

（4）选择筋板工具，在弹出的对话框中选择“双向加厚”方式，如图 3－47 所示，草图为上一步所画的“草图 4”，输入厚度值为 8，按 F8 键在轴测图中观察，加固方向相反（注意加固方向箭头应指向实体一侧），单击“确定”按钮，如图 3－48 所示。

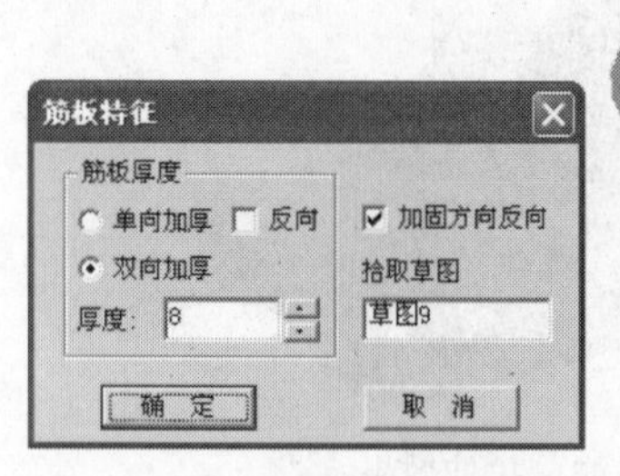

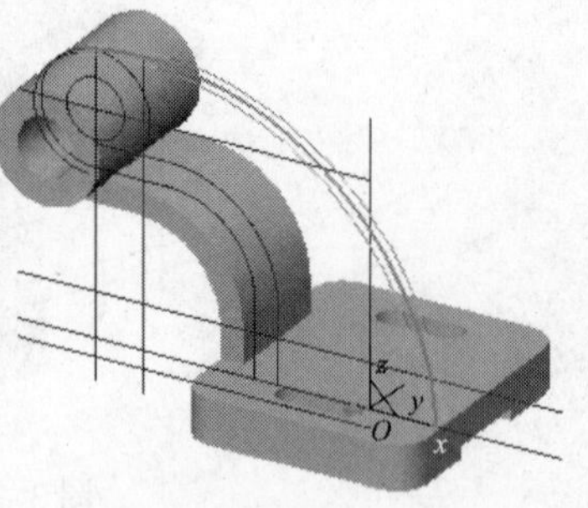

图 3－47　筋板特征设置

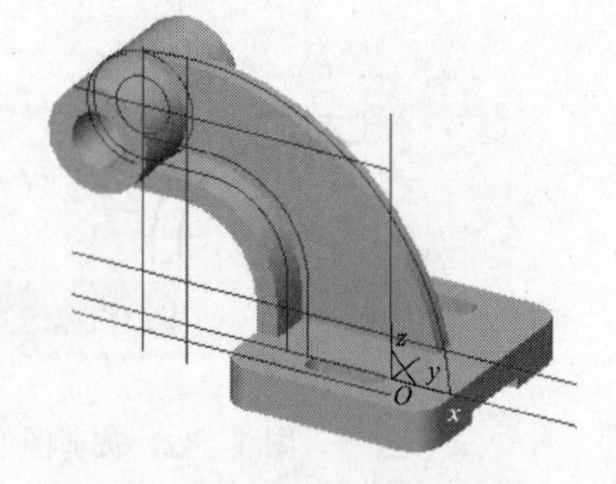

图 3－48　筋板效果

6. 生成套筒上直径为 16 的圆柱凸台及外切圆直径为 8 的正六边形内孔

（1）选择构造基准面工具，选择等距面，选择平面：在特征树上拾取“平面 *yOz*”，距离 117，单击“确定”按钮。如图 3－49 所示。

（2）单击零件特征树上一步构造的“平面 3”，选定该平面为草图基准面。

（3）选择草图工具，进入草图状态。绘制图 3－50 所示的草图。

（4）选择拉伸增料工具，在弹出的对话框中选择“双向拉伸”方式，拉伸对象为上一步所画的“草图 5”，根据提示选择套筒外圆柱表面，按 F8 键在轴测图中观察，单击“确定”

按钮，如图 3－51 所示。

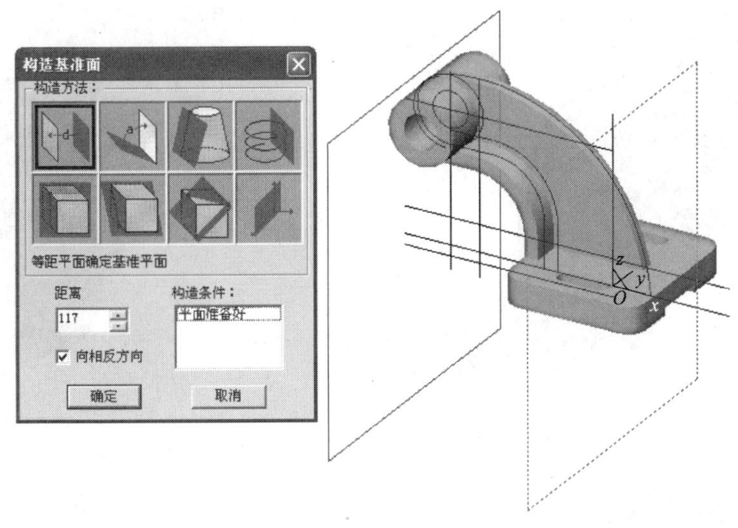

图 3－49　构造基准面

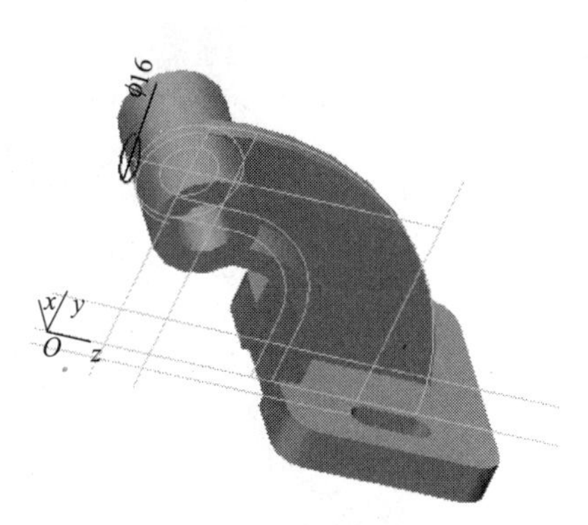
图 3－50　绘制草图

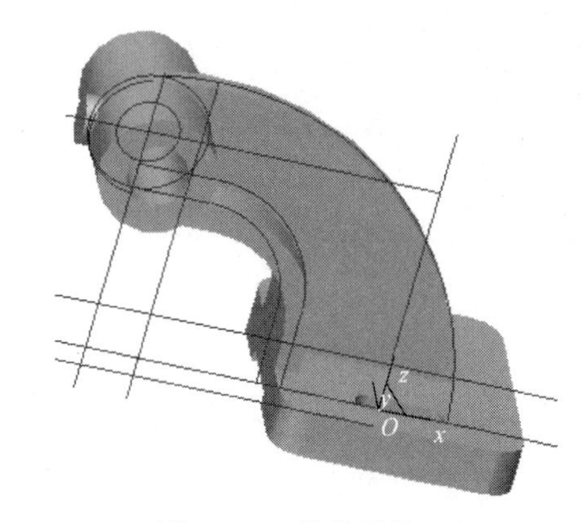
图 3－51　拉伸效果

（5）单击零件特征树的上一步构造的“平面 3”，选定该平面为草图基准面。

（6）选择草图工具，进入草图状态。绘制图 3－52 所示的草图。

（7）选择拉伸除料工具，在弹出的对话框中选择“固定深度”方式，拉伸对象为上一步所画的“草图 6”，输入深度值为 22，按 F8 键在轴测图中观察，单击“确定”按钮，隐藏所有的图线，结果如图 3－53 所示。

7. 实体倒圆角、倒角

（1）选择实体倒圆角工具，在弹出的对话框中输入圆角半径为 20，根据提示选择实体边界 1，如图 3－54 所示。单击“确定”按钮。结果如图 3－55 所示。

（2）选择实体倒圆角工具，在弹出的对话框中输入圆角半径为 10，根据提示依次选择实体边界 1、2、3、4，如图 3－56 所示。单击“确定”按钮。结果如图 3－57 所示。

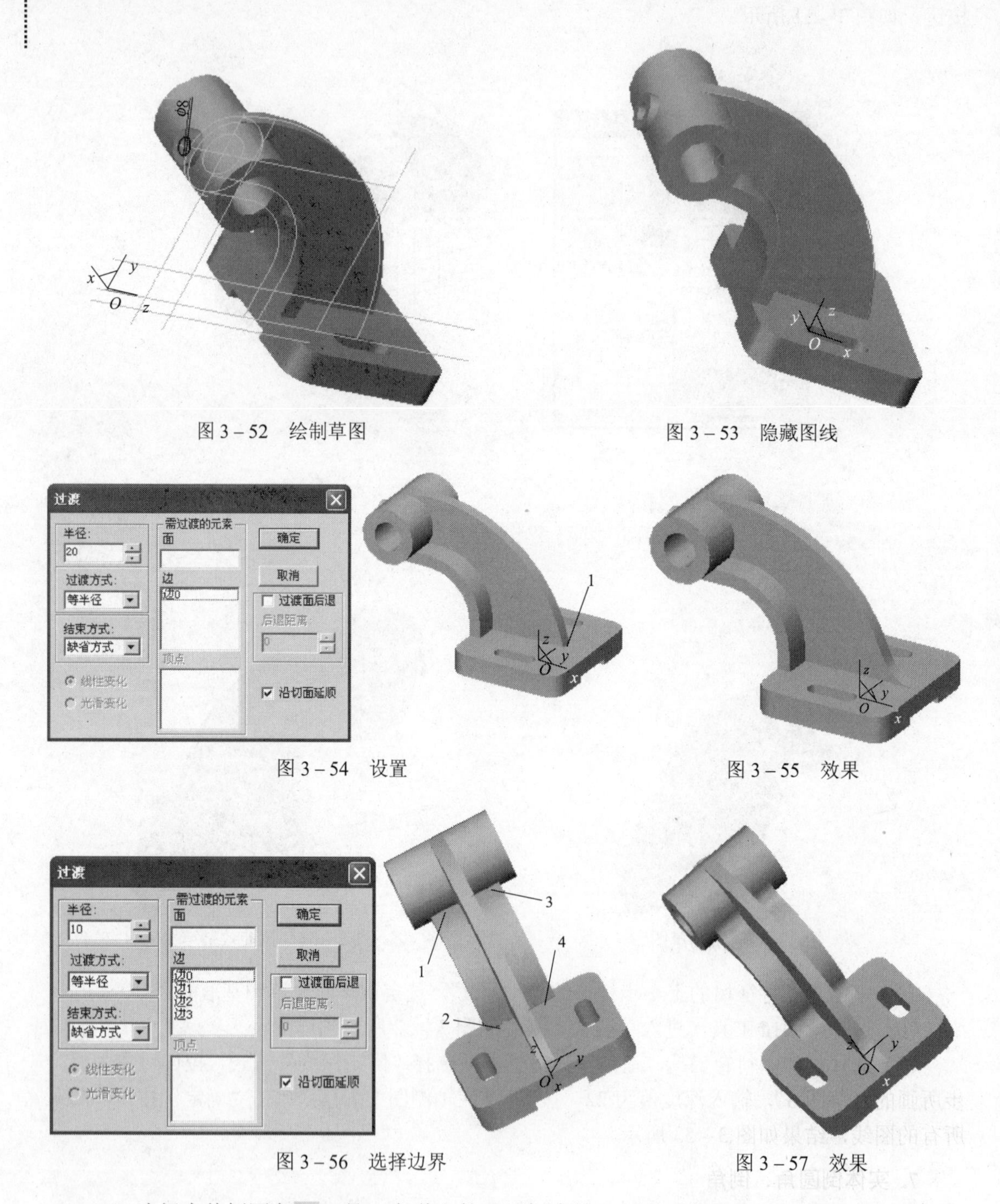

图 3－52　绘制草图　　图 3－53　隐藏图线

图 3－54　设置　　图 3－55　效果

图 3－56　选择边界　　图 3－57　效果

（3）选择实体倒圆角工具，在弹出的对话框中输入圆角半径为 3，根据提示只需选择实体边界 1（注意沿切面延顺选中），如图 3－58 所示。单击“确定”按钮。结果如图 3－59 所示。

（4）选择实体倒圆角工具，在对话框中输入圆角半径为 2，根据提示依次选择实体表面 1、2、3，如图 3－60 所示。单击“确定”按钮。结果如图 3－61 所示。

（5）选择实体倒圆角工具，在弹出的对话框中输入圆角半径为 2，根据提示依次选择实体边界 1、2，如图 3－62 所示。单击“确定”按钮。结果如图 3－63 所示。

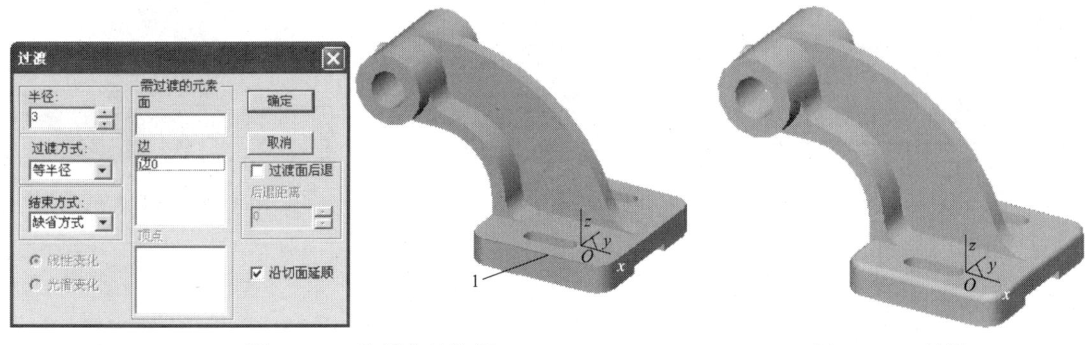

图 3－58　选择实体边界

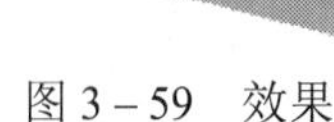

图 3－59　效果

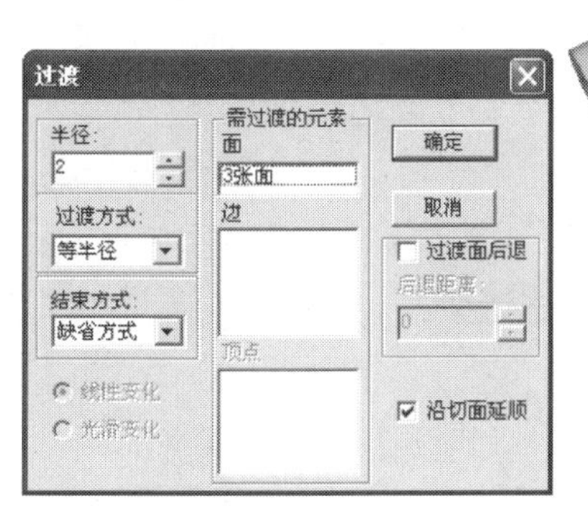

图 3－60　选择实体表面

图 3－61　效果

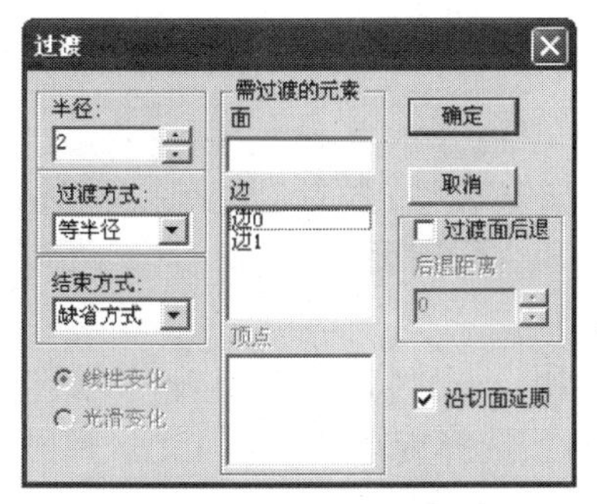

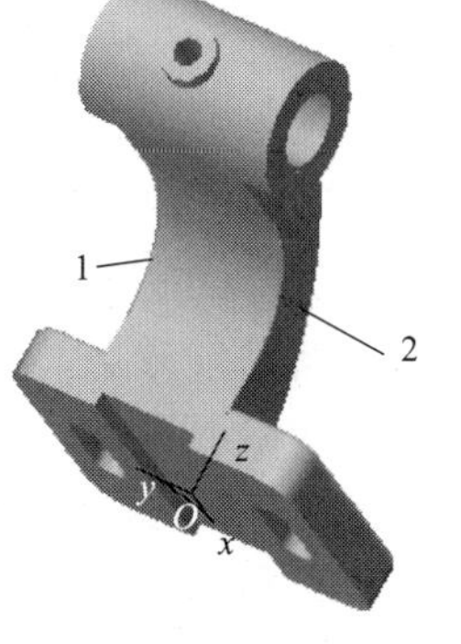

图 3－62　选择实体边界

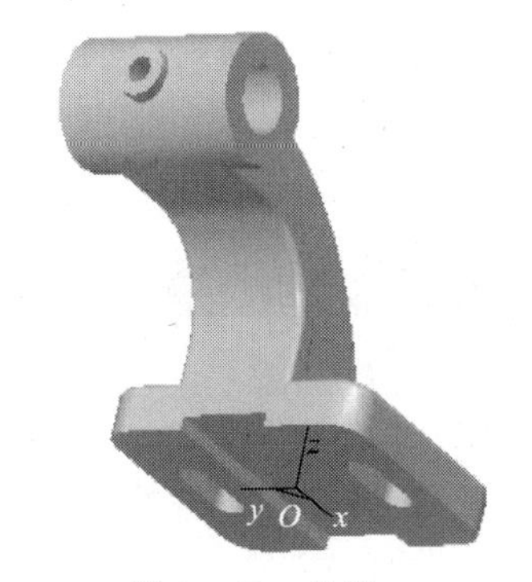

图 3－63　效果

（6）选择实体倒角工具，在弹出的对话框中输入距离 1，角度 45，根据提示依次选择实体边界 1、2，如图 3－64 所示。单击“确定”按钮。结果如图 3－65 所示。

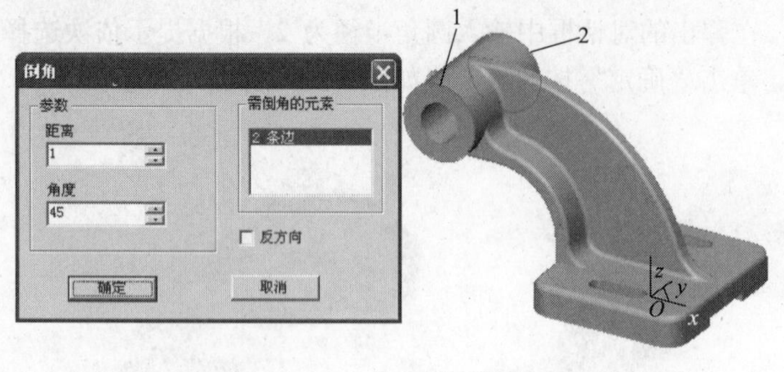

图 3－64　选择实体边界

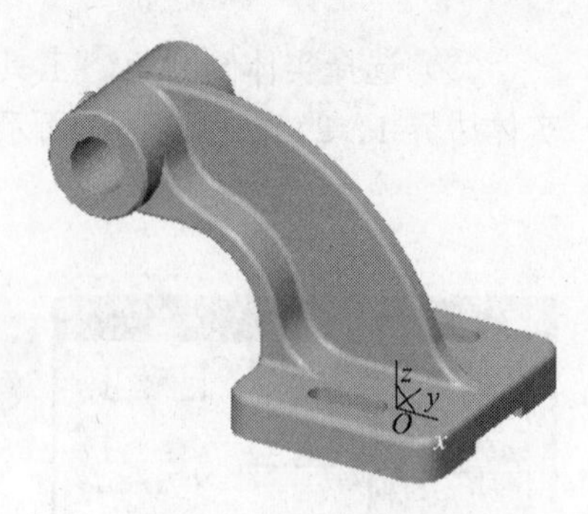

图 3－65　效果

任务三　皮带轮实体造型

【目的要求】掌握旋转增料与除料命令的应用与操作。
【教学重点】综合应用旋转增料与除料命令。
【教学难点】综合应用旋转增料与除料对皮带轮零件进行实体造型。

【知识链接】

1. 旋转增料和旋转除料

【功能】

通过围绕一条空间直线旋转一个或多个封闭轮廓，增加或减少一个特征生成新的实体。

（1）旋转增料。

【功能】

通过围绕一条空间直线旋转一个或多个封闭轮廓，增加生成一个特征。旋转类型包括“单向旋转”“对称旋转”和“双向旋转”。

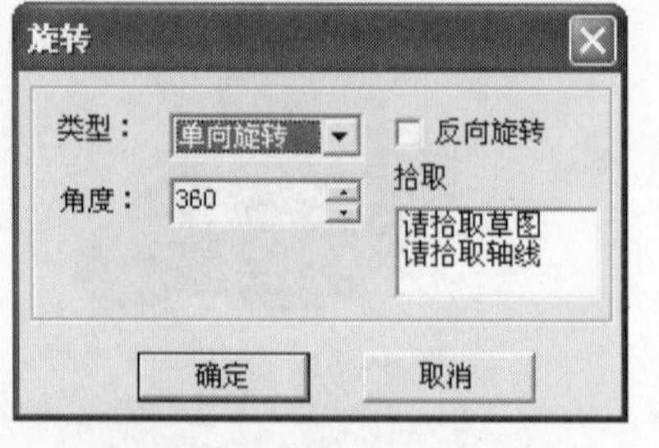

图 3－66　“旋转”对话框

【操作步骤】

① 选择菜单“应用”→“特征生成”→“增料”→“旋转”命令，或者直接选择旋转增料工具，弹出“旋转”对话框，如图 3－66 所示。

② 选取旋转类型，填入角度，拾取草图和轴线，单击“确定”按钮完成操作。

（2）旋转除料。

【功能】

通过围绕一条空间直线旋转一个或多个封闭轮廓，移除生成一个特征。

【操作步骤】

（1）选择菜单“应用”→“特征生成”→“除料”→“旋转”命令，或者直接选择旋转除料工具，弹出“旋转”对话框，如图 3－66 所示。

（2）选取旋转类型，填入角度，拾取草图和轴线，单击“确定”按钮完成操作。

注意：轴线是空间曲线，需要在非草图状态下绘制。

【皮带轮造型操作步骤】

皮带轮零件如图 3－67 所示。

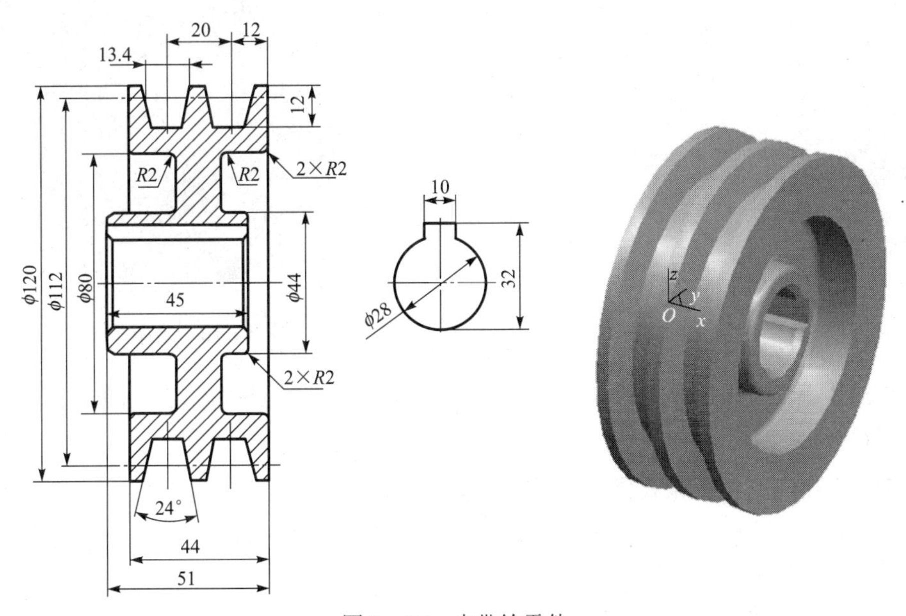

图 3－67 皮带轮零件

1. 生成皮带轮主体

（1）首先画一条轴线（可以与 x 轴重合）。

（2）单击零件特征树的“平面 xOy”，选定该平面为草图基准面。

（3）选择草图工具，进入草图状态。

（4）按零件图尺寸绘制皮带轮轮廓如图 3－68 所示的草图。

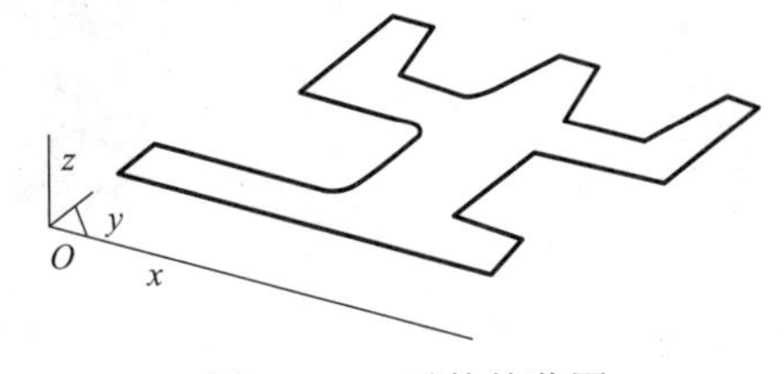

图 3－68 零件的草图

（5）按 F8 键，选择旋转增料工具；类型：选“单向旋转”；角度：输入“360”，拾取回转轴线，单击“确定”按钮，生成图 3－69 所示的皮带轮主体。

2. 生成皮带轮键槽

（1）拾取带轮轮毂侧表面为草图平面。

（2）选择草图工具，进入草图状态。

（3）按零件图尺寸绘制图 3－70 所示的草图。

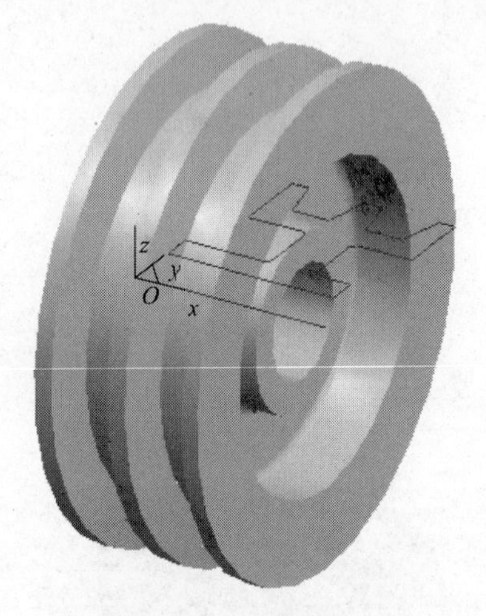

图 3－69 皮带轮主体

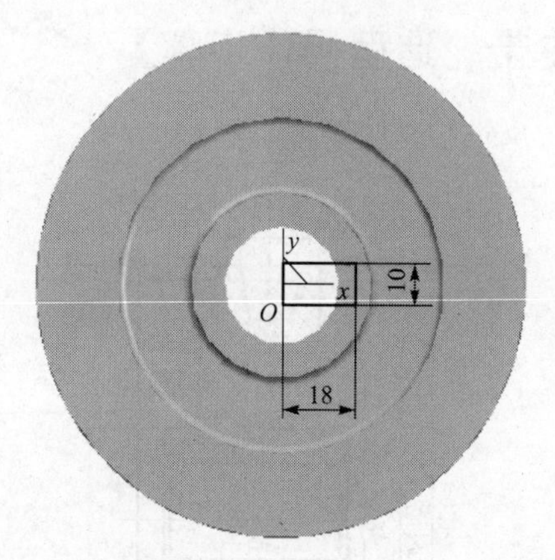

图 3－70 绘制草图

（4）按 F8 键，选择拉伸除料工具，拉伸类型：贯穿，单击“确定”按钮，生成图 3－71 所示的皮带轮的键槽。

3. 皮带轮孔口倒角及轮毂倒圆角

按照零件图给定的尺寸要求，对指定位置进行“倒角”和“过渡”，结果如图 3－72 所示。

图 3－71 皮带轮的键槽

图 3－72 效果

任务四

支座实体造型

【目的要求】 通过该实例讲解，进一步熟练拉伸增料（拉伸到面）、旋转除料、构造基准面的命令。

【教学重点】 能综合应用拉伸增料（拉伸到面）、旋转除料、构造基准面命令进行实体造型。

【教学难点】 综合应用拉伸增料（拉伸到面）、旋转除料、构造基准面命令对支座零件进行实体造型。

【知识链接】

本图例综合应用拉伸增料（拉伸到面）、旋转除料、构造基准面进行实体造型的应用及操作方法。

【支座实体造型操作步骤】

结构分析：该零件主要由两部分组成：底盘和斜柱。零件如图 3－73 所示。

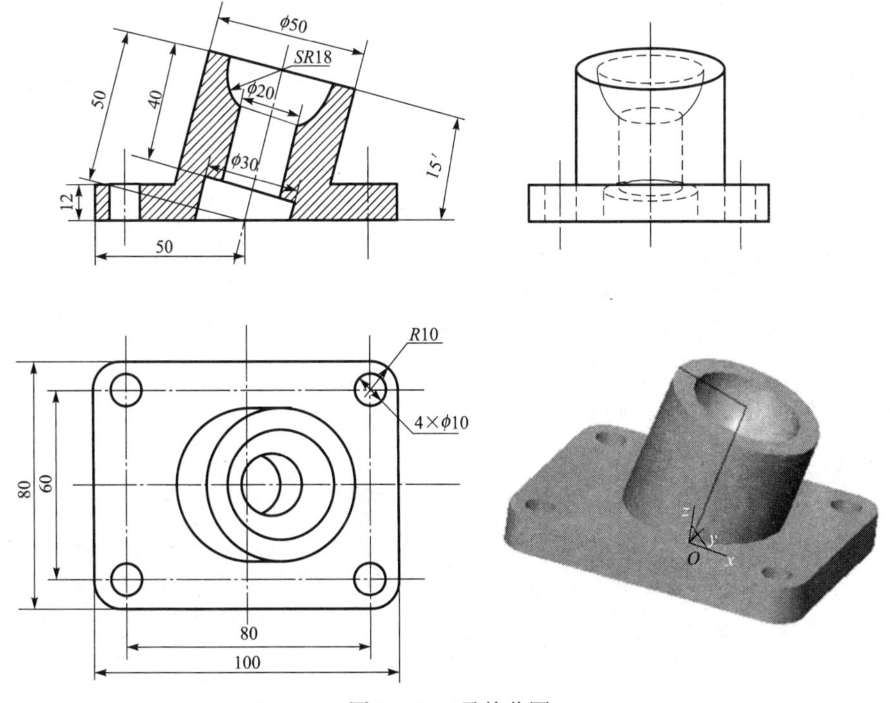

图 3－73　零件草图

【操作步骤】

1. 利用拉伸增料生成支座底盘的实体

（1）单击零件特征树的“平面 *xOy*”，选定该平面为草图基准面。

（2）选择草图工具，进入草图状态。

（3）选择矩形工具，在立即菜单中选择“中心_长_宽”方式，长度100，宽度 80；根据提示选择坐标原点为矩形中心，画出 100×80 的矩形。

（4）选择曲线过渡工具，在立即菜单中选择“圆弧过渡”方式，输入半径为 10，裁剪曲线 1 和裁剪曲线 2 方式，对矩形的四个角进行曲线过渡。

（5）选择矩形工具，在立即菜单中选择“中心_长_宽”方式，长度 80，宽度 60；根据提示选择坐标原点为矩形中心，画出 80×60 的矩形（目的是为了确定四个直径为 10 的小圆的圆心）。

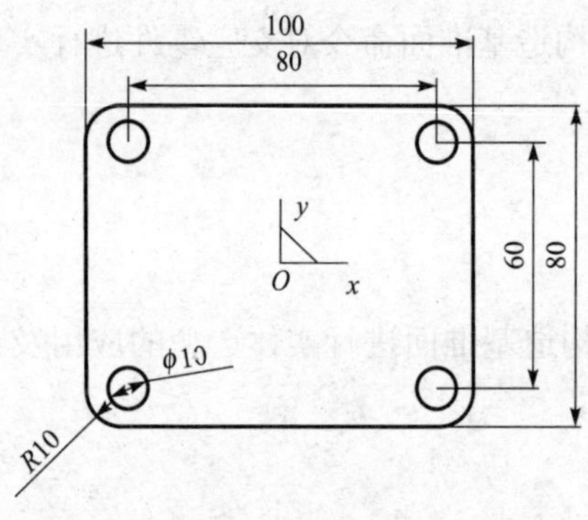

图 3－74　草图

（6）选择画圆工具，在立即菜单中选择“圆心_半径”方式，根据提示分别捕捉上一步所画的矩形的角点为圆心点，输入半径为 5，按回车键，画出四个直径为 10 的小圆。然后删除 80×60 的矩形。得到图 3－74 所示的草图。

（7）选择拉伸增料工具，在弹出的对话框中选择“固定深度”方式，拉伸对象为上一步所画的“草图 0”，输入深度值为 12，按 F8 键在轴测图中观察，单击“确定”按钮。拉伸效果如图 3－75 所示。

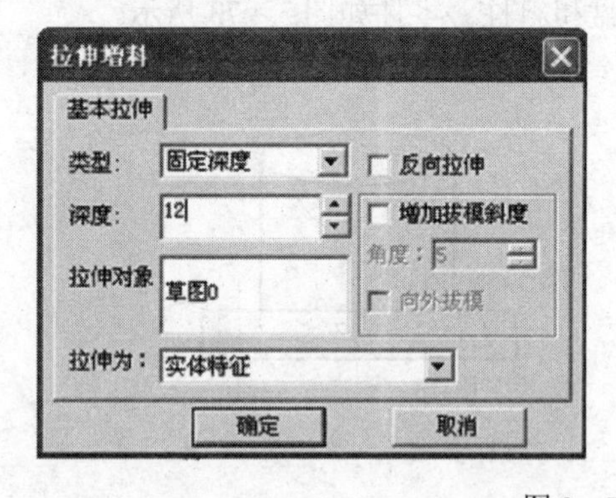

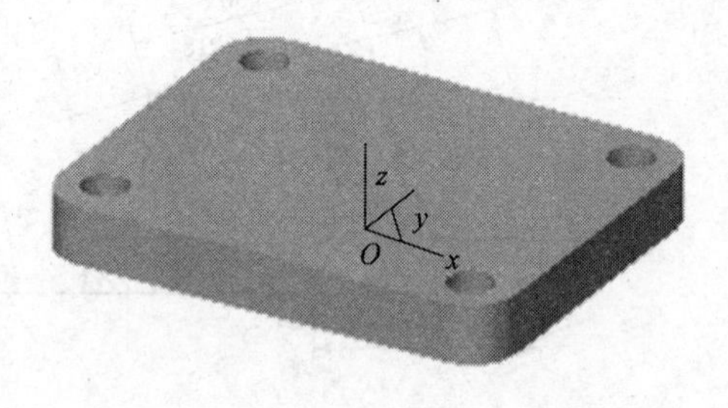

图 3－75　效果

2. 利用拉伸增料生成支座斜柱的实体

（1）按 F7 键在 *xOz* 平面中观察以调整视角。

（2）选择直线工具，在立即菜单中选择“角度线、*x* 轴夹角、角度 75”，根据提示选择坐标原点为直线的起点，输入长度为 50，画出斜柱轴线。按 F8 键在轴测图中观察。

（3）选择构造基准面工具，在弹出的对话框中选择第一行第四个图标（过点且垂直于曲线确定基准平面），根据提示选择上一步所画的轴线，再选择轴线上的端点，单击“确定”按钮。构造基准面效果如图 3－76 所示。

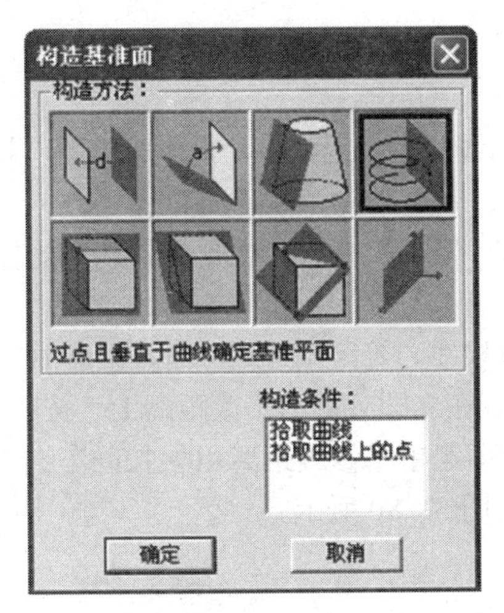

图 3－76　基准面效果

（4）单击零件特征树中上一步构建的基准面的“平面 3”，选定该平面为草图基准面。

（5）选择草图工具，进入草图状态。

（6）选择画圆工具，在立即菜单中选择“圆心_半径”方式，根据提示捕捉坐标系原点为圆心点，输入半径 25，按回车键，画出直径为 50 的圆，得到图 3－77 所示的草图。

（7）选择拉伸增料工具，在弹出的对话框中选择“拉伸到面”方式，拉伸对象为上一步所画的草图“草图 1”，再选择支座底盘上表面，按 F8 键在轴测图中观察，单击“确定”按钮。拉伸效果如图 3－78 所示。

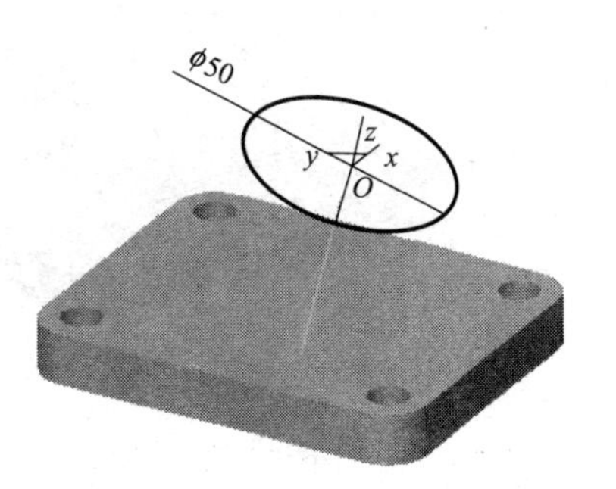

图 3－77　画圆

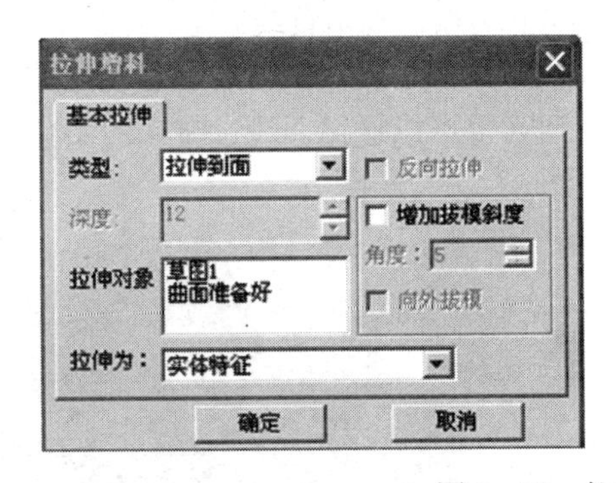

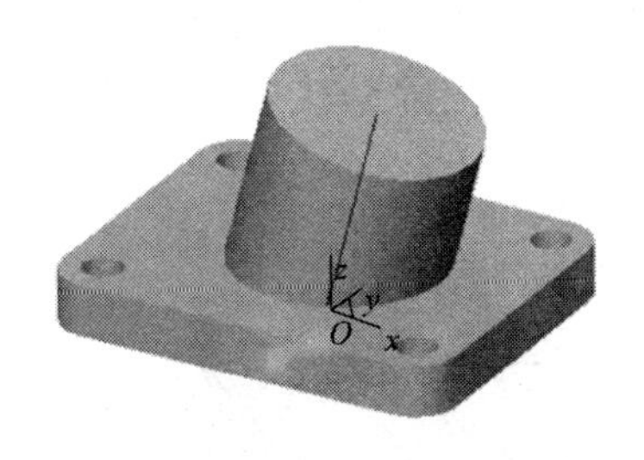

图 3－78　拉伸效果

3. 利用旋转除料生成支座内孔

（1）选择相关线工具，在立即菜单中选择“实体边界”方式，选择斜柱上棱线（目的为画半径做准备）。

（2）选择直线工具，在立即菜单中选择“两点、单个、非正交”方式，根据提示选择轴线上端点为直线第一点，直线第二点捕捉上一步实体边界圆的端点或中点，画出半径线。然后，删除实体边界圆。

（3）单击零件特征树的“平面 xOz”，选定该平面为草图基准面。

（4）选择草图工具，进入草图状态。

（5）选择曲线投影工具，根据提示分别选择轴线和半径线，将其投影成草图，效果如图 3－79 所示。

（6）选择画圆工具，在立即菜单中选择“圆心_半径”方式，根据提示选择捕捉轴线的上端点为圆心点，输入半径 18，按回车键。

（7）选择等距线工具，在立即菜单中选择“单根线、等距”方式，输入距离 10，按回车键，根据提示选择轴线，等距方向在左侧单击一下。在立即菜单中修改距离 15，按回车键，根据提示选择轴线，等距方向在左侧单击一下。在立即菜单中修改距离 40，按回车键，根据提示选择半径线，等距方向在下方单击一下。效果如图 3－80 所示。

图 3－79　投影效果

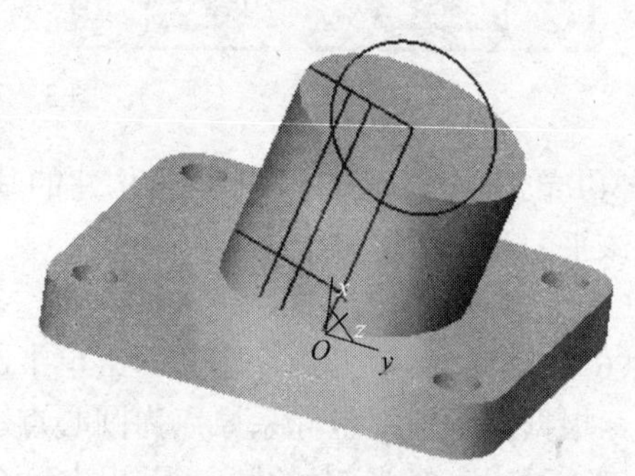

图 3－80　选择轴线

（8）选择曲线拉伸工具，根据提示选择整理草图如图 3－81 所示（1、2 两条线一定要拉伸到实体之外。

（9）选择直线工具，在立即菜单中选择“两点、单个、非正交”方式，根据提示选择 1 线下端点为直线第一点，直线第二点捕捉 2 线下端点，画出直线。

（10）选择曲线裁剪工具，在立即菜单中选择“快速裁剪”“正常裁剪”方式，根据提示选择被裁掉的部分，得到图 3－82 所示的草图（也可以通过曲线过渡中的尖角来完成）。

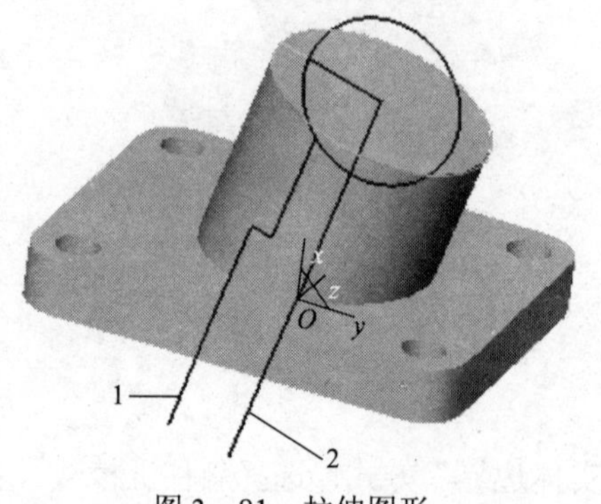

图 3－81　拉伸图形

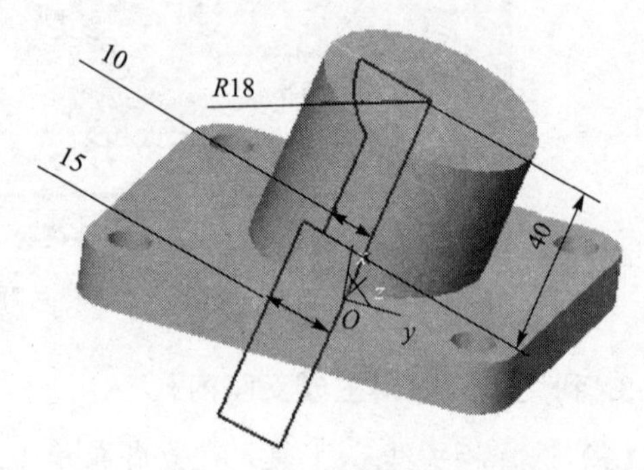

图 3－82　裁剪图形

（11）选择工具，检查草图环是否封闭。草图环必须封闭，如果不封闭，可以通过尖角过渡，删除重合线等方法修改。

（12）选择旋转除料工具，在弹出的对话框中选择“单向旋转、角度 360”方式，拉伸对象为上一步所画的“草图 2”，拾取轴线为斜柱轴线，单击“确定”按钮。旋转效果如图 3 – 83 所示。

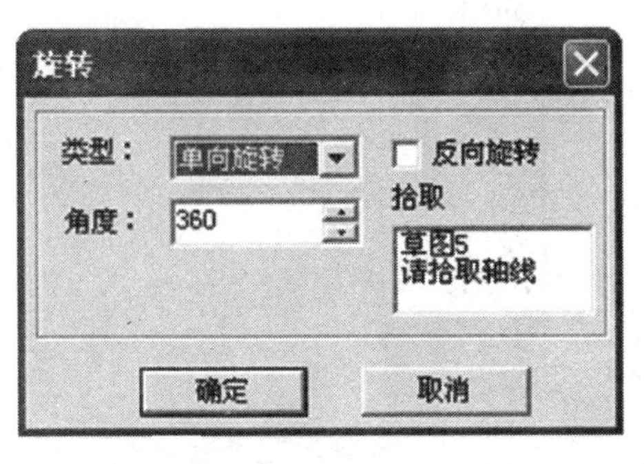

图 3 – 83　旋转效果

任务五　盖类零件实体造型

【目的要求】通过该实例讲解，进一步熟练拉伸增料、拉伸除料、旋转除料、实体导圆角的命令。

【教学重点】能综合应用拉伸增料、拉伸除料、旋转除料、实体导圆角命令进行实体造型。

【教学难点】综合应用拉伸增料、拉伸除料、旋转除料、实体导圆角命令对盖类零件进行实体造型。

【知识链接】

本图例是在拉伸的基础上再利用旋转除料、实体倒圆角命令对盖类零件造型应用及操作的方法。

【盖类零件实体造型操作步骤】

结构分析：该零件主要由四部分组成：八边形底盘、直径为 80 的圆形凹坑、20×56 的矩形凸台、倾角 55° 的锥形表面。零件如图 3 – 84 所示。

该实例主要介绍拉伸增料、拉伸除料、旋转除料、实体倒圆角和实体倒角。

【操作步骤】

1. 生成八边形底盘实体

（1）单击零件特征树的“平面 *xOy*”，选定该平面为草图基准面。

（2）选择草图工具，进入草图状态。

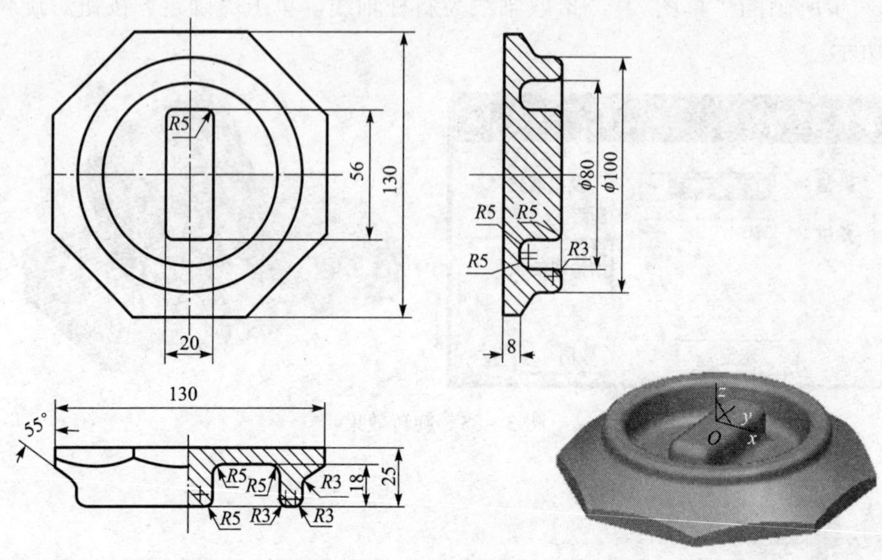

图 3－84　零件

（3）选择多边形工具，在立即菜单中选择“中心、边数 8、外切”方式，根据提示选择坐标原点为多边形中心，输入边的中点坐标为（65，0）。绘制图 3－85 所示的草图。

（4）按 F8 键在轴测图中观察，选择拉伸增料工具，在弹出的对话框中选择“固定深度”方式，拉伸对象为上一步所画的“草图 0”，输入深度值为 25，单击“确定”按钮。拉伸效果如图 3－86 所示。

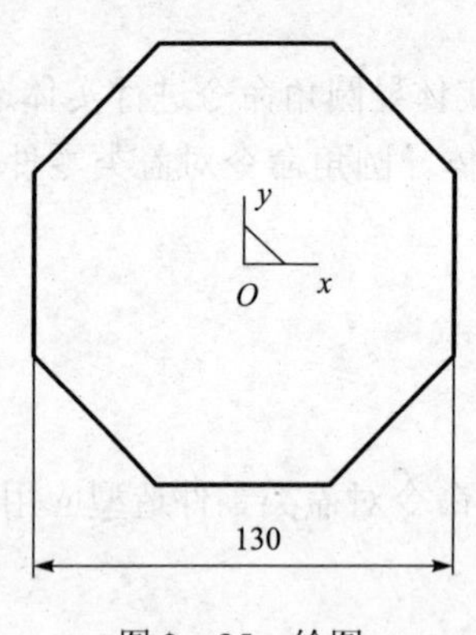

图 3－85　绘图

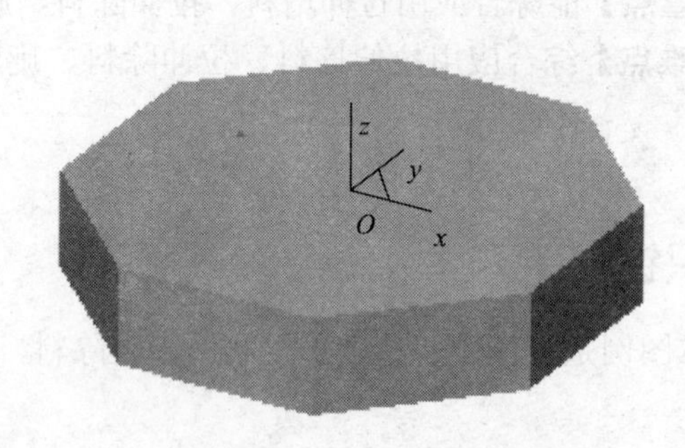

图 3－86　拉伸增料效果

2. 生成直径为 80 的圆形凹坑

（1）单击零件特征树的“平面 *xOy*”，选定该平面为草图基准面。

（2）选择草图工具，进入草图状态。

（3）绘制图 3－87 所示的草图（按尺寸绘制）。

（4）按 F8 键在轴测图中观察，选择拉伸除料工具，在弹出的对话框中选择“固定深度”方式，拉伸对象为上一步所画的“草图 1”，输入深度值为 18，单击“确定”按钮，如图 3－88 所示。

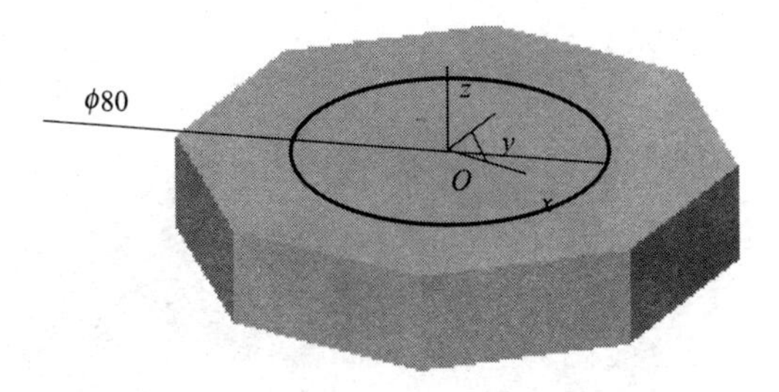

图 3－87　绘制草图

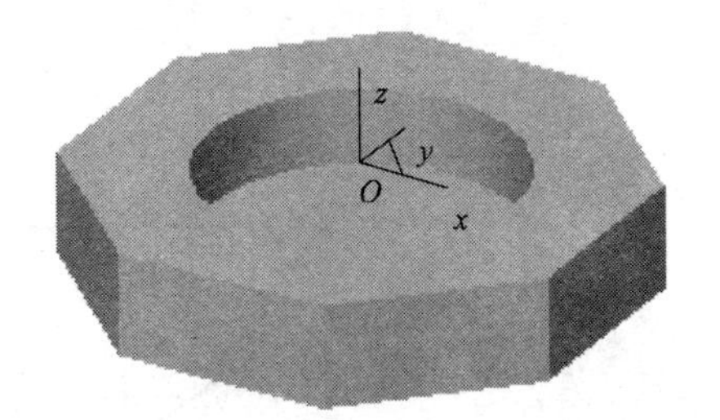

图 3－88　拉伸除料效果

3. 生成 20×56 的矩形凸台

（1）单击直径 80 的圆形凹坑的底面，选定该平面为草图基准面。

（2）选择草图工具，进入草图状态。

（3）绘制图 3－89 所示的草图（按尺寸绘制）。

（4）按 F8 键在轴测图中观察，选择拉伸增料工具，在弹出的对话框中选择“固定深度”方式，拉伸对象为上一步所画的“草图 2”，输入深度值为 18，单击“确定”按钮。拉伸效果如图 3－90 所示。

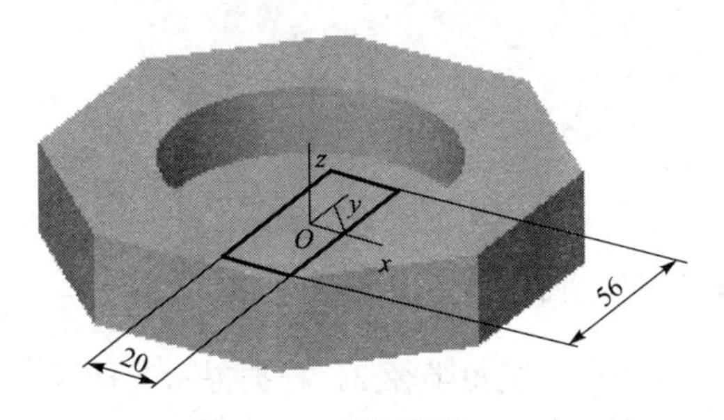

图 3－89　绘制草图

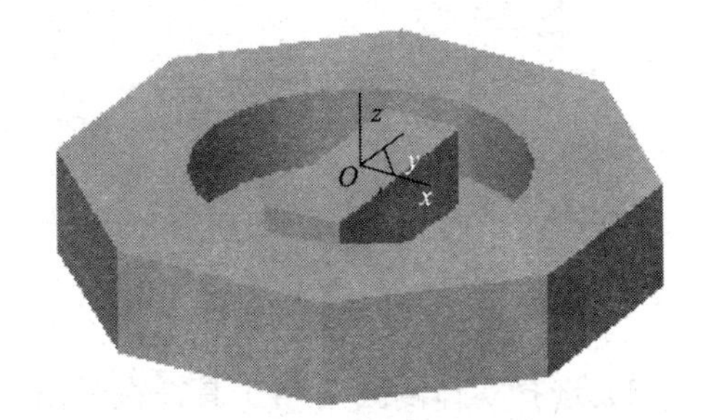

图 3－90　拉伸增料效果

4. 生成倾角 55° 的锥形外表面

（1）按下 F7 键显示 xOz 平面，选择直线工具，在立即菜单中选择“水平/垂直”中的垂直，长度 50，根据提示选择坐标原点为直线的中点，画出长度为 50 的垂直线（作为旋转轴线用）。

（2）单击零件特征树的“平面 xOz”，选定该平面为草图基准面。

（3）选择草图工具，进入草图状态。

（4）绘制图 3－91 所示的草图。

（5）按 F8 键在轴测图中观察，选择旋转除料工具，在弹出的对话框中选择“单向、角度 360° ”的方式，旋转对象为上一步所画的“草图 4”，根据提示拾取轴线，单击“确定”按钮。旋转效果如图 3－92 所示。

5. 实体倒圆角

（1）选择实体倒圆角工具，在弹出的对话框中输入圆角半径 5，根据提示选择 20×56 凸台的四个立面和圆形凹坑底面，单击“确定”按钮，效果如图 3－93 所示。

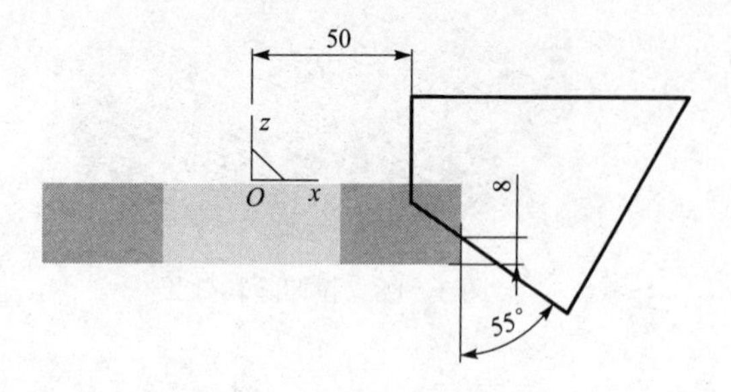

图 3－91　绘制草图

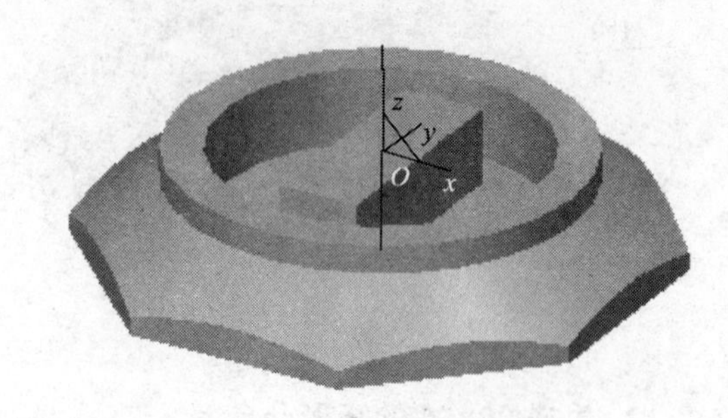

图 3－92　旋转效果

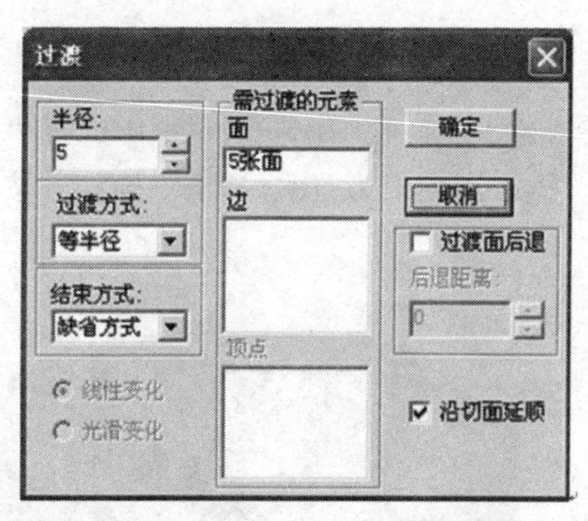

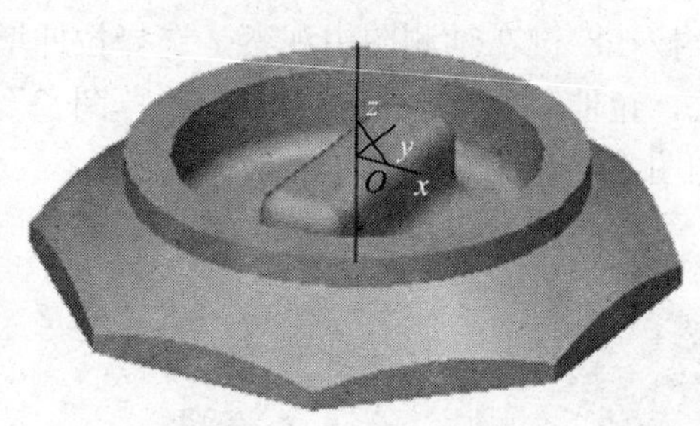

图 3－93　选择立面和底面

（2）选择实体倒圆角工具，在弹出的对话框中输入圆角半径 3，根据提示选择直径为 100 的圆柱面和圆环顶面，单击“确定”按钮，效果如图 3－94 示。

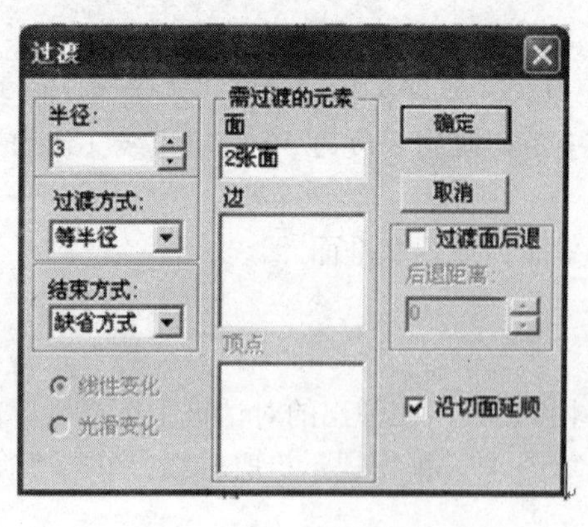

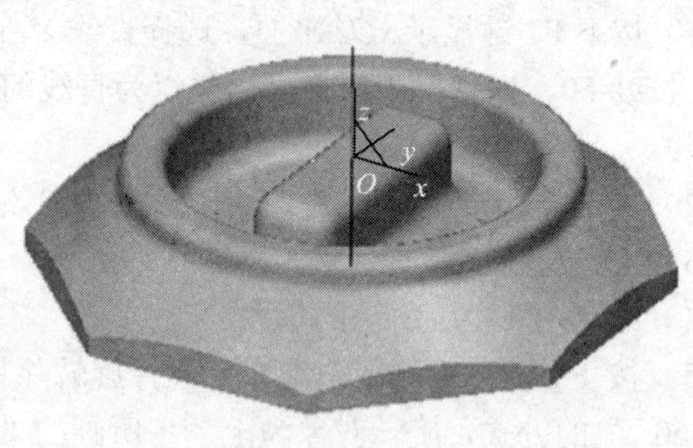

图 3－94　选择圆柱面和圆环顶面

烟灰缸实体造型

【目的要求】掌握放样增料与除料命令的应用与操作。
【教学重点】综合应用放样增料与除料命令。
【教学难点】综合应用拉伸增料、拉伸除料、放样增料、特征环形阵列、实体倒圆角命令对烟灰缸进行实体造型。

【知识链接】

1. 放样增料和放样除料

【功能】
根据多个截面线轮廓生成或移除一个实体。截面线应为草图轮廓。
（1）放样增料。
【功能】
根据多个截面线轮廓生成一个实体。
【操作步骤】
① 选择放样增料工具，弹出“放样”对话框，如图 3－95 所示。
② 选取轮廓线，单击“确定”按钮完成操作。
轮廓是指需要放样的草图；上和下是指调节拾取草图的顺序。

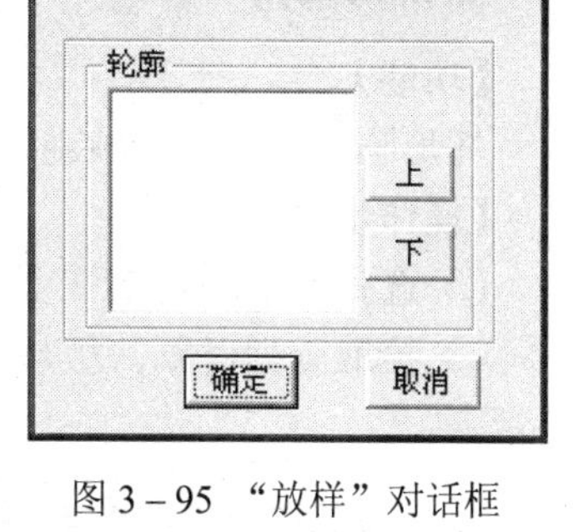

图 3－95 “放样”对话框

（2）放样除料。
【功能】
根据多个截面线轮廓移除一个实体。
【操作步骤】
① 选择放样除料工具，弹出“放样”对话框，如图 3－95 所示。
② 选取轮廓线，单击“确定”按钮完成操作。
注意：
① 轮廓按照操作中的拾取顺序排列。
② 拾取轮廓时，要注意状态栏指示，拾取不同的边和不同的位置，会产生不同的结果。

2. 线性阵列

【功能】
通过线性阵列可以沿一个方向或多个方向快速复制特征。

【操作步骤】

（1）选择线性阵列工具，弹出“线性阵列”对话框，如图 3－96 所示。

（2）分别在第一和第二阵列方向拾取阵列对象和边/基准轴，填入距离和数目，单击“确定”按钮完成操作。如图 3－97 所示。

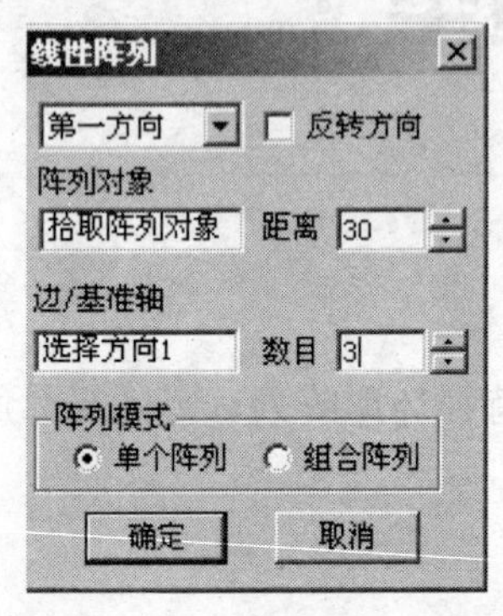

图 3－96 “线性阵列”对话框

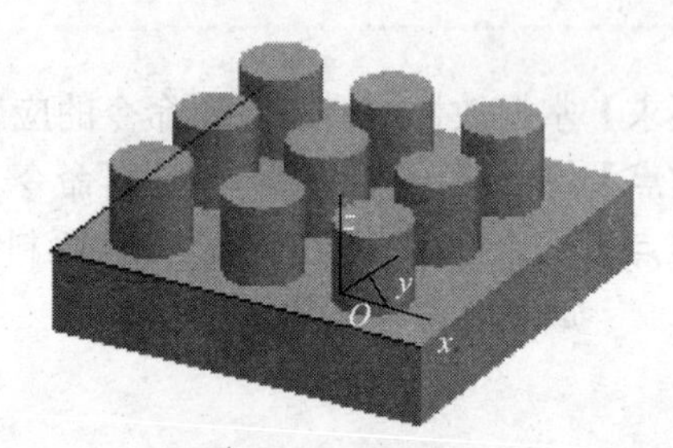

图 3－97 线性阵列

方向是指阵列的第一方向和第二方向；阵列对象是指要进行阵列的特征；基准轴是指阵列所沿的指示方向的边或者基准轴；距离是指阵列对象相距的尺寸值，可以直接输入所需数值，也可以单击按钮来调节；数目是指阵列对象的个数，可以直接输入所需数值，也可以单击按钮来调节；反转方向是指与默认方向相反的方向进行阵列；阵列模式是指单个阵列和组合阵列，单个阵列是将单一特征进行阵列，组合阵列是将几个互相依赖的特征一起阵列。

注意：

① 如果特征 *A* 附着依赖于特征 *B*，当阵列特征 *B* 时，特征 *A* 不会被阵列。

② 两个阵列方向都要选取。

3. 环形阵列

【功能】

环形阵列绕某基准轴旋转将特征阵列为多个特征，构成环形阵列。基准轴应为空间直线。

【操作步骤】

① 选择环形阵列工具，弹出“环形阵列”对话框，如图 3－98 所示。

② 拾取阵列对象、边/基准轴，填入角度和数目，单击“确定”按钮完成操作。如图 3－99 所示。

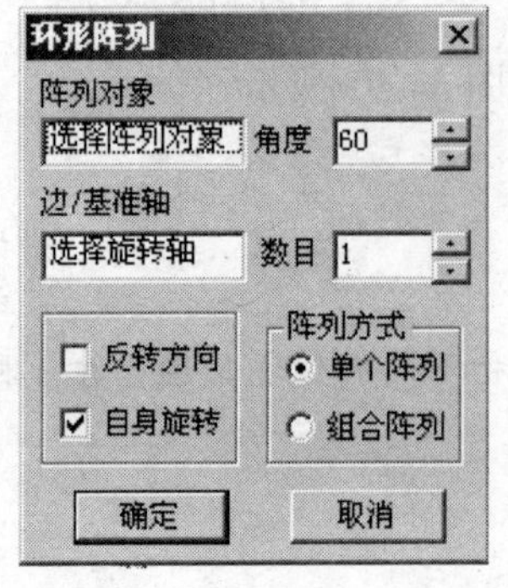

图 3－98 “环形阵列”对话框

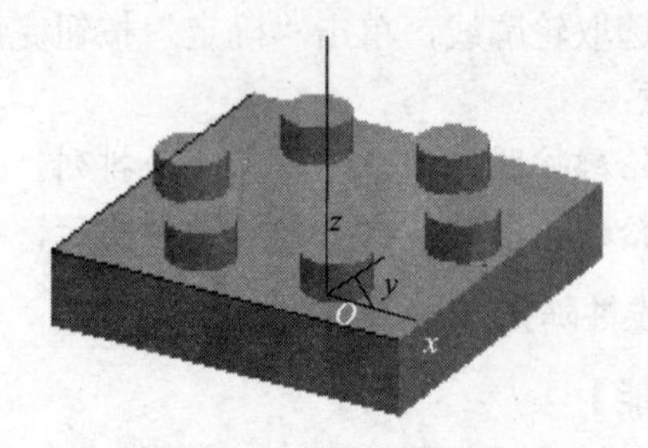

图 3－99 环形阵列

阵列对象是指要进行阵列的特征；边/基准轴指阵列所沿的指示方向的边或者基准轴；角度是指阵列对象所夹的角度值，可以直接输入所需数值，也可以单击按钮来调节；数目是阵列对象的个数，可以直接输入所需数值，也可以单击按钮来调节；反转方向是指与默认方向相反的方向进行阵列；自身旋转是指这列对象绕阵列中心旋转的过程中，绕自身的中心旋转，否则，将互相平行。

阵列方式：单个阵列和组合阵列。单个阵列将单一特征进行阵列；组合阵列将几个互相依赖的特征一起阵列。

【烟灰缸实体造型操作步骤】

结构分析：该零件主要由以下几个部分组成，分别为底部、体部、腔部、沿部、底部凹坑。零件如图 3－100 所示。

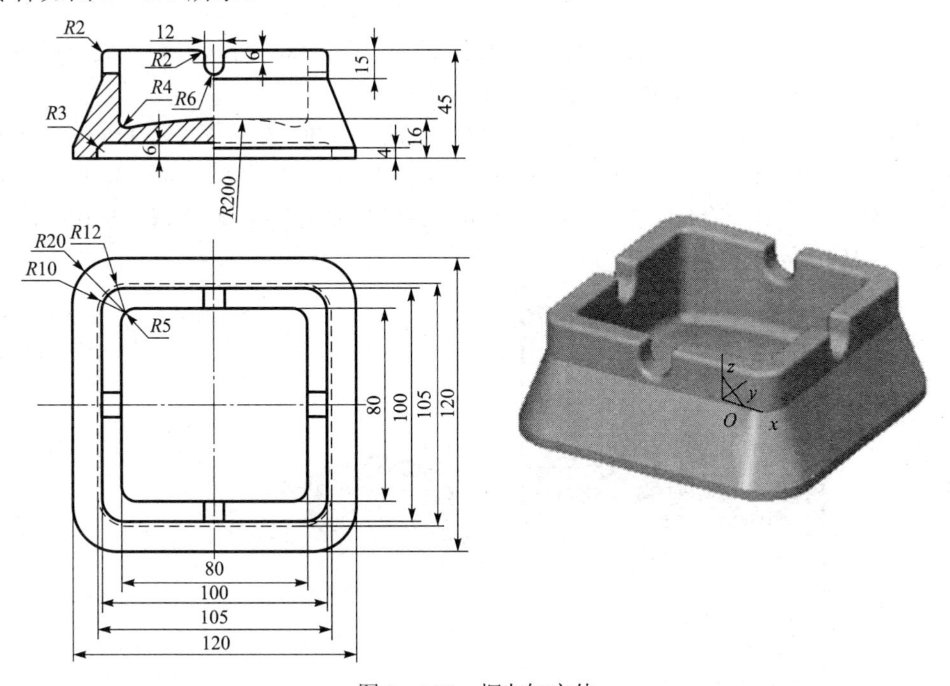

图 3－100　烟灰缸实体

通过该实例讲解，主要掌握拉伸增料、拉伸除料、放样增料、特征环形阵列、实体倒圆角。

【操作步骤】

1. 拉伸增料生成底部实体

（1）单击零件特征树的“平面 xOy”，选定该平面为草图基准面。

（2）选择草图工具，进入草图状态。

（3）绘制图 3－101 所示的草图（按尺寸绘制）。

（4）按 F8 键在轴测图中观察，选择拉伸增料工具，在弹出的对话框中选择“固定深度”方式，拉伸对象为上一步所画的“草图 0”，输入深度值为 4，选中反向拉伸（沿 z 轴负方向拉伸），单击“确定”按钮。拉伸效果如图 3－102 所示。

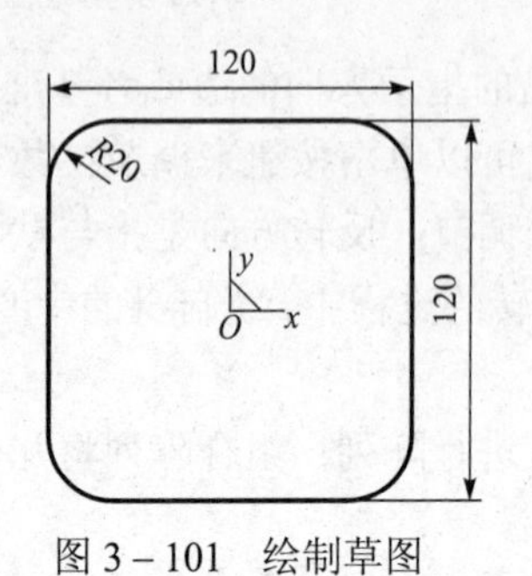

图 3－101　绘制草图

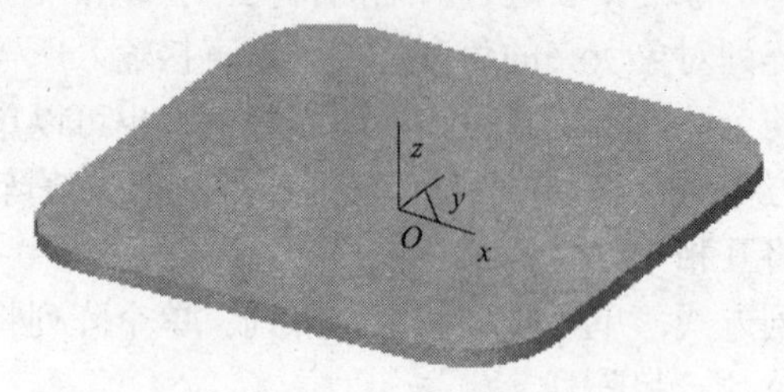

图 3－102　拉伸效果

2. 放样增料生成体部实体

（1）单击零件特征树的“平面 *xOy*”，选定该平面为草图基准面。

（2）选择草图工具，进入草图状态。

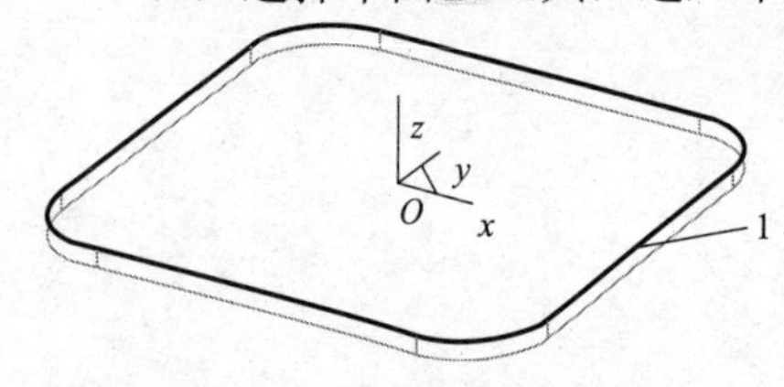

图 3－103　选择底部外边界

（3）选择相关线工具，在立即菜单中选择“实体边界”，根据提示，选择底部外边界，得到草图 4，效果如图 3－103 所示。

（4）选择构造基准面工具，选择等距面确定基准面（单击对话框中的第一个图标）。构造条件：选择平面，在特征树上单击“平面 *xOy*”，距离 26，单击“确定”按钮。如图 3－104 所示。

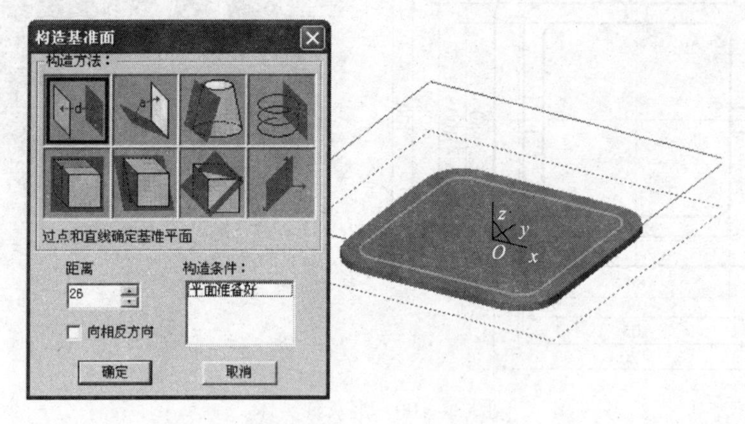

图 3－104　选择平面

（5）单击零件特征树上一步构造的“平面 3”，选定该平面为草图基准面。

（6）选择草图工具，进入草图状态。绘制图 3－105 所示的草图 5。

（7）选择放样增料工具，根据提示分别打断点位置拾取草图 4 和草图 5。单击“确定”按钮。放样增料效果如图 3－106 所示。

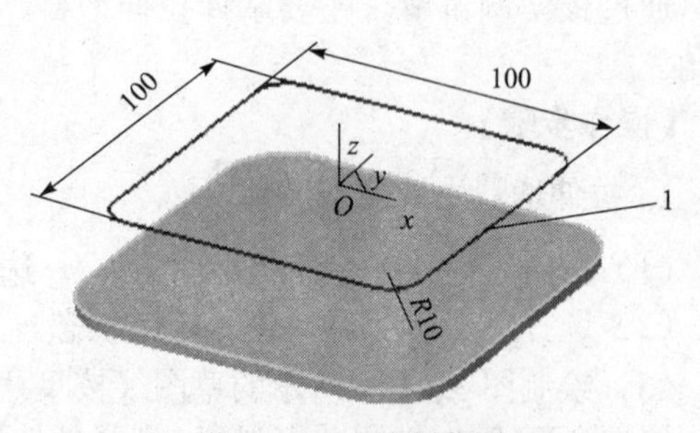

图 3－105　绘制草图

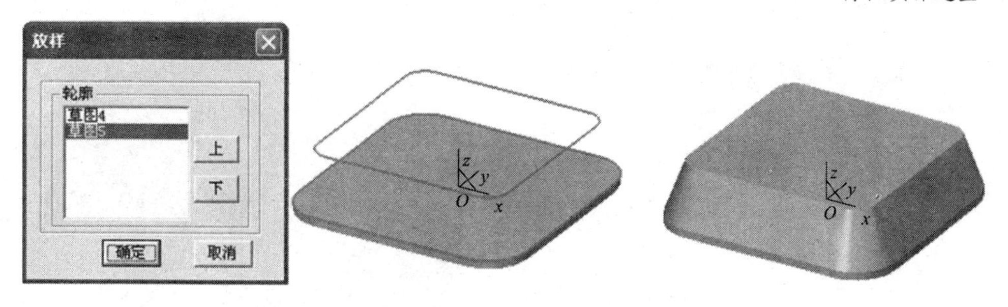

图 3－106　放样增料效果

3. 拉伸增料生成沿部实体

（1）单击放样实体上表面，选定该平面为草图基准面。

（2）选择草图工具，进入草图状态。

（3）选择相关线工具，在立即菜单中选择“实体边界”，根据提示，选择放样实体上表面外边界，得到的草图效果如图 3－107 所示。

（4）按 F8 键在轴测图中观察，选择拉伸增料工具，在弹出的对话框中选择“固定深度”方式，拉伸对象为上一步所画的“草图 6”，输入深度值为 15，单击“确定”按钮。拉伸效果如图 3－108 所示。

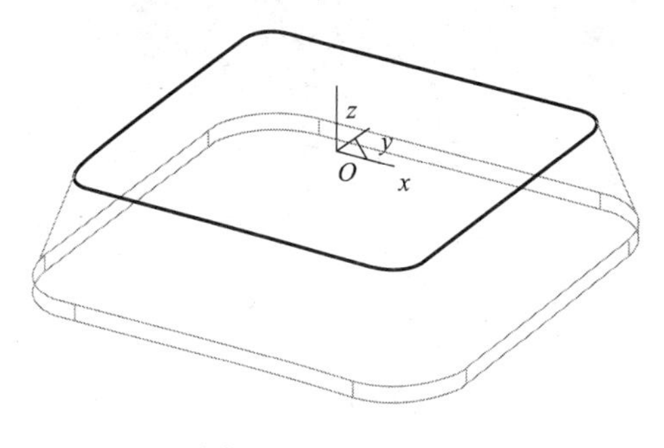

图 3－107　草图效果

图 3－108　拉伸效果

4. 拉伸除料生成腔部

（1）按 F7 键，在 xOz 面，绘制轴线（与 z 轴重合）和 $R200$ 的圆弧，效果如图 3－109 所示。

（2）选择旋转面工具，在立即菜单中输入起始角 0，终止角 360，根据提示选择轴线和方向，再拾取母线，效果如图 3－110 所示。

（3）单击实体上表面，选定该平面为草图基准面。

（4）选择草图工具，进入草图状态。

（5）绘制图 3－111 所示的草图（按尺寸绘制）。

（6）选择拉伸除料工具，在弹出的对话框中选择“拉伸到面”方式，拉伸对象为上一步所画的“草图 7”，根据提示选择球面，按 F8 键在轴测图中观察，单击“确定”按钮，效果如图 3－112 所示。

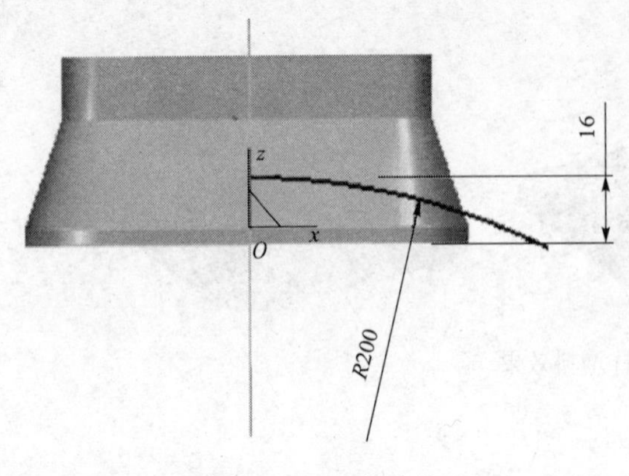

图 3－109　拉伸除料

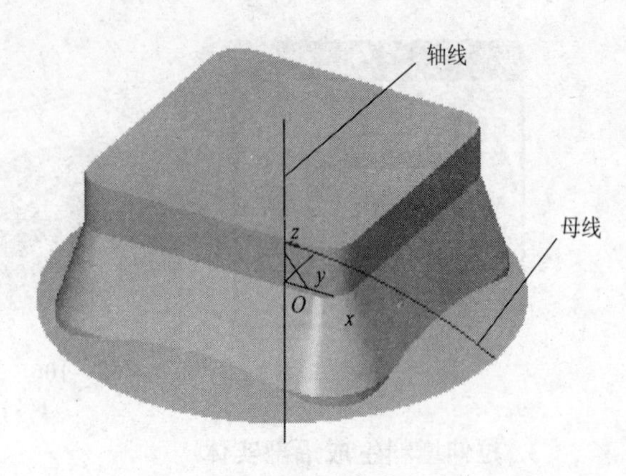

图 3－110　旋转效果

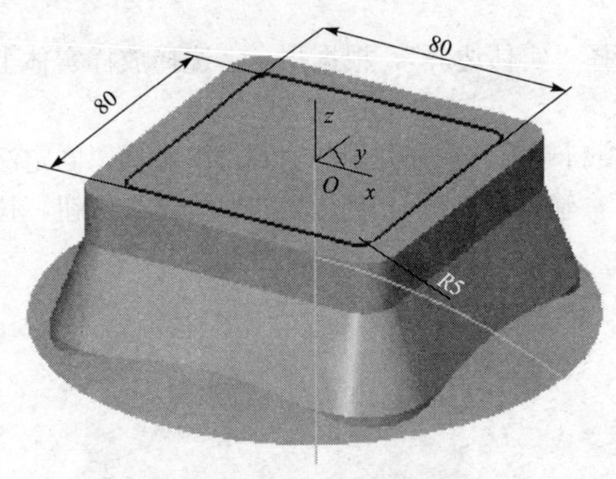

图 3－111　绘制草图

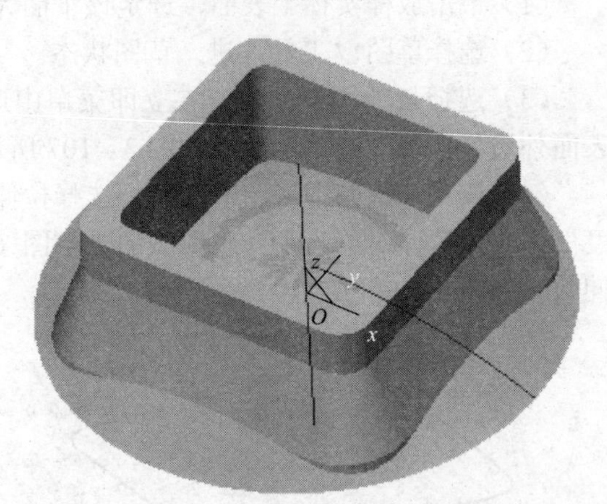

图 3－112　拉伸效果

5. 拉伸除料生成沿上的槽

（1）单击零件特征树的“平面 *xOz*”，选定该平面为草图基准面。

（2）选择草图工具，进入草图状态。

（3）选择相关线工具，在立即菜单中选择“实体边界”，根据提示，选择沿部上边界。然后，按尺寸绘制草图，如图 3－113 所示。

（4）选择拉伸除料工具，在弹出的对话框中选择“贯穿”方式，拉伸对象为上一步所画的草图“草图 10”，按 F8 键在轴测图中观察，单击“确定”按钮，效果如图 3–114 所示。

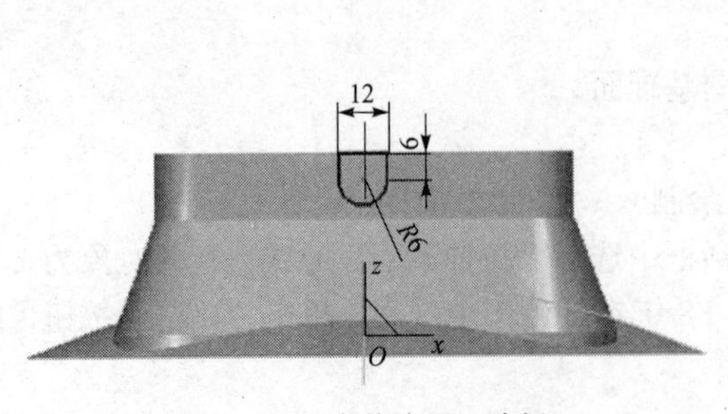

图 3－113　实体边界（选择）

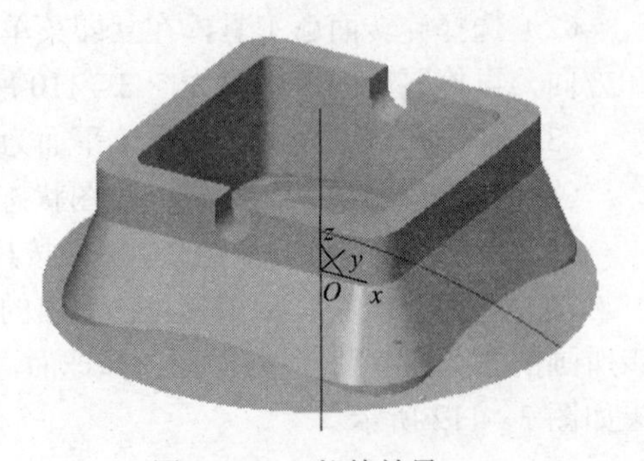

图 3－114　拉伸效果

（5）选择环形阵列工具，在弹出的对话框阵列对象选择上一步除料拉伸的槽，基准轴选择与 z 轴重合的直线，角度 90，数目 2，设置如图 3－115 所示的参数，单击“确定”按钮，然后，隐藏所有的线和面，效果如图 3－116 所示。

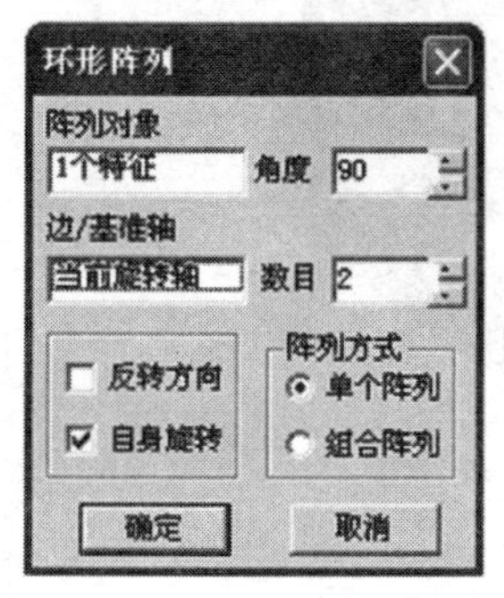

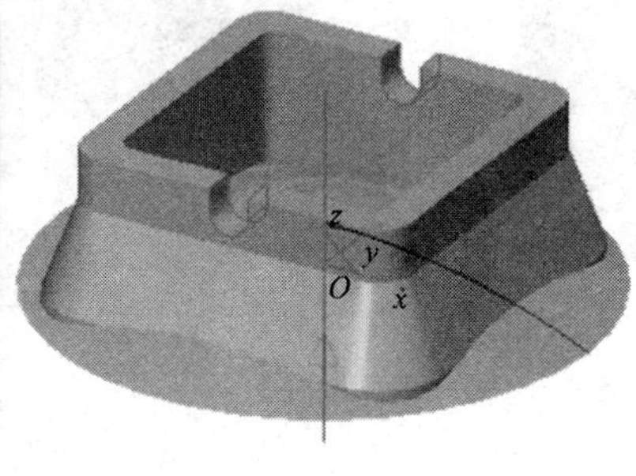

图 3－115　设置参数

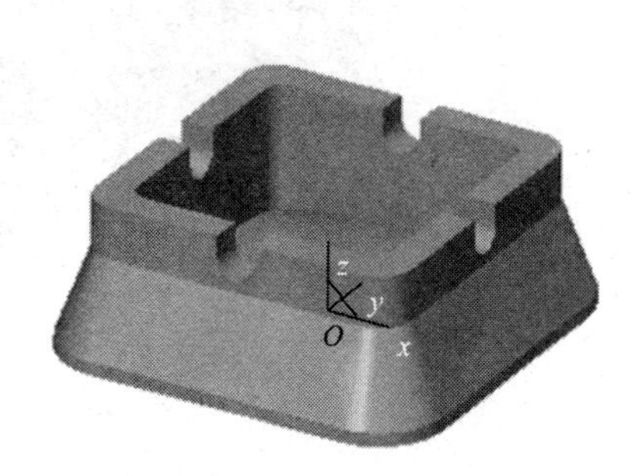

图 3－116　效果

6. 拉伸除料生成底部凹坑的槽

（1）单击实体下表面，选定该平面为草图基准面。

（2）选择草图工具，进入草图状态。

（3）绘制图 3－117 所示的草图（按尺寸绘制）。

（4）选择拉伸除料工具，在弹出的对话框中选择“固定深度”方式，深度 6，拉伸对象为上一步所画的“草图 11”，按 F8 键在轴测图中观察，单击确定“按钮”，效果如图 3－118 所示。

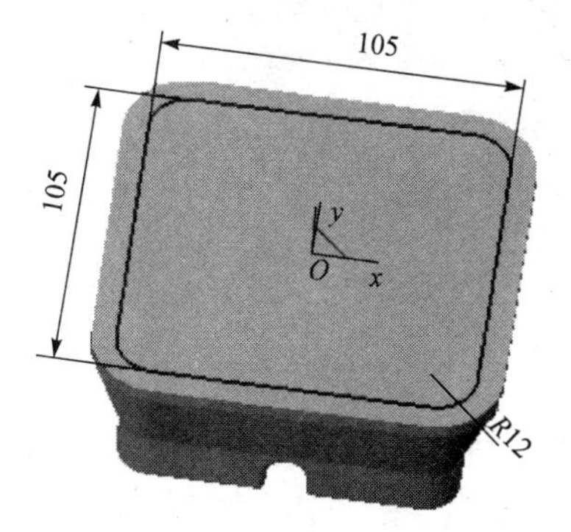

图 3－117　生成底部凹坑的槽

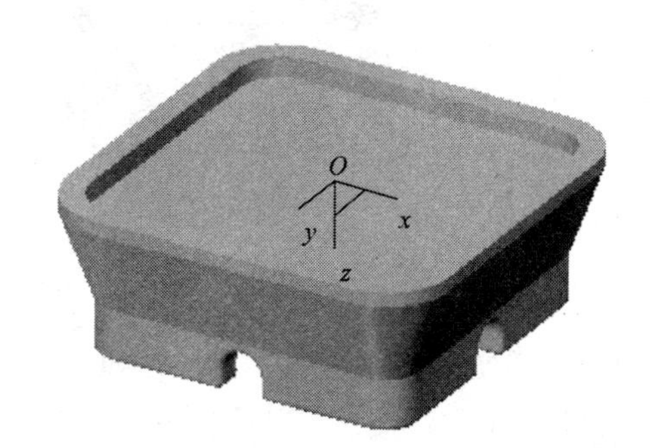

图 3－118　拉伸效果

7. 实体倒圆角

（1）选择实体倒圆角工具，在弹出的对话框中输入圆角半径 2，根据提示选择实体表面 1、2、3、4，单击“确定”按钮。效果如图 3－119 所示。

（2）选择实体倒圆角工具，在弹出的对话框中输入圆角半径 2，根据提示选择实体表面 1、2、3、4，单击“确定”按钮。效果如图 3－120 所示。

（3）选择实体倒圆角工具，在弹出的对话框中输入圆角半径 4，根据提示选择实体表面 1，单击“确定”按钮。效果如图 3－121 所示。

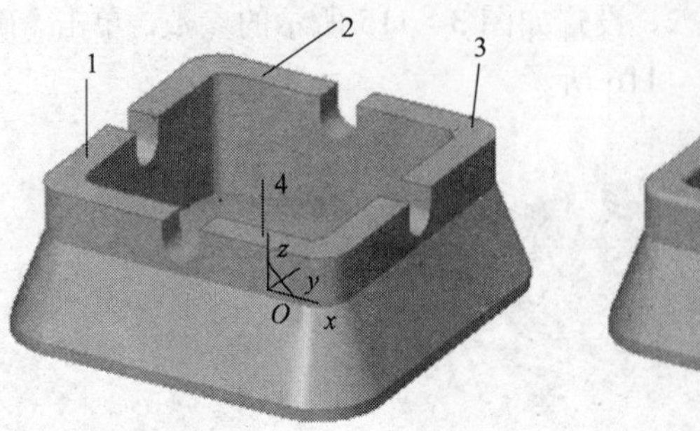

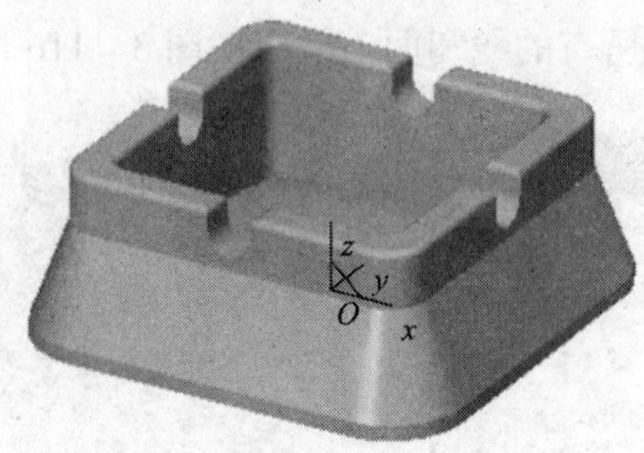

图 3－119　实体倒圆角

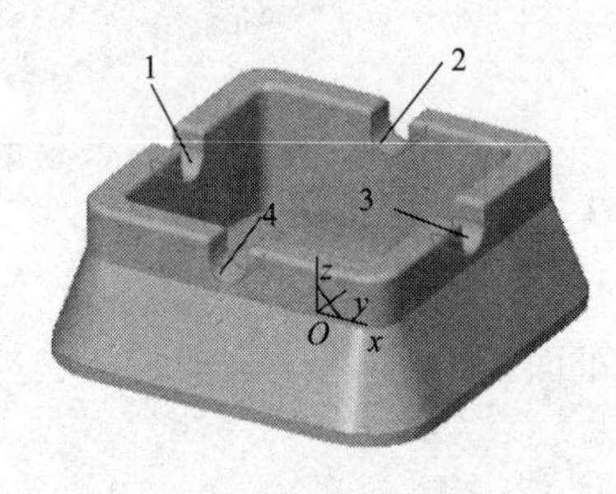

图 3－120　选择实体表面

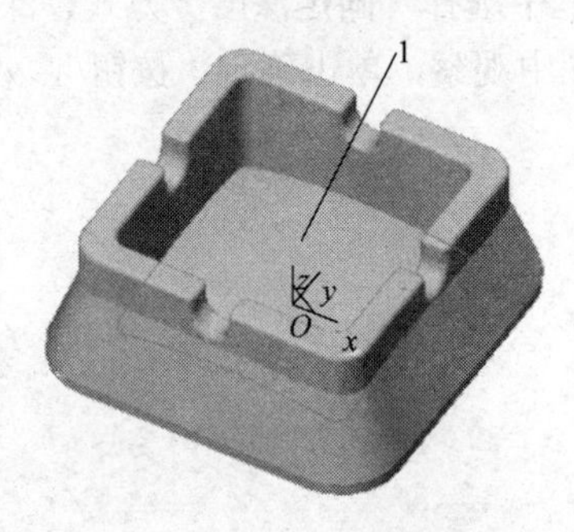

图 3－121　修改圆角半径

（4）选择实体倒圆角工具，在弹出的对话框中输入圆角半径 3，根据提示选择实体表面 1，单击“确定”按钮。效果如图 3－122 所示。完成造型。

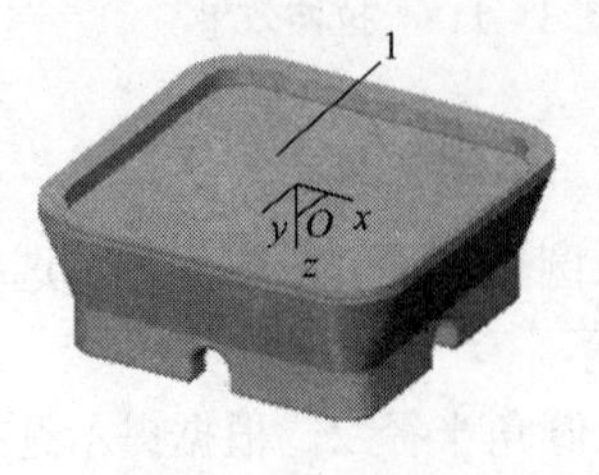

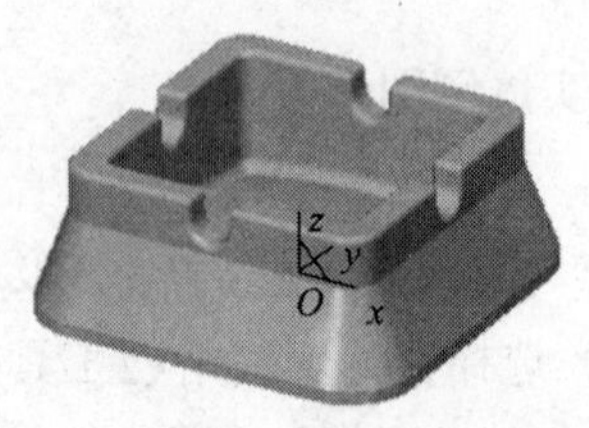

图 3－122　完成造型

螺栓实体造型

【目的要求】掌握导动增料与除料命令的应用与操作。
【教学重点】综合应用导动增料与除料命令。
【教学难点】综合应用拉伸增料、公式曲线（螺旋线）、导动除料、旋转除料命令对螺栓进行实体造型。

【知识链接】

导动增料与导动除料。

【功能】

将某一截面曲线或轮廓线沿着另外一条轨迹线运动生成或移除一个特征实体。截面线应为封闭的草图轮廓，截面线的运动形成了导动实体。

1. 导动增料

【功能】

导动增料是将某一截面曲线或轮廓线沿着另外一条轨迹线运动生成一个特征实体。

【操作步骤】

（1）选择导动增料工具，系统会弹出相应的“导动”对话框。如图 3－123 所示。

（2）按照对话框中的提示先“拾取轨迹线”，单击右键结束拾取，再单击选取导动线的起始线段，根据状态栏提示“确定链搜索方向”，选取导动线的走向端，然后单击右键确认完成拾取。

（3）选取截面相应的草图，在“选项控制”中选择适当的导动方式。

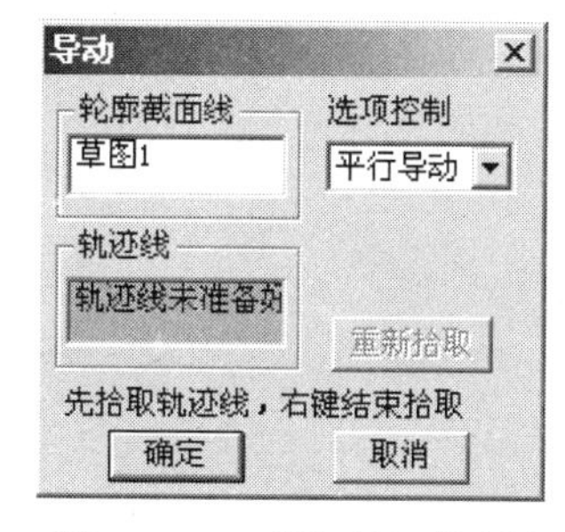

图 3－123 “导动”对话框

（4）单击“确定”按钮完成实体造型。

轮廓截面线是指需要导动的草图，截面线应为封闭的草图轮廓；轨迹线是指草图导动所沿的路径。

选项控制中包括“平行导动”和“固接导动”两种方式。平行导动是指截面线沿导动线趋势始终平行其自身的移动而生成的特征实体；固接导动是指在导动过程中，截面线和导动线保持固接关系，即让截面线平面与导动线切矢方向保持相对角度不变，而且截面线在自身相对坐标系中的位置关系保持不变，截面线沿导动线变化的趋势导动生成特征实体。导动反向是指与默认方向相反的方向进行导动。

2. 导动除料

【功能】

导动除料是将某一截面曲线或轮廓线沿着另外一条轨迹线运动移除一个特征实体。

【操作步骤】

（1）选择导动除料工具，系统会弹出相应的“导动”对话框。如图 3－123 所示。

（2）按照对话框中的提示先“拾取轨迹线”，根据状态栏提示“确定链搜索方向”，选取导动线的走向端，然后单击右键确认完成拾取。

（3）选取截面相应的草图，在“选项控制”中选择适当的导动方式。

（4）单击“确定”按钮完成实体造型。

注意：

① 导动方向和导动线链搜索方向选择要正确。

② 导动的起始点必须在截面草图平面上。

③ 导动线可以是多段曲线组成的，但是曲线间必须是光滑过渡。

【螺栓实体造型操作步骤】

结构分析：螺栓主要由两部分组成，即螺帽和螺柱。零件如图 3－124 所示。

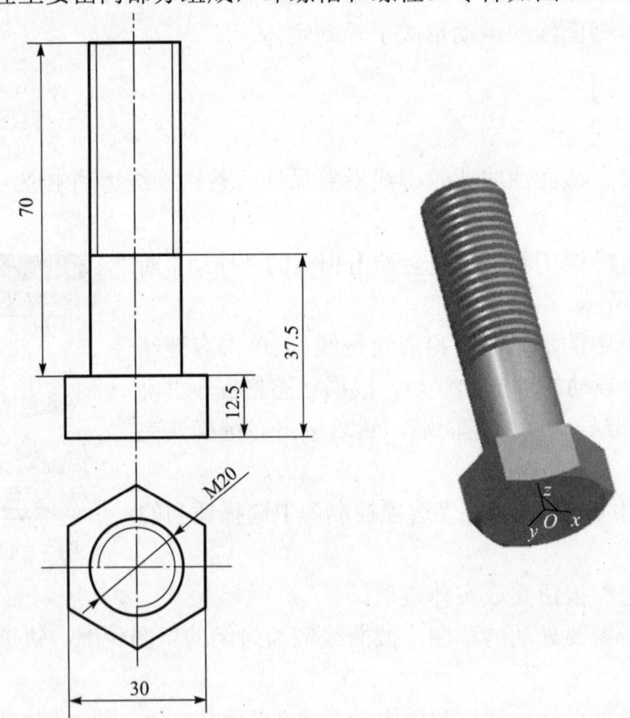

图 3－124　螺栓实体

主要命令：拉伸增料、公式曲线（螺旋线）、导动除料、旋转除料。

【操作步骤】

1. 作六角螺栓头部的拉伸增料

（1）单击零件特征树的“平面 *xOy*”，选定该平面为草图基准面。选择草图工具，进入草图状态。

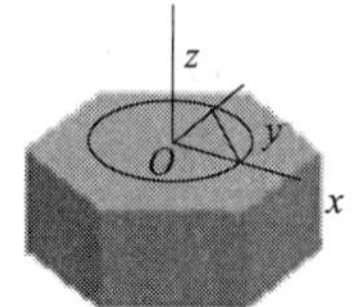

图 3 – 125 效果

（2）选择正多边形工具，在立即菜单中选择“中心_外切”方式；根据提示拾取坐标原点为正六边形中心，输入“边中点”为（15，0，0）。

（3）选择拉伸增料工具，在弹出的对话框中输入深度值 12.5，拔模角度值 0，单击“确定”按钮。效果如图 3 – 125 所示。

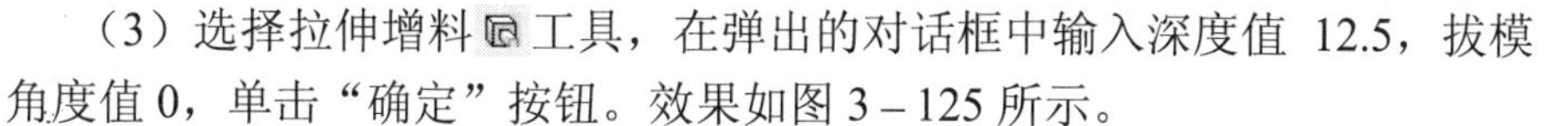

2. 拉伸增料生成螺栓圆柱杆

（1）单击螺栓头部拉伸体的上表面，选择草图工具。在草图1上作圆：“圆心_半径”，圆心为基本拉伸体上表面的中心，半径为 10。

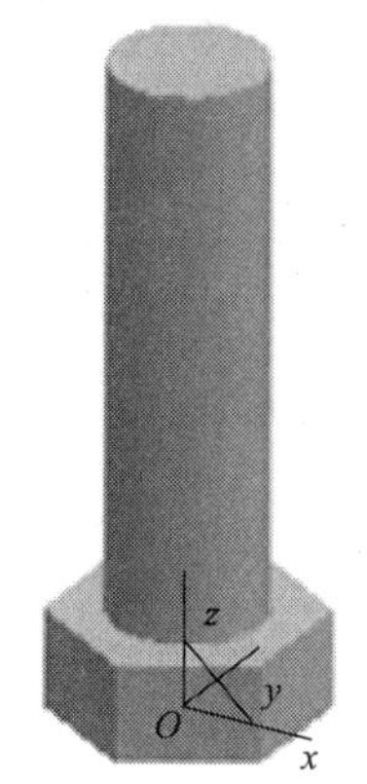

图 3 – 126 螺栓圆柱杆

（2）选择拉伸增料工具，在弹出的对话框中输入深度值 70，拔模角度值 0，单击“确定”按钮。效果如图 3 – 126 所示。

3. 导动除料生成螺纹

（1）选择公式曲线工具，弹出“公式曲线”对话框，如图 3 – 127 所示，输入公式：x(t) = 8.647*cos(t)；y(t) = 8.647*sin(t)；z(t) = 2.5*t/6.28（螺距 = 2.5），角度方式为弧度，参数的起始值为 0，终止值为 119.32，精度控制为 0.001，单击“确定”按钮，退出对话框。曲线的起点为（0，0，37.5），效果如图 3 – 128 所示。

（2）按 F7 键，在特征树上选择“平面 *xOz*”设为当前绘图平面。右击弹出快捷菜单，从中选择“创建草图”命令，进入草图编辑状态。

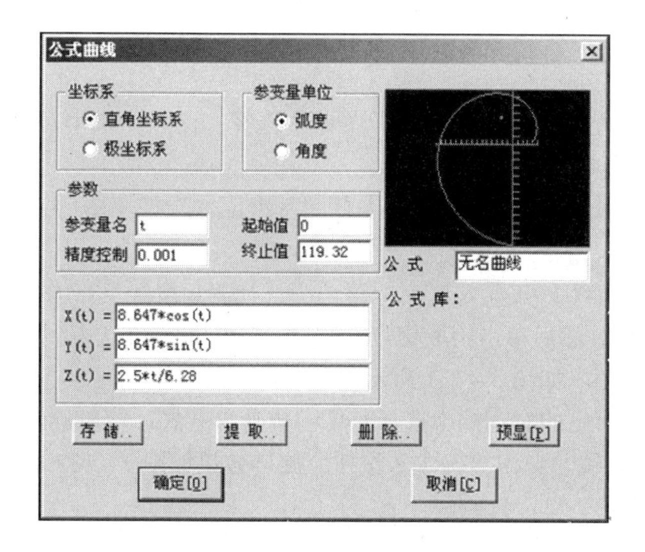

图 3 – 127 “公式曲线”对话框

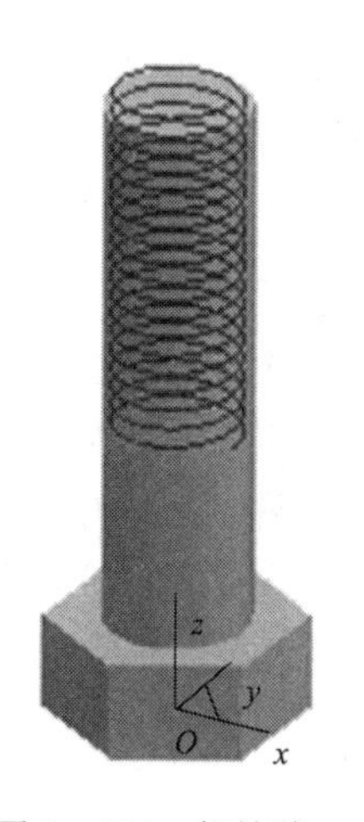

图 3 – 128 螺旋线

（3）选择曲线生成工具栏上的直线 工具，在立即菜单中选择“角度线”“x 轴夹角”，角度值为-60，系统提示拾取第一点，然后单击拾取螺旋线下端点。长度任意，单击确认得到直线。同理，绘制角度值为 60 的直线，螺旋线下端点为起点。

（4）选择曲线生成工具栏上的直线 工具，在立即菜单中选择“两点线”“正交”“点方式”，靠近轮廓线绘制一条垂直线。

（5）选择线面编辑工具栏中的曲线裁剪 工具，在立即菜单中选择“快速裁剪”和“正常裁剪”方式，裁剪掉多余的线段。完成三角形草图如图 3-129 所示。

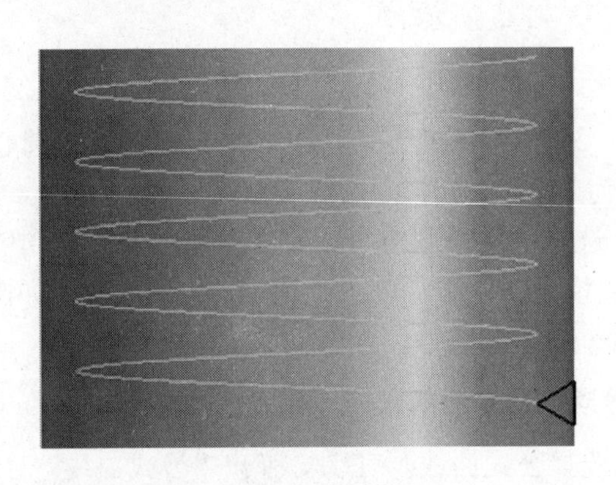

图 3-129　三角形草图

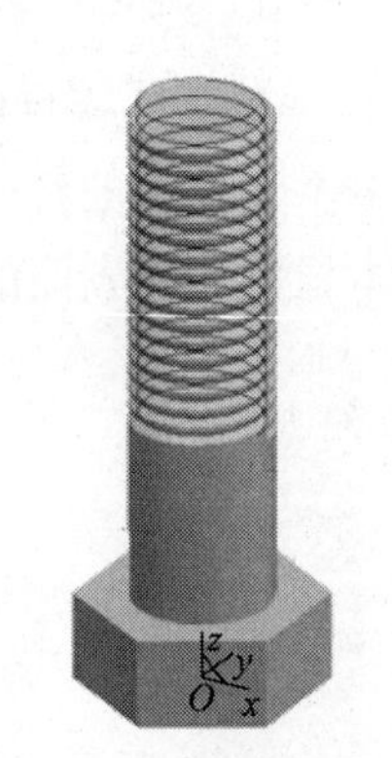

图 3-130　导动除料效果

4. 绘制截面线草图

选择导动除料 工具，系统会弹出相应的“导动”对话框。按照对话框中的提示先拾取草图，选择“固接导动”方式，然后再“拾取轨迹线”，根据状态栏提示“确定链搜索方向”，使用鼠标左键选取导动线的走势，单击右键完成轨迹线拾取。生成导动除料效果如图 3-130 所示。

注意：夹角为 60°，螺距方向尺寸小于 2.5。

5. 旋转除料生成螺栓头部倒角

（1）选择曲线生成工具栏上的直线 工具，在立即菜单中选择“两点、单个、正交”，画一条与 z 轴重合的轴线（长度任意）。

（2）单击零件特征树的“平面 xOz”，选定该平面为草图基准面。选择草图 工具，进入草图状态。

（3）选择曲线生成工具栏上的直线 工具，在立即菜单中选择“角度线”“x 轴夹角”，角度值为 60，系统提示拾取第一点，然后单击拾取交点，长度任意，单击确认得到斜直线。然后将草图封闭，得到旋转除料草图。如图 3-131 所示。

（4）选择旋转除料 工具，在弹出的对话框中选择“单向旋转”方式，拾取旋转对象为“草图 2”、旋转轴为与 z 轴重合的直线，单击“确定”按钮。旋转效果如图 3-132 所示。完成螺栓实体造型。

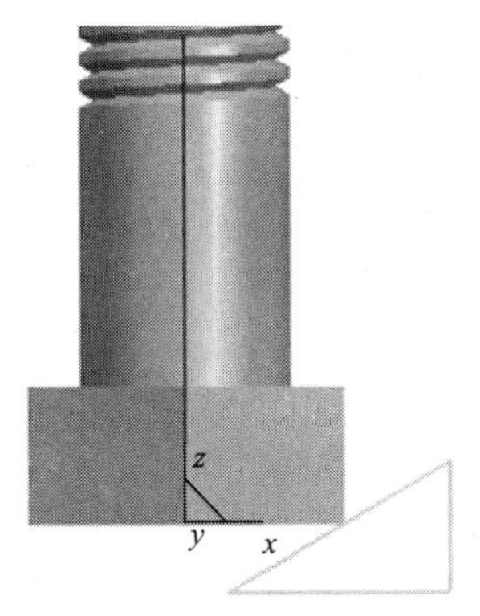

图 3－131　旋转除料草图

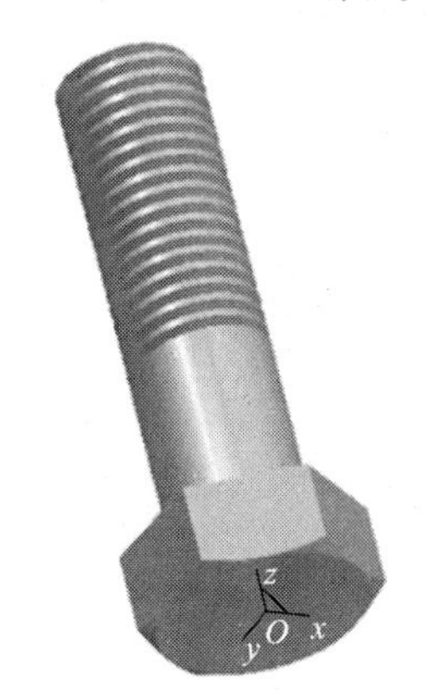

图 3－132　旋转效果

任务八　奔驰车标实体造型

【目的要求】掌握曲面加厚增料和曲面加厚除料命令的应用与操作。
【教学重点】综合应用曲面加厚增料和曲面加厚除料命令。
【教学难点】综合应用拉伸增料、旋转增料、曲面加厚增料对奔驰车标造型。

【知识链接】

曲面加厚增料和曲面加厚除料。

【功能】

曲面加厚增料和曲面加厚除料对指定的曲面按照给定的厚度和方向进行生成实体或对指定的曲面按照给定的厚度和方向进行移除的特征修改。

1. 曲面加厚增料

【操作步骤】

（1）选择曲面加厚增料工具，弹出“曲面加厚”对话框，如图 3－133 所示。

（2）填入厚度，确定加厚方向，拾取曲面，单击“确定”按钮完成操作。

厚度是指对曲面加厚的尺寸，可以直接输入所需数值，也可以单击按钮来调节；加厚方向 1 是指曲面的法线方向，生成实体，如图 3－134 所示；加厚方向 2 是指与曲面法线相反的方向，生成实体；双向加

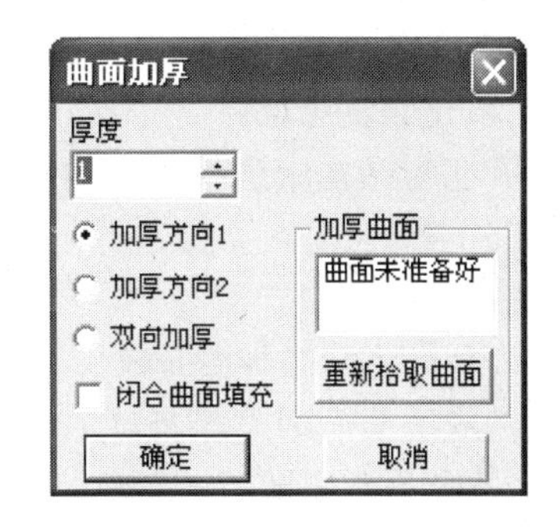

图 3－133　“曲面加厚”对话框

厚是指从两个方向对曲面进行加厚，生成实体，如图 3 – 135 所示；加厚曲面是指需要加厚的曲面；闭合曲面填充将封闭的曲面生成实体。

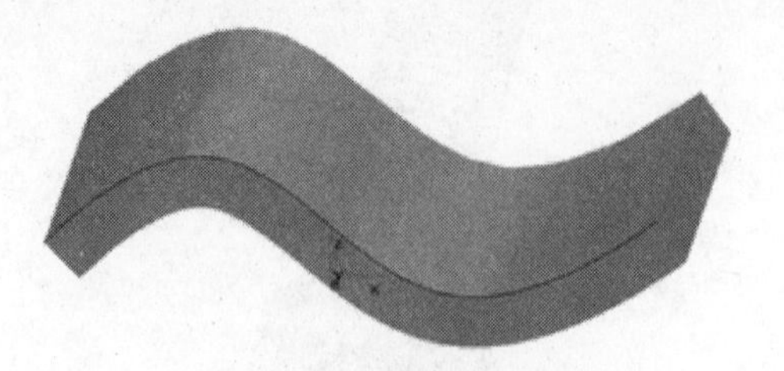

图 3 – 134　曲面加厚增料

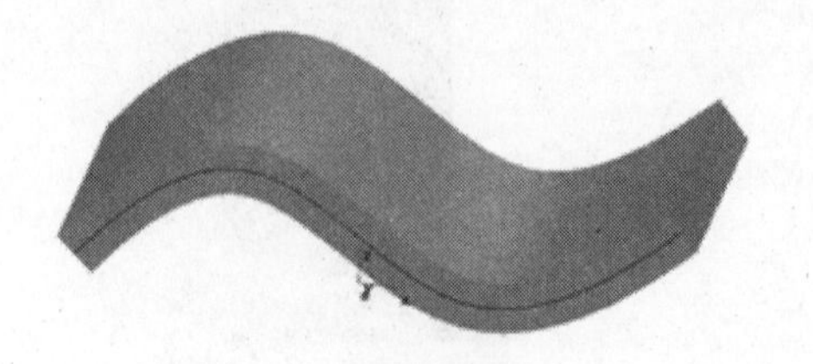

图 3 – 135　双向加厚增料

2. 曲面加厚除料

【操作步骤】

（1）选择曲面加厚除料工具，弹出“曲面加厚”对话框，如图 3 – 133 所示。

（2）填入厚度，确定加厚方向，拾取曲面，单击“确定”按钮完成操作。如图 3 – 136 所示。

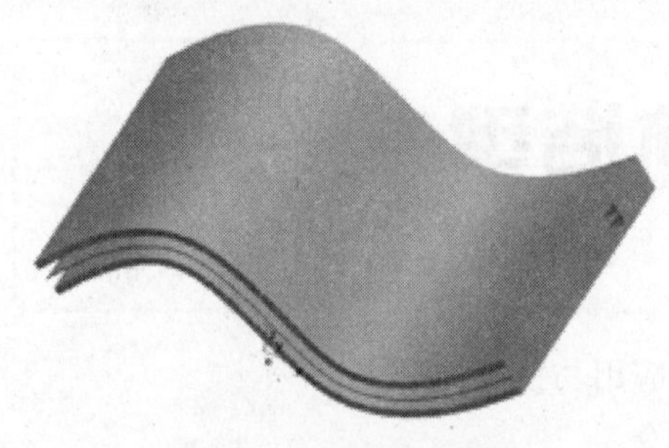

图 3 – 136　曲面加厚除料

3. 闭合曲面填充

（1）选择曲面加厚增料工具。系统弹出“曲面加厚”对话框，如图 3 – 133 所示。选中“闭合曲面填充”复选框。

（2）在对话框中选择适当的精度，按照系统提示，拾取所有曲面，单击“确定”按钮完成操作。

（3）闭合曲面填充增料。

①“闭合曲面填充增料”就是在原来实体零件的基础上，根据闭合曲面，增加一个实体，和原来的实体构成一个新的实体零件。闭合曲面区域是和原实体必须相接触的部分，此外该曲面也必须是闭合的。

② 方法和命令路径与闭合曲面填充的方法一致。

（4）闭合曲面填充除料。

① 闭合曲面填充除料就是用闭合曲面围成的区域裁剪当前实体（布尔减运算）。

② 绘制完封闭的曲面和实体后，选择菜单“造型”→“特征生成”→“除料”→“曲面加厚”命令，或者直接单击曲面加厚除料按钮。系统弹出“曲面加厚”对话框，选中“闭合曲面填充”复选框。

③ 在对话框中选择适当的精度，按照系统提示，拾取所有曲面，单击“确定”按钮完成操作。

注意：

① 加厚方向选择要正确。

② 应用曲面加厚除料时，实体至少应有一部分大于曲面。若曲面完全大于实体，系统会提示特征操作失败。

③ 曲面填充除料中曲面必须使用封闭的曲面。

【奔驰车标造型步骤】

结构分析：该零件主要由两部分组成，即底盘和三角星。零件如图 3－137 所示。

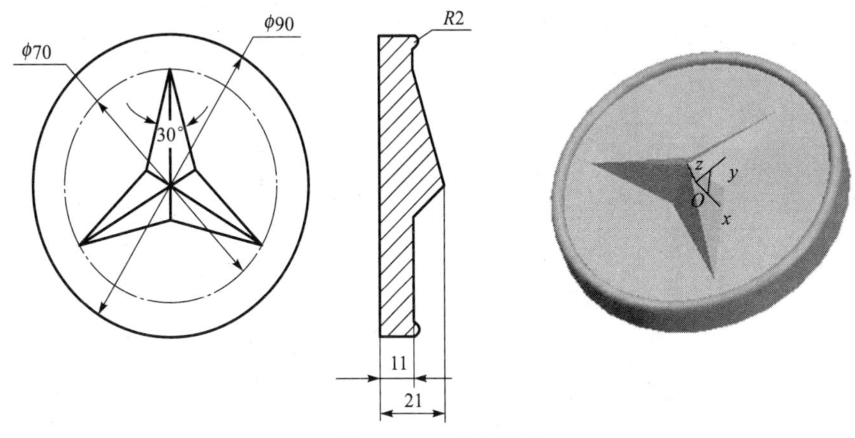

图 3－137　车标造型

主要命令：拉伸增料、旋转增料、曲面加厚增料。

【操作步骤】

1. 作底盘拉伸增料

（1）单击零件特征树的“平面 *xy*”，选定该平面为草图基准面。选择草图工具，进入草图状态。

（2）绘制直径为 90 mm 的圆。

（3）选择拉伸增料工具，在弹出的对话框中输入深度值 11，拔模角度值 0，沿 *z* 轴负方向拉伸，单击“确定”按钮。按 F8 键，效果如图 3－138 所示。

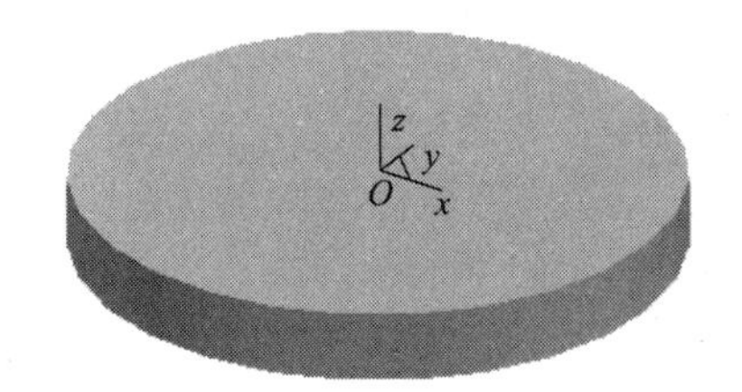

图 3－138　拉伸效果

2. 作三角星曲面

（1）根据零件图绘制三角星线架，如图 3－139 所示。

（2）选择边界面工具，选择三边面，顺序拾取空间相邻的三个边，生成三角星曲面，如图 3－140 所示。

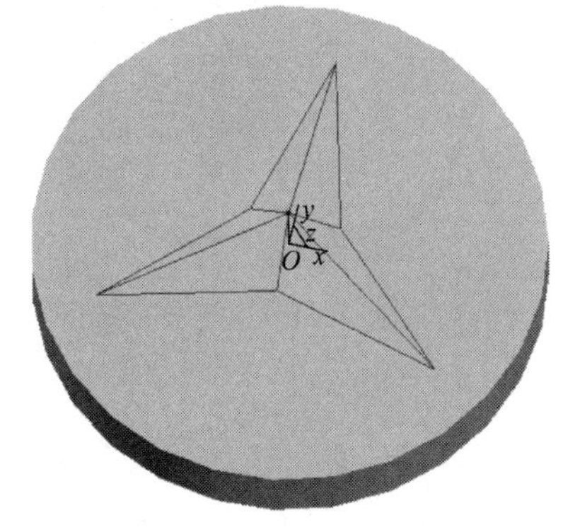

图 3－139　三角星

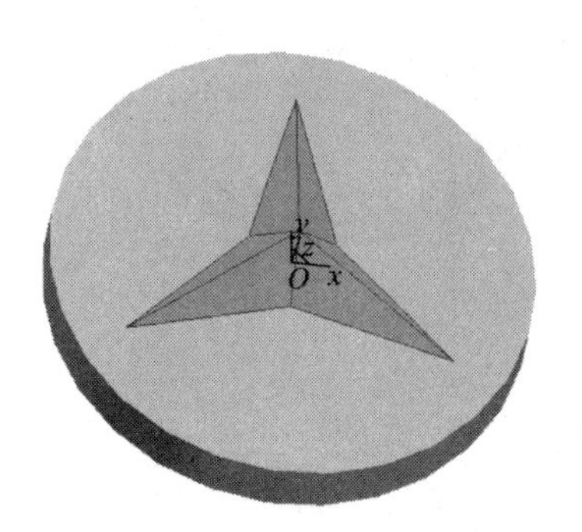

图 3－140　生成三角星曲面

3. 将曲面转化为实体

（1）选择曲面加厚增料工具，选择闭合曲面填充，然后窗选三角星曲面（6 张），单击“确定”按钮。按 F8 键，效果如图 3－141 所示。

（2）选择菜单“编辑”→“隐藏”命令，将所有曲面隐藏，效果如图 3－142 所示。

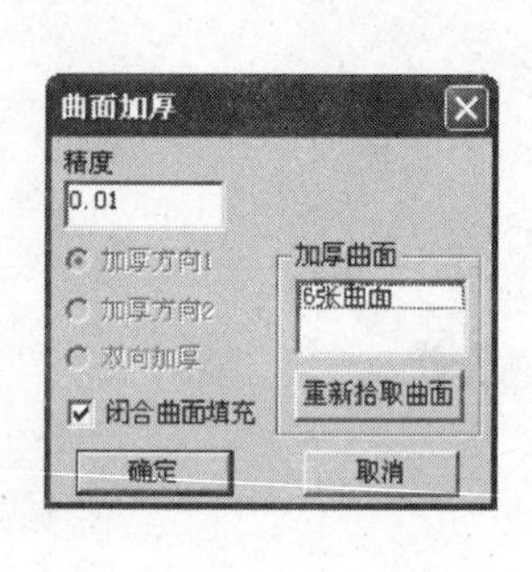

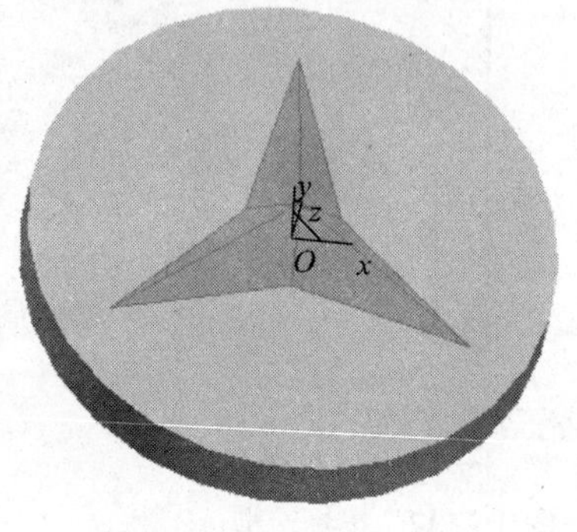

图 3－141　转化为实体

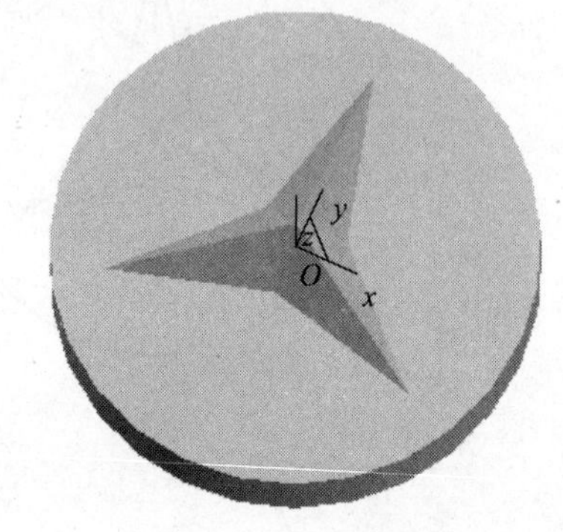

图 3－142　隐藏效果

4. 生成 *R*2 凸缘

（1）在 xOz 面（按 F7 键）画一条与 z 轴重合的轴线，在 xOy 面（按 F5 键）画一个 $R43$ 的圆，效果如图 3－143 所示。

（2）单击零件特征树的“平面 xOz”，选定该平面为草图基准面。选择草图工具，进入草图状态。

（3）选择画圆工具，在立即菜单中选择“圆心_半径”方式，在输入圆心提示下，捕捉 $R43$ 圆的端点，输入半径 2，按回车键。

（4）选择旋转增料工具，拾取轴线，单击“确定”按钮，隐藏所有线，效果如图 3－144 所示。完成造型。

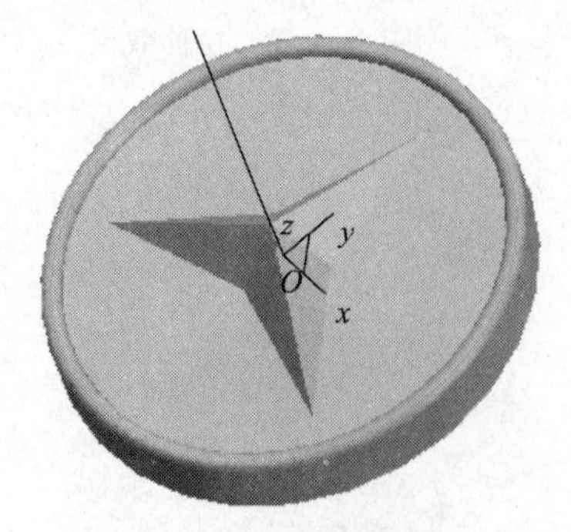

图 3－143　画圆

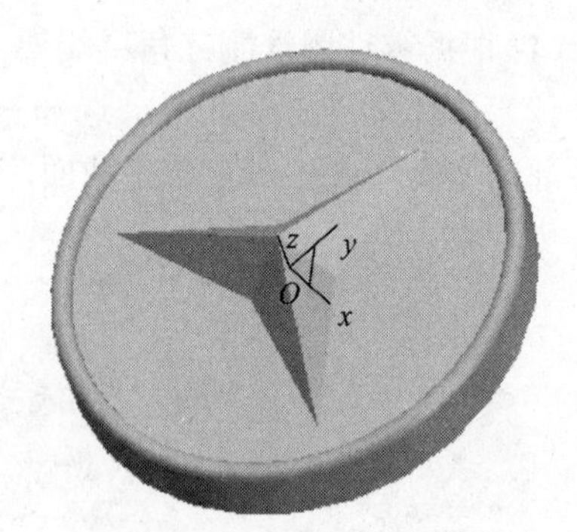

图 3－144　隐藏全部线

任务九 异形口法兰盘实体造型

【目的要求】掌握曲面加厚除料命令的应用与操作。
【教学重点】综合应用曲面加厚除料命令。
【教学难点】综合应用曲面加厚除料对异形口法兰盘进行实体造型。

【知识链接】

异形口法兰盘实体造型主要是拉伸增料、曲面加厚除料等的综合应用。零件如图 3－145 所示。

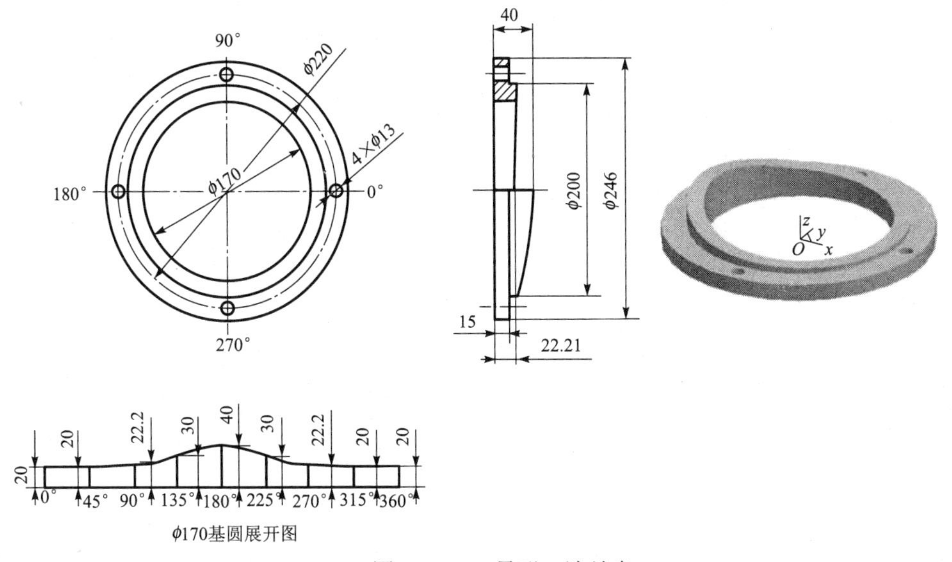

图 3－145　异形口法兰盘

【异形口法兰盘实体造型步骤】

【操作步骤】

1. 生成底盘实体

（1）单击零件特征树的“平面 *xy*”，选定该平面为草图基准面。选择草图工具，进入草图状态。

（2）按零件图分别绘制半径为 123、85 和 4 个半径为 6.5mm 的圆。

（3）选择拉伸增料工具，在弹出的对话框中输入深度值 15，拔模角度值 0，沿 *z* 轴正方向拉伸，单击“确定”按钮。按 F8 键，效果如图 3－146 所示。

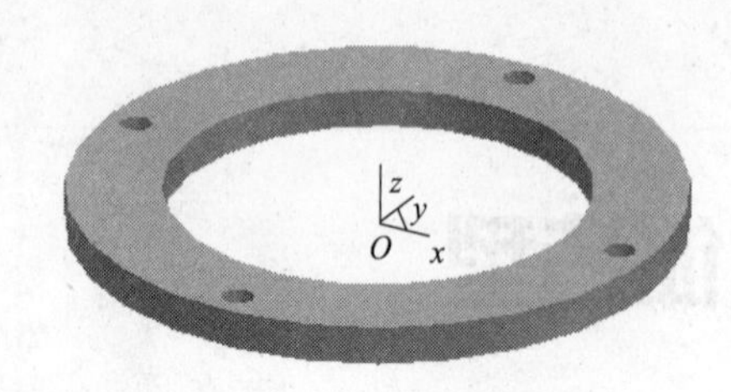

图 3－146　拉伸效果

2. 生成套筒实体

（1）单击零件特征树的“平面 *xy*”，选定该平面为草图基准面。选择草图工具，进入草图状态。

（2）按零件图分别绘制半径为 100、85 mm 的圆。

（3）选择拉伸增料工具，在弹出的对话框中输入深度值 45，拔模角度值 0，沿 *z* 轴正方向拉伸，单击“确定”按钮。按 F8 键，效果如图 3－147 所示。

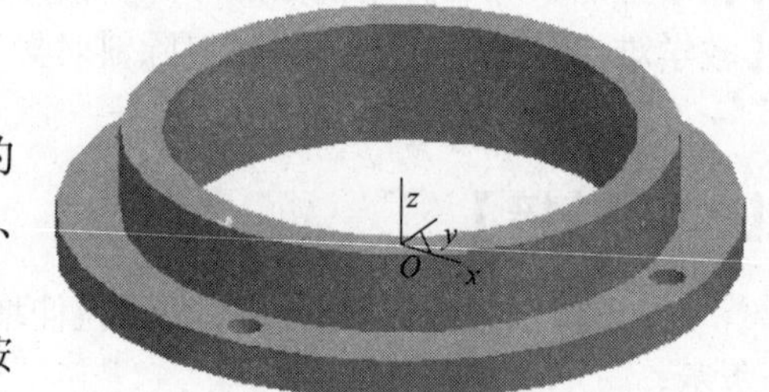

图 3－147　拉伸增料

3. 生成异形凸缘

（1）选择 *xy* 绘图面，按 F5 键绘制一个 $\phi170$ 的圆，选择画点工具，在立即菜单中，选择批量点、等分、8 段。如图 3－148 所示。

（2）选择移动工具，选择偏移量、移动，按展开图将各点向 *z* 轴正向分别移动 20（0°、45°、315° 三个点）、22.2（90°、270° 两个点）、30（225°、135° 两个点）、40（180° 一个点），将 *R*85 的圆向上移动 50，按 F8 键，效果如图 3－149 所示。

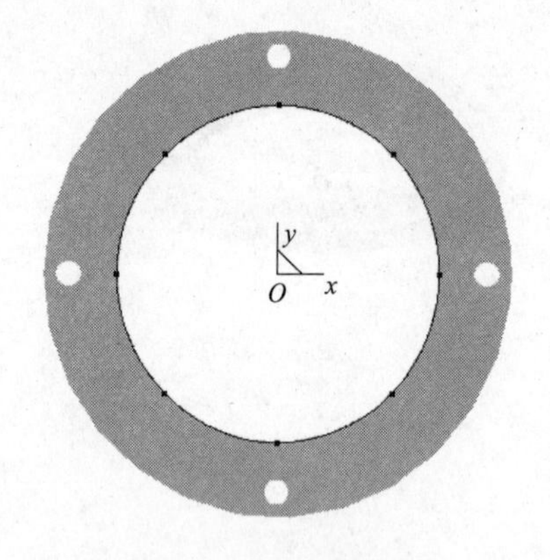

图 3－148　删除重合点

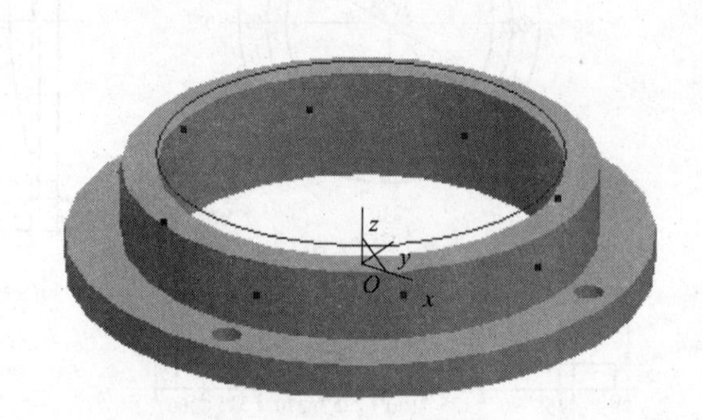

图 3－149　移动图标

（3）选择样条线工具，选择差值、缺矢量、闭曲线，从 0° 的点开始，顺序链接画样条线，按 F8 键，效果如图 3－150 所示。

（4）选择直纹面工具，选择曲线＋曲线，分别从 0° 靠后一点的位置拾取样条线和圆，生成直纹面，按 F8 键，效果如图 3－151 所示。

（5）选择等距面工具，输入距离 20，拾取直纹面，方向向外，按 F8 键，效果如图 3－152 所示。

（6）选择曲面加厚除料工具，输入厚度 30，拾取生成的直纹曲面，方向向里（方向调节：加厚方向 1 或 2），编辑隐藏所有线面，完成造型。按 F8 键，效果如图 3－153 所示。完成造型。

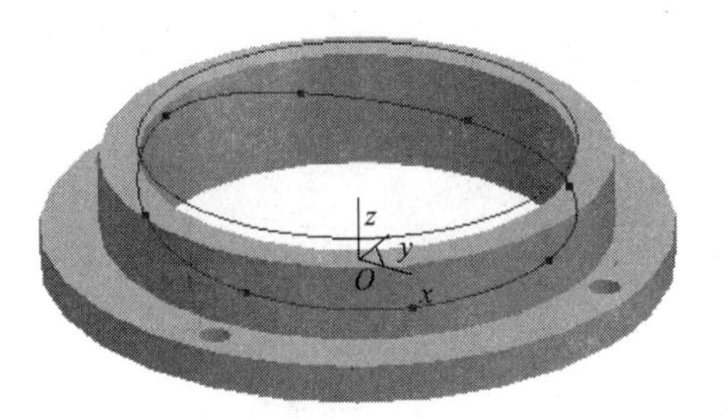

图 3－150　画样条线

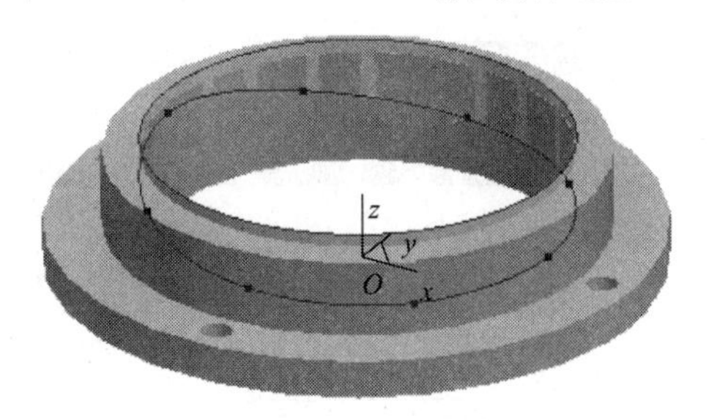

图 3－151　直纹面

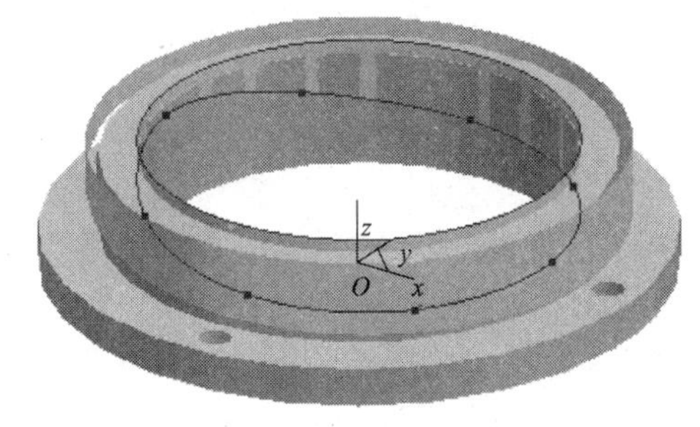

图 3－152　拾取直纹面

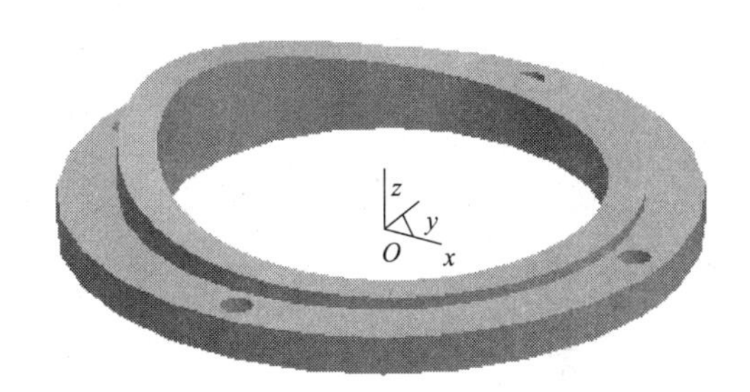

图 3－153　完成造型

轮架实体造型

【目的要求】掌握特征处理（过渡、倒角、打孔、拔模、抽壳、筋板、线性阵列、环形阵列）命令的应用与操作。

【教学重点】综合应用特征处理（过渡、倒角、打孔、拔模、抽壳、筋板、线性阵列、环形阵列）命令。

【教学难点】综合应用特征处理（过渡、倒角、打孔、拔模、抽壳、筋板、线性阵列、环形阵列）命令对轮架实体造型。

【知识链接】

打孔

【功能】

打孔是指在实体的表面（平面）上直接去除材料生成各种类型孔的方法。

【操作步骤】

（1）选择打孔工具，弹出“孔的类型”对话框，如图 3－154 所示。

（2）拾取打孔平面，选择孔的类型，指定孔的定位点，单击“下一步”按钮。

（3）填入孔的参数，单击“确定”按钮完成操作。如图 3－155 所示。

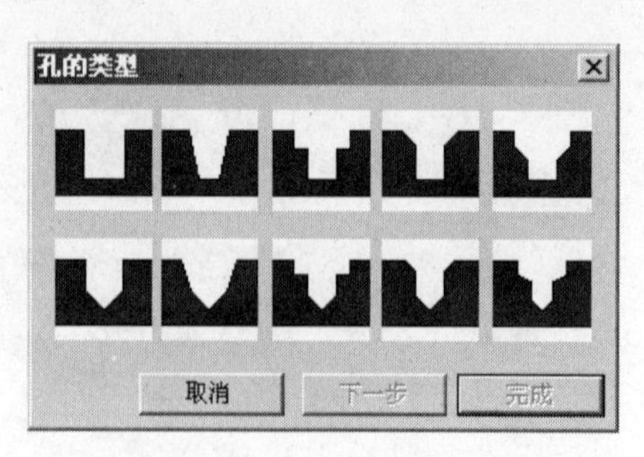

图 3－154 “孔的类型”对话框

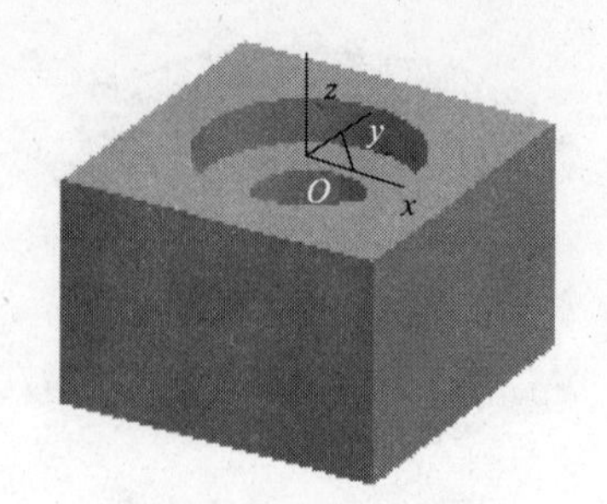

图 3－155 打孔

说明：

主要是不同类型孔的直径、深度、沉孔和锥角等参数的尺寸值。通孔是指将整个实体贯穿。

注意：

① 通孔时，深度不可用。

② 指定孔的定位点时，单击平面后按回车键，可以输入打孔位置的坐标值或拾取已存在的特殊点。

【轮架实体造型步骤】

结构分析：该零件主要由四部分组成，即底盘、中间套、三个小柱和三个筋板。零件如图 3－156 所示。

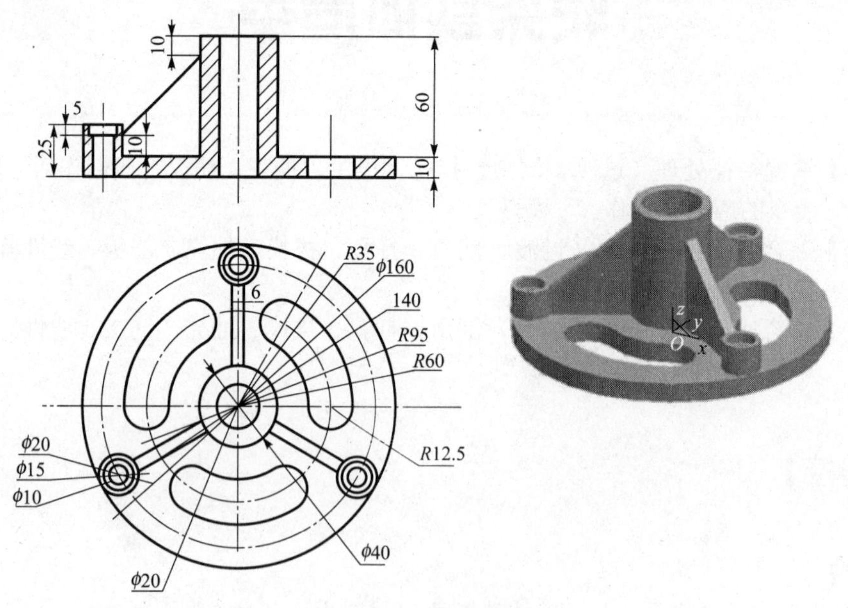

图 3－156 轮架实体

主要命令有：拉伸增料和除料、打孔、筋板、环行阵列、倒角、倒圆角。

1. 轮架底盘

（1）单击零件特征树的“平面 *xOy*”，选定该平面为草图基准面。

（2）选择草图工具，进入草图状态。

（3）选择画圆工具，选择“圆心_半径”方式。在输入圆心提示下，拾取“原点”，输入半径为80。

（4）选择圆弧工具，在立即菜单中选择“圆心_半径_起终角”，起始角输入角度值0，终止角输入角度值60，圆心为原点，半径分别为35和60。在立即菜单中选择“两点_半径”分别拾取*R*35和*R*60圆弧的端点，输入半径12.5。

（5）选择阵列工具，并选择“圆形、均布、份数 =3”的方式。拾取要阵列的腰形槽，阵列中心为原点，单击“确认”按钮。如图3－157所示。

（6）选择拉伸增料工具，在弹出的对话框中选择固定深度方式，拉伸对象为“草图0”，输入深度值为10，单击“确定”按钮。拉伸效果如图3－158所示。

2. 作中心圆柱套

（1）选择实体的上表面作为草图基准面，右击弹出菜单，选择“创建草图”，进入草图编辑状态。

（2）选择画圆工具，选择“圆心_半径”方式。在输入圆心提示下，按空格键，弹出“点方式”菜单，选择“圆心”，拾取圆，输入半径为20，作圆，草图完成。如图3－159所示。

（3）选择拉伸增料工具，在弹出的对话框中选择固定深度方式，拉伸对象为“草图1”，输入深度值为60，单击“确定”按钮。拉伸效果如图3－160所示。

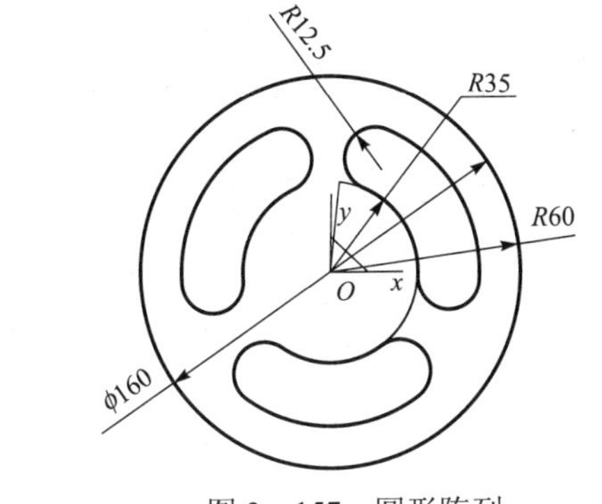

图3－157　圆形陈列

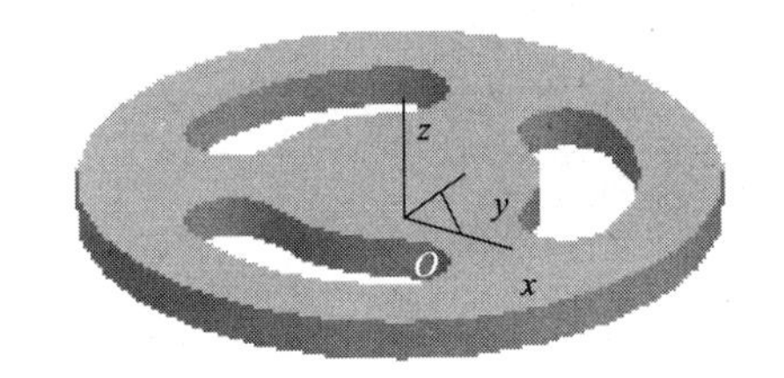

图3－158　拉伸效果

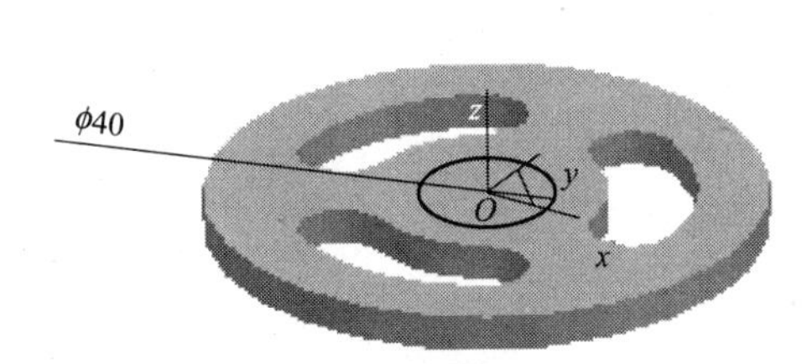

图3－159　完成草图

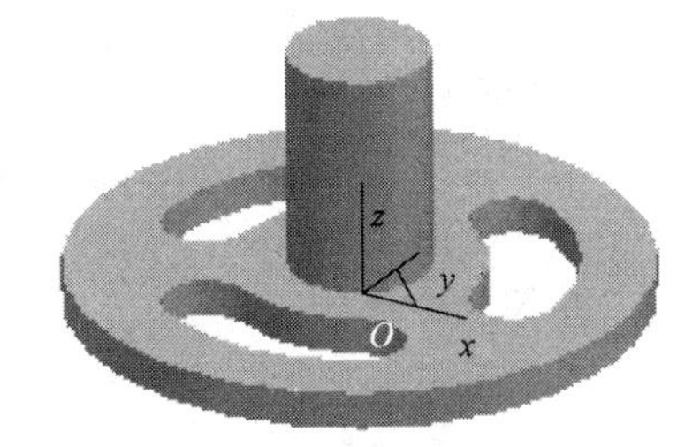

图3－160　拉伸效果一

（4）选择圆柱的上表面作为草图基准面，右击弹出快捷菜单，从中选择“创建草图”命令，进入草图编辑状态。

（5）选择画圆工具，选择“圆心_半径”方式。在输入圆心提示下，选择原点、圆，输入半径为10，作圆。

图 3－161　拉伸效果二

（6）选择拉伸除料工具，在弹出的对话框中选择“贯穿”方式，拉伸对象为“草图 2”，单击“确定”按钮。拉伸效果如图 3－161 所示。

3. 作 3 个小圆柱体

（1）选择实体的上表面作为草图基准面，右击弹出快捷菜单，选择“创建草图”命令，进入草图编辑状态。

（2）选择曲面相关线工具，选择“实体边界”，单击外边界线。

（3）选择画圆工具，选择“圆心_半径”方式。在输入圆心提示下，按空格键，弹出“点方式”菜单，选择“圆心”命令，拾取大圆，输入半径为 70，作圆。

（4）选择直线工具，在立即菜单中选择“两点线”“正交”，拾取半径为 70 的圆的圆心和任意点绘制垂线。

（5）选择画圆工具，选择“圆心_半径”方式。在输入圆心提示下，拾取半径为 70 的圆和垂线的交点，输入半径 10，作圆。

（6）选择阵列工具，在立即菜单中选择“圆形、均布、份数＝3”，拾取半径为 10 的圆，输入中心点为“R＝70 的圆的圆心”，完成阵列。如图 3－162 所示。

（7）选择删除工具，删除大圆和直线。草图完成，如图 3－163 所示。

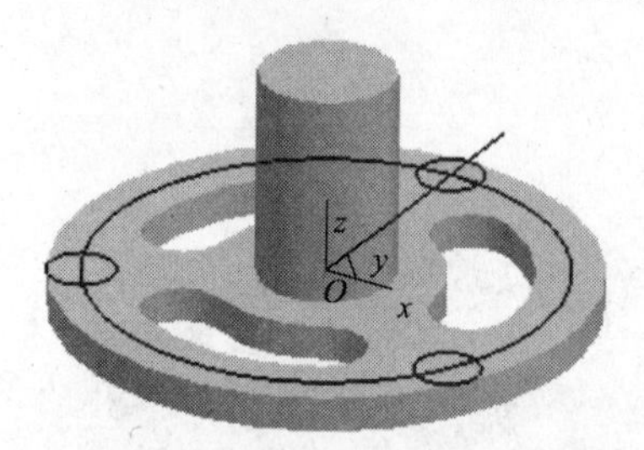

图 3－162　完成阵列

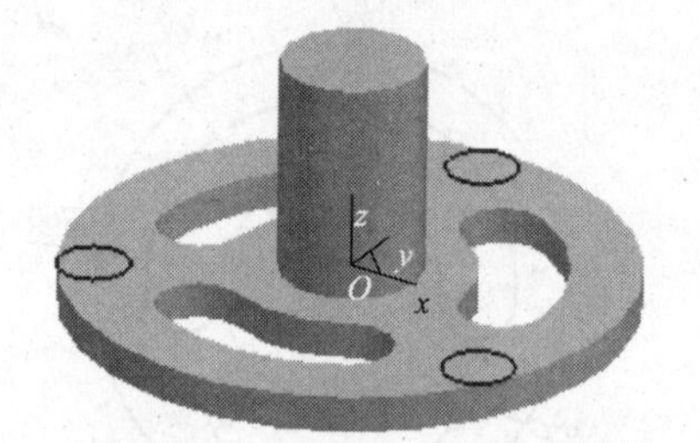

图 3－163　完成草图

（8）选择拉伸增料工具，在弹出的对话框中选择“固定深度”方式，拉伸对象为“草图 3”，输入深度值为 15，单击“确定”按钮。拉伸效果如图 3－164 所示。

（9）选择打孔工具，弹出“孔”对话框，拾取小圆柱的上表面作为打孔平面，选择孔的类型为阶梯孔，指定圆心为孔的定位点（需要提前将点选择为圆心点），单击“下一步”按钮。填入孔的参数：“直径”=10，选择“通孔”，“沉孔大径”=15，“沉孔深度”＝5；单击“完成”按钮结束操作。结果如图 3－165 所示。

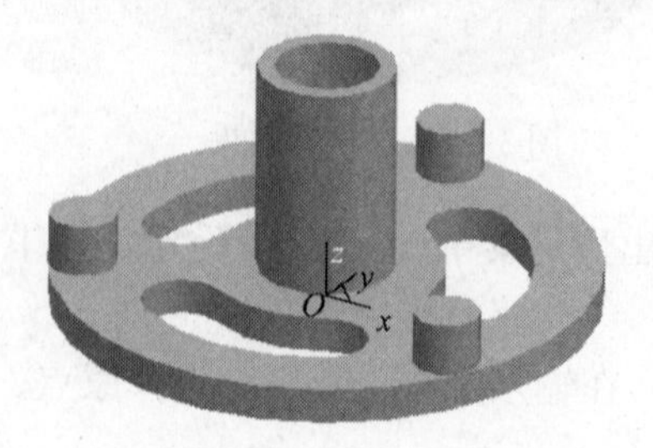

图 3－164　拉伸效果

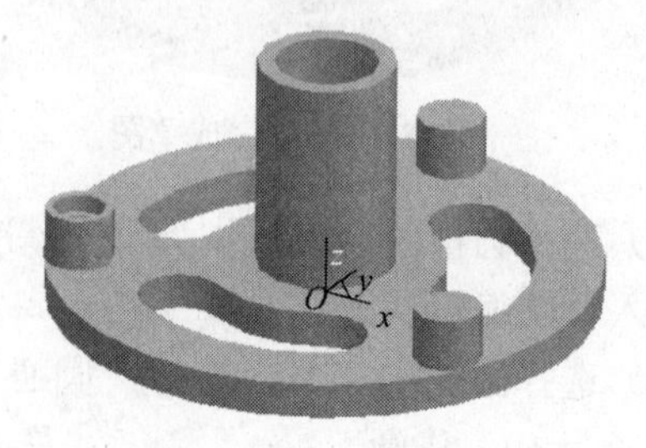

图 3－165　设置孔

（10）绘制与 z 轴重合的直线为“基准轴”。

（11）选择环形阵列工具，弹出“环形阵列”对话框，拾取打孔特征为“阵列对象”，与 z 轴重合的直线为“基准轴”，填入“角度”=120 和“数目”=3，选中“单个阵列”单选按钮，单击“确定”按钮完成操作。效果如图 3－166 所示。

4. 绘制筋板草图

（1）单击零件特征树的“平面 yz”，选定该平面为草图基准面。

（2）选择草图工具，进入草图状态。

（3）选择直线工具，选择“水平/铅垂和水平＋铅垂”方式。在“输入直线中点”提示下，选择坐标原点，绘制水平线和垂线。

（4）选择等距线生成工具，在立即菜单中分别输入距离 20 和 60，单击拾取刚生成的垂线，选择向外的等距方向，两条等距线生成。再分别输入距离 20 和 60，单击拾取刚生成的水平线，选择向上的等距方向，生成两条等距线。

（5）选择直线工具，在立即菜单中选择“两点线”和“非正交”，拾取等距线的交点绘制斜线。效果如图 3－167 所示。

（6）选择删除工具，删除其他废线，只留下斜线。

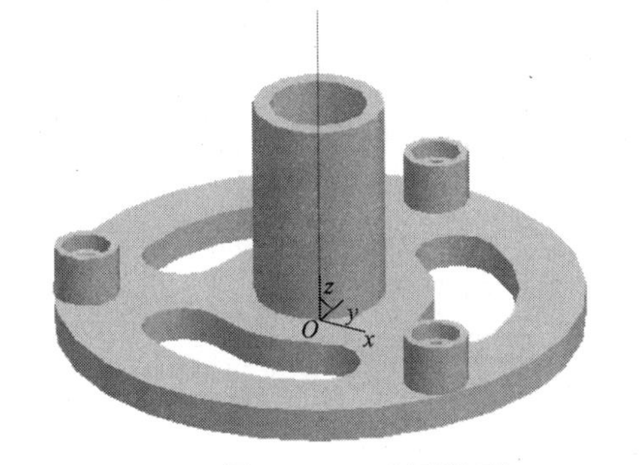

图 3－166　环形阵列

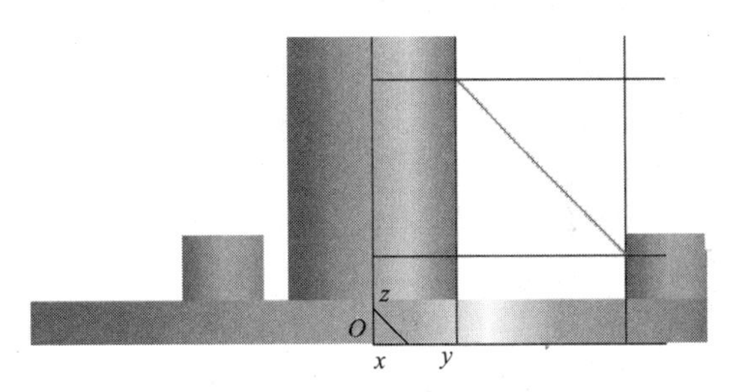

图 3－167　拾取等距线

（7）选择筋板工具，弹出“筋板”对话框，选取“双向加厚”方式，填入厚度 6，拾取草图 4，正确选择加固方向，单击“确定”按钮完成操作，如图 3－168 所示。

（8）选择环形阵列工具，弹出“环形阵列”对话框，拾取筋板特征为“阵列对象”，与 z 轴重合的直线为“基准轴”，填入“角度”=120 和“数目”=3，选中“单个阵列”单选按钮，单击“确定”按钮完成操作。效果如图 3－169 所示。完成造型。

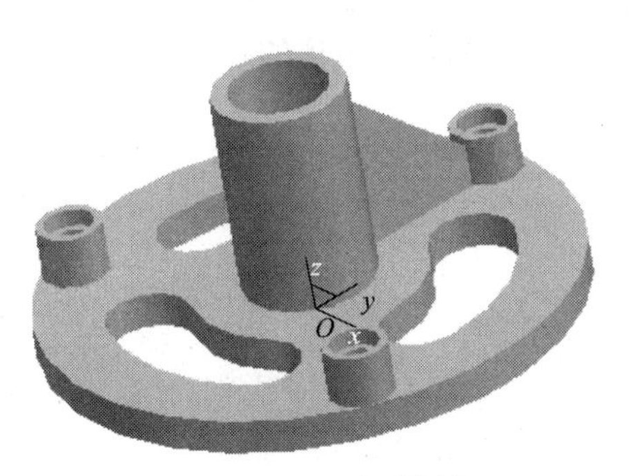

图 3－168　设置筋板

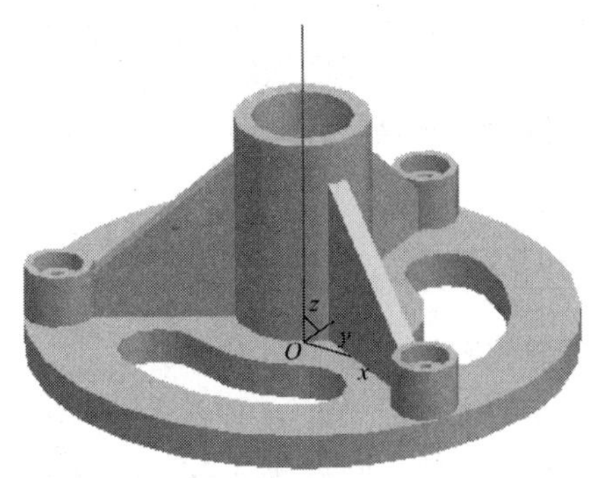

图 3－169　完成造型

任务十一 模具型腔的造型

【目的要求】掌握拉伸增料与除料、拔模、过渡命令的应用与操作。
【教学重点】综合应用拉伸增料与除料、拔模和过渡命令。
【教学难点】综合应用拉伸增料与除料、拔模、过渡命令对模具型腔造型。

【知识链接】

拔模

【功能】

拔模是指保持中性面与拔模面的交轴不变（即以此交轴为旋转轴），对拔模面进行相应拔模角度的旋转操作。

此功能用来对几何面的倾斜角进行修改。对于直孔，可通过拔模操作将其修改成带一定拔模角度的斜孔，如图 3－170 所示。

【操作步骤】

（1）选择拔模工具，弹出“拔模”对话框，如图 3－171 所示。

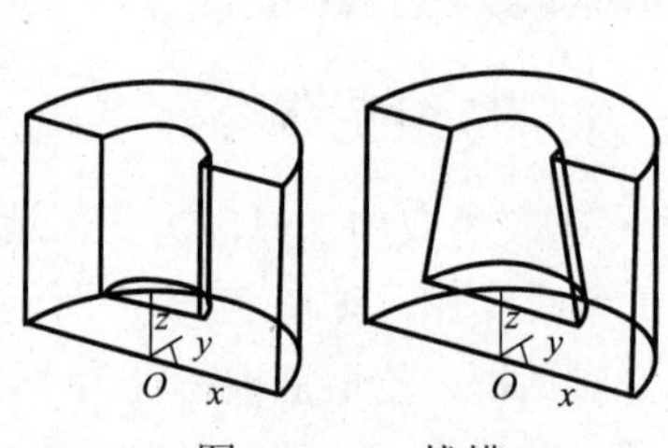

图 3－170 拔模

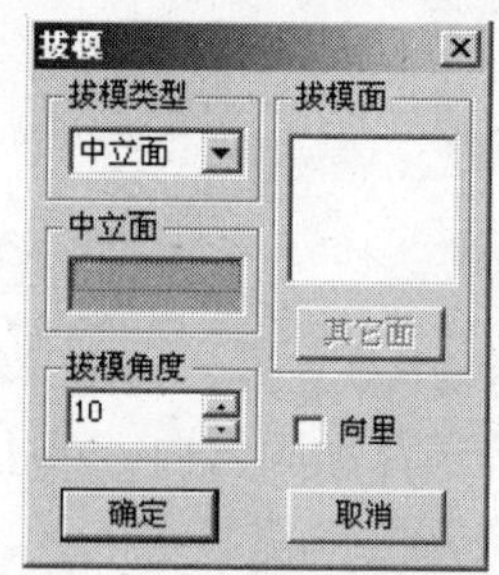

图 3－171 拔模对话框

（2）输入拔模角度，选取中立面和拔模面，单击“确定”按钮完成操作。

拔模角度是指拔模面法线与中立面所夹的锐角；中立面是指拔模的起始位置；拔模面是需要进行拔模的实体表面；向里是指与默认方向相反。

【模具型腔实体造型步骤】

模具型腔零件如图 3－172 所示。

（1）在特征树上“选 *xy* 面”，进草图（按 F2 键），画图 3－173 所示的草图。

（2）拉伸增料，固定深度 40，生成主体如图 3－174 所示。

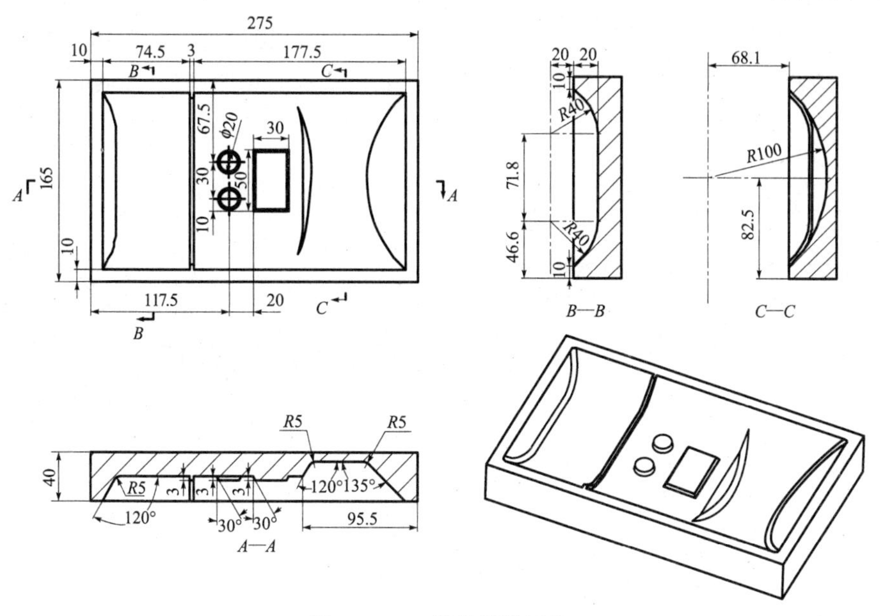

图 3－172　模具型腔零件

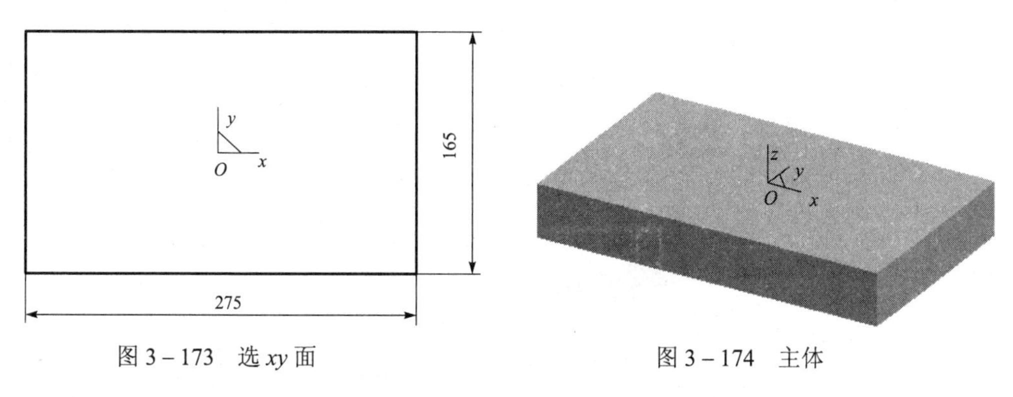

图 3－173　选 *xy* 面　　　　　　　　　　　图 3－174　主体

（3）选择构造基准面工具，与图示 1 平面等距为 10，单击“确定”按钮。如图 3－175 所示。

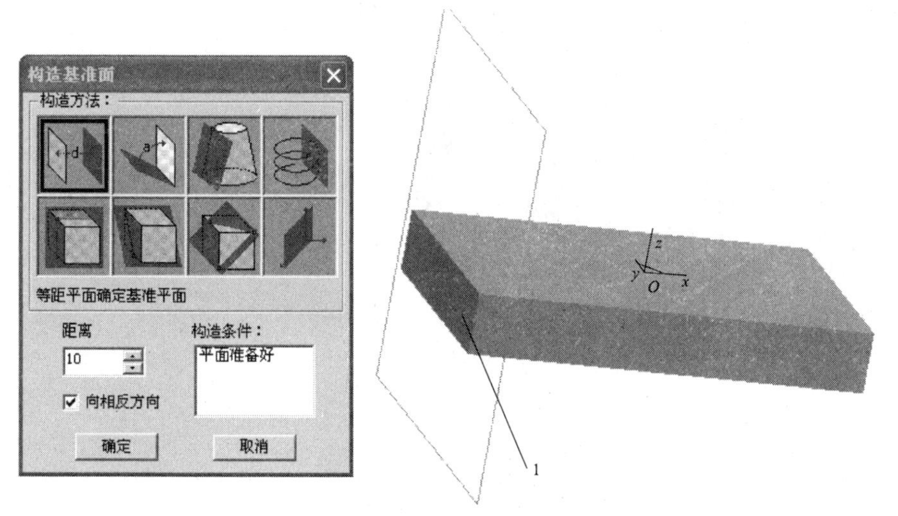

图 3－175　构造基准面

（4）选上一步构造的基准平面 6，进草图（按 F2 键），通过相关线中拾取实体边界线、作等距线、画圆、画线、曲线拉伸等，绘制图 3－176 所示的草图（*B*－*B* 截面图）。

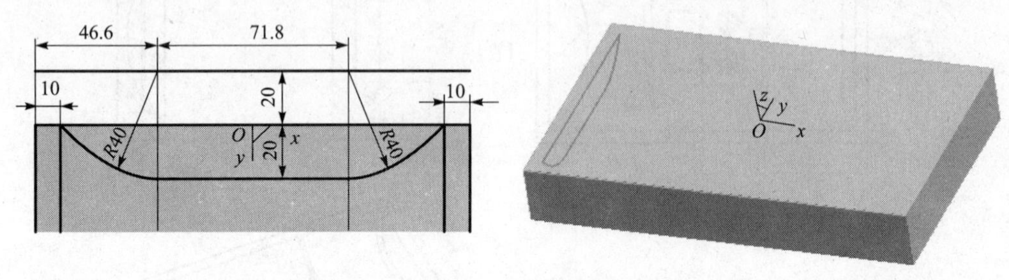

图 3－176　绘图

（5）拉伸除料，固定深度 255，生成图 3－177 所示的型腔。

（6）选型腔右侧面为基准面，进草图（按 F2 键），通过相关线中拾取实体边界线、作等距线、画圆、画线、曲线拉伸等，绘制图 3－178 所示的草图（*C*－*C* 截面图）。

（7）拉伸除料，固定深度 85.5，生成图 3－179 所示的型腔（右侧深型腔）。

图 3－177　型腔

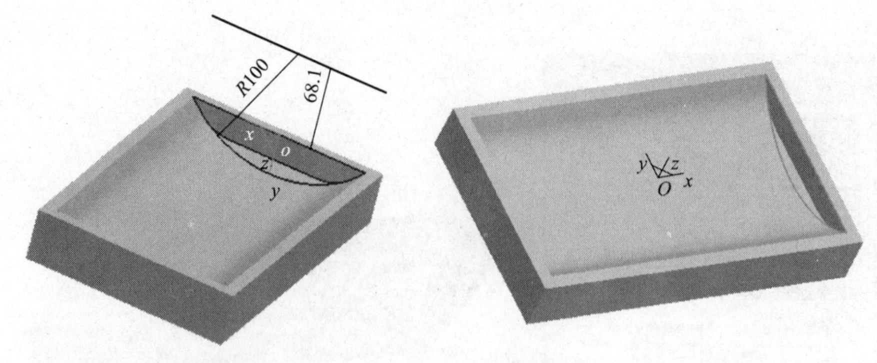

图 3－178　选基准面

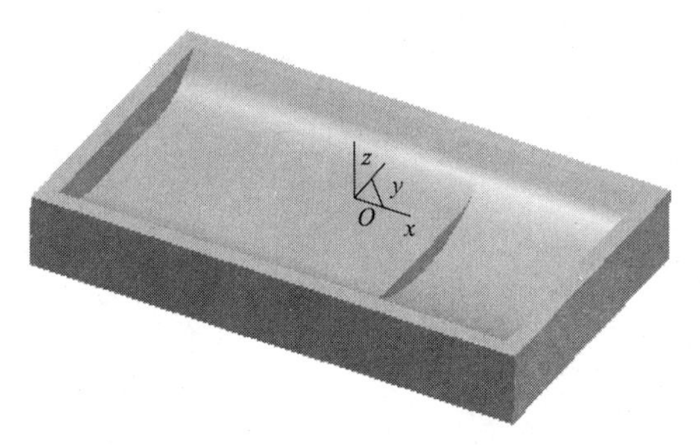

图 3－179 生成型腔

（8）选择构造基准面 工具，与型腔左端平面等距 74.5，单击“确定”按钮。选该基准面为草图平面，如图 3－180 所示。

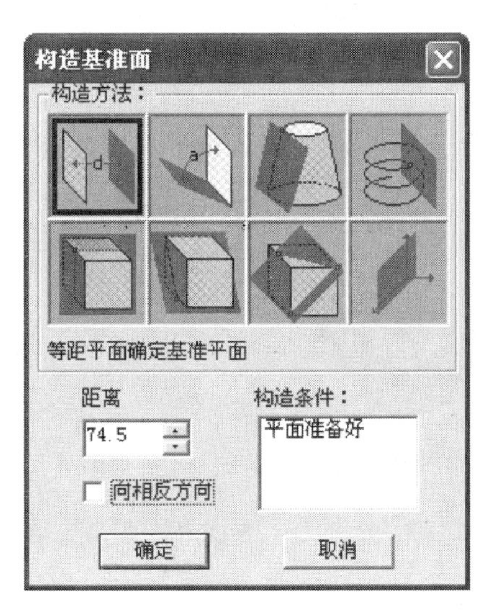

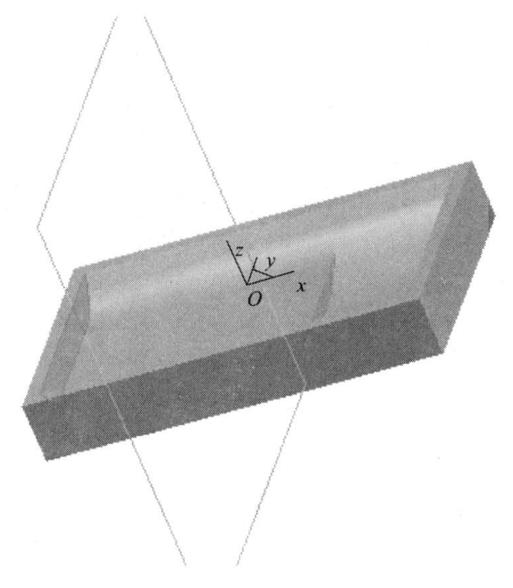

图 3－180 选择基准面

（9）借用实体边界线及作等距线等绘制草图，如图 3－181 所示。

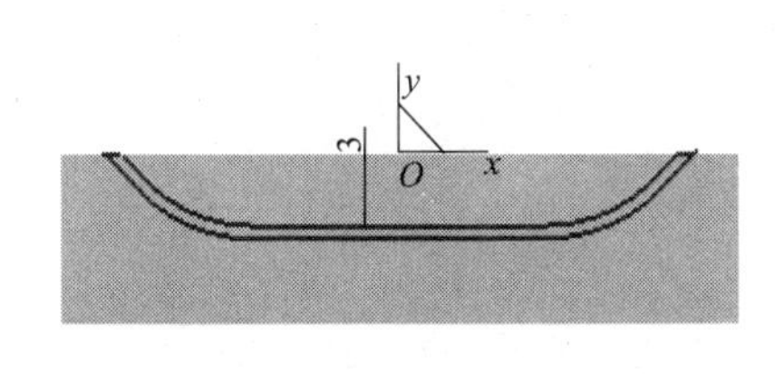

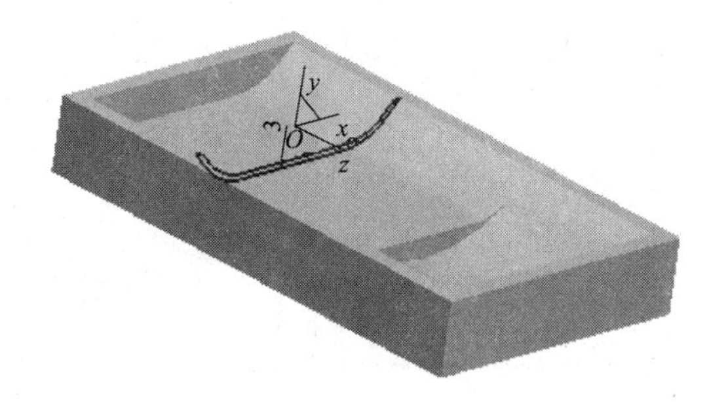

图 3－181 绘制草图

（10）拉伸增料，固定深度 3，生成型腔隔断面如图 3－182 所示。

（11）选型腔底平面为草图平面，绘制草图。如图 3－183 所示。

图 3－182　型腔隔断面

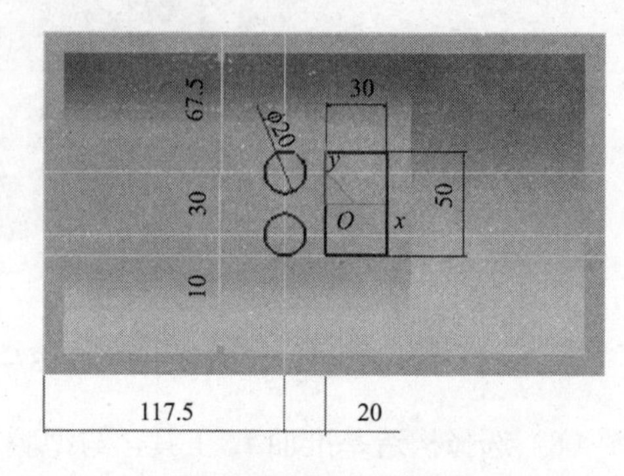

图 3－183　绘制草图

（12）拉伸增料，固定深度 3，拔模斜度 30°，生成型腔凸起，如图 3－184 所示。

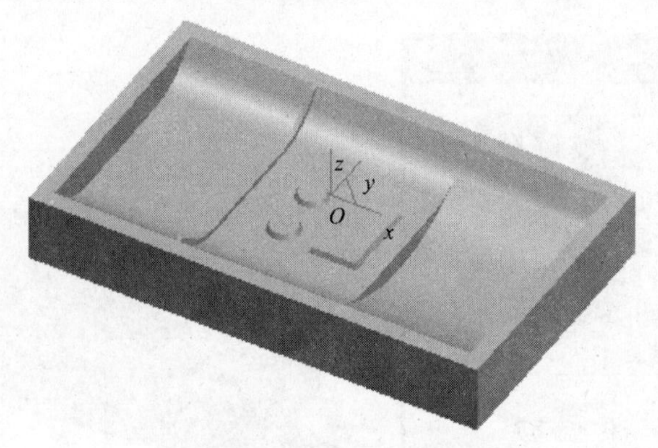

图 3－184　型腔凸起

（13）对型腔的三个立面分别进行拔模（ ），中立面分别为上表面和左型腔底面，角度分别为 30° 和 45°，生成图 3－185 所示的型腔。

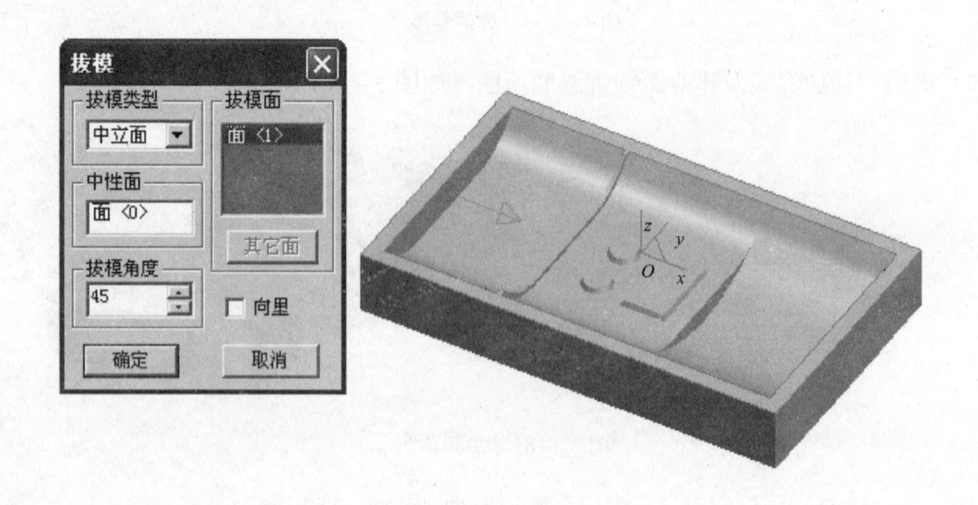

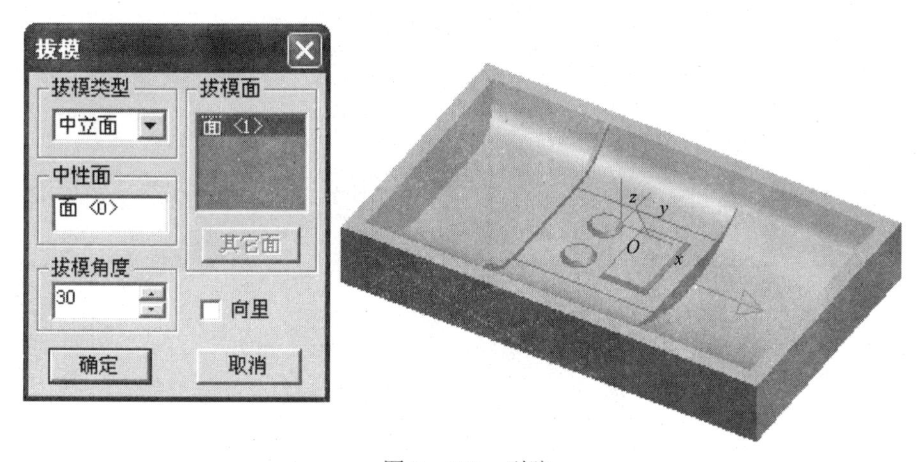

图 3－185　型腔

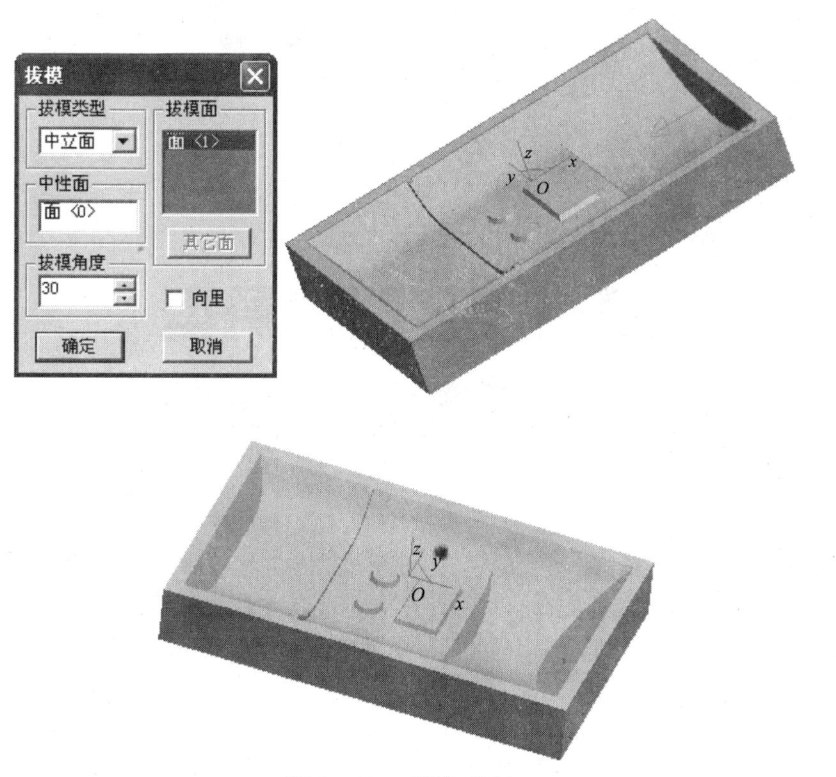

图 3－185　型腔（续）

（14）选择实体过渡工具，分别拾取 1、2、3 线，半径为 5，单击“确定”按钮，生成图 3－186 所示的型腔。

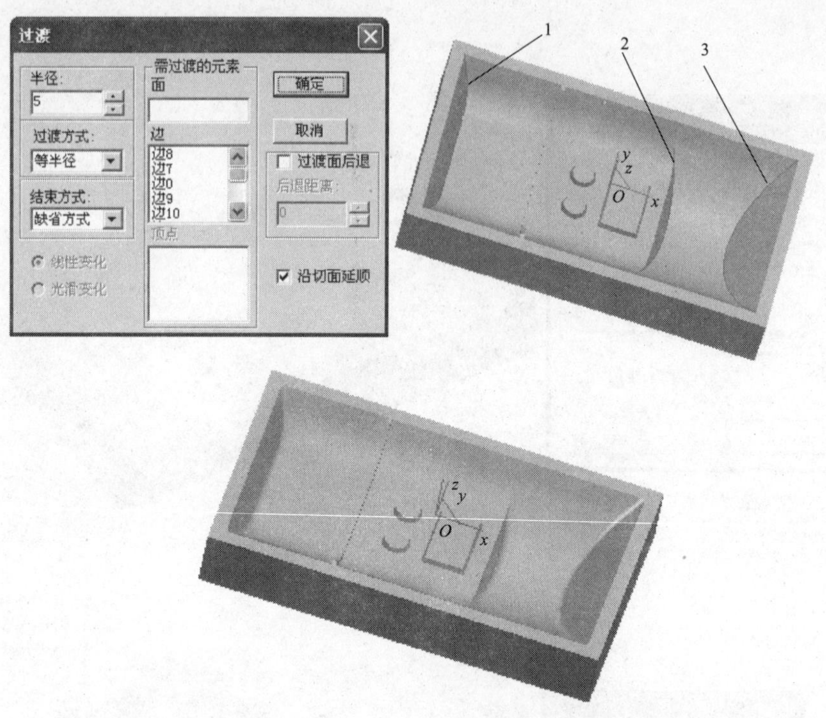

图 3－186　生成型腔

任务十二　鼠标壳及其模具型腔型芯的实体造型

【目的要求】掌握曲面裁剪实体、抽壳、模具生成和实体布尔运算命令的应用与操作。

【教学重点】综合应用曲面裁剪实体、抽壳、模具生成和实体布尔运算命令。

【教学难点】综合应用曲面裁剪实体、抽壳、模具生成和实体布尔运算对鼠标壳及其模具型腔型芯的实体造型。

【知识链接】

1. 曲面裁剪除料

【功能】

曲面裁剪除料用生成的曲面对实体进行修剪，去掉不需要的部分。

【操作步骤】

（1）选择曲面裁剪除料工具，弹出“曲面裁剪除料”对话框，如图 3－187 所示。

（2）拾取曲面，确定是否进行除料方向选择，单击“确定”按钮完成操作。

裁剪曲面是指对实体进行裁剪的曲面，参与裁剪的曲面必须大于所裁剪的实体；除料方向选择是指除去哪一部分实体的选择，分别按照不同方向生成实体。

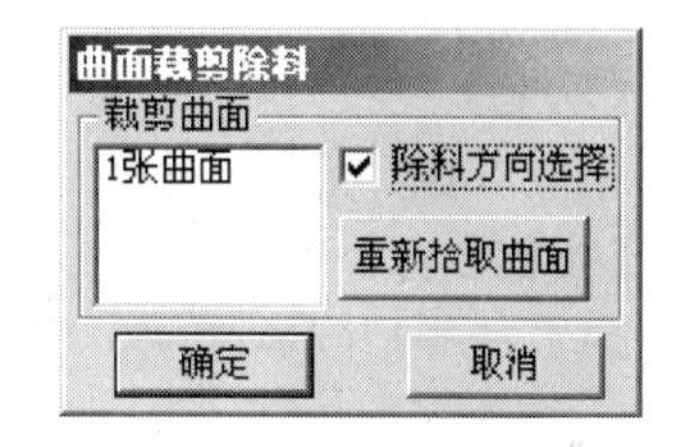

图 3－187 “曲面裁剪除料”对话框

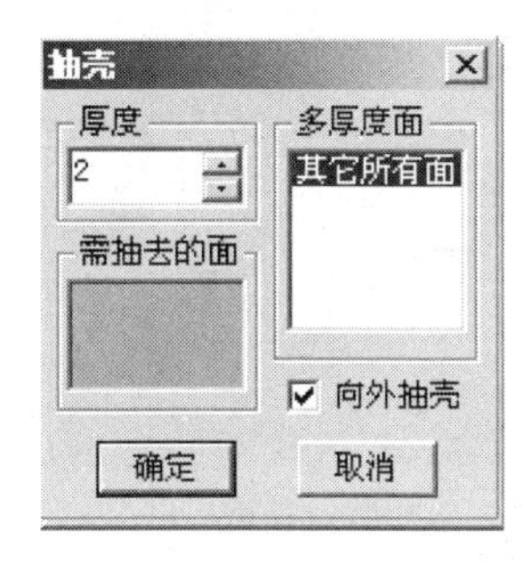

图 3－188 “抽壳”对话框

2. 抽壳

【功能】

抽壳根据指定壳体的厚度将实心物体抽成内空的壁厚均匀的薄壳体。

【操作步骤】

（1）选择抽壳工具，弹出“抽壳”对话框，如图 3－188 所示。

（2）输入抽壳厚度，选取需抽去的面，单击“确定”按钮完成操作。

厚度是指抽壳后实体的壁厚；需抽去的面是指要拾取的、去除材料的实体表面；向外抽壳是指与默认抽壳方向相反，在同一个实体上分别按照两个方向抽壳，生成实体的尺寸是不同的，如图 3－189 所示。

注意：抽壳厚度要合理。

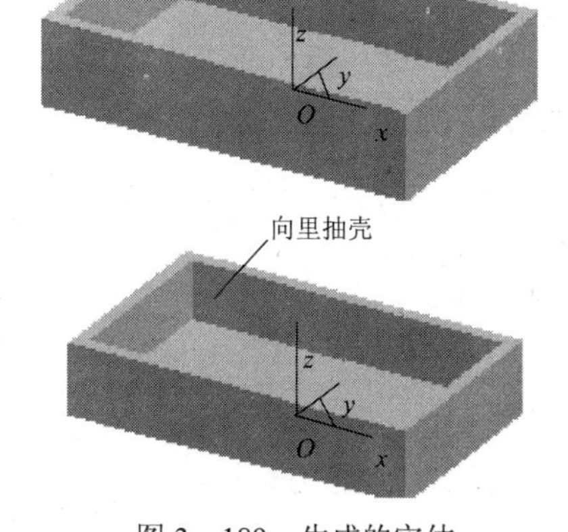

图 3－189 生成的实体

3. 缩放

【功能】

缩放给定基准点对零件进行放大或缩小。

【操作步骤】

（1）选择缩放工具，弹出“缩放”对话框，如图 3－190 所示。

（2）选择基点，填入收缩率，需要时填入数据点，单击“确定”按钮完成操作。基点包括三种：零件质心、拾取基准点和给定数据点。

① 零件质心：是指以零件的质心为基点进行缩放。

② 拾取基准点：是指根据拾取的工具点为基点进行缩放。

③ 给定数据点：是指以输入的具体数值为基点进行缩放。

④ 收缩率：是指放大或缩小的比率。此时零件的缩放基点为零件模型的质心。图 3－190 是以零件质心为基准点，收缩率为 5%进行缩放。

4. 型腔

【功能】

型腔以零件为型腔生成包围此零件的模具。

【操作步骤】

(1) 选择型腔工具，弹出“型腔”对话框。如图 3－191 所示。

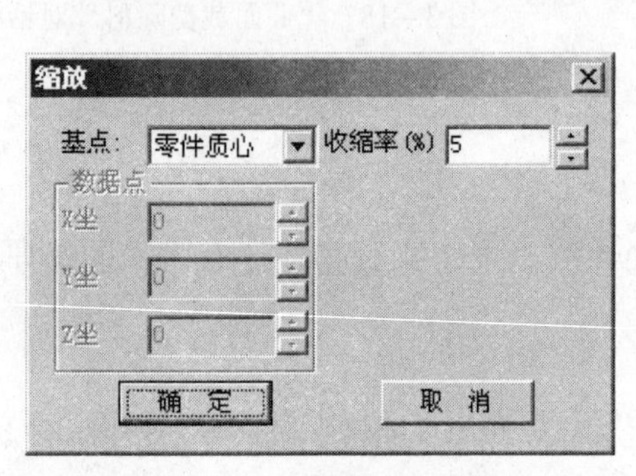

图 3－190 “缩放”对话框

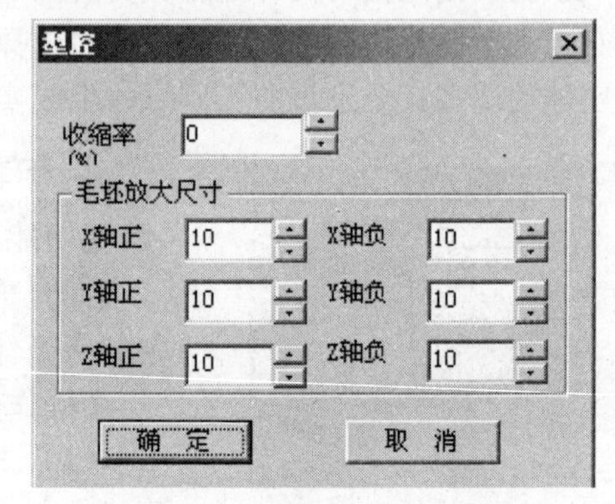

图 3－191 “型腔”对话框

(2) 分别填入收缩率和毛坯放大尺寸，单击“确定”按钮完成操作。

① 收缩率：是指放大或缩小的比率。

② 毛坯放大尺寸：可以直接输入所需数值，也可以单击按钮来调节。

注意：收缩率介于 －20%～20%之间。

5. 分模

【功能】

分模型腔生成后，通过分模，使模具按照给定的方式分成几个部分。

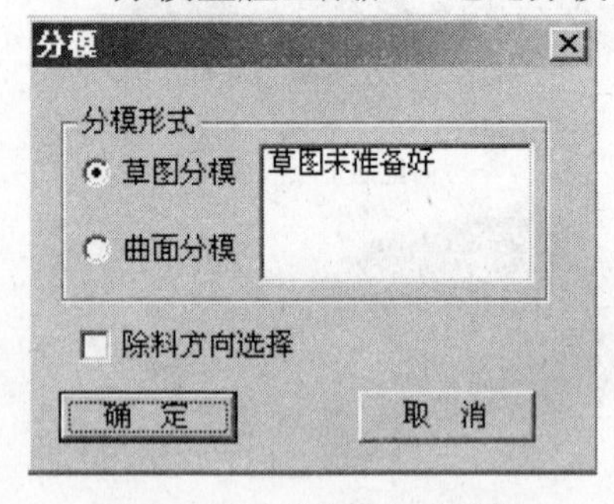

图 3－192 “分模”对话框

【操作步骤】

(1)选择分模工具，弹出“分模”对话框。如图 3－192 所示。

(2) 选择分模形式和除料方向，拾取草图，单击“确定”按钮完成操作。

分模形式包括两种：草图分模和曲面分模。

① 草图分模：是指通过所绘制的草图进行分模。

② 曲面分模：是指通过曲面进行分模，参与分模的曲面可以是多条边界相连的曲面。

③ 除料方向的选择：是指除去哪一部分实体的选择，分别按照不同方向生成实体。

6. 布尔运算

【功能】

布尔运算将另一个实体并入，与当前零件实现交、并、差的运算。

【操作步骤】

(1) 选择实体布尔运算工具，弹出“打开”对话框。如图 3－193 所示。

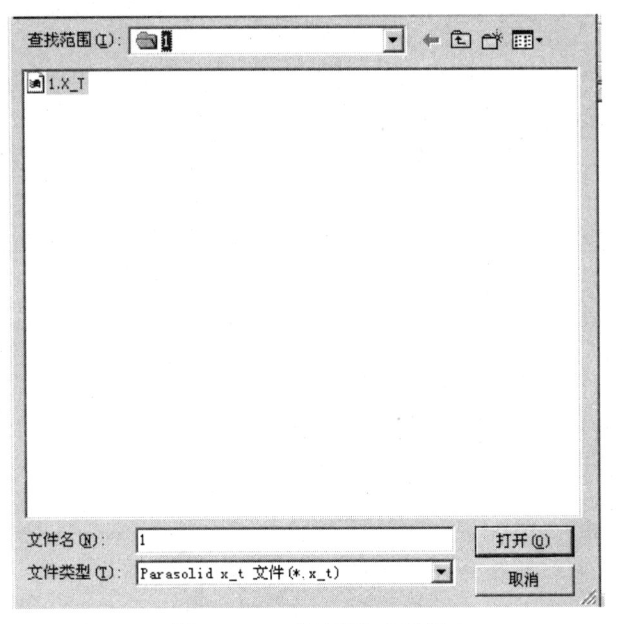

图 3－193 “打开”对话框

（2）选取文件，单击“打开”按钮，弹出“输入特征”对话框，如图 3－194 所示。

（3）选择布尔运算方式，给出定位点。

（4）选取定位方式。若为拾取定位的 *x* 轴，则选择轴线，输入旋转角度，单击“确定”按钮完成操作。若为给定旋转角度，则输入角度一和角度二，单击“确定”按钮完成操作。

说明：① 文件类型：是指输入的文件种类。文件扩展名为 （*.x_t），如图 3－195 所示。

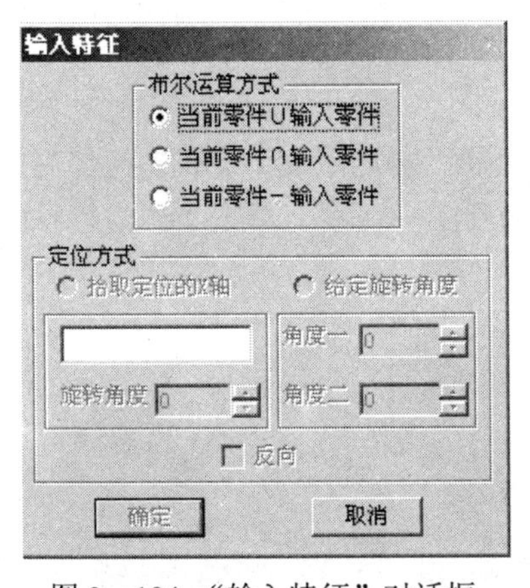

图 3－194 “输入特征”对话框

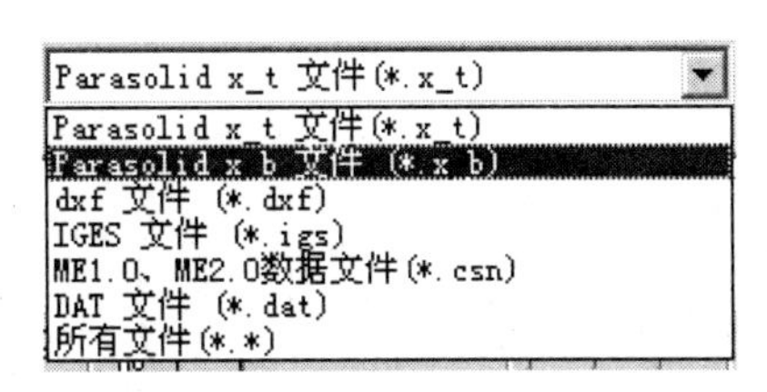

图 3－195

② 布尔运算方式：是指当前零件与输入零件的交、并、差，包括如下三种。

- 当前零件∪输入零件：是指当前零件与输入零件的并集。
- 当前零件∩输入零件：是指当前零件与输入零件的交集。
- 当前零件 －输入零件：是指当前零件与输入零件的差。

③ 定位方式：用来确定输入零件的具体位置，包括以下两种方式。

- 拾取定位的 *x* 轴：是指以空间直线作为输入零件自身坐标架的 *x* 轴（坐标原点为拾取

的定位点），旋转角度是用来对 x 轴进行旋转以确定 x 轴的具体位置。

● 给定旋转角度：是指以拾取的定位点为坐标原点，用给定的两角度来确定输入零件自身坐标架的 x 轴，包括角度一和角度二。

角度一：其值为 x 轴与当前世界坐标系的 x 轴的夹角。

角度二：其值为 x 轴与当前世界坐标系的 z 轴的夹角。

④ 反向：是指将输入零件自身坐标架的 x 轴的方向反向，然后重新构造坐标架进行布尔运算。

注意：

① 采用“拾取定位的 x 轴”方式时，轴线为空间直线。

② 选择文件时，注意文件的类型，不能直接输入*.epb 文件，应先将零件存成*.x_t 文件，然后进行布尔运算。

③ 进行布尔运算时，基体尺寸应比输入的零件稍大。

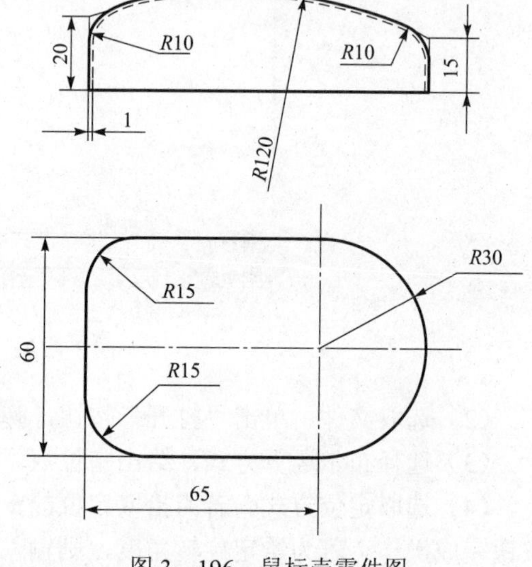

图 3－196　鼠标壳零件图

【鼠标壳造型操作步骤】

图 3－196 为鼠标壳零件图。

1. 生成鼠标壳主体

（1）单击零件特征树的“平面 xy”，选定该平面为草图基准面。

（2）选择草图工具，进入草图状态。

（3）按零件图尺寸绘制草图如图 3－197 所示。

（4）选择拉伸增料工具，在弹出的对话框中选择“固定深度”方式，拉伸对象为上一步所画的“草图 0”，输入深度值为 30，按 F8 键在轴测图中观察，单击“确定”按钮，如图 3－198 所示。

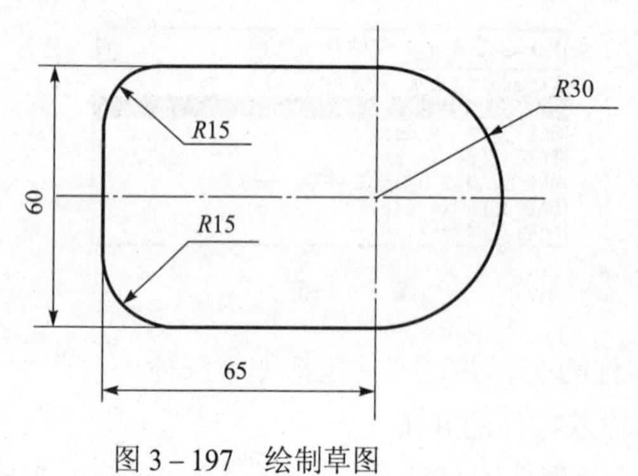

图 3－197　绘制草图

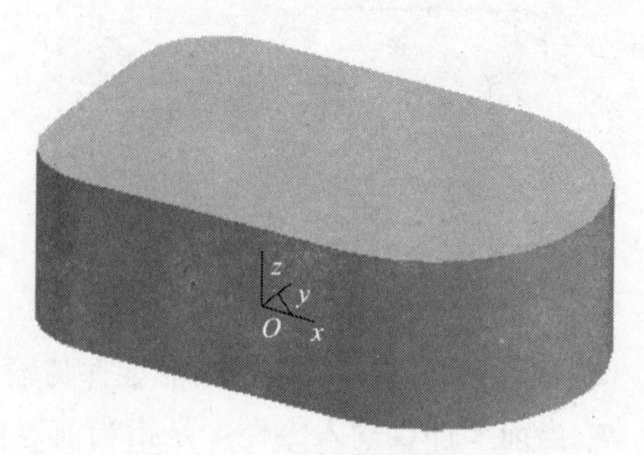

图 3－198　拉伸图形

2. 生成鼠标壳体

（1）在 xz 面（按 F7 键），绘制 $R120$ 的圆弧，如图 3－199 所示。

（2）选择扫描面工具，起始距离输入 －40，扫描距离输入 80，扫描角度 0，按空格键拾取扫描方向 y 轴正向，拾取曲线 R120 弧，按 F8 键，效果如图 3－200 所示。

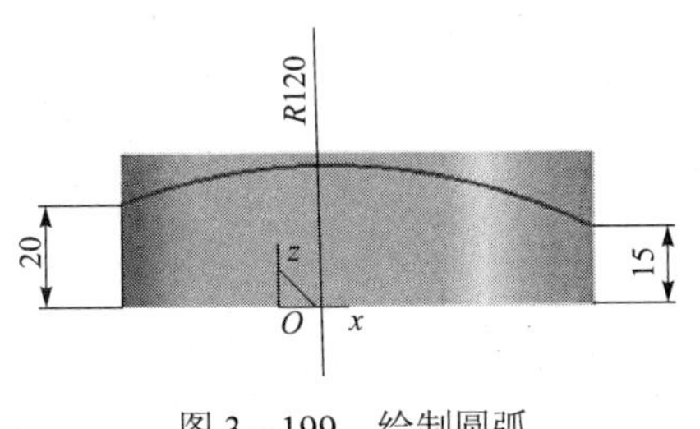

图 3－199 绘制圆弧

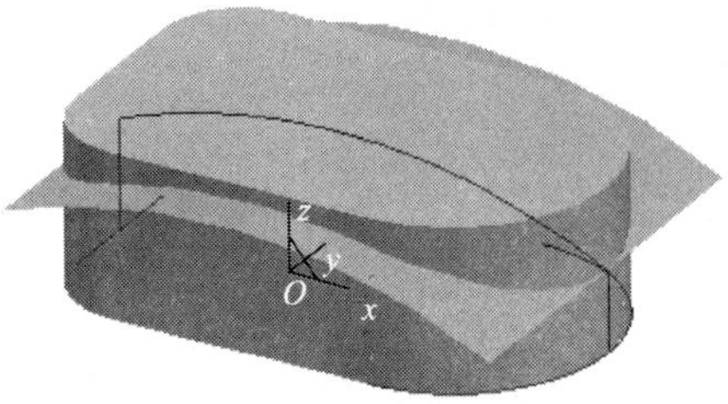

图 3－200 扫描图形

（3）选择曲面裁剪除料工具，选择曲面，方向向上，按 F8 键在轴测图中观察，单击“确定”按钮，如图 3－201 所示。

（4）编辑隐藏线面，选择过渡工具，拾取上表面，输入半径 10，单击“确定”按钮，如图 3－202 所示。

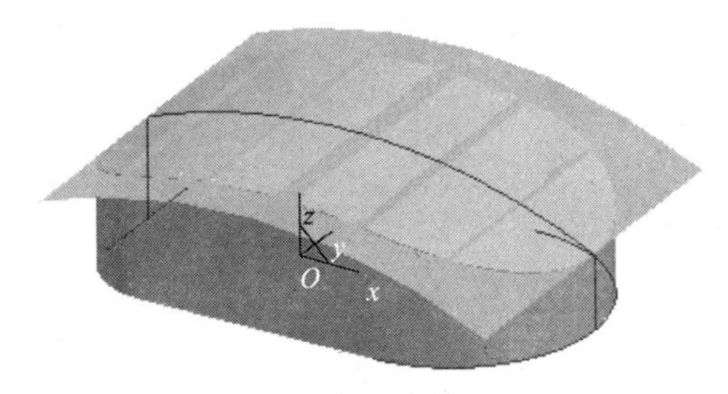

图 3－201 裁剪除料

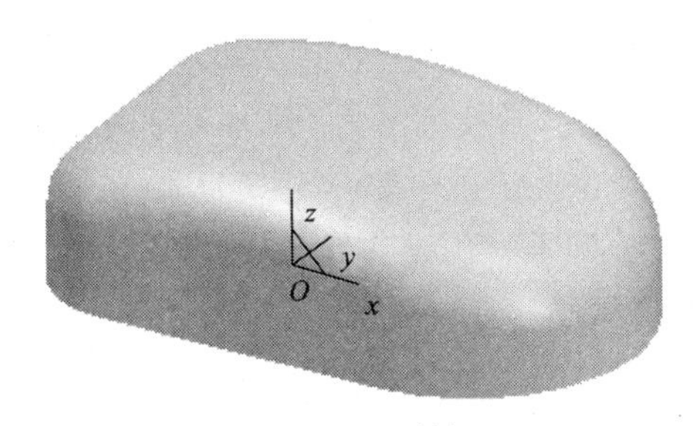

图 3－202 过渡

（5）选择抽壳工具，输入厚度为 1，选择鼠标底面，单击“确定”按钮，完成鼠标壳造型，如图 3－203 所示。

3. 生成鼠标型腔和型芯

（1）选择缩放工具，选择基点：零件质心；填入收缩率：5，单击“确定”按钮完成操作。

（2）选择型腔工具，分别填入收缩率和毛坯放大尺寸，单击“确定”按钮完成操作。如图 3－204 所示。

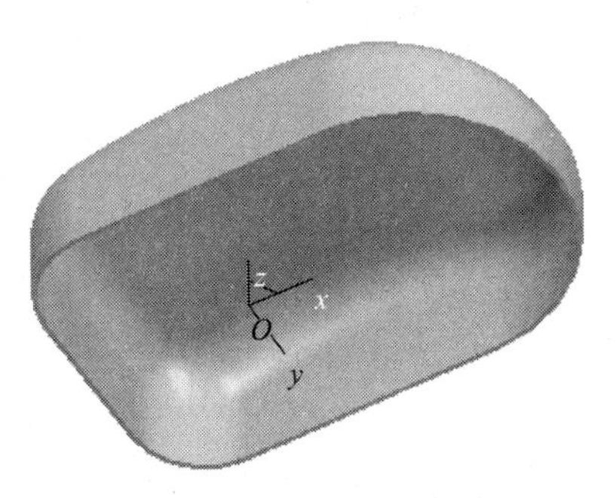

图 3－203 选择鼠标底面

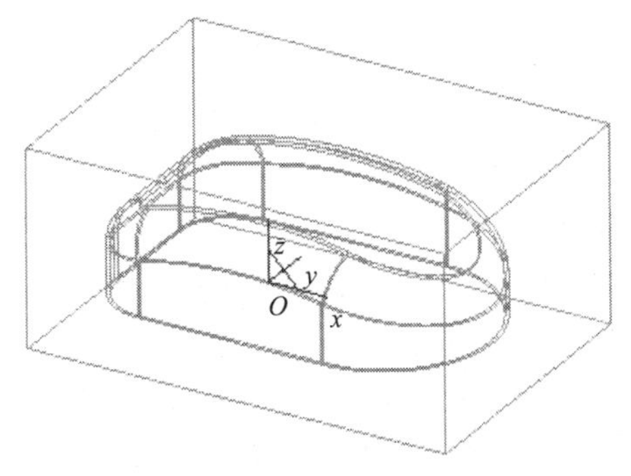

图 3－204 设置型腔

（3）选择直线工具，在立即菜单中，选择“水平 + 垂直”中的“水平”，输入长度200，选择原点，单击“确定”按钮完成操作。如图 3－205 所示。

（4）选择型腔前面为草图平面，按 F2 键进草图，选择曲线投影工具，选择直线，投影成草图（分模使用），如图 3－206 所示。

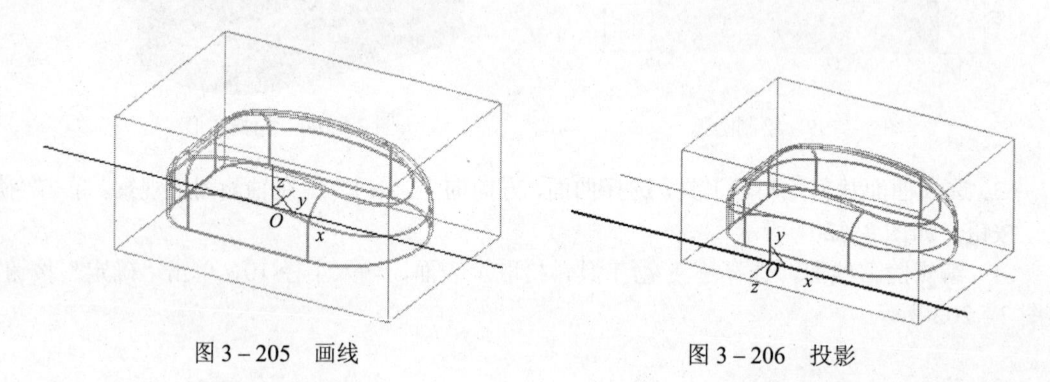

图 3－205　画线　　　　图 3－206　投影

（5）选择分模工具，选择“草图”分模形式，除料方向向下，拾取草图，单击“确定”按钮完成型腔造型。如图 3－207 所示。

（6）同上一步操作，如果除料方向向上，单击“确定”按钮完成型芯型腔造型。如图 3－208 所示。

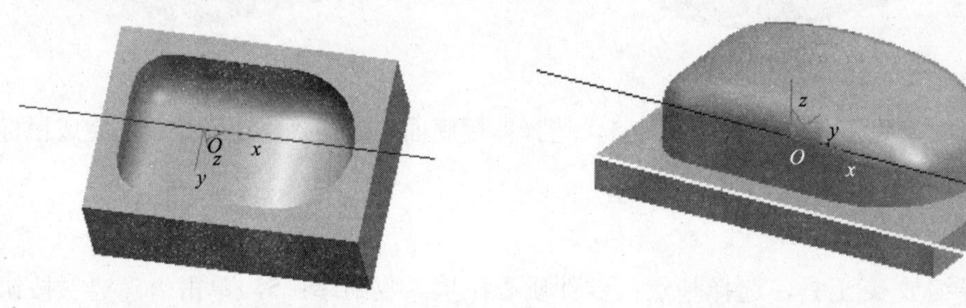

图 3－207　型腔造型　　　　图 3－208　完成造型

4. 利用布尔运算的方法生成鼠标型腔和型芯

（1）将鼠标壳保存为“鼠标.x_t”格式。

（2）新建文件，选 *xy* 平面为草图平面，按 F2 键，画长 150，宽 100 的矩形，基准点（20，0），拉伸 40。如图 3－209 所示。

（3）选择布尔运算工具，打开“鼠标.x_t”文件，选中“当前零件–输入零件”单选按钮，根据提示要求，选择“原点”为定位点，选择给定旋转角度，即角度一、角度二均为 0，单击“确定”按钮完成型腔造型。如图 3－210 所示。

（4）新建文件，选 *xy* 平面为草图平面，按 F2 键，画长 150，宽 100 的矩形，基准点（20，0），反向拉伸 20。如图 3－211 所示。

（5）选择布尔运算工具，打开“鼠标.x_t”文件，选中“当前零件–输入零件”单选按钮，根据提示行要求，选择“原点”为定位点，选择给定旋转角度，即角度一、角度二均为 0，单击“确定”按钮完成型芯造型。如图 3－212 所示。

图 3－209　画矩形

图 3－210　布尔运算设置

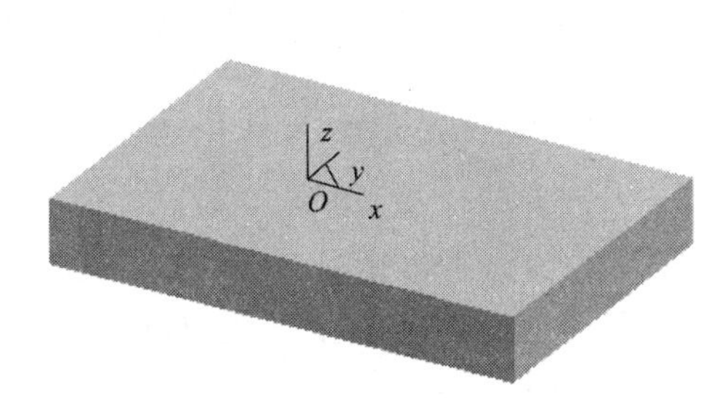

图 3－211　画矩形

图 3－212　完成造型

项 目 小 结

➢ **核心概念**

通过项目三的学习，熟练掌握特征生成功能（拉伸增料与除料、旋转增料与除料、放样增料与除料、导动增料与除料、曲面加厚增料与除料、曲面裁剪除料）；特征处理（过渡、倒角、筋板、拔模、抽壳、打孔、线性阵列、环形阵列）；模具生成（缩放、型腔、分模）以及构造基准面和布尔运算等功能及概念。通过各个任务的训练学会实体造型的技巧，达到具有综合运用上述各种命令对复杂零件进行实体造型的目的。

➢ **双基训练**

CAXA 制造工程师考题（一）

一、填空题

1. 草图必须依赖一个________面，它可以是特征树中已有的________，也可以是实体表面的____________，还可以是________________________。

2. 拉伸除料是将一个轮廓曲线________________________________，用以生成一个减去材料的特征。

3. CAXA 制造工程师常用的命令以________的方式显示在绘图区的上方。

4. 拉伸除料的类型有：________、________、________、________。

5. CAXA 制造工程师能生成薄壁特征的功能是________。

6. 通过围绕一条空间直线旋转一个封闭草图轮廓，增加生成一个特征的方法是________。

7. 旋转的类型有：________、________、________。

8. 放样是根据________生成或移除一个实体。截面线应为草图轮廓。

9. 过渡是指以________或半径规律在实体间作光滑过渡。

10. ________是指对实体上两个平面的棱边进行光滑平面过渡的方法。

二、选择题

1. 在 CAXA 制造工程师中改变观察方向，通过按 F8 键会显示（　　）。

A. *xz* 平面　　B. 轴测　　C. *xy* 平面　　D. *yz* 平面

2. 在 CAXA 制造工程师中系统用黑色斜杠来表示当前面。若想改变当前面可通过按（　　）键在当前坐标系下的 3 个平面间进行切换。

A. F7　　B. F8　　C. F9　　D. F10

3. 生成实体特征的草图轮廓一般应为（　　）。

A. 自由轮廓　　B. 实体轮廓　　C. 封闭轮廓　　D. 边界轮廓

4. 在 CAXA 制造工程师中系统自动创建的坐标系称为“世界坐标系”，而用户创建的坐标系称为“用户坐标系”，（　　）可以被删除。

A. 世界坐标系　B. 用户坐标系　　C. 工作坐标系　　D. 系统坐标系

三、简答题

1. 基准面必须是什么面？如何选择基准面？构造基准面的方法有哪几种？

2. 如何检查草图是否是封闭的？常见不封闭的原因有哪几种，如何解决？

3. 哪几种特征生成的草图可以是不封闭的？

4. 怎样才能编辑某一基准平面上的草图？

5. 实体过渡时什么情况选边，什么情况选面？举例说明选择的技巧。

CAXA 制造工程师考题（二）

一、填空题。

1. 特征造型依赖于草图，一般它是一个或一组________，但生成筋板特征或________时可以是________。

2. ________将某一截面曲线或轮廓线沿着另外一条轨迹线运动生成或移除一个特征实体。

3. 曲面加厚增料对指定的曲面按照给定的________进行生成实体。

4. 曲面加厚增料“闭合曲面填充增料”就是在原来实体零件的基础上，根据闭合曲面，________。

5. 筋板在指定位置增加加强筋，其加厚形式有：________、________。

6. 在生成薄壁特征时，草图图形可以是封闭的也可以________，不封闭的草图线段必须是________。

7. 通过________可以沿一个方向或多个方向快速复制特征。

8. 拔模是指保持中性面与拔模面的交轴不变（即以此交轴为旋转轴），对拔模面进行相应________的________操作。

9. ________根据指定壳体的厚度将实心物体抽成内空的壁厚均匀的薄壳体。

10. 分模形式包括两种：_________、_________分模。

二、选择题

1. 导动增料截面线应为封闭的草图轮廓，其导动线为（　　）。

A. 草图线　　B. 空间曲线　　C. 折线　　D. A、B、C 都可以

2. CAXA 制造工程师在（　　）才能尺寸标注和尺寸驱动。

A. 线架造型　　B. 曲面造型　　C. 草图状态　　D. 特征造型

3. 布尔运算功能，只能与扩展名为（　　）文件进行交集、并集、差集运算。

A. *.exp　　B. *.x_t　　C. *.mxe　　D. *.*

4. 曲面裁剪除料功能，要求曲面（　　）实体。

A. 大于　　B. 小于　　C. 高于　　D. 低于

三、简答题

1. 简述 CAXA 制造工程师提供的特征造型方式。

2. 简述生成螺纹实体的方法及步骤。

3. 简述固接导动与平行导动的区别。

4. 简述 CAXA 制造工程师的型腔分模功能。

5. 在 CAXA 制造工程师中生成放样面应注意什么？

➢ 实训演练

完成下列零件的实体造型。

1.

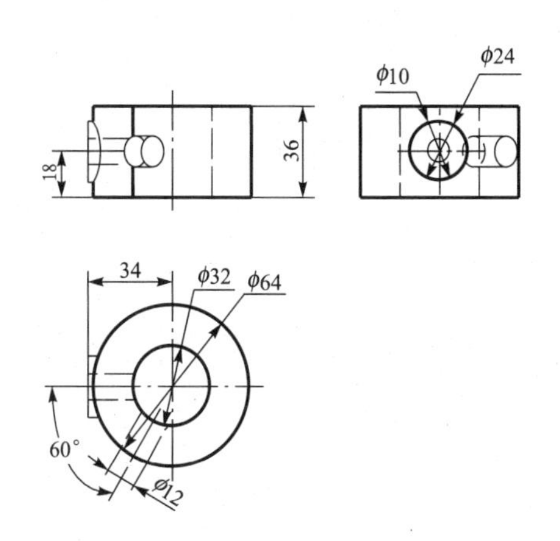

2.

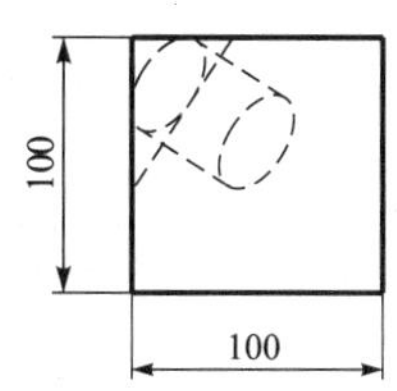

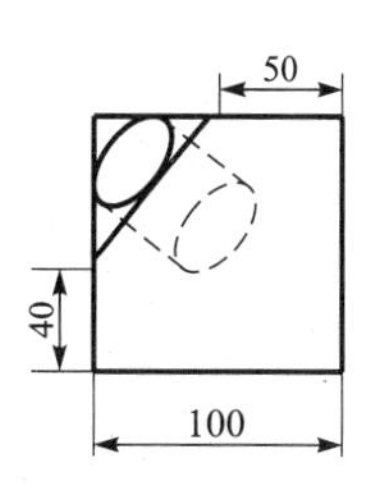

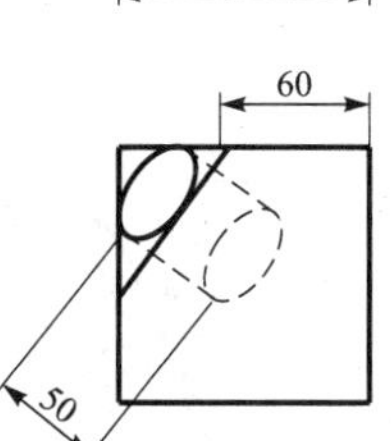

3.

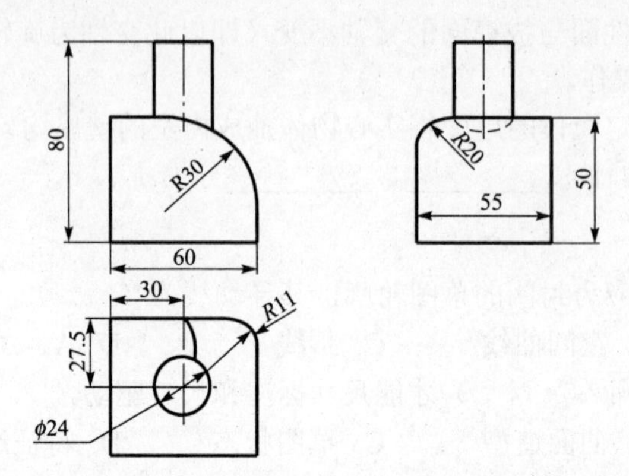
80
R30
60
R20
50
55
30
R11
27.5
φ24

4.

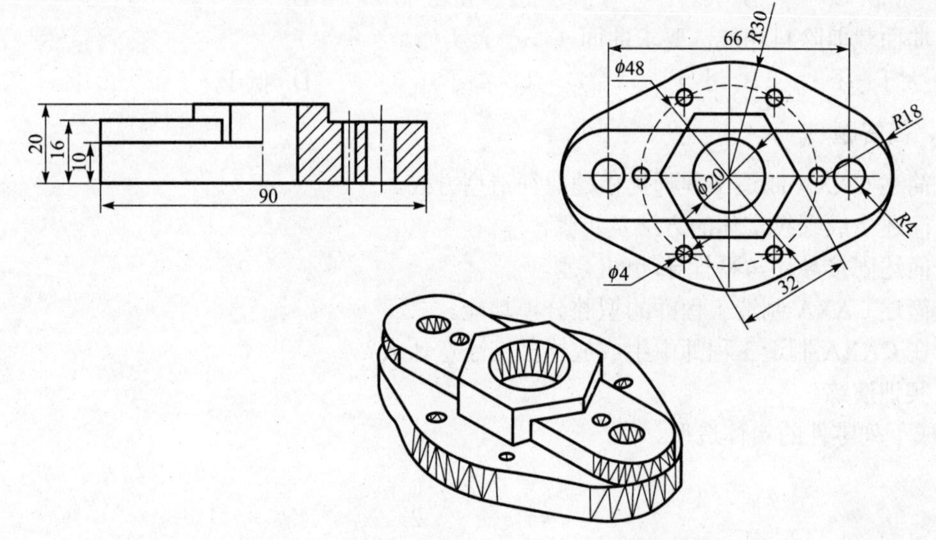
20
16
10
90
66
R30
φ48
R18
φ20
R4
φ4
32

5.

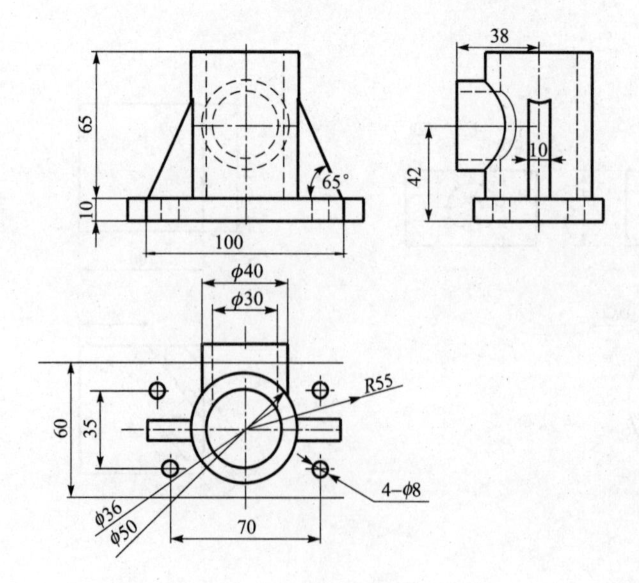
65
10
65°
100
38
42
10
φ40
φ30
R55
60
35
4–φ8
φ36
φ50
70

6.

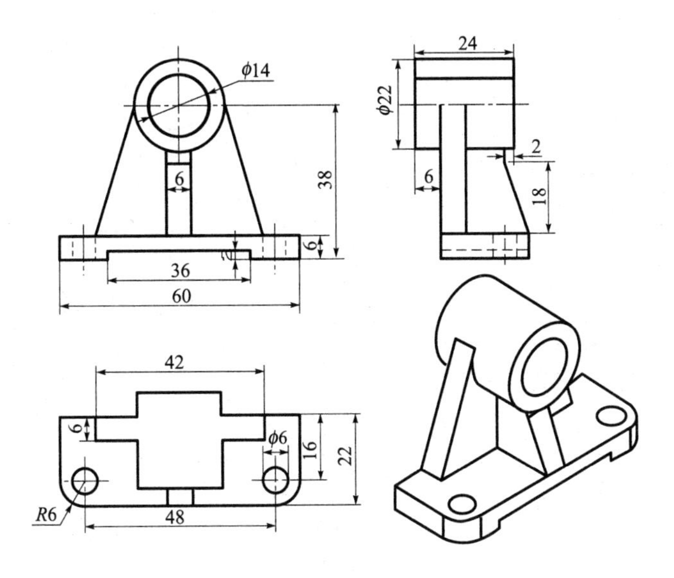
φ14
6
38
6
36
60
24
φ22
2
6
18
42
6
φ6
16
22
R6
48

7.

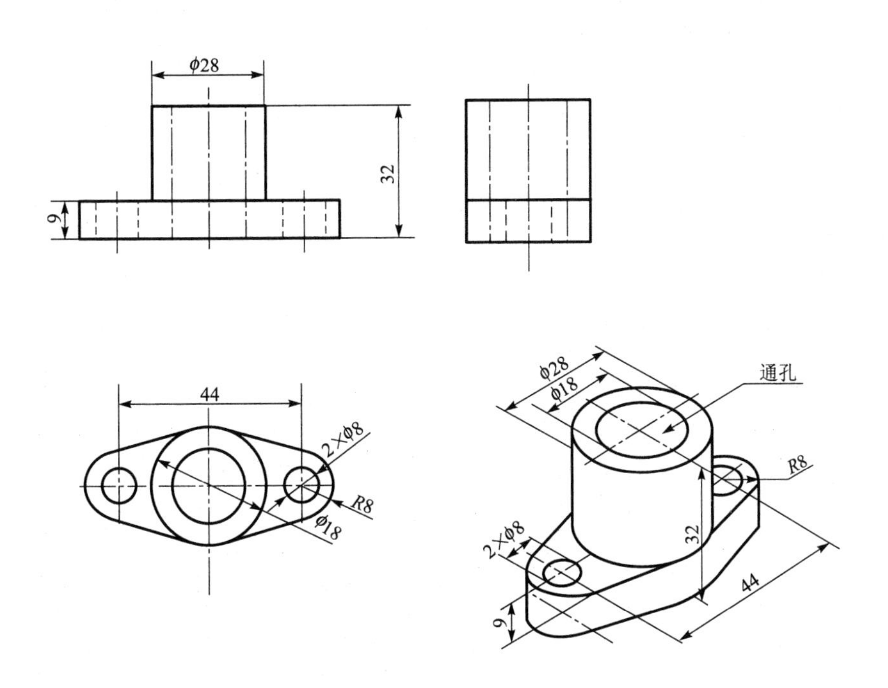
φ28
32
9
44
2×φ8
R8
φ18
φ28
φ18
通孔
R8
2×φ8
32
44
9

8.

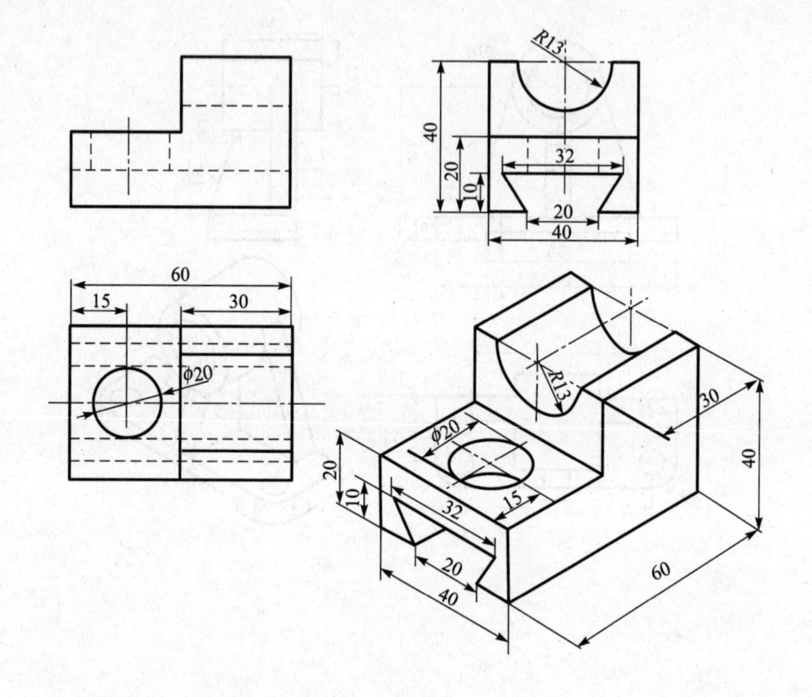
R13
40
20
10
32
20
40
60
15
30
φ20
R13
30
φ20
20
10
15
32
40
20
40
60
40

9.

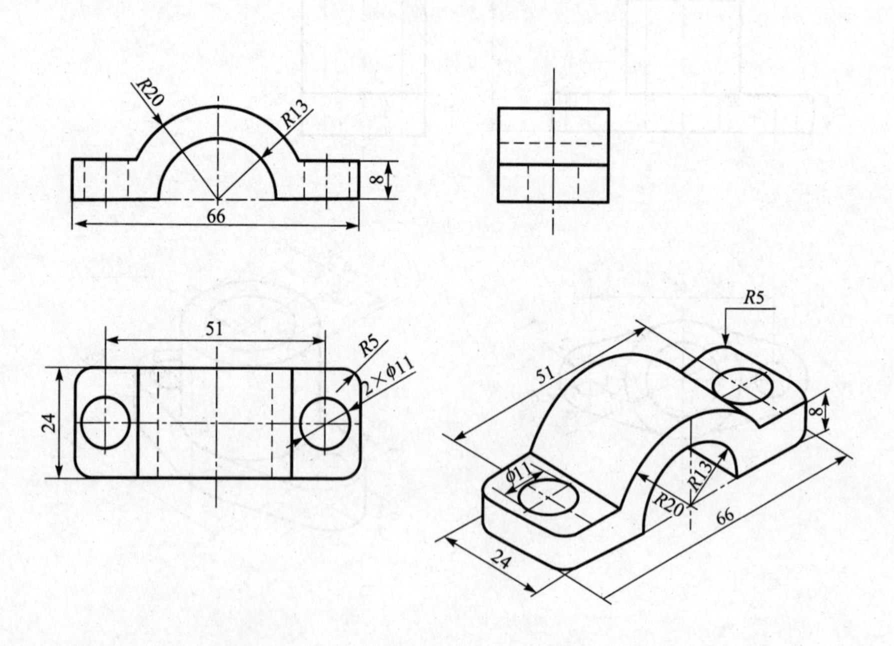
R20
R13
8
66
51
R5
2×φ11
24
R5
51
8
φ11
R13
R20
66
24

10.

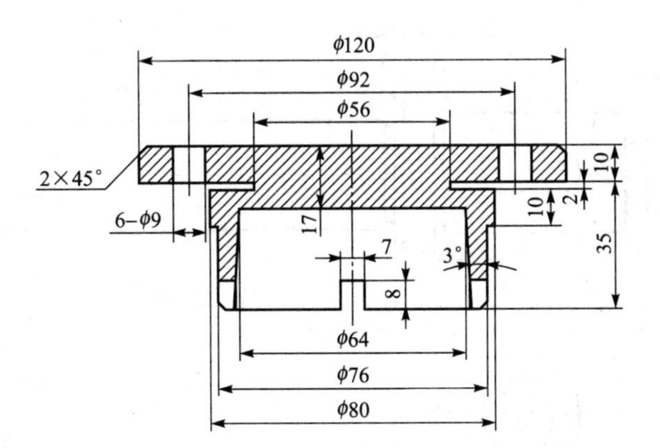
ϕ120
ϕ92
ϕ56
2×45°
6–ϕ9
17
7
3°
8
10
2
10
35
ϕ64
ϕ76
ϕ80

11.

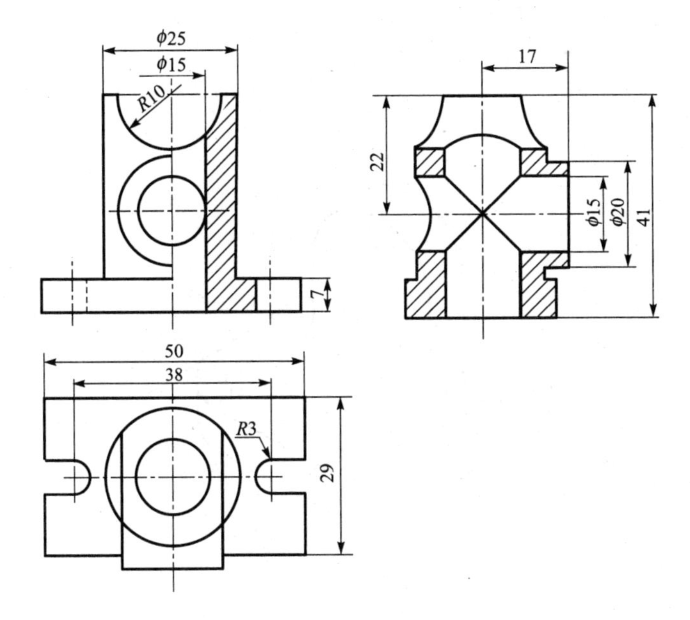
ϕ25
ϕ15
R10
7
17
22
ϕ15
ϕ20
41
50
38
R3
29

12.

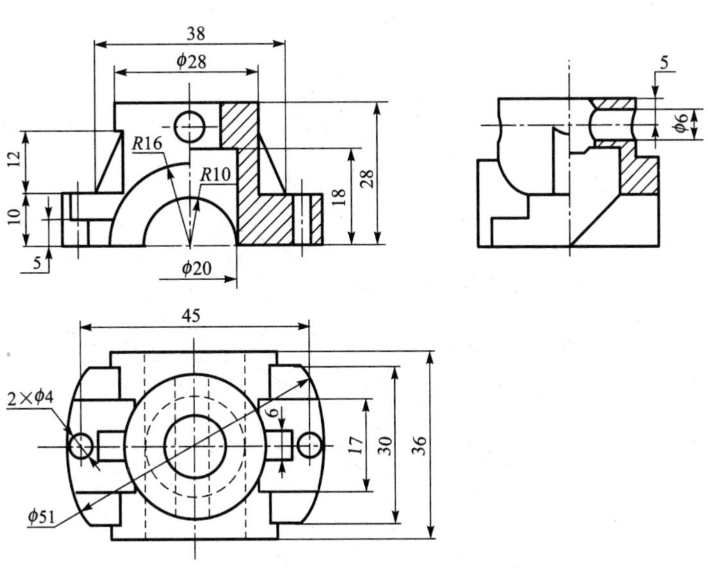
38
ϕ28
R16
R10
12
10
5
ϕ20
18
28
5
ϕ6
45
2×ϕ4
6
17
30
36
ϕ51

13.

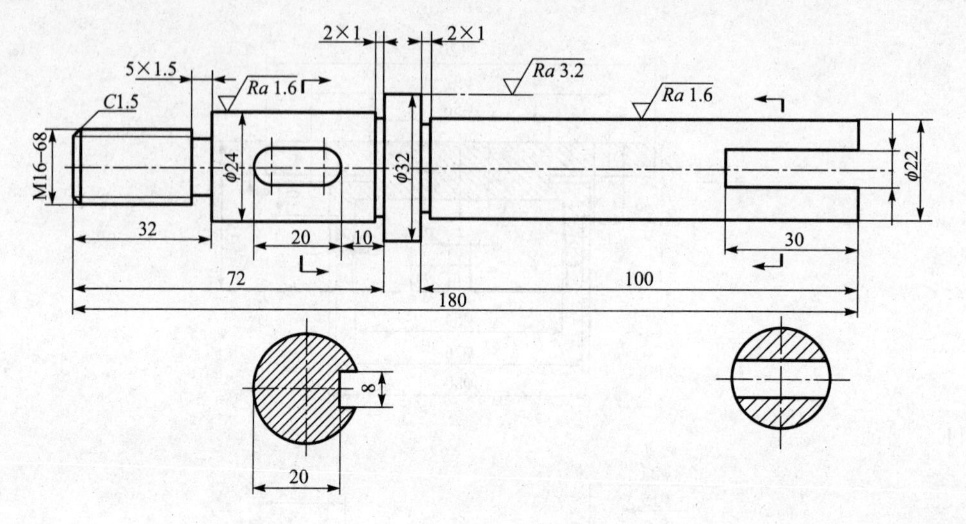
2×1
2×1
5×1.5
Ra 1.6
Ra 3.2
Ra 1.6
C1.5
M16–68
ϕ24
ϕ32
ϕ22
32
20
10
30
72
100
180
8
20

14.

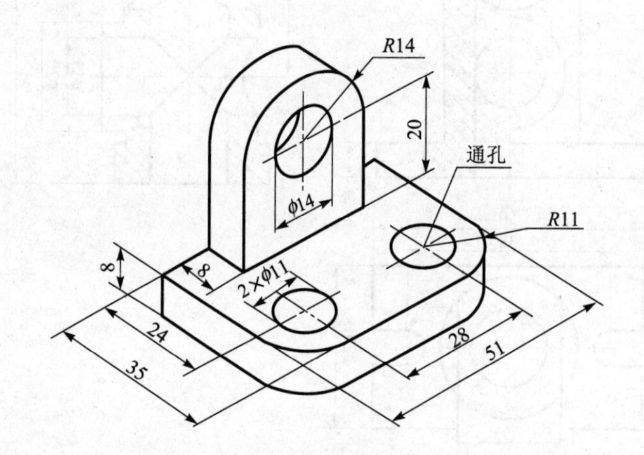
R14
20
通孔
R11
ϕ14
8
8
2×ϕ11
24
35
28
51

15.

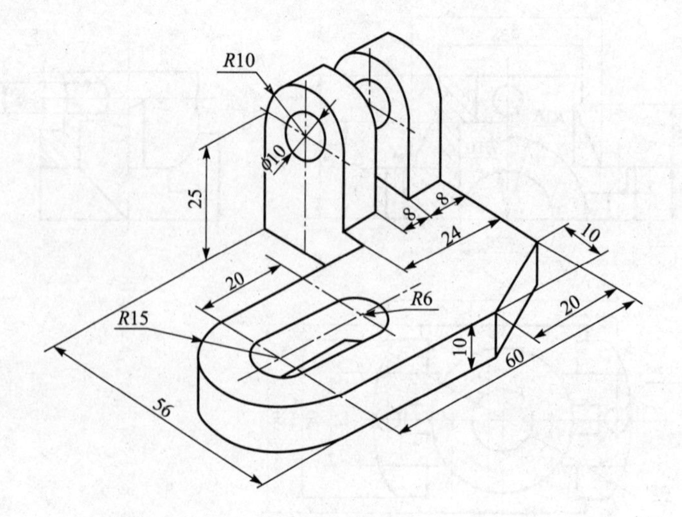
R10
ϕ10
25
8
8
24
10
20
R6
R15
10
20
60
56

16.

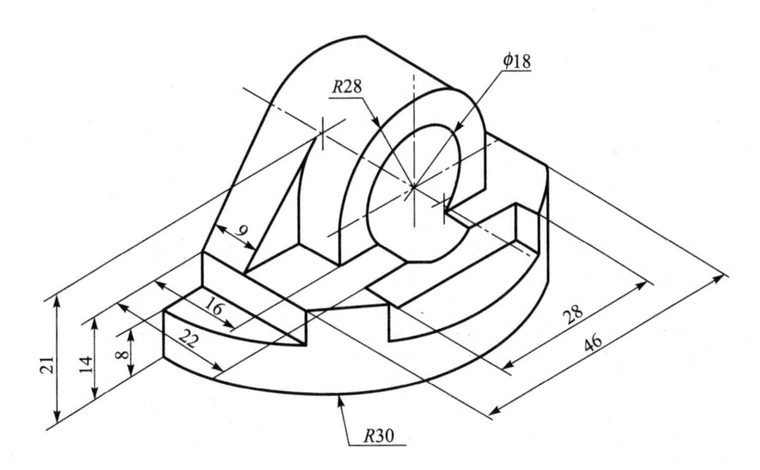
ϕ18
R28
9
16
22
21
14
8
28
46
R30

17.

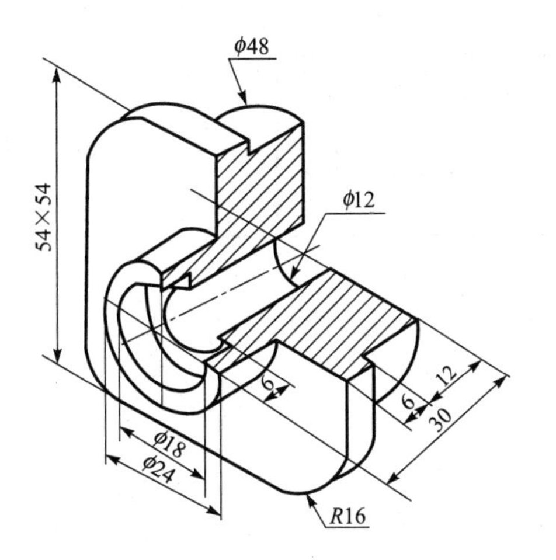
ϕ48
54×54
ϕ12
6
12
6
30
ϕ18
ϕ24
R16

18.

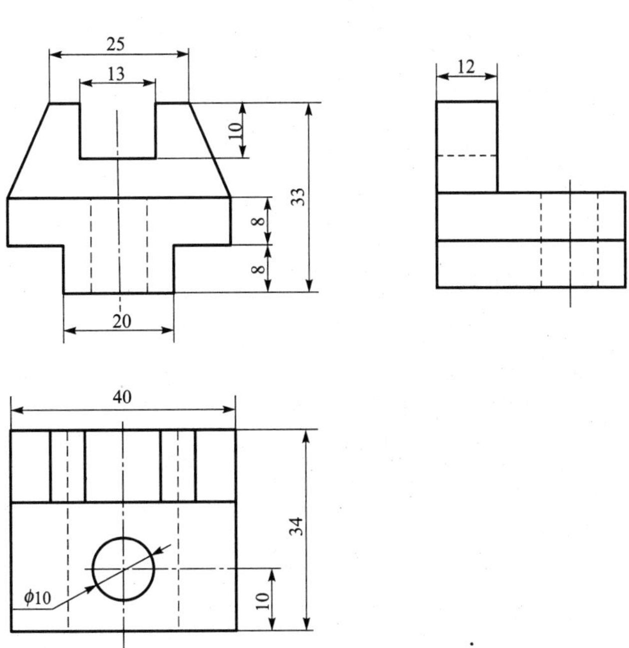
25
13
10
33
8
8
20
12
40
34
ϕ10
10

19.

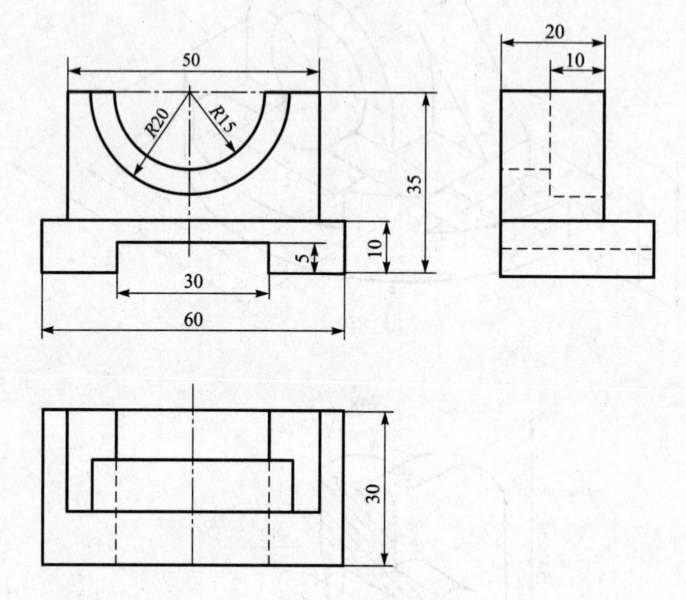

20.

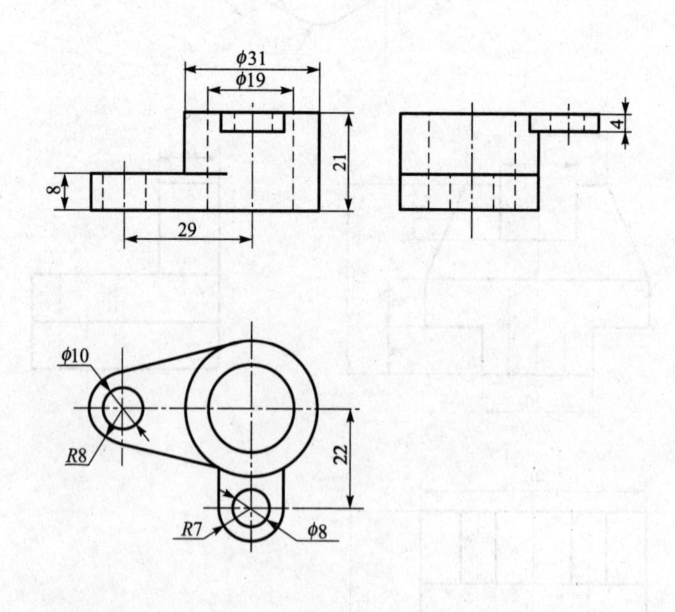

21.

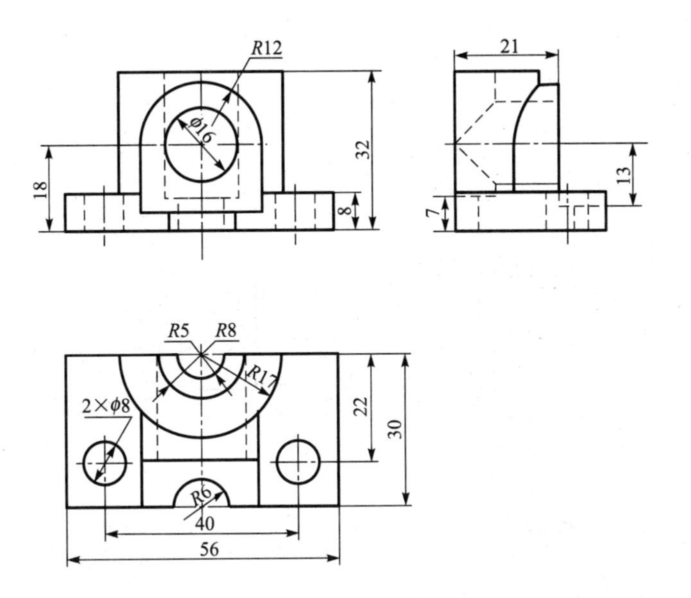
R12
φ16
32
18
8
21
13
7
R5
R8
R17
2×φ8
22
30
R6
40
56

22.

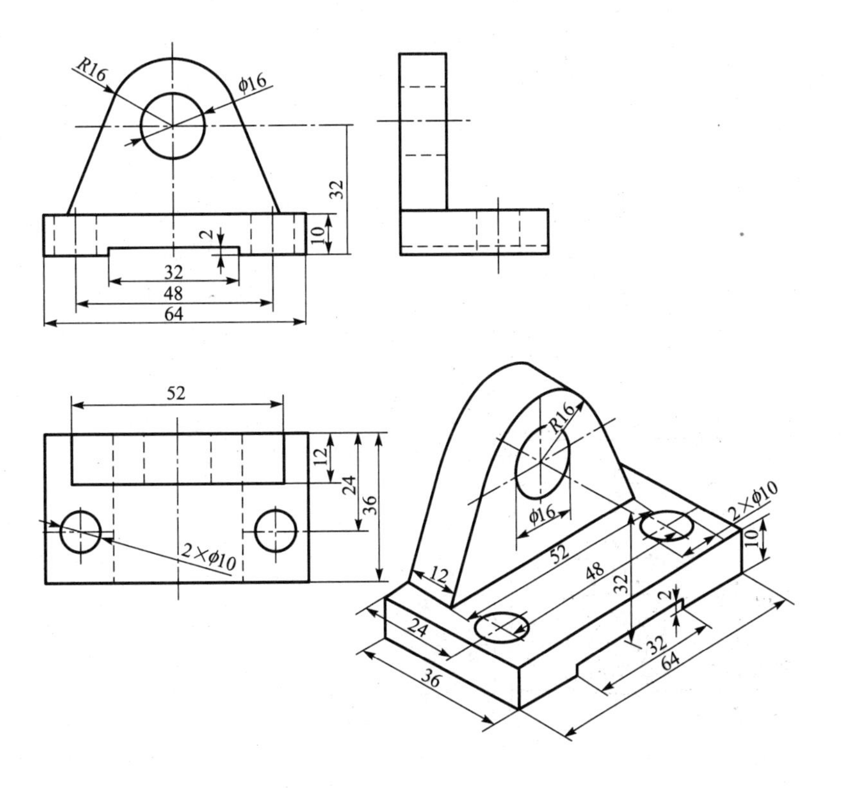
R16
φ16
32
10
2
32
48
64
52
12
24
36
2×φ10
R16
φ16
2×φ10
10
52
48
32
12
2
24
32
64
36

23.

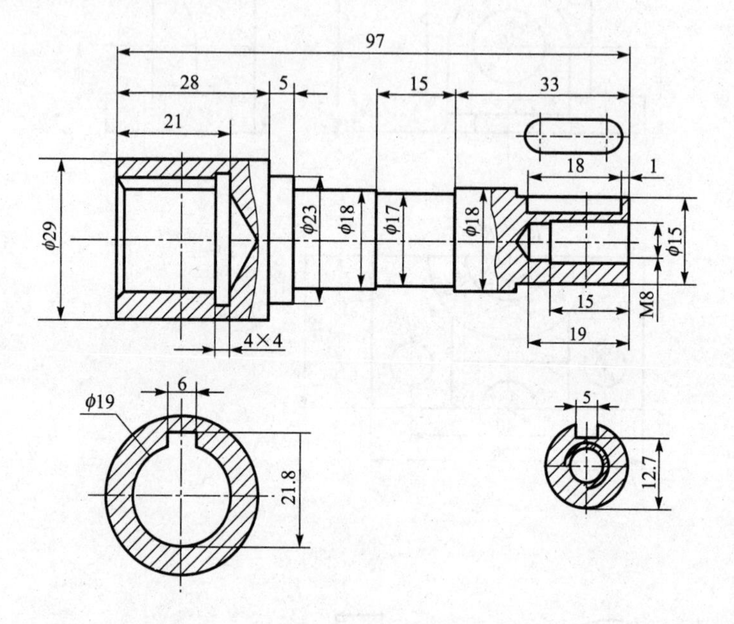
97
28
5
15
33
21
18
1
φ29
φ23
φ18
φ17
φ18
φ15
15
M8
19
4×4
6
φ19
21.8
5
12.7

24.

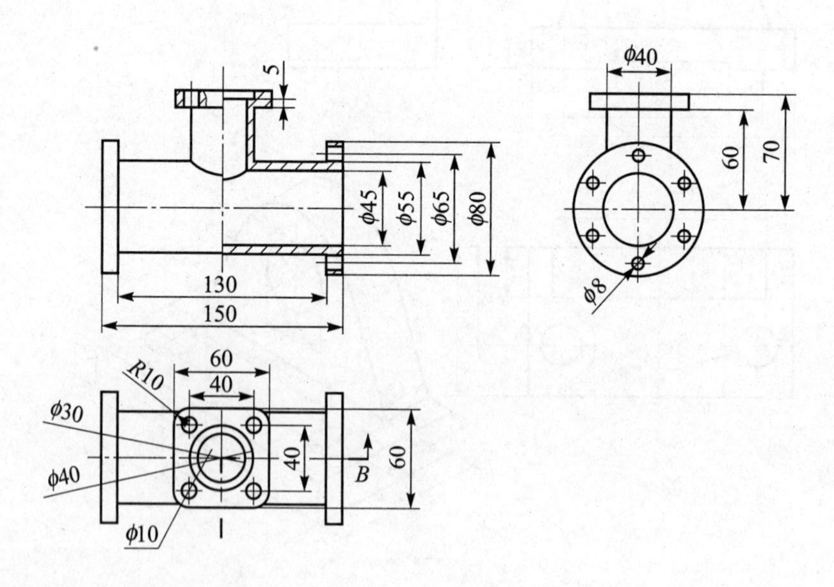
5
φ40
60
70
φ45
φ55
φ65
φ80
130
150
φ8
60
40
R10
φ30
φ40
40
B
60
φ10

25.

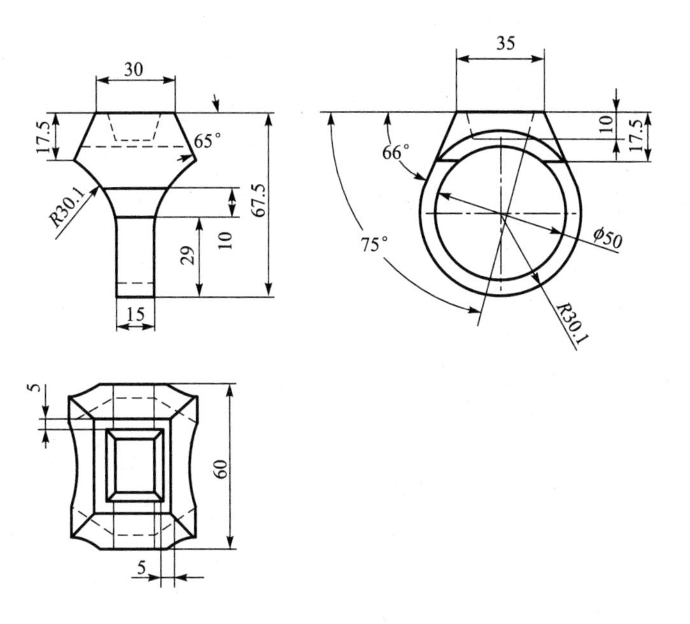
30
17.5
65°
R30.1
10
67.5
29
15
35
10
17.5
66°
75°
φ50
R30.1
5
60
5

26.

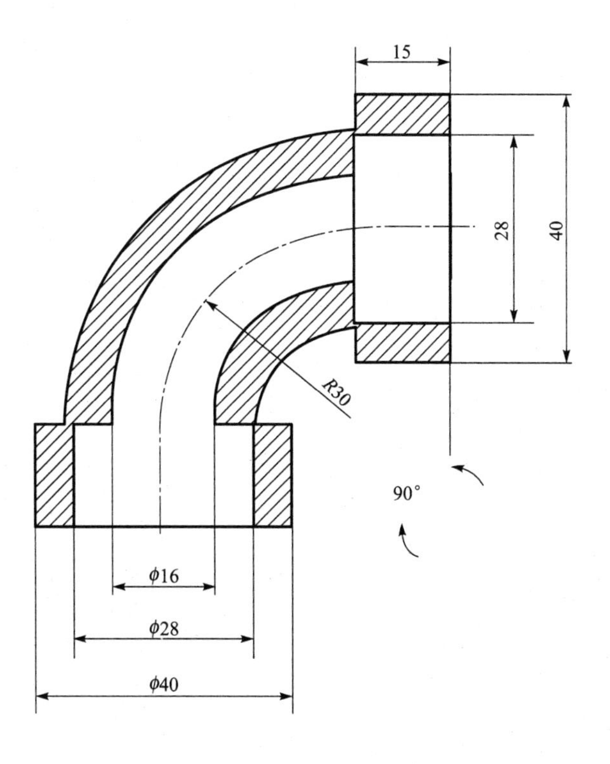
15
28
40
R30
90°
φ16
φ28
φ40

27.

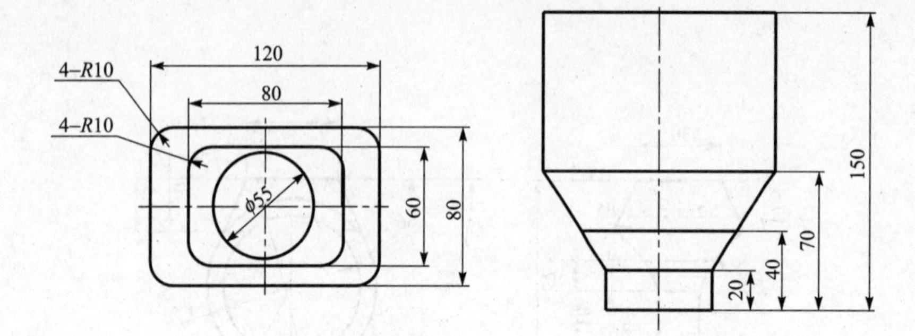
4–R10
4–R10
120
80
φ55
60
80
150
70
40
20

28.

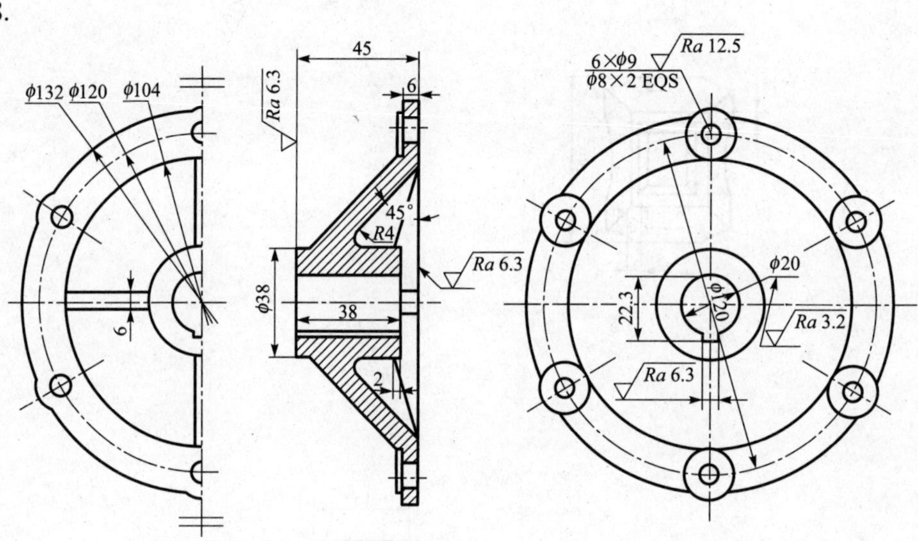
φ132 φ120 φ104
6
45
6
Ra 6.3
45°
R4
Ra 6.3
φ38
38
2
6×φ9
φ8×2 EQS
Ra 12.5
φ20
φ120
22.3
Ra 3.2
Ra 6.3

29.

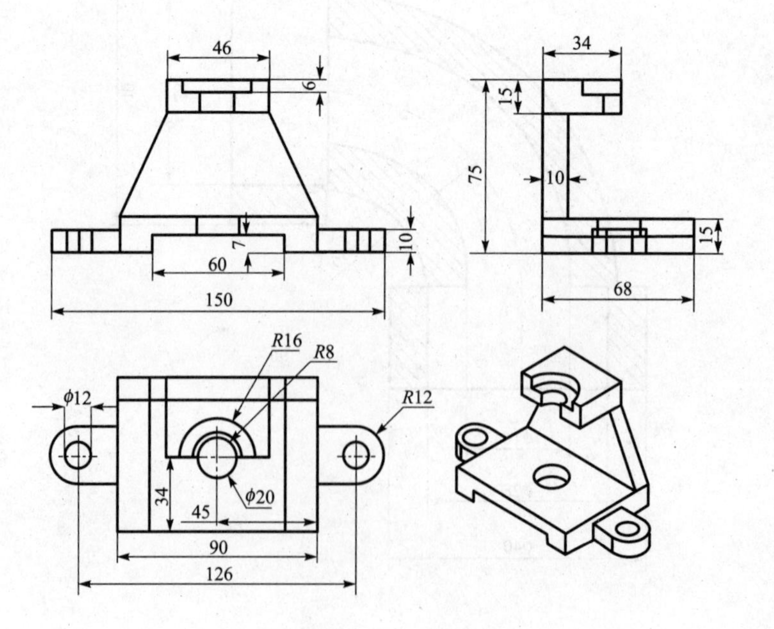
46
6
7
10
60
150
34
15
75
10
15
68
R16
R8
φ12
R12
φ20
34
45
90
126

30.

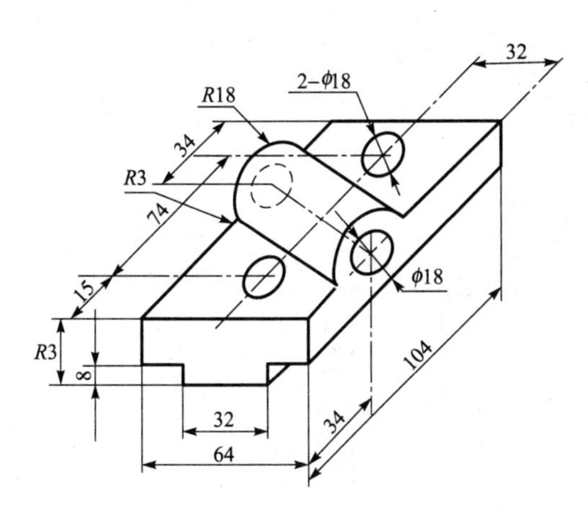
32
2-ϕ18
R18
34
R3
74
ϕ18
15
R3
8
32
64
34
104

31.

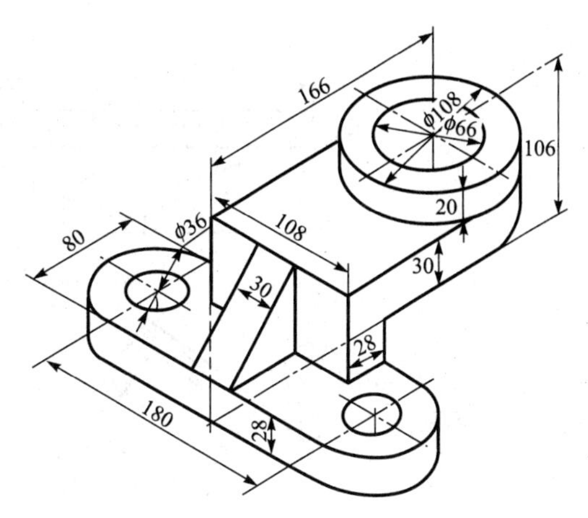
166
ϕ108
ϕ66
106
20
80
ϕ36
108
30
30
28
180
28

32.

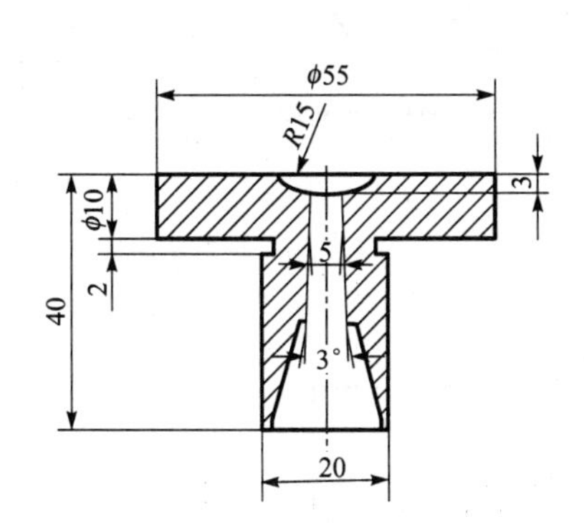
ϕ55
R15
3
ϕ10
5
2
40
3°
20

33.

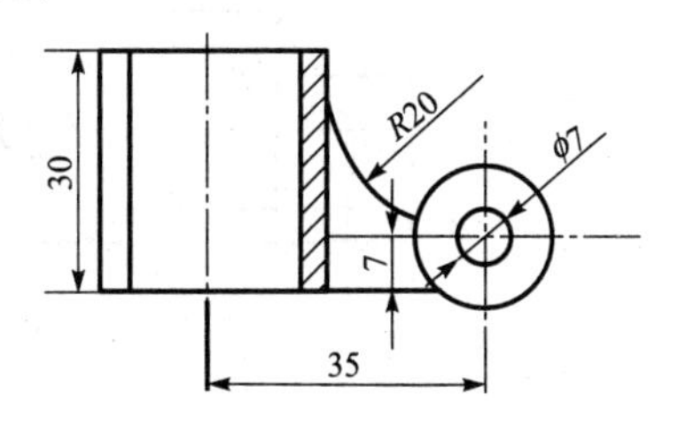
R20
ϕ7
30
7
35

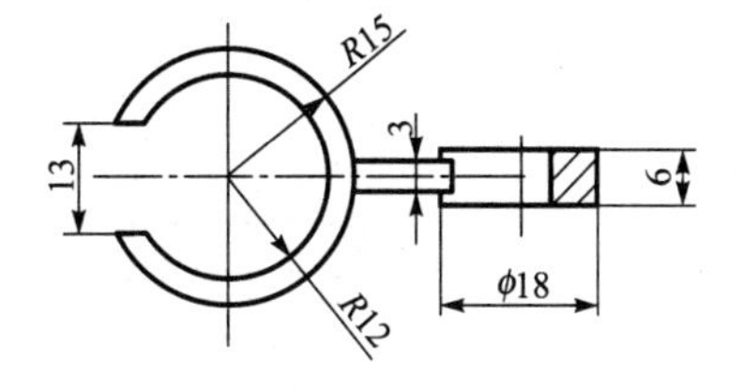
R15
3
13
6
ϕ18
R12

34.

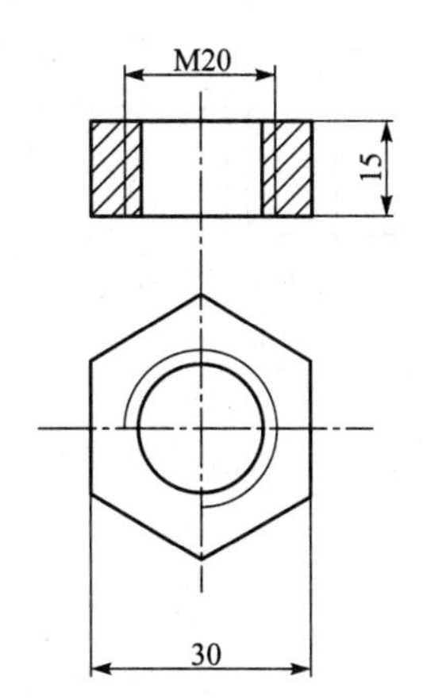
M20
15
30

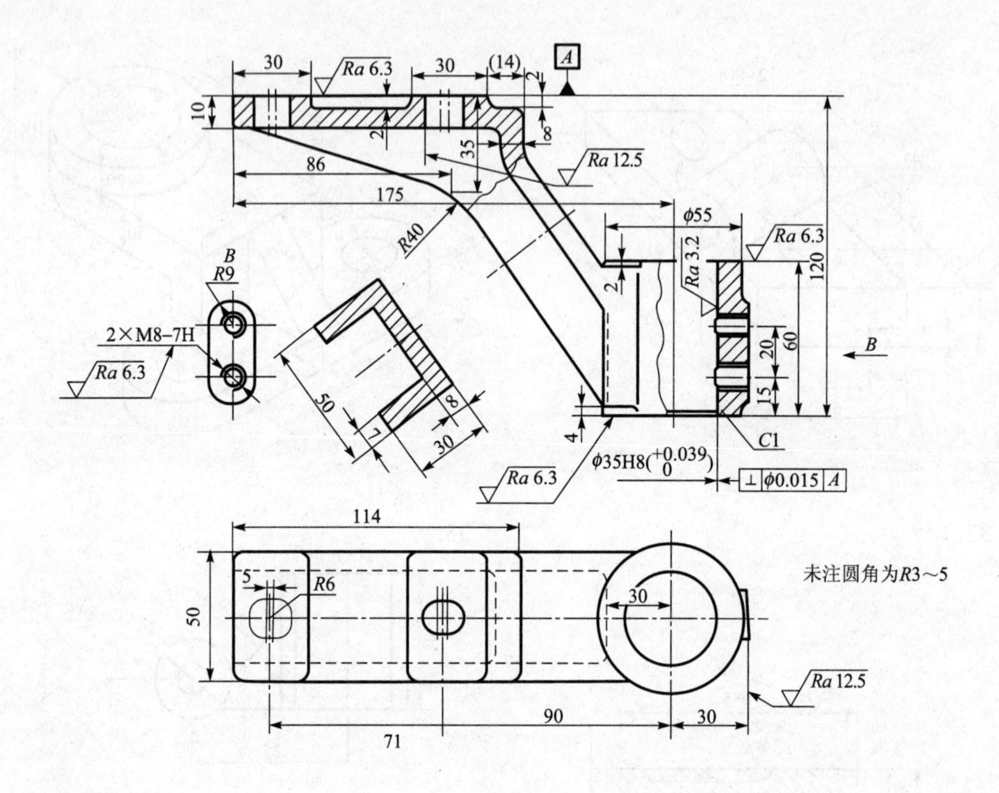
30
Ra 6.3
30
(14)
A
10
2
2
8
35
Ra 12.5
86
175
R40
ϕ55
Ra 6.3
Ra 3.2
B
R9
2×M8-7H
Ra 6.3
2
120
60
20
15
B
50
8
7
30
4
C1
Ra 6.3
ϕ35H8($^{+0.039}_{0}$)
⊥ ϕ0.015 A
114
50
5
R6
30
未注圆角为R3～5
Ra 12.5
90
30
71

35.

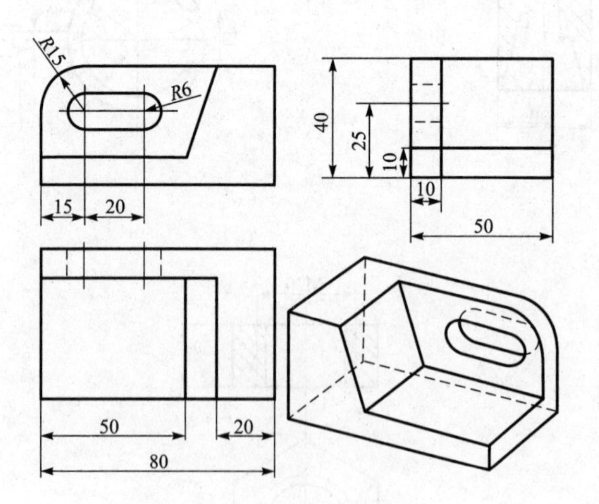
R15
R6
15
20
40
25
10
10
50
50
20
80

36.

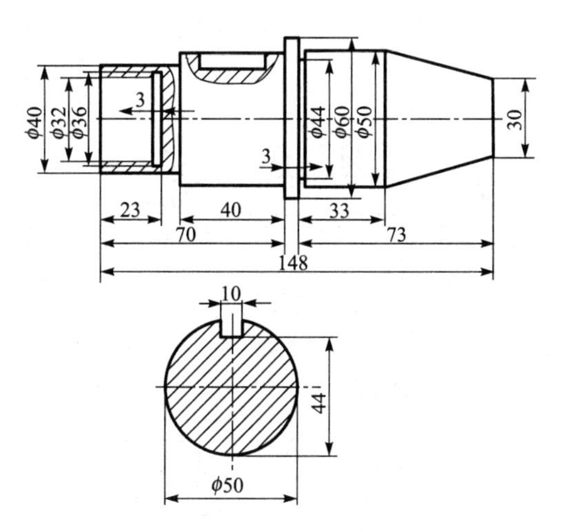
3
3
φ40
φ32
φ36
φ44
φ60
φ50
30
23
40
33
70
73
148
10
44
φ50

37.

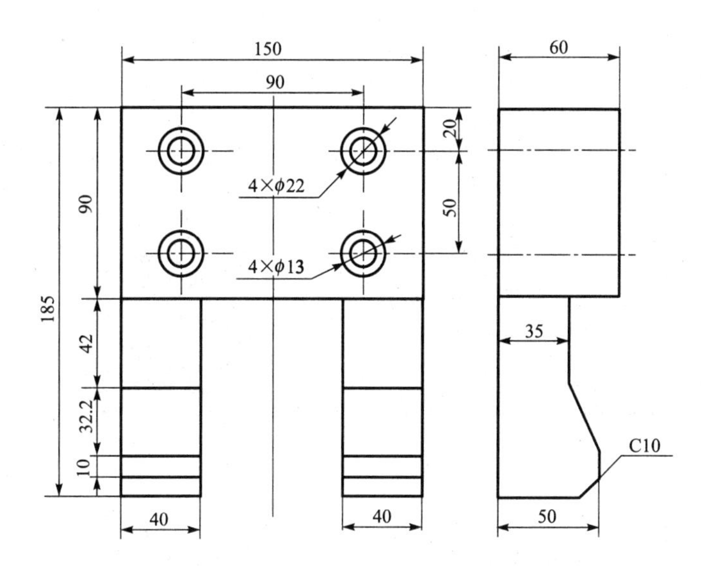
150
90
60
20
50
4×φ22
4×φ13
90
185
42
32.2
10
35
C10
40
40
50

38.

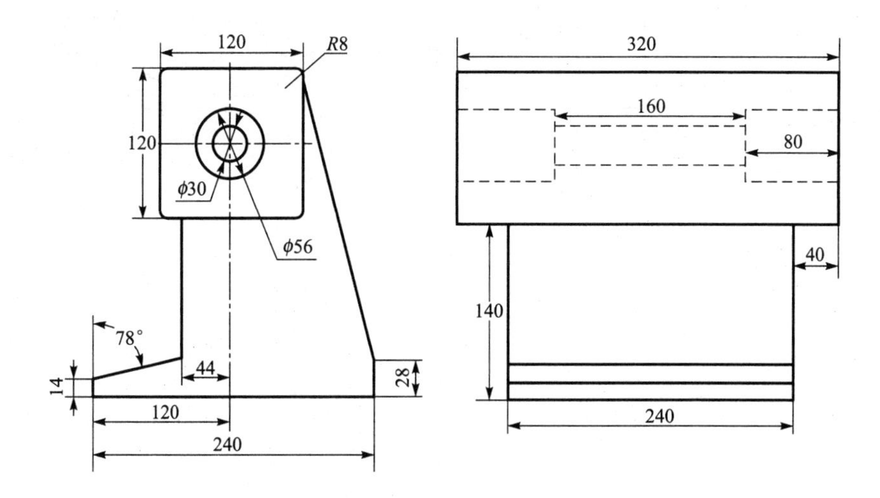
120
R8
120
φ30
φ56
78°
44
14
28
120
240
320
160
80
40
140
240

39.

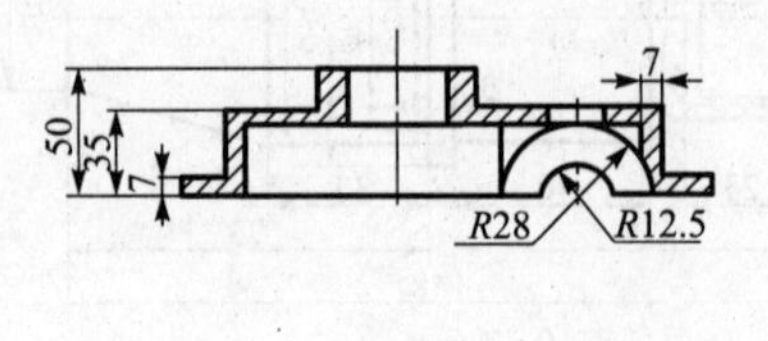
7
50
35
7
R28
R12.5

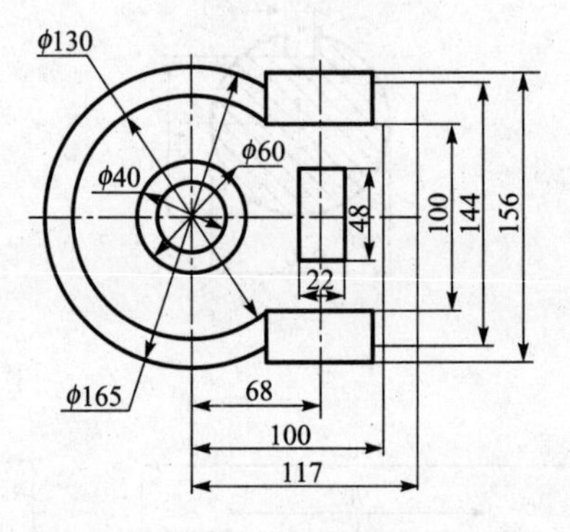
ϕ130
ϕ60
ϕ40
48
100
144
156
22
ϕ165
68
100
117

40.

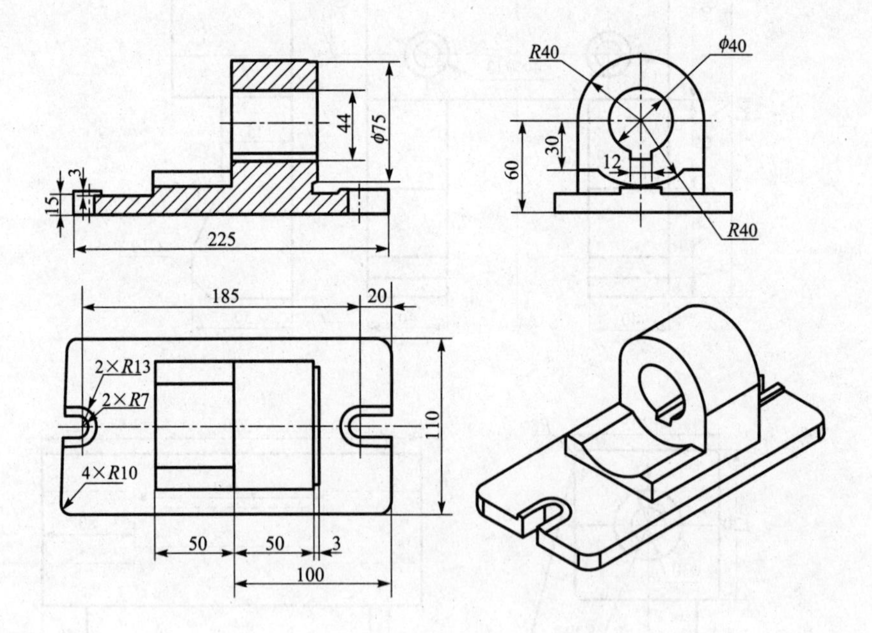
44
ϕ75
3
15
225
R40
ϕ40
30
60
12
R40
185
20
2×R13
2×R7
4×R10
110
50
50
3
100

41.

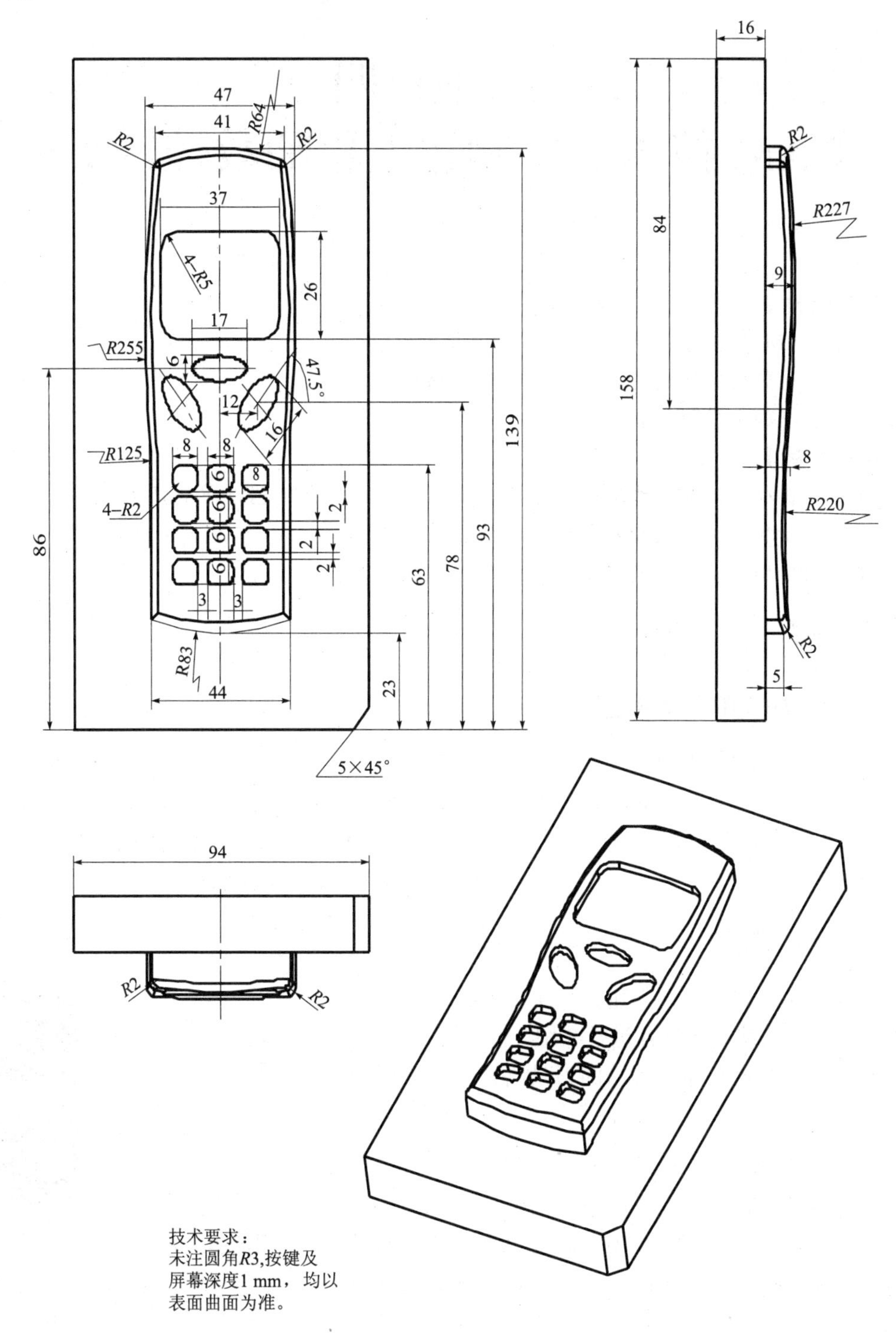

项目四
CAM 技术——制造工程师数控铣编程

【能力目标】

1. 学习 CAM 技术的理念
2. 熟练使用典型功能创建生产实例的刀具路径
3. 了解新增加工功能的相关应用

【知识目标】

1. 区域式粗加工、等高线粗加工的刀具路径、G 代码及工艺清单的产生
2. 等高线精加工、参数线精加工、扫描线精加工
3. 等高线精加工、典型新增加工功能的知识技巧

【知识链接】

一、数控加工的基本概念

用 CAXA 制造工程师 2011 实现加工的过程如下。

首先在后置处理中必须配置好机床，这是正确输出代码的关键；其次读懂图纸，用曲线曲面和实体表达工件；然后根据工件形状，选择合适的加工方式，生成刀具轨迹；最后产生 G 代码传输给数控机床。

二、制造工程师仿真加工参数设置

这里只对切入切出、切削用量、下刀方式、刀具参数、加工边界几项常规子设置进行介绍，而“加工参数”的诸项选用在各种相应加工方法的刀具路径生成过程中均有体现。

1. 切入切出

切入切出方式对接刀部分的表面质量影响很大。因此制定刀具的进退方式，避免刀具碰撞以求得到好的接刀口质量，此乃数控加工之必须。如图 4－1 所示为“切入切出”选项卡。一般地，刀具切入切出的接近方式有两种情况：*xy* 向和螺旋。

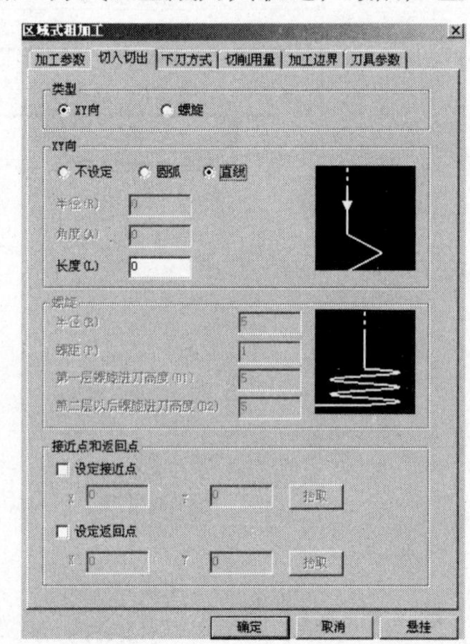

图 4－1 “切入切出”选项卡

（1）*xy* 向：即 *z* 方向上垂直切入，当它沿 *xy* 向接近时分三种情形。

不设定：即不设定水平接近方式。

圆弧：圆弧接近就是指一般在轮廓加工和等高线加工等功能中，沿形状的相切方向并以圆弧的方式接近被切削工件。若激活圆弧接近方式，用户可以输入接近圆弧半径 R。$R=0$ 则不设圆弧，$R<0$ 时则接近圆弧半径为刀具直径的倍数。

直线：水平接近方式为直线状。L 为直线接近的长度，$L=0$ 时不附加直线。两种不同的切入切出方式细节如图 4－2 所示。

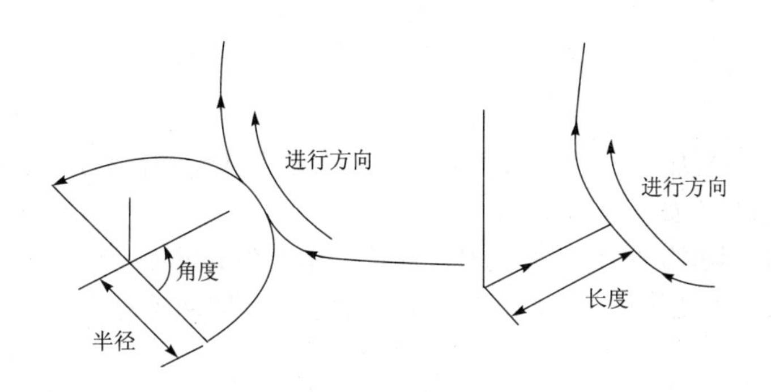

图 4－2　两种切入切出方式

（2）螺旋：在 z 方向上按螺旋状切入。激活螺旋接近方式，可以输入螺旋半径 R 和螺距 P。各参数及指定如图 4－3 所示。

D1：输入第一层领域加工时螺旋切入的开始高度。

D2：用于第二层以后领域的螺旋接近切入深度。切入深度由下一加工层开始的相对高度设定，且要大于路径切削的深度。当螺旋接近时不检查对模型的干涉，输入不干涉的螺旋半径。

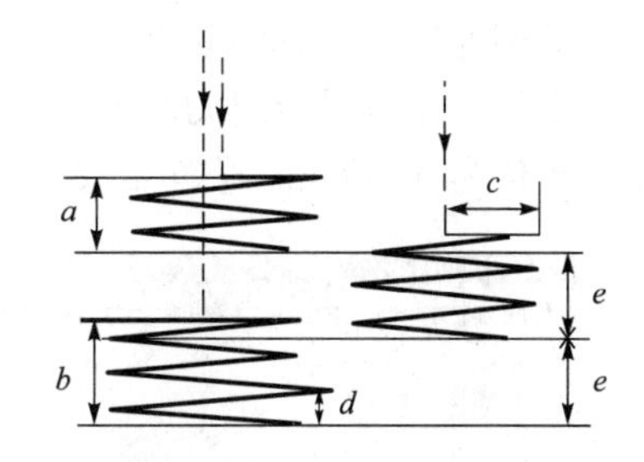

图 4－3　指定各切削参数

a—切削开始高度；b—切入深度；c—半径；d—螺距；e—轨迹切入深度

（3）接近点和返回点：接近方式为 xy 向时进行设定。具体含义如下。

设定接近点：限定下刀时接近点的 xy 坐标，选中此复选框后直接从屏幕上拾取。

另外，根据模型或者加工条件，从接近点开始移动或者移动到返回点的部分可能与领域发生干涉。避免这种情况的方法有变更接近位置点或者返回位置点两种方法。如图 4－4 所示为设定接近点效果图。

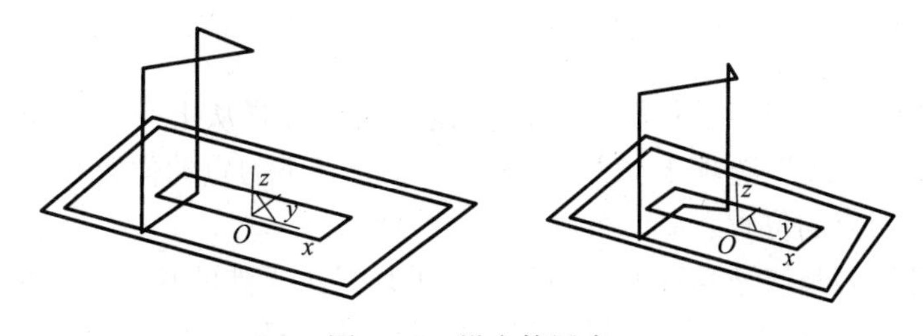

图 4－4　设定接近点

设定返回点：设定退刀返回点的 xy 坐标。选中此复选框后可直接从屏幕上拾取。如图 4－5 所示为设定返回点的效果图。

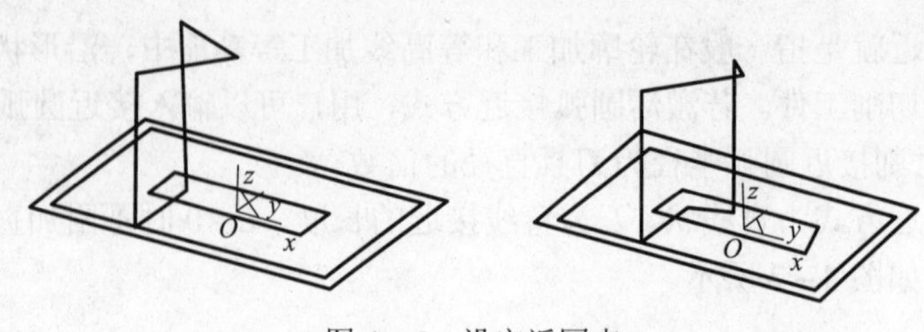

图 4－5 设定返回点

2. 切削用量

切削用量用于定义加工过程中的相关进给运动及主体运动，是所有加工方式的通用参数。“切削用量”选项卡如图 4－6 所示。

主轴转速：设定切削时机床主轴的转动速度，单位为 rpm（转/分）。

慢速下刀速度：设定慢速下刀轨迹段的进给速度值，即从慢速下刀高度到切入工件前刀具行进的速度。

切入切出连接速度：此乃各轨迹段间的过渡连接速度。主要用于切入、切出、连接、返回等各轨迹段进给速度的设定，单位为 mm/min。其值一般小于切削进给速度。

切削速度：指正常切削轨迹段的进给速度，单位为 mm/min。

退刀速度：设定退刀轨迹段的进给速度，即刀具离开工件回到安全高度时刀具行进的速度，单位为 mm/min。安全高度以上刀具行进的线速度取机床的 G00，如图 4－7 所示。

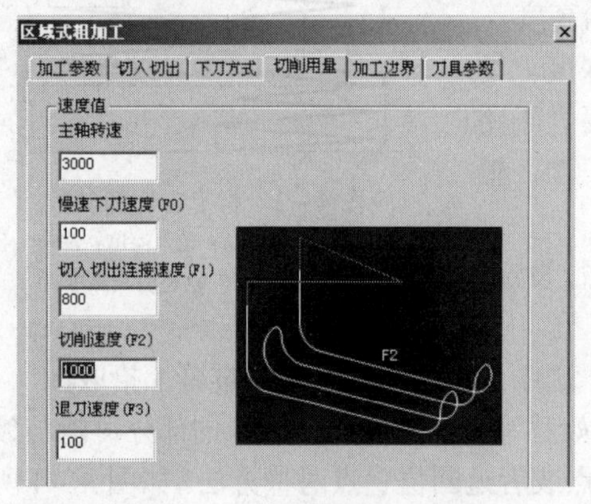

图 4－6 “切削用量”选项卡

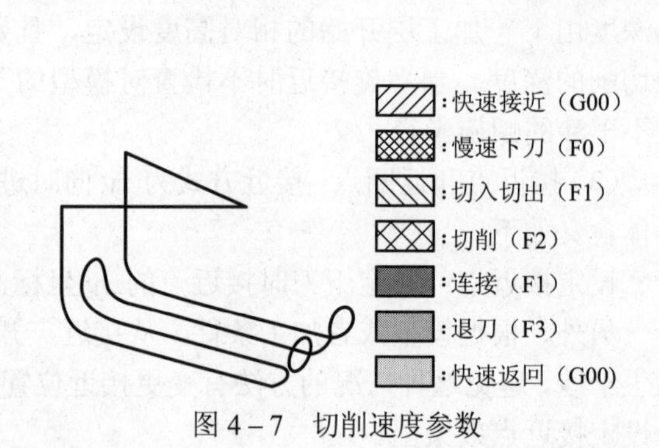

图 4－7 切削速度参数

3. 下刀方式

下刀方式是指刀具切入毛坯或在两个切削层之间，刀具从上一轨迹层切入下一轨迹层的走刀方式。“下刀方式”选项卡如图 4－8 所示。包括下刀点的位置和下刀的切入方式。

（1）各相应下刀点的位置。

安全高度：是指刀具快速移动而不与机床、毛坯发生干涉的高度。有相对和绝对两种模式，单击“相对”或“绝对”按钮可以实现两种模式的切换。

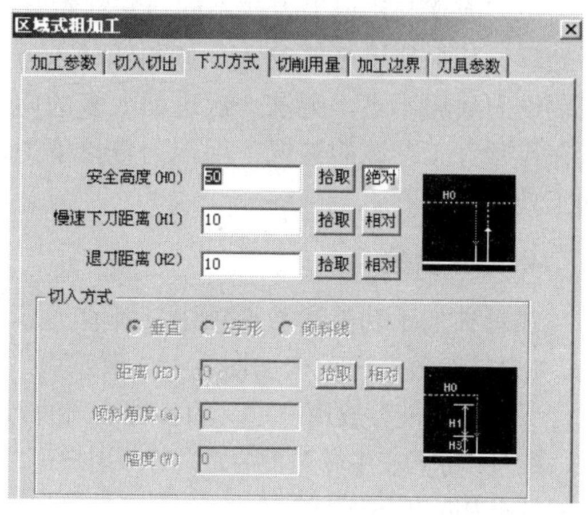

图 4-8 “下刀方式”选项卡

① 相对：以切入/切出或切削开始/切削结束位置的刀位点为参考点。

② 绝对：以当前加工坐标系的 *xOy* 平面为参考平面。

③ 拾取：单击该按钮后可以从工作区选择安全高度的绝对位置高度点。

慢速下刀距离：在切入或切削开始前的一段刀位轨迹的位置长度，此过程以慢速下刀速度垂直向下进给。如图 4-9 所示，其中δ为慢速下刀距离。

退刀距离：在切出或切削结束后的一段刀位轨迹的位置长度，此过程以退刀速度垂直向上进给。如图 4-10 所示，其中δ为退刀距离。

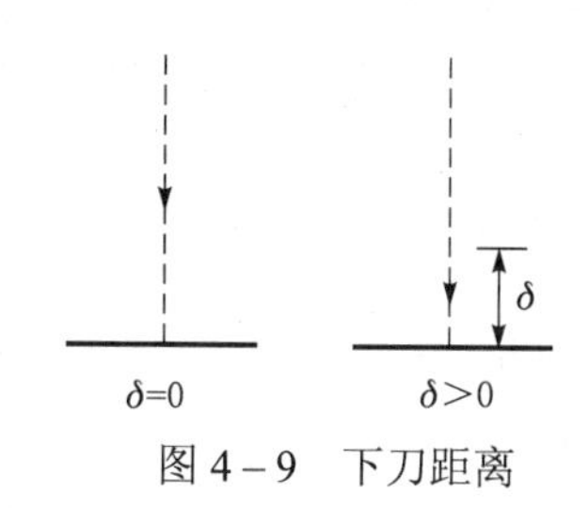

图 4-9 下刀距离

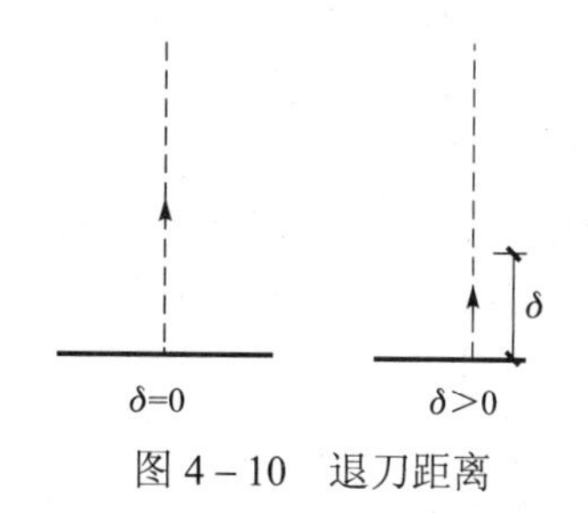

图 4-10 退刀距离

（2）下刀的切入方式。

如图 4-11 所示提供了三种通用的切入方式，基本上适用于所有的铣削加工方案。其中的一些切削加工策略有其特殊的切入切出方式（可以在“切入切出”选项卡中设定）。也就是说，倘若在“切入切出”选项卡里给定了特殊的切入切出方式，而此处通用的切入方式将不会再起作用。

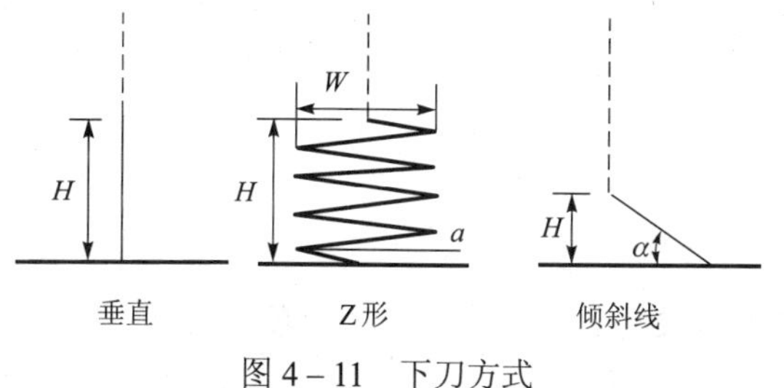

图 4-11 下刀方式

垂直：刀具沿垂直方向切入，即从上一层沿 *z* 轴方向直接切入下一层。

Z 形：刀具在两个切削层间按 Z 形方式切入，直到下一层的高度上，才开始进行切削。

倾斜线：刀具按与切削方向相反的倾斜线方向切入，直到下层位置上开始切削。

距离：切入轨迹段的高度，有“相对”与“绝对”两种模式，单击任一按钮便可实现两种模式的切换。

相对：指以切削开始位置的刀位点为参考点。

绝对：指以当前加工坐标系的 *xOy* 平面为参考平面。

拾取：单击该按钮后可以从工作区选择距离的绝对位置高度点。

幅度：Z 形切入时走刀的宽度。

倾斜角度：Z 形或倾斜线走刀方向与 *xOy* 平面的夹角。

下刀方式与进退刀方式不同，它针对具有分层能力的轨迹，在层与层之间对下刀方式进行处理。其中使用 Z 形切入、倾斜线切入方式可以解决端铣刀底刃不足，无法一次进刀太多的问题，从而可在不预打工艺孔的情况下用端刀直接下刀，以提高加工效率。

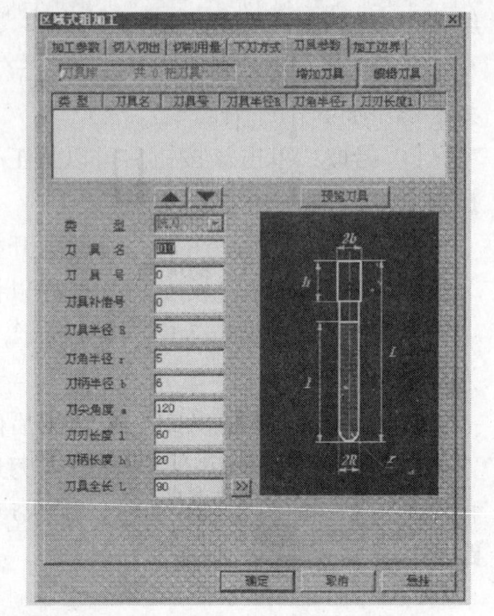

图 4－12 “刀具参数”选项卡

4. 刀具参数

在每种加工功能参数选项中，都有刀具参数的设定。“刀具参数”选项卡如图 4－12 所示。

刀具库中能存放用户定义的各种不同的刀具，如钻头、铣刀（球刀、牛鼻刀、端刀）等，用户可以很方便地从刀具库中取出所需要的刀。

增加刀具：用户可以在刀具库中增加新定义的刀具。

编辑刀具：选中某把刀具后，用户可以对其参数进行编辑。

刀具类型、刀具名称、刀具号、刀具半径 R、圆角半径 r/a、切削刃长 L，在刀具库中会有相应参量的对照显示。如图 4－13 所示。

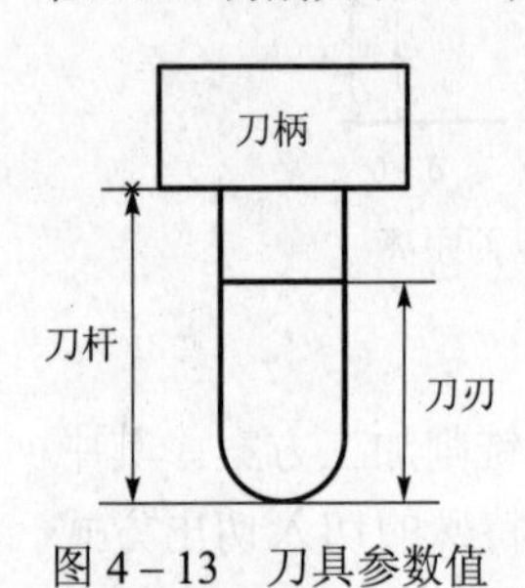

图 4－13 刀具参数值

刀具号：刀具在加工中心里的位置编号，便于加工过程中换刀。

刀具补偿号：刀具半径补偿值对应的编号。

刀具半径 R：刀刃部分最大截面圆的半径。

刀角半径 r：刀刃部分球形轮廓区域的半径，且只对铣刀有效。

刀柄半径 b：刀柄部分截面圆半径的大小。

刀尖角度 a：指钻尖的圆锥角，只对钻头有效。

刀刃长度 l：刀刃部分的长度。

刀柄长度 h：刃柄部分的长度。

刀具全长 L：刀杆与刀柄长度的总和。

5. 加工边界

在大多数加工方式参数表中，都有加工边界的设定。“加工边界”选项卡如图 4－14 所示。

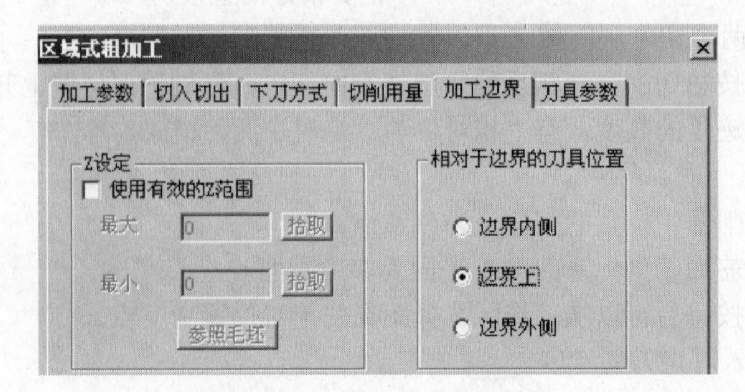

图 4－14 “加工边界”选项卡

（1）Z 设定：设定毛坯的有效的 Z 范围。

使用有效的 Z 范围：是指使用指定的最大最小 Z 值所限定毛坯的范围进行计算，而非使用定义的毛坯高度范围进行计算。

最大：指定 Z 范围最大的 Z 值，可采用输入数值和拾取工作区点两种方式。

最小：指定 Z 范围最小的 Z 值，可采用输入数值和拾取工作区点两种方式。

参照毛坯：系统通过毛坯的高度范围自动定义 Z 范围最大的 Z 值和指定 Z 范围最小的 Z 值。

（2）相对于边界的刀具位置。

有三种方式用于设定刀具相对边界的位置，如图 4－15 所示。

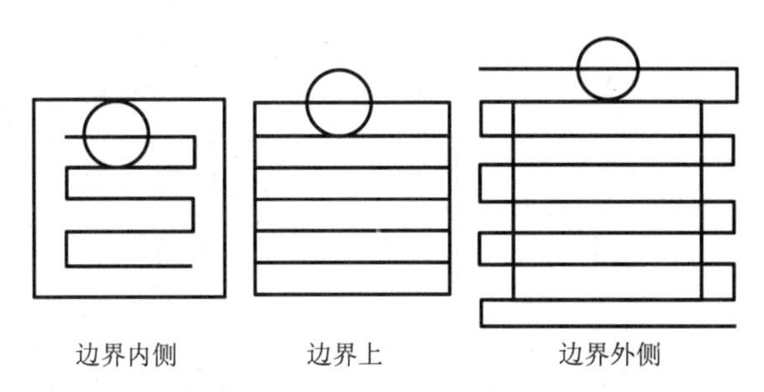

图 4－15　刀具相对边界的位置

边界内侧：刀具位于边界的内侧。

边界上：刀具位于边界上。

边界外侧：刀具位于边界的外侧。

三、数控铣刀具路径生成及仿真

这里将对平面区域粗加工、等高线粗加工、扫描线粗加工、参数线精加工、扫描线精加工等几种主要的粗、精加工方法分别予以介绍。实际上 CAXA -ME 中的加工方式丰富多样，远远不止这些，倘若有兴趣敬请参考相关书籍。

请注意，因为在每一种加工功能表里，均有诸如切入切出、切削用量、下刀方式、加工边界与刀具参数等工艺设定。其参数的意义及确定在不同的加工方法中基本相同，这里将不再复述。

1. 区域式粗加工

区域式粗加工是根据给定的轮廓和岛屿，生成分层的加工轨迹。该方法属于两轴半加工方式，主要用于加工型腔，选择路径如图 4－16 所示。

选择“加工”→“粗加工”→“平面区域粗加工”命令，系统会弹出如图 4－17 所示的“平面区域粗加工”对话框。加工参数选项如下。

（1）加工方向：有两种设定，顺铣或逆铣。图 4－18 所示的两图分别说明了两种方向的含义。

（2）xy 切入：在同一层面（xy 方向）定义加工轨迹的参数。包括以下几个参数。

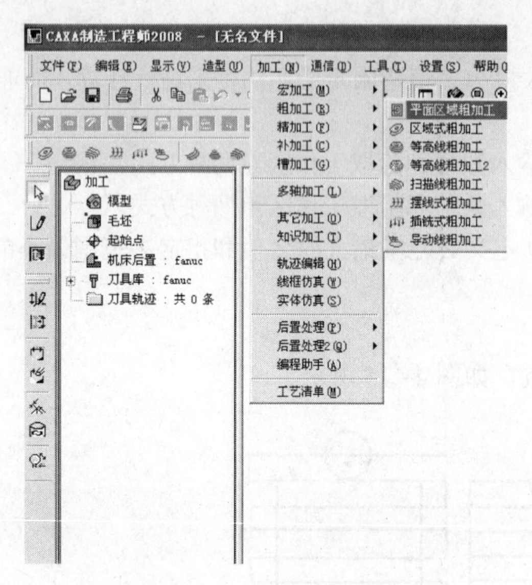

图 4－16　选择加工方式

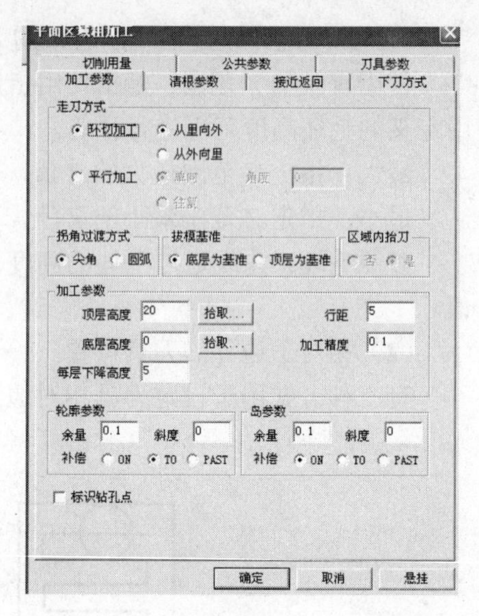

图 4－17　“平面区域粗加工”对话框

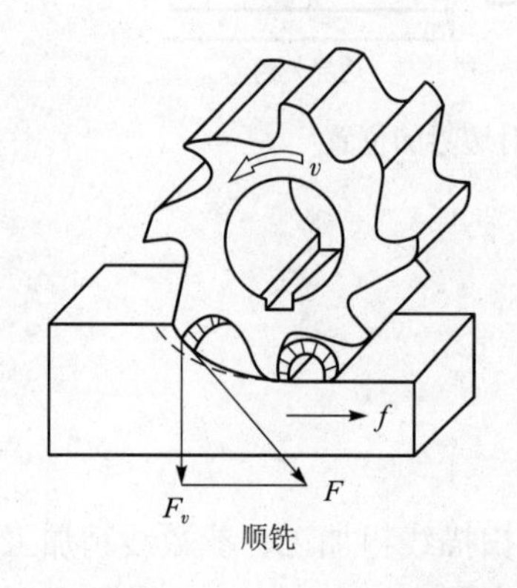

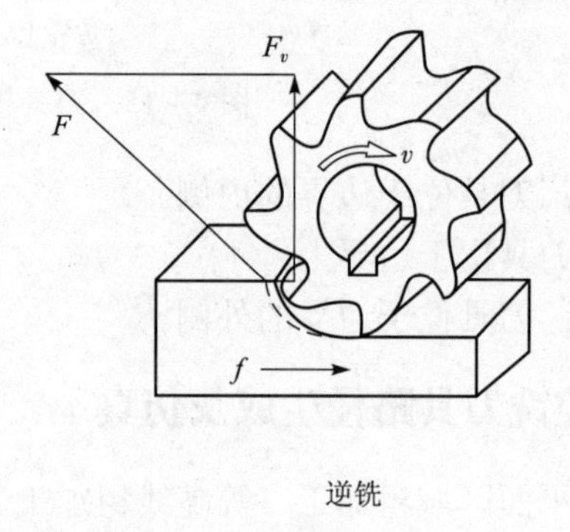

图 4－18　顺铣和逆铣

① 切削模式：*xy* 向切入模式有三种方式。如图 4－19 所示。

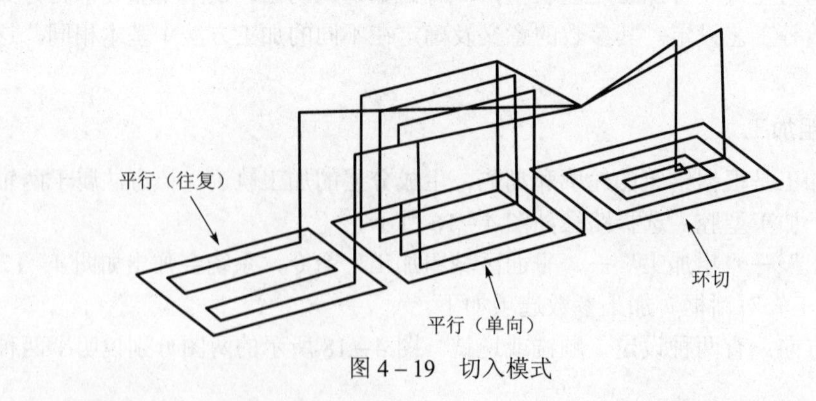

图 4－19　切入模式

环切：生成环切加工轨迹。

平行：只生成单方向的加工轨迹，快速进刀后进行一次切入方向的加工。

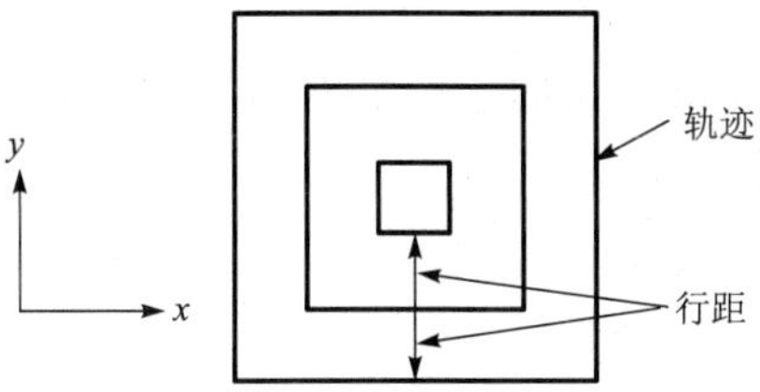

图 4－20　行距定义

平行往复：即使到达加工边界也不进行快速走刀，而是继续往复地加工。

② 行距：定义在 xy 平面方向内每次的切入量，含义如图 4－20 所示。

③ 残留高度：即球刀铣削过程中的残余量。当指定残留高度时，会提示 xy 方向的行距，二者息息相关。

④ 进行角度：选择切削模式为“平行（单向）”或“平行（往复）”时，应进行切削轨迹行进角度的一种设定。

输入 0°，则生成轨迹与 x 轴平行。

输入 90°，则生成轨迹与 y 轴平行。

输入值范围是 0°～360°，如图 4－21 所示。

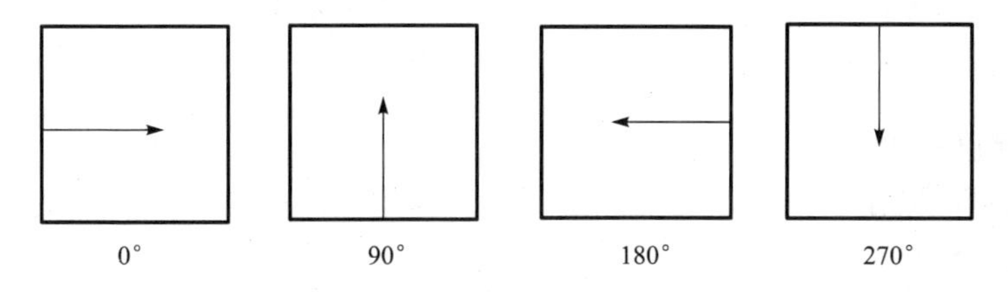

图 4－21　刀具行进角度

（3）z 切入：定义沿 z 方向的切入量，其设定有以下两种选择。

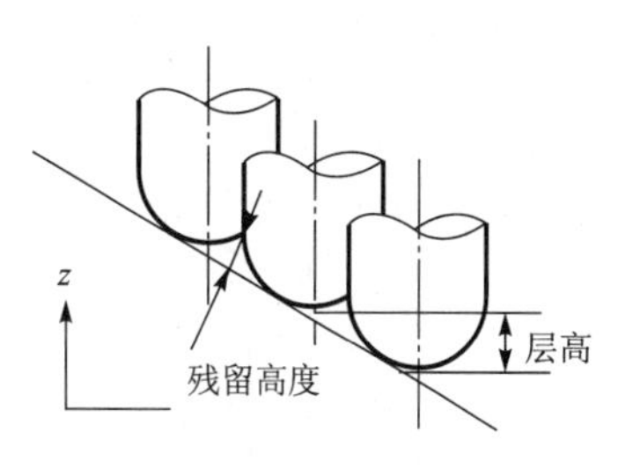

图 4－22　z 切入量

① 层高：输入沿 z 方向每次切入量的高度。倘若层高为 0，那么在加工范围内 z 值最小的位置处产生一个加工轨迹。

② 残留高度：此处为球刀铣削结果的残余量设定。当指定残留高度时，xy 方向的行距将动态显示。残留高度的含义如图 4－22 所示。

（4）拐角半径。

① 添加拐角半径：选中此复选框则在拐角处自动增加圆角。这样在高速切削时减速转向，防止拐角处的过切。其效果图如 4－23 所示。

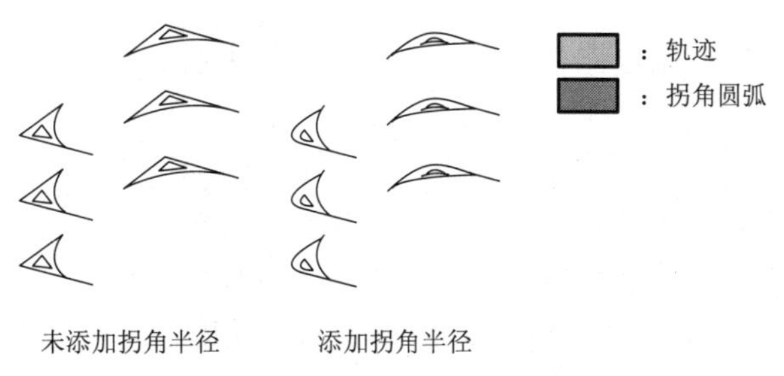

图 4－23　拐角半径

② 刀具直径百分比：指定圆角的圆弧半径相对于刀具直径的比率（%）。例如刀具直径比为 20%，如果刀具直径为 60，则圆角半径为 12。

③ 半径：指定拐角圆弧的最大半径。

（5）轮廓加工。定义轨迹生成后是否进行一次轮廓形状的加工。

执行轮廓加工：选中此复选框则在轨迹生成后，进行轮廓形状加工。如图 4－24 所示。

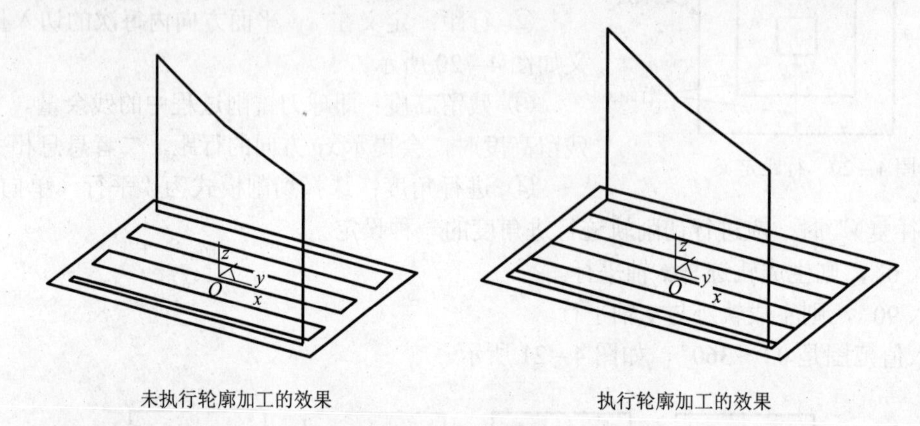

图 4－24　轮廓加工

（6）加工精度：限定加工精度和加工余量。

① 加工精度：限定轨迹生成时的加工精度，即用直线段来近似表示圆弧或样条曲线时要达到的精度。

② 加工余量：输入相对加工区域的残余量，数值可正可负。加工余量的含义如图 4－25 所示。

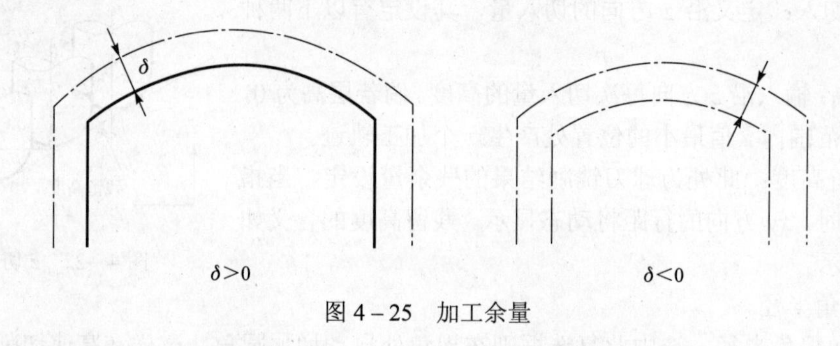

图 4－25　加工余量

（7）加工坐标系：刀具轨迹所在的局部坐标系，单击“加工坐标系”按钮，用户可以从工作区中进行拾取。

（8）起始点：刀具的初始位置和沿某一轨迹走刀结束后的停留位置。单击“起始点”按钮可以从工作区拾取。

区域式粗加工刀路生成的具体操作如下。

每种加工方式中都有“确定”“取消”“悬挂”三个按钮。

（1）首先设定各项参数，然后单击“确定”或“悬挂”按钮。

（2）状态栏提示“拾取轮廓”，可以拾取多个封闭轮廓，右击结束。也可以不拾取直接右击，此时系统把毛坯最大外轮廓作为默认轮廓。

（3）状态栏提示“拾取岛屿”，根据提示可以拾取多个封闭岛屿，右击结束拾取。也可以不拾取岛屿，直接右击结束。

（4）状态栏提示“正在计算轨迹，请稍候”，则在屏幕上出现加工轨迹，同时在轨迹特征树上出现一个新节点。

当填写参数表后，单击“悬挂”按钮则不会有计算过程，也不出现加工轨迹，仅在轨迹树上出现一个新节点，这个新节点的文件夹图标上有个黑点，意味这个轨迹还没有计算，而是在执行轨迹生成批处理命令时才开始计算。这样就可以将很多计算复杂、耗时的轨迹生成任务准备好，等到空闲的时间，如夜晚再开始计算，极大地提高了工作效率。

在此节点位置上右击，在弹出的快捷菜单中选择“轨迹重置”命令才开始计算。

注意：

（1）加工参数——环切方式中若指定的 xy 切入量超过刀具半径，便会发生切削残余。

（2）切入切出——当设定切入方式（圆弧或直线等）时，应给定下刀类型为直接。比如同时设定Z形和切入时，那么将以G00切入直接下降。

（3）下刀方式——指定切入方式为Z形或倾斜线时，系统会设定切入方式的“距离”模式为“相对”。

（4）加工边界——当加工边界互相嵌套时如图4－26所示，结果会在其各自的领域里重复生成轨迹，如图4－27所示。

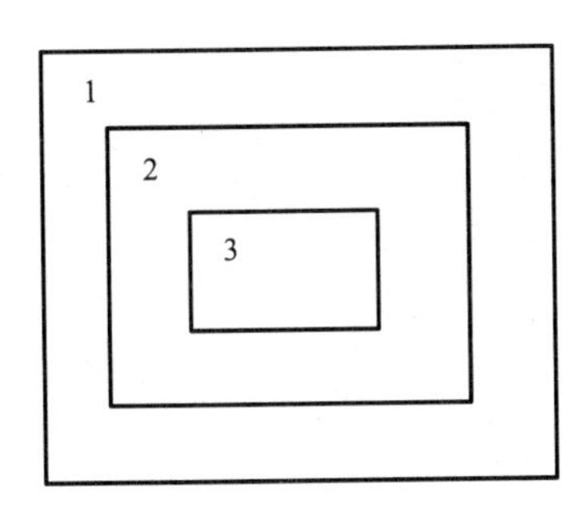

图4－26　加工边界互相嵌套

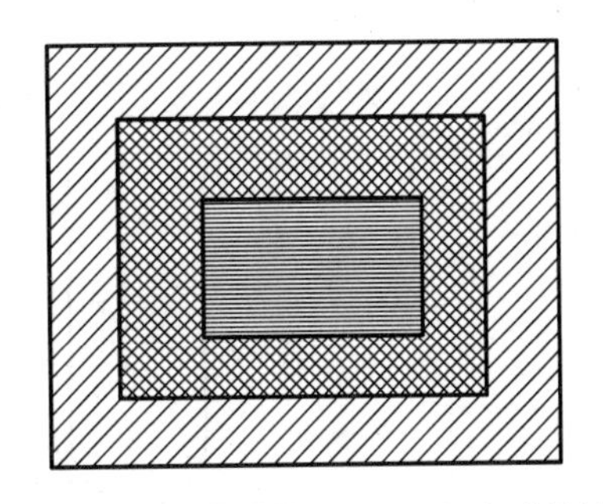

图4－27　加工边界嵌套时重复生成轨迹

2. 等高线粗加工

等高线粗加工可以大量去除毛坯材料，生成分层等高式的粗加工轨迹。

选择“加工”→“粗加工”→“等高线粗加工”命令，系统会弹出如图4－28所示的对话框，等高线粗加工的加工参数共有两组，“加工参数1”选项卡中的各选项如下。

（1）加工方向。

加工方向共有两种设定，即顺铣和逆铣。具体含义如图4－18所示。

（2）z 切入。

① 层高：z 向每相邻加工层的切削深度。

② 残留高度：系统可以根据其大小来计算 z 向层高，并且在对话框内提示。

③ 最大层间距：是指 z 向最大的切削深度。当

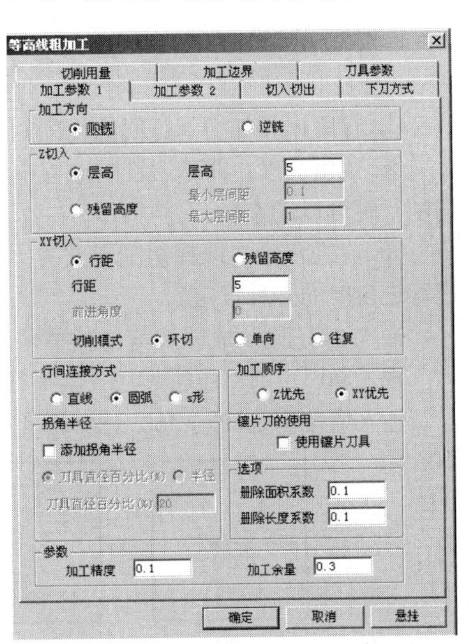

图4－28　“加工参数1”选项卡

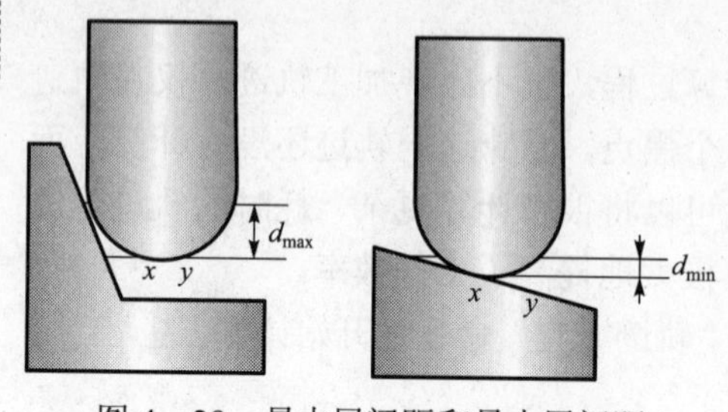

图 4－29　最大层间距和最小层间距

因残留高度而求得 z 向层高时，有可能在加工较陡斜面时层高过大，故要限制最大的层间距。

④ 最小层间距：输入 z 向最小的切削深度。同样由残留高度求得 z 向层高时，为防止在加工较陡斜面时层高过小，要限制最小的层间距。如图 4－29 所示。

（3）xy 切入。

在这里 xy 向切入量有两种设定，如图 4－30 所示。

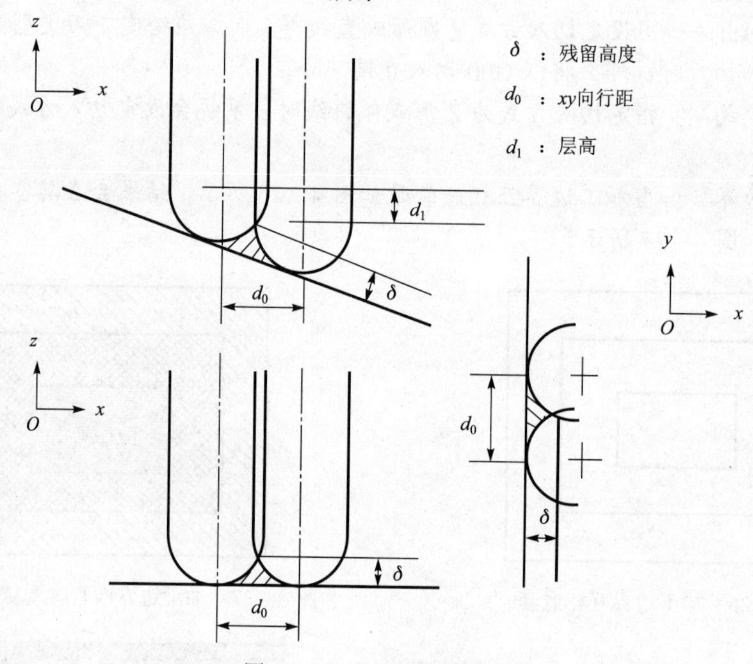

图 4－30　行距和残留高度

① 行距：相邻切削行间的切削间隔，即每行刀位之间的 xy 向距离。

② 残留高度：即球刀铣削过程中的残余量（尖端高度）。当给定残留高度时，xy 方向的切削行距可以动态显示。

③ 前进角度：选择切削模式为“平行（单向）”或“平行（往复）”时，应进行切削轨迹行进角度的一种设定。

输入 0°，则生成轨迹与 x 轴平行。

输入 90°，则生成轨迹与 y 轴平行。

输入值范围是 0°～360°，如图 4－31 所示。

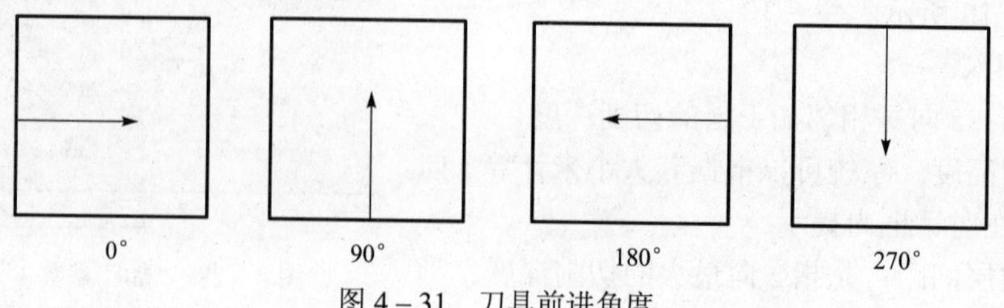

图 4－31　刀具前进角度

切削模式设定等相关内容请参考“区域式粗加工”。

（4）行间连接方式：行间连接方式有以下三种类型。如图 4－32 所示。

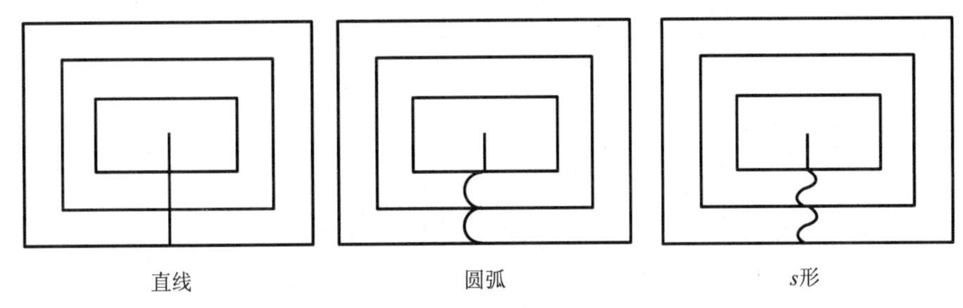

图 4－32　行间连接方式

① 直线：行间连接的刀具路径为直线状。

② 圆弧：行间连接的刀具路径为半圆状。

③ *s* 形：行间连接的刀具路径为 *s* 形状。

（5）加工顺序：加工顺序的选择有两种，*z* 优先和 *xy* 优先。如图 4－33 所示。

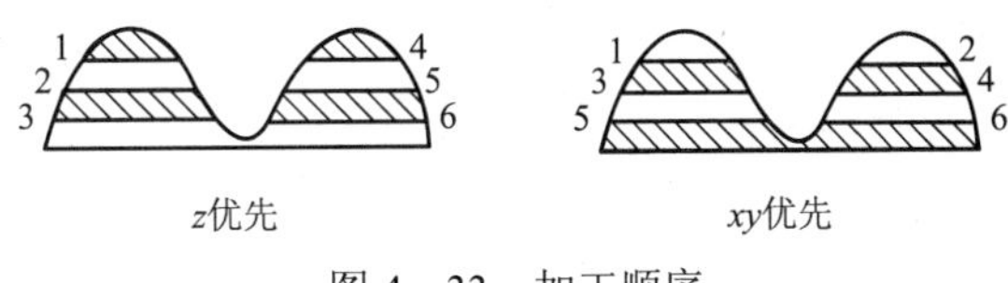

图 4－33　加工顺序

① *z* 优先：由高到低进行加工。在粗加工里对于有凸、凹槽的零件，当加工到凹形部分时，先将这一部分的深度加工完再加工其他部分。

② *xy* 优先：先加工同一平面。即对凸、凹件的粗加工，是先将这一层所有的内外形均加工完后再加工下一层。

（6）拐角半径。

拐角半径的设定和含义见“区域式粗加工”的相关内容。

（7）镶片刀的使用。

使用镶片刀具能生成最优化的精加工轨迹。由于考虑到镶片刀具的底部存在不能切割的部分，使用该项功能可以产生最合适的加工轨迹。如图 4－34 所示。

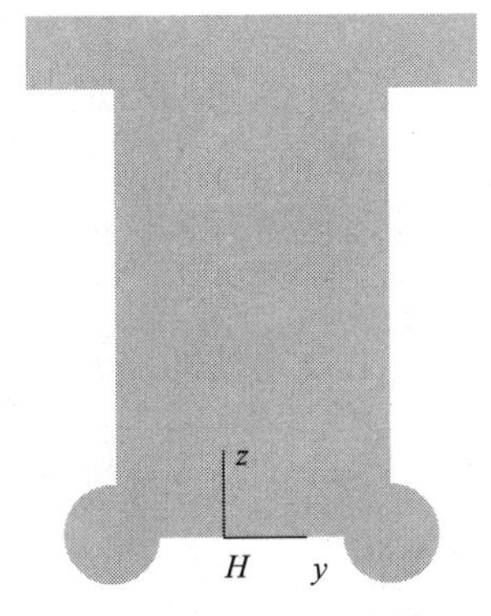

图 4－34　镶片刀的使用

（8）选项。

① 删除面积系数：用户可以基于输入的删除面积值，定义是否生成微小轨迹。当刀具截面积和等高线截面积满足下面的条件时，不生成该等高线截面的轨迹。

等高线截面面积＜刀具截面积 × 删除面积系数
（刀具截面积系数）

当要删除微小轨迹时该值较大，相反，要产生微小轨迹时应设定小一点的值。通常情况下使用初始值。

② 删除长度系数：基于输入的删除长度值，设定是否生成微小轨迹。当刀具截面积和等高线长度满足如下条件时，删除该等高线截面的轨迹。

等高截面线长度＜刀具直径 × 删除长度系数（刀具直径系数）

当要删除微小轨迹时该值取大些，相反，要产生微小轨迹时应设定小一点的值。通常情况下使用初始值。各参数意义如图 4－35 所示。

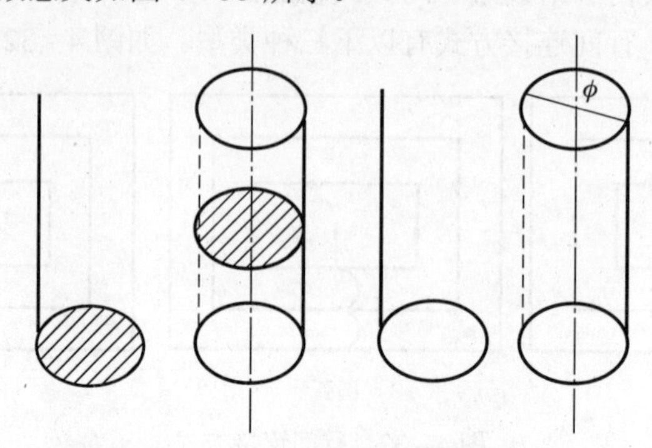

图 4－35　等高线截面和刀具截面积

（9）参数。

① 加工精度：输入模型的加工精度，系统计算模型的轨迹误差应小于此值。加工精度值越大，轨迹误差也越大，加工表面越粗糙。反之加工精度值越小，即精度要求越高，加工轨迹的误差也越小，加工表面越光滑。但此时加工轨迹段的数目大大增加，生成的 NC 数据文件也很大。如图 4－36 所示。

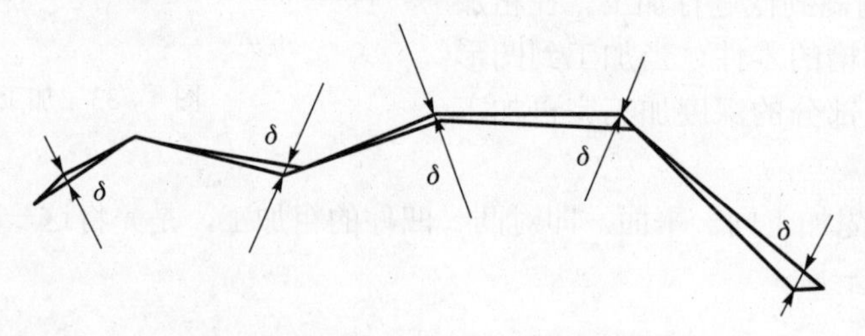

图 4－36　加工精度

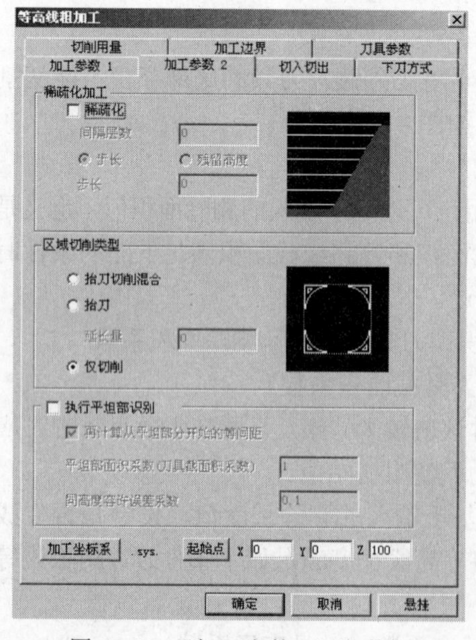

图 4－37 “加工参数 2”选项卡

② 加工余量：其相关内容见“区域式粗加工”。

加工参数 2 的有关选项如图 4－37 所示。

（1）稀疏化加工。

针对粗加工后的残余部分，使用同一把刀具产生从下向上的加工轨迹路径。

① 稀疏化：选中此复选框才有本栏内其他参数的输入。

② 间隔层数：由下向上设定被间隔的层数。

③ 步长：对于粗加工后阶梯形状的残余量，给定 *xy* 方向上的切削量。

④ 残留高度：即球刀铣削过程中的残余量。当给定残留高度时，*xy* 方向的步长量可以自动显示。如图 4－38 所示。

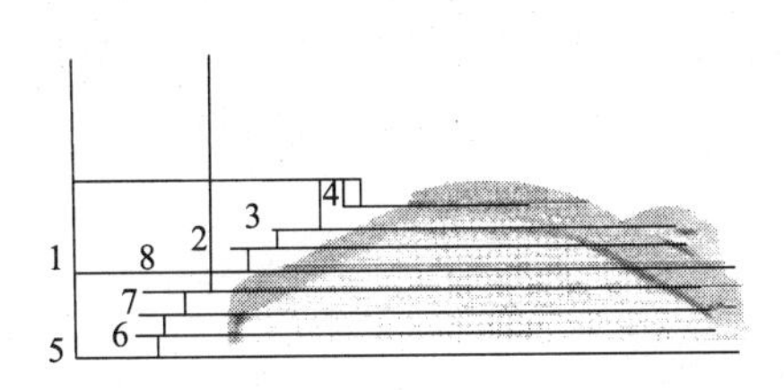

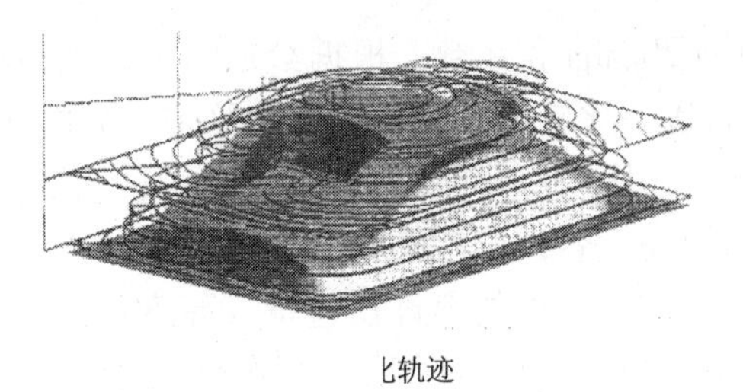

图 4－38　稀疏化加工轨迹

（2）区域切削类型。

在加工边界上重复刀具路径的切削类型有下面三种选择，如图 4－39 所示。

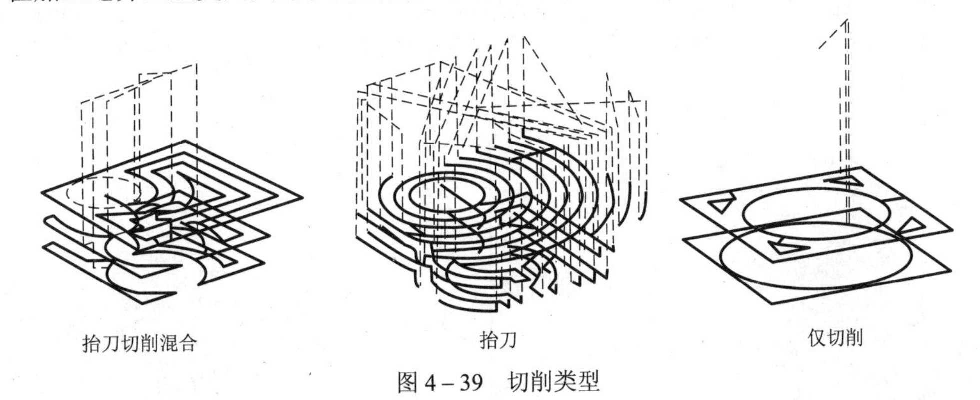

图 4－39　切削类型

① 抬刀切削混合：当加工对象范围中没有开放形状时，在加工边界上以切削移动进行加工。有开放形状时，回避全部的段。

切入量＜刀具半径/2 时，延长量＝刀具半径＋行距；

切入量＜刀具半径/2 时，延长量＝刀具半径＋刀具半径/2。

② 抬刀：刀具移动到加工边界上时，快速向上移动到安全高度，再快速移动到下一个未切削的部分（刀具向下移动位置为“延长量”远离的位置）。

③ 仅切削：在加工边界上用切削速度进行加工。

（3）执行平坦部识别

执行平坦部识别指系统自动识别加工模型的平坦区域，选择是否根据该区域所在高度生成轨迹。

① 再计算从平坦部分开始的等间距：设定是否根据平坦部区域所在高度重新度量 z 向层高而产生轨迹；选择不再计算时，在 z 向层高的路径间插入平坦部分的轨迹如图 4－40 所示。

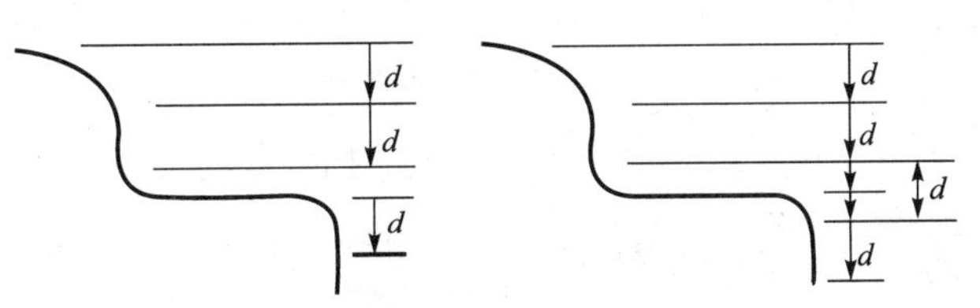

图 4－40　自动识别模型的平坦区域

② 平坦部面积系数：根据给定的平坦部面积系数（刀具截面积系数），设定是否在平坦部生成轨迹。比较刀具的截面积和平坦部分的面积，满足如下条件则产生平坦部轨迹。

平坦部分面积＞刀具截面积×平坦部面积系数（刀具截面积系数）

③ 同高度容许误差系数满足如下条件。

z 向同高度的容许误差量（高度量）＝z 向层高×z 向同高度容许误差系数

平坦部分和刀具截面含义如图 4－41 所示。

加工坐标系和起始点参见“区域式粗加工”的相关内容。

下面介绍使用等高线粗加工的技巧。

（1）粗加工最好用端面立铣刀。若用球刀，第一刀的吃刀量很大，不利于切削。

（2）粗加工最好用往复切削方式。往复切削效果好，且空刀时候少。往复切削的行距可以达到刀具直径的 70%，而环切则达不到。如图 4－42 所示为等高线粗加工轨迹。

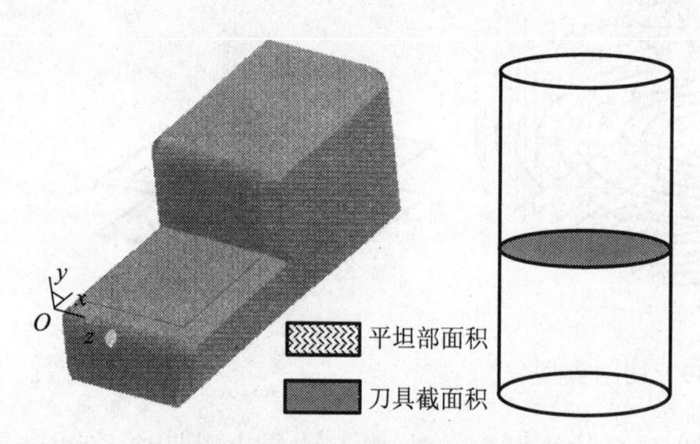

图 4－41　平坦部分和刀具截面

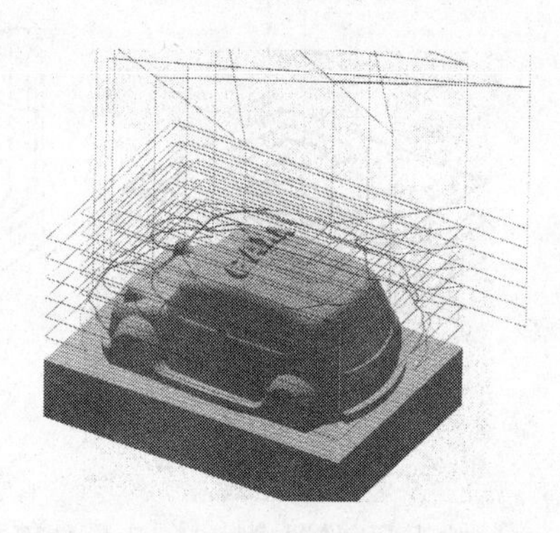
图 4－42　等高线粗加工刀具轨迹

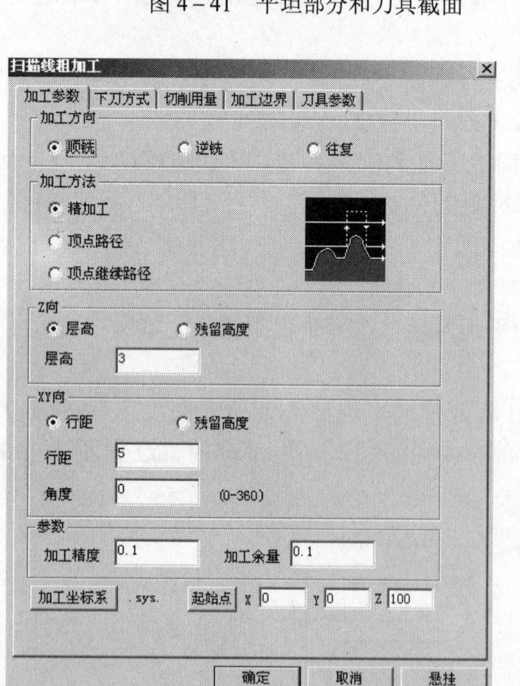

图 4－43　“扫描线粗加工”对话框

注意：

（1）加工参数——加工边界不能被指定的行距（残留高度指定亦然）整除时，会产生切削残余。

（2）切入切出——采用 3D 圆弧方式时，实现圆弧插补的必要条件为：加工方向往复，行间连接方式投影，最大投影距离≥行距（xy 向）。

（3）下刀方式——指定切入方式为 Z 形或倾斜线时，系统会设定切入方式的“距离”模式为“相对”。当指定 3D 圆弧切入切出方式的前提下，再设切入方式为 Z 形或倾斜线时无效，系统会自动恢复切入方式为垂直。加工边界内容详见“扫描线粗加工”相关内容。

3. 扫描线粗加工

选择“加工”→“粗加工”→“扫描线粗加工”命令，系统会弹出如图 4－43 所示的对话框，扫描线粗加工相关参数如下。

扫描线粗加工的加工的方法有以下三种，如图 4－44 所示。

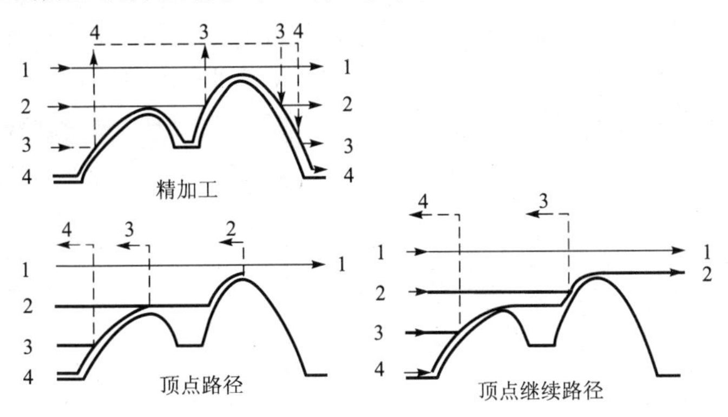

图 4－44　加工方法

（1）精加工：产生的路径是沿着模型表面进给的精加工轨迹。

（2）顶点路径：其刀具路径是遇到第一个顶点则快速抬刀至安全高度的加工轨迹。

（3）顶点继续路径：在已完成的加工轨迹中，生成含有最高顶点的加工轨迹。即到达顶点后继续走刀，直到上一加工层路径位置后快速抬刀至回避高度的加工轨迹。

扫描线粗加工其他各选项的设定请参照“等高线粗加工”中的相应内容。

注意：

（1）下刀方式——指定切入方式为 Z 形或倾斜线时，系统会默认“距离”模式为“相对”。

（2）加工边界——加工边界互相嵌套时见图 4－45，结果如图 4－46 所示。即避开区域 2 只在区域 1 和区域 3 里产生轨迹。

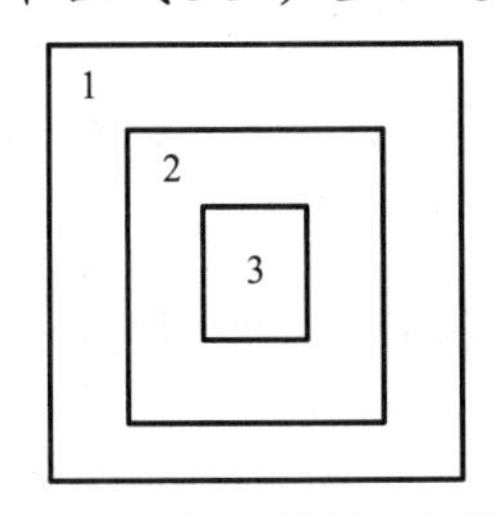

图 4－45　加工边界互相嵌套

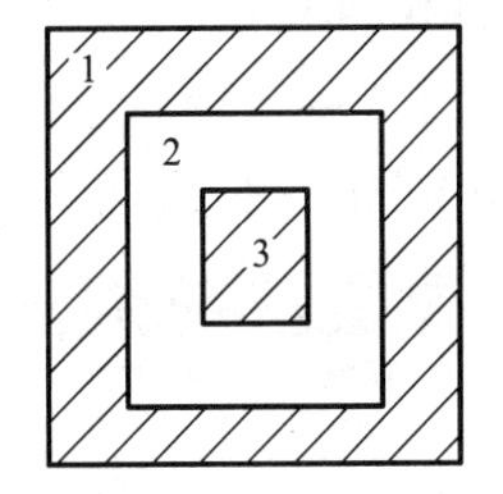

图 4－46　加工边界互相嵌套的结果

当加工边界在 *xy* 向嵌套时，刀具相对于边界的位置模式。

当刀具在边界外侧时结果如图 4－47 所示，刀具在边界内侧时结果如图 4－48 所示。

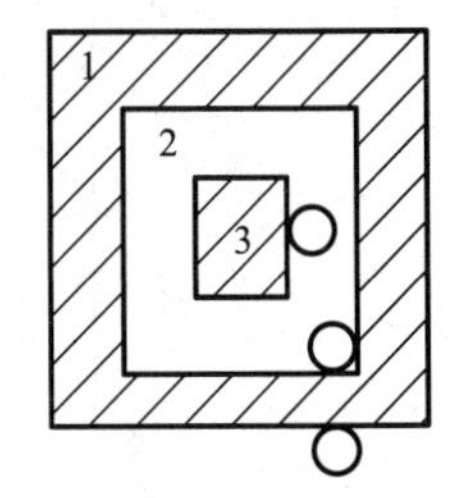

图 4－47　刀具在边界外侧

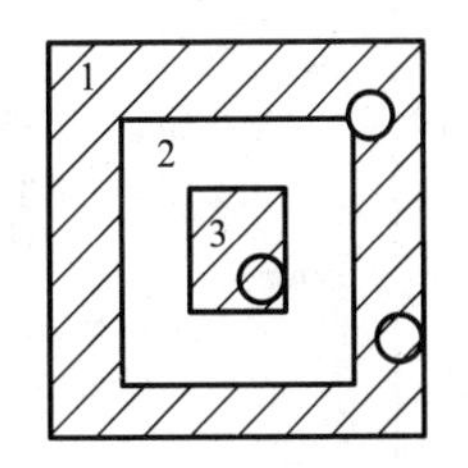

图 4－48　刀具在边界内侧

4. 参数线精加工

选择“加工”→“精加工”→“参数线精加工”命令，系统会弹出如图 4－49 所示的对话框。

除诸多通用选项设定大同小异，精加工较粗加工更为详尽地给出了公共参数选项。在加工坐标系、起始高度上都要求明确输入关键点的位置，如图 4－50 所示。

图 4－49 “参数线精加工”对话框

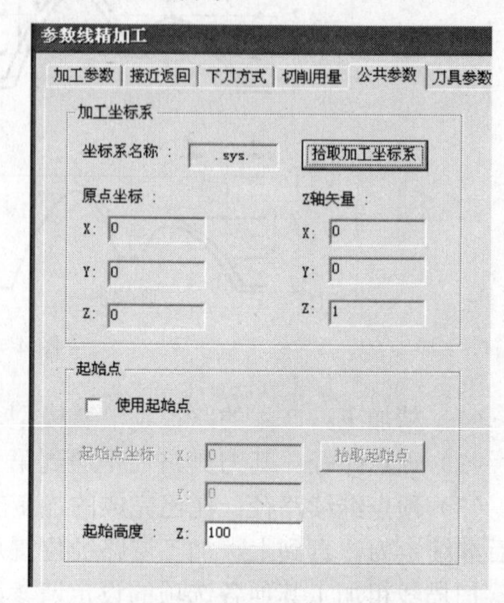

图 4－50 精加工公共选项

在操作参数线精加工刀具路径生成过程中，进刀始点位置选择，是否切换切削方向等要步步谨慎，依次完成，具体使用详见可乐瓶底综合加工实例。

5. 扫描线精加工

选择“加工”→“精加工”→“扫描线精加工”命令，系统会弹出如图 4－51 所示的对话框，扫描线精加工相关参数如下。

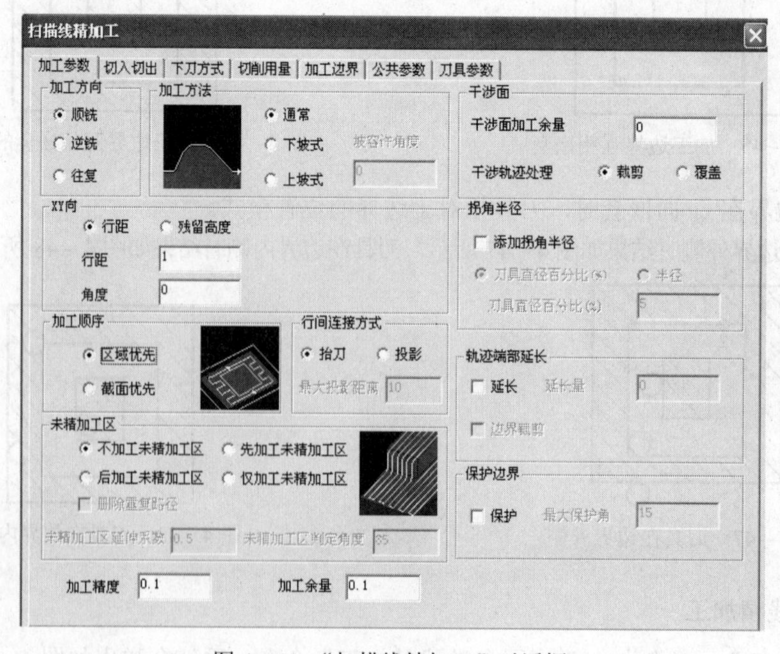

图 4－51 “扫描线精加工”对话框

任务一 凸轮的设计造型与加工

【目的要求】学习公式曲线设计及凸轮粗、精加工的工艺过程设计。
【教学重点】公式曲线设计与编辑；等高线粗加工、平面轮廓精加工的刀路生成。
【教学难点】工艺过程设计中各项参数的评定。

一、凸轮的实体造型

造型思路：根据图 4－52 所示的实体图形，能够看出凸轮的外轮廓是边界线是一条凸轮曲线，可通过“公式曲线”功能绘制，中间是一个键槽。此造型整体是一个柱状体，所以通过拉伸功能可以造型，然后利用圆角过渡功能过渡相关边即可。

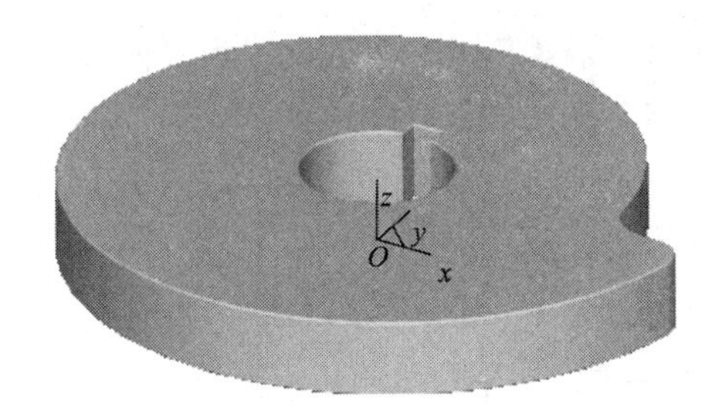

凸轮造型

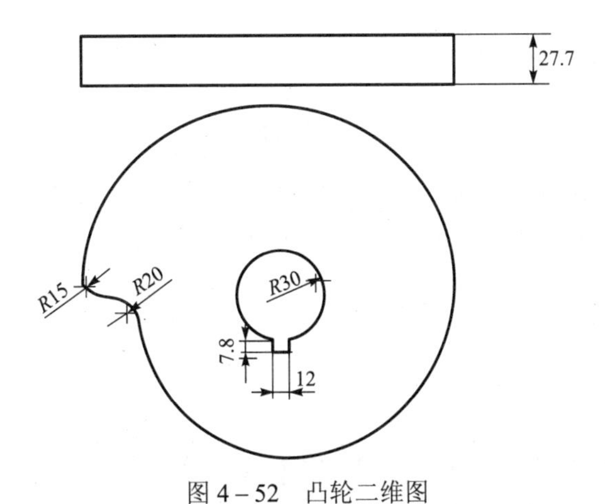

图 4－52　凸轮二维图

1. 绘制草图

（1）选择菜单“文件”→“新建”命令或者单击“标准工具栏”上的图标，新建一个文件。

（2）按 F5 键，在 xOy 平面内绘图。选择菜单“造型”→“曲线生成”→“公式曲线”命令或者选择曲线生成栏中的公式曲线工具，弹出如图 4－53 所示的对话框，选中“极坐标系”单选按钮，设置参数如图 4－53 所示。

（3）单击“确定”按钮，此时公式曲线图形跟随鼠标，定位曲线中心到原点如图 4－54 所示。

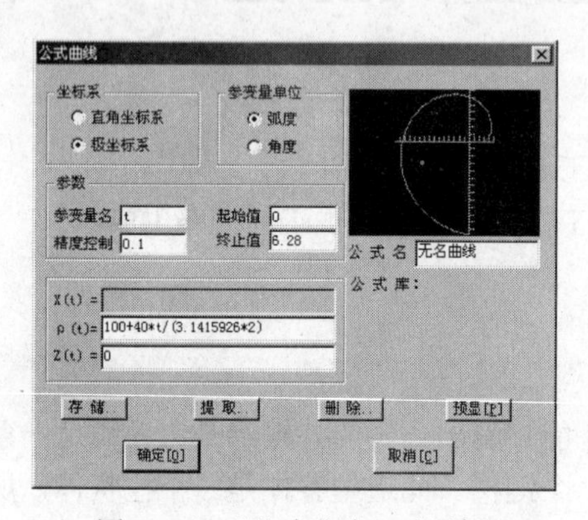

图 4－53 “公式曲线”对话框

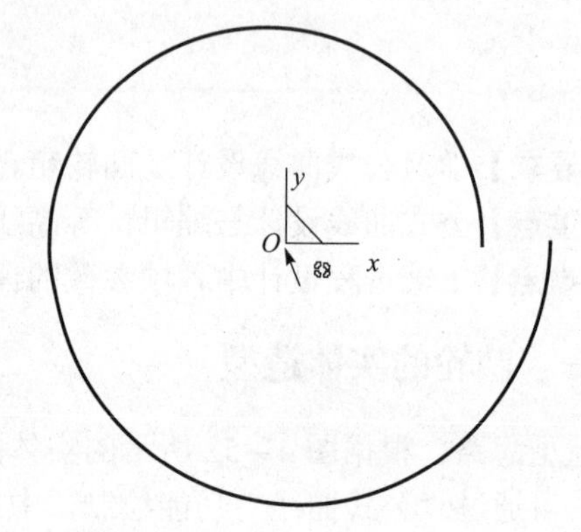

图 4－54 定位曲线到原点

（4）选择曲线生成栏中的直线工具，将其设置为“两点线”“连续”“非正交”，如图 4－55 所示。将公式曲线的两个端点连接，如图 4－55 所示。

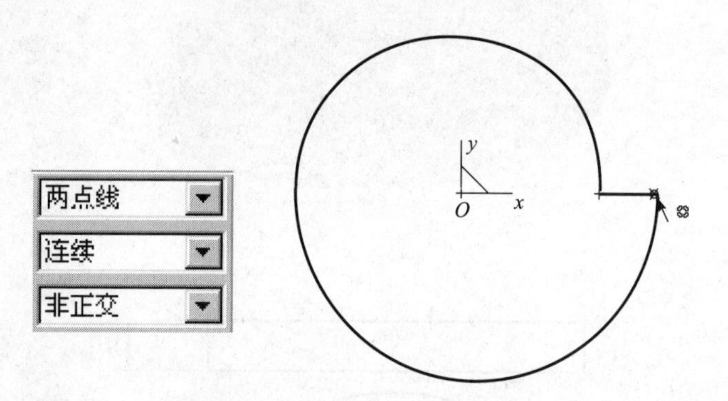

图 4－55 将公式曲线的两个端点连接

（5）选择曲线生成栏中的整圆工具，然后在原点处单击，按回车键，弹出输入半径文本框，设置半径为 30，然后按回车键。画圆如图 4－56 所示。

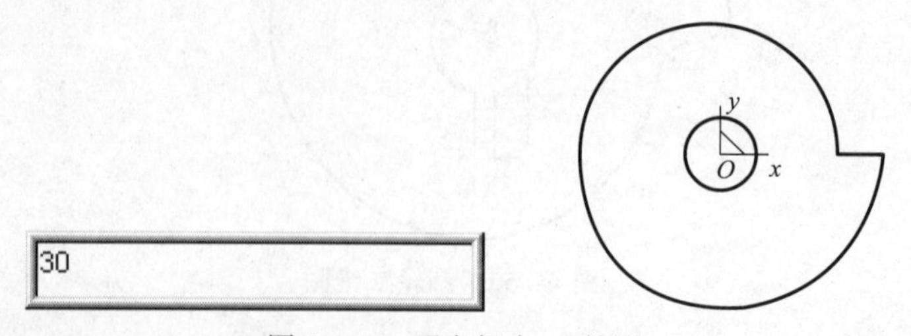

图 4－56 画半径为 30 的圆

（6）选择曲线生成栏中的直线工具，将其设置为“两点线”、“连续”、“正交”、“长度方式”并设置“长度”为 12，按回车键，如图 4－57 所示。

（7）选择原点，并在其右侧单击，长度为 12 的直线显示在工作环境中，如图 4－58 所示。

图 4－57　直线参数设置

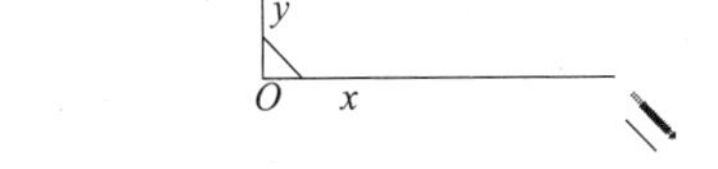

图 4－58　长度为 12 的直线

（8）选择几何变换栏中的平移工具，设置平移参数如图 4－59 所示。选中之前绘制的直线，右击，选中的直线移动到指定的位置。

（9）选择曲线生成栏中的直线工具，将其设置为“两点线”、“连续”、“正交”、“点方式”，如图 4－60 所示。

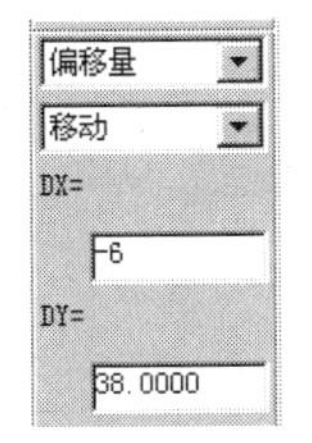

图 4－59　平移参数设置

图 4－60　设置直线

（10）选择被移动的直线的一个端点，在圆的下方单击，然后右击确定，如图 4－61 所示。

注意：直线要与圆相交。

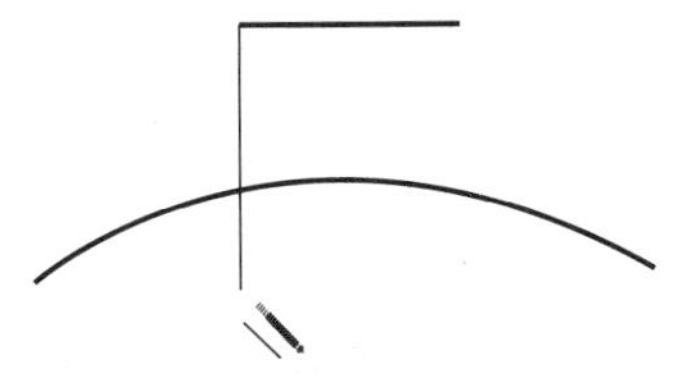

图 4－61　在图的下方右击

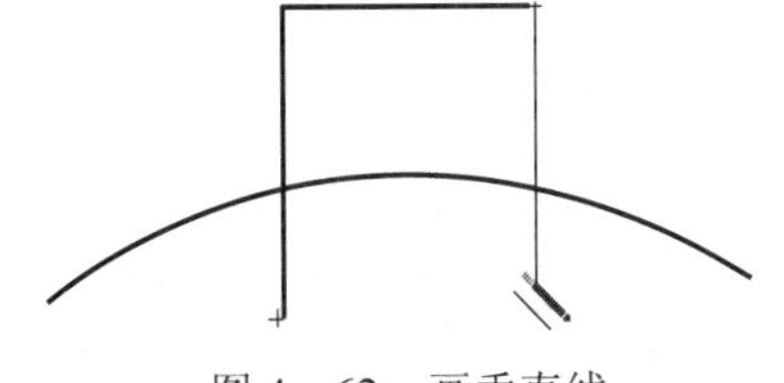

图 4－62　画垂直线

（11）通过上步操作，在水平直线的另一个端点，画垂直线。如图 4－62 所示。

（12）选择曲线裁剪工具，参数设置如图 4－63 所示。单击想要裁剪的曲线，修剪草图如图 4－64 所示。

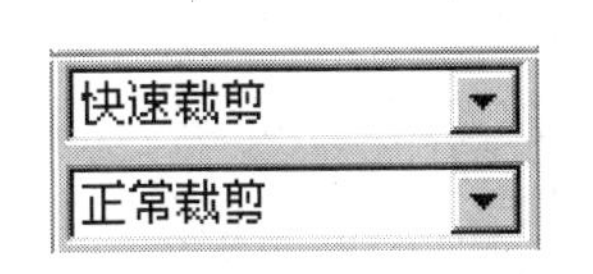

图 4－63　“曲线裁剪”工具参数设置

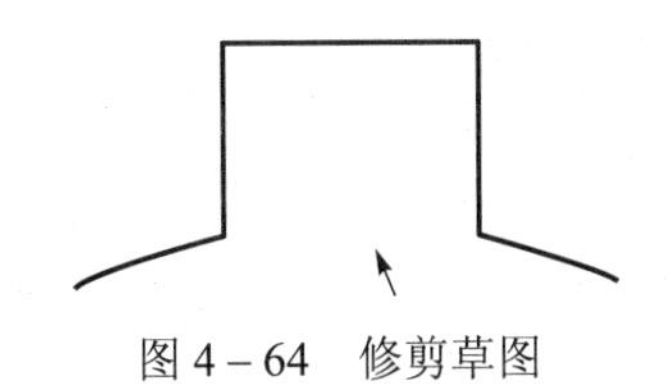

图 4－64　修剪草图

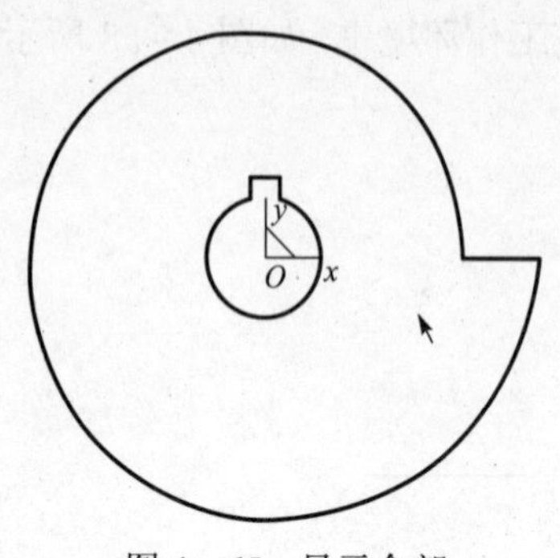

图 4－65　显示全部

（13）选择显示全部工具，绘制的图形如图 4－65 所示。

（14）选择曲线过渡工具，参数设置如图 4－66 所示，单击如图 4－67 所示鼠标处两侧的两条曲线，过渡如图 4－67 所示。然后将圆弧过渡的半径值修改为 15，如图 4－68 所示，单击如图 4－69 所示鼠标处两侧的两条曲线，过渡如图 4－69 所示。

（15）选择特征树中的“平面 XY”选项◆平面XY，选择绘制草图工具，进入草图绘制状态，选择曲线投影工具，选择图 4－69 所示绘制的图形，把图形投影到草图上。

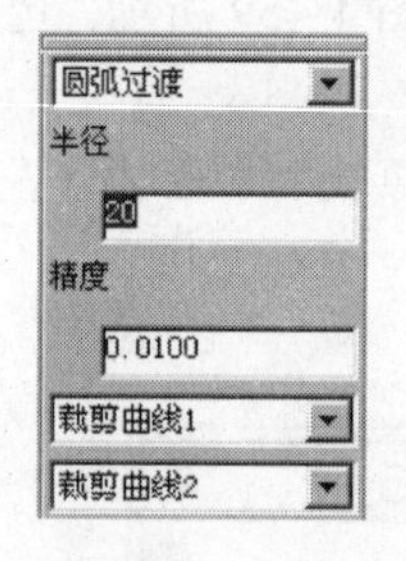

图 4－66 “曲线过渡”工具参数设置

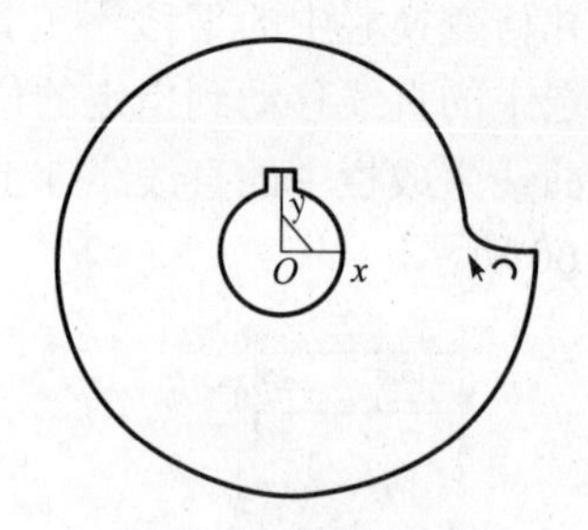

图 4－67　过渡

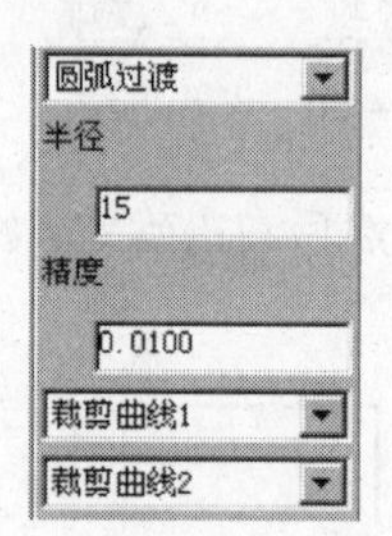

图 4－68　圆弧过渡

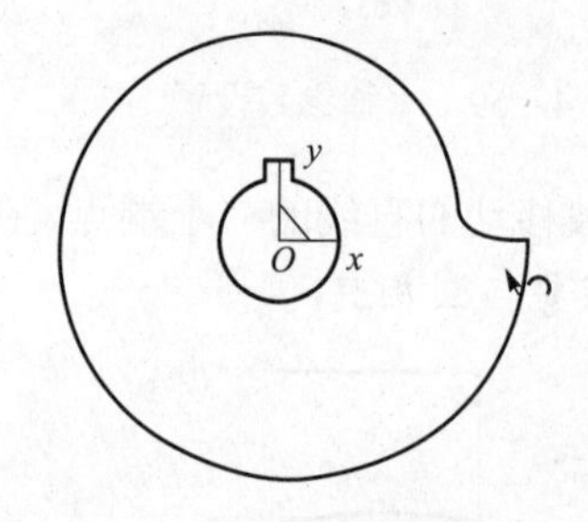

图 4－69　过渡

（16）选择检查草图环是否闭合工具，检查草图是否闭合，如果不闭合，则继续修改；如果闭合，则将弹出如图 4－70 所示的对话框。

图 4－70　草图不存在开口环

（17）再次选择绘制草图工具，退出草图绘制。

2. 实体造型

（1）拉伸增料。选择拉伸增料工具，在弹出的“拉伸”对话框中设置参数，如图 4－71 所示。

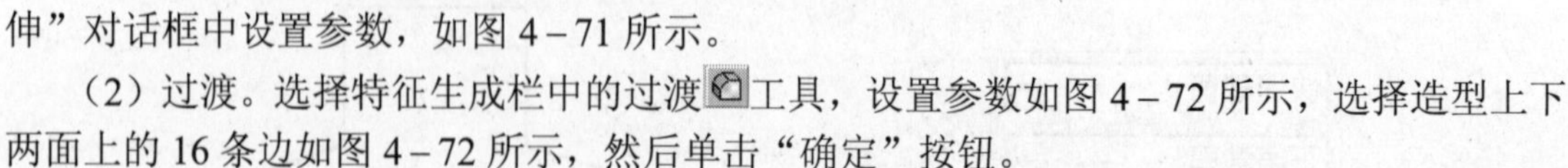

（2）过渡。选择特征生成栏中的过渡工具，设置参数如图 4－72 所示，选择造型上下两面上的 16 条边如图 4－72 所示，然后单击“确定”按钮。

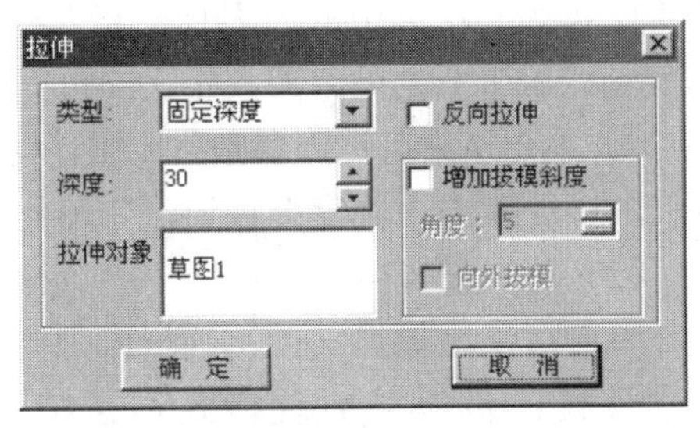

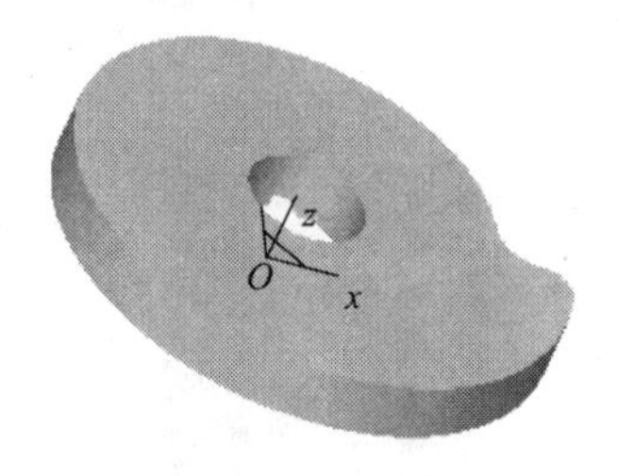

图 4－71　拉伸增料

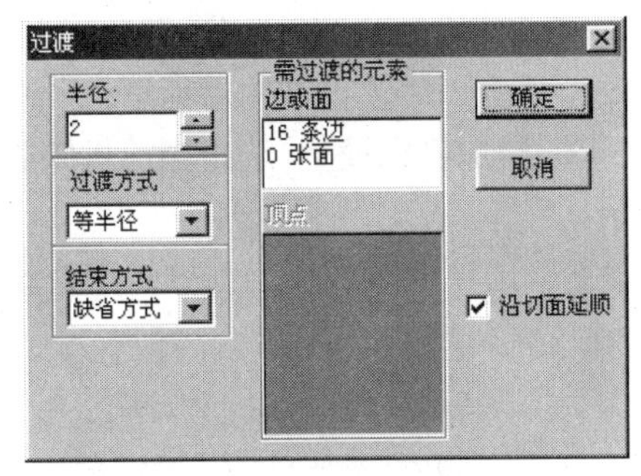

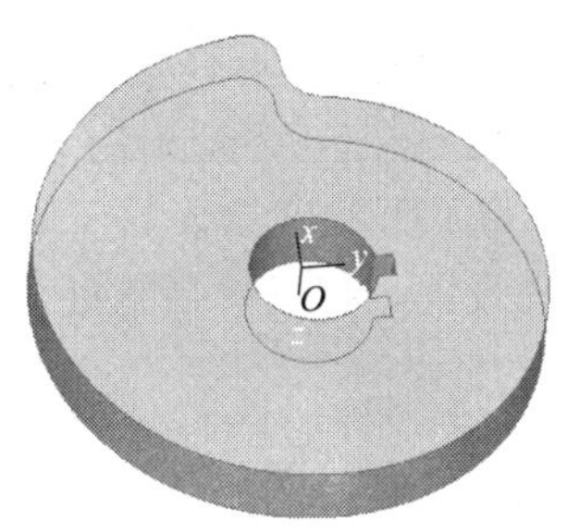

图 4－72　过渡

二、凸轮仿真加工

加工思路：平面区域粗加工→轮廓线精加工。

因为凸轮的整体形状就是一个轮廓，所以粗加工采用平面区域方式，精加工采用轮廓线加工；另外粗、精加工也可以都采用轮廓线精加工方式。注意在加工之前应该将凸轮的公式曲线生成的样条轮廓转为圆弧，这样加工生成的代码可以走圆弧插补，从而使生成的代码最短，加工的效果最好。

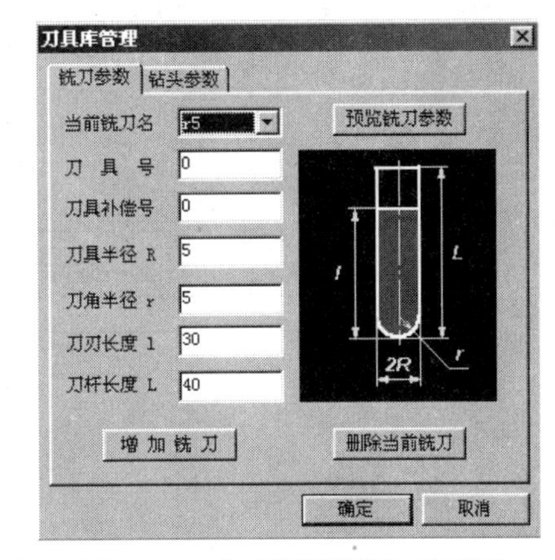

图 4－73　“刀具库管理”对话框

1. 加工前的准备工作

（1）设定加工刀具

① 打开特征树栏中的“加工管理”选项卡，双击“刀具库”选项，弹出如图 4－73 所示的“刀具库管理”对话框。

② 增加铣刀。单击“增加铣刀”按钮，在弹出的“增加铣刀”对话框中输入铣刀名称 D20，增加一个加工需要的平刀，如图 4－74 所示。

图 4－74　“增加铣刀”对话框

一般都是以铣刀的直径和刀角半径来表示，刀具名称尽量和工厂中用刀的习惯一致。刀具名称一般表示形式为“D10，r3”，D 代表刀具直径，r 代表刀角半径。

③ 设定增加的铣刀的参数。如图 4－75 所示，在“刀具库管理”对话框中输入正确的数值，刀角半径 r 为 0，刀

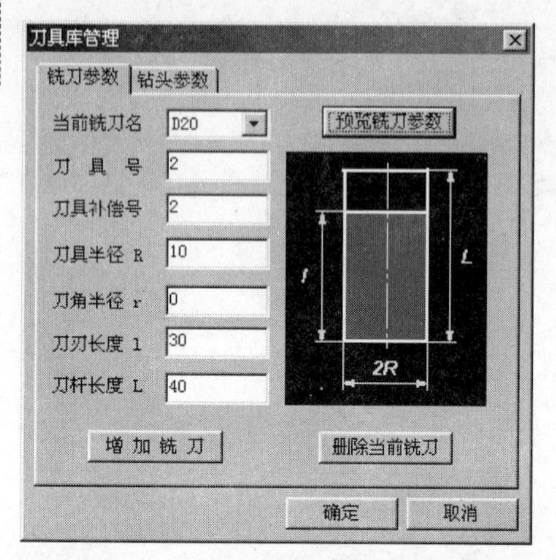

图 4 – 75　设定增加的铣刀的参数

具半径 R 为 10，其中的刀刃长度和刃杆长度与仿真有关而与实际加工无关，刀具定义即可完成。

④ 单击“预览铣刀参数”按钮，观看增加的铣刀参数，然后单击“确定”按钮，如图 4 – 75。

（2）后置设置

用户可以增加当前使用的机床，给出机床名，定义适合自己机床的后置格式。系统默认的格式为 FANUC 系统的格式。

① 选择“加工”→“后置处理”→“后置设置”命令，弹出“后置设置”对话框。

② 增加机床设置。选择当前机床类型，如图 4 – 76 所示。

③ 后置处理设置。打开“后置处理设置”选项卡，根据当前的机床，设置各参数，如图 4 – 77 所示。

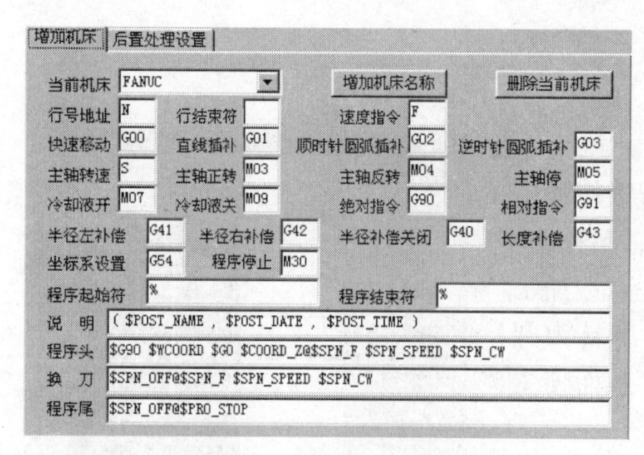

图 4 – 76　增加机床设置

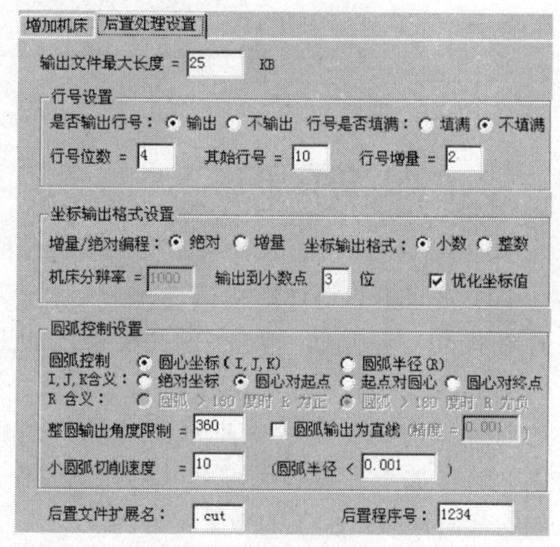

图 4 – 77　后置处理设置

2. 设定加工范围

此例的加工范围直接拾取凸轮造型上的轮廓线即可，如图 4 – 78 所示。

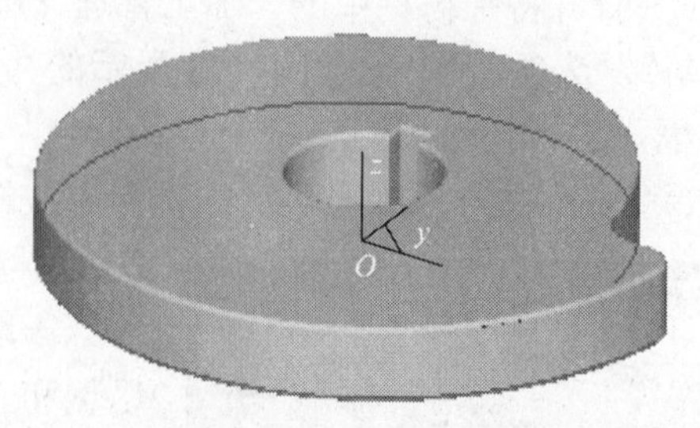

图 4 – 78　设定加工范围

3. 平面区域粗加工

选择“加工”→“粗加工”→“平面区域粗加工”命令，弹出“平面区域粗加工”对话框。

（1）在“加工参数”选项卡中参考表 4 – 1 设置各选项参数。

表 4 – 1　平面区域粗加工参数表

加　工　参　数		切　削　用　量	
走刀方式	环切加工：由外向里	主轴转速	2 000
拐角过渡方式	尖角	慢速下刀速度	100
拔模基准	底层为基准	切入切出速度	600
顶层高度	30	切削速度	800
底层高度	0	退刀速度	100
每层下降高度	5	下刀方式	
行距	5	安全高度	60
轮廓参数	余量：0，斜度：0	慢速下刀距离	10
加工余量	0.3	退刀距离	10
加工精度	0.001	切入距离	垂直
岛参数	余量：0.3，斜度：0	距离	0
毛坯类型	短棒料	刀具参数	
零件类型	轮廓形实体	刀具名	D10 平刀
起始点坐标	X0，Y0，Z100	刀具半径	5
其他参数	不设定	刀角半径	0

（2）状态栏提示“拾取轮廓”，点选凸轮外轮廓线（外轮廓线为凸轮底部的轮廓线向外等距 10 所得到的曲线），状态栏提示“确定链搜索方向”，选择任意箭头方向；当提示“拾取岛屿”时，点选凸轮的轮廓线并确定搜索方向，右键确认生成加工轨迹如图 4 – 79 所示。

（3）当状态栏提示“拾取轮廓和加工方向”时，用鼠标拾取造型的外轮廓如图 4 – 80 所示。选择箭头如图 4 – 81 所示。

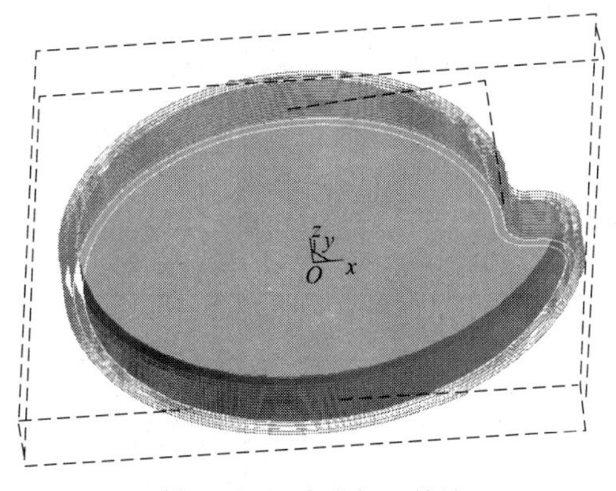

图 4 – 79　生成加工轨迹

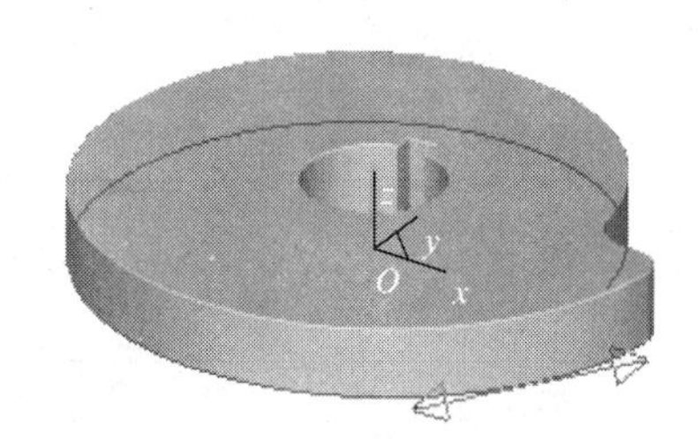

图 4 – 80　拾取轮廓和加工方向

（4）右键确认，在工作环境中生成加工轨迹，如图 4 – 82 所示。

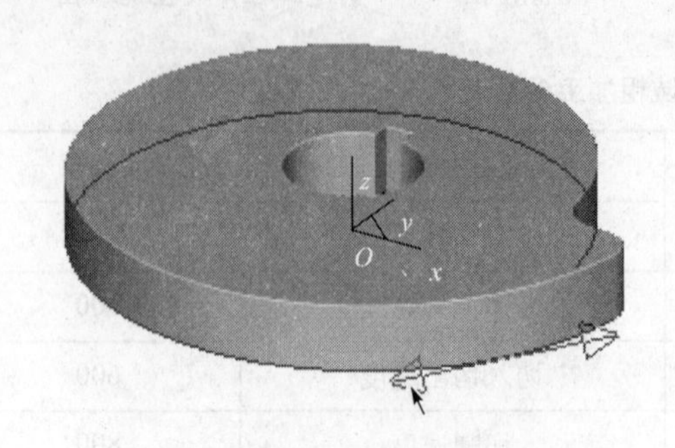

图 4－81　确定链搜索方向

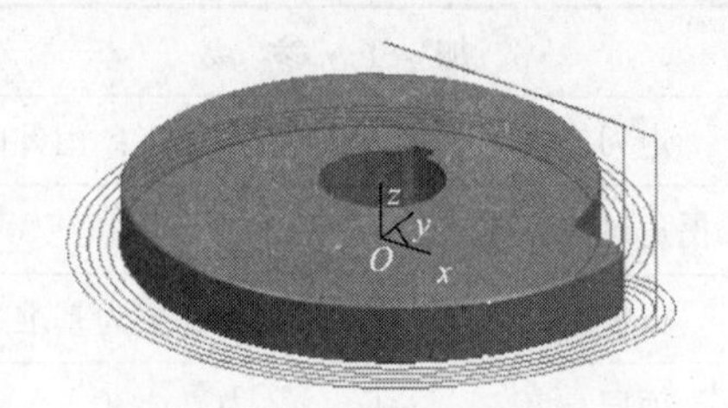

图 4－82　生成加工轨迹

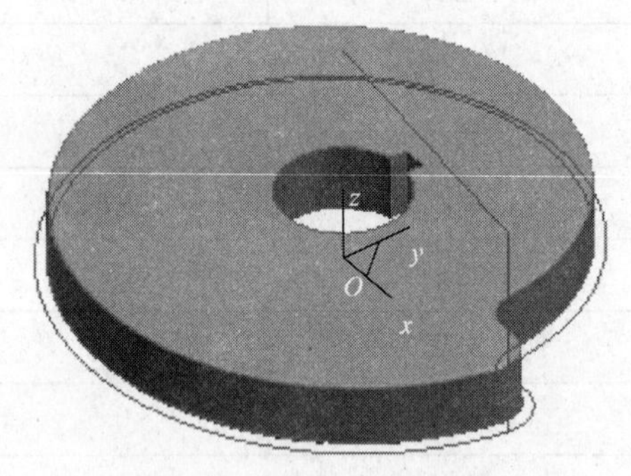

图 4－83　查看轮廓线精加工轨迹

4. 轮廓线精加工

（1）首先把粗加工的刀具轨迹隐藏掉。选择“加工”→“精加工”→“轮廓线精加工”命令，弹出“轮廓线精加工”“对话框”，在“加工参数”选项卡中参考表 4－2 设置各项参数，然后单击“确定”按钮。

（2）其他参数同粗加工的设置一样，查看轮廓线精加工轨迹如图 4－83 所示。

表 4－2　轮廓线精加工参数表

加工参数		下刀方式	
偏移类型	偏移	安全高度	50
偏移方向	左	慢速下刀距离	10
行距	5	退刀距离	10
刀次	1	切入方式	垂直
行间连接方式	直线	距离	0
加工顺序	Z 优先	切削用量	
层高	5	主轴转速	2 500
偏移插补方式	圆弧插补	慢速下刀速度	100
加工精度	0.01	切入切出连接速度	800
加工余量	0	切削速度	800
起始点	X0Y0Z100	退刀速度	100
毛坯类型	棒料	刀具参数	
零件类型	轮廓形实体	刀具名	D10
其他参数	不设定	刀具半径	5
		刀角半径	0

5. 刀具轨迹仿真

（1）首先把隐藏掉的各种加工轨迹设为可见。

（2）选择“加工”→“轨迹仿真”命令。

（3）状态栏提示“拾取刀具轨迹”，拾取生成的粗加工和精加工轨迹，右击，轨迹仿真过程如图 4－84 所示。

6. 生成 G 代码

（1）选择“加工”→“后置处理”→“生成 G 代码”命令，弹出“选择后置文件”对话框。选择保存代码的路径并设置代码文件的名称，然后单击“保存”按钮，如图 4－85 所示。

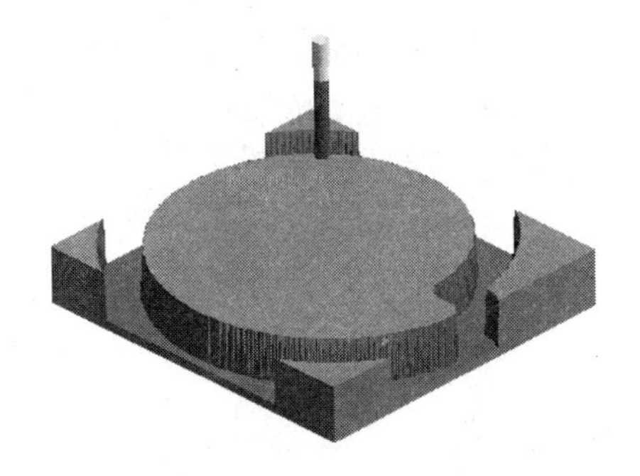

图 4－84　拾取刀具轨迹仿真过程

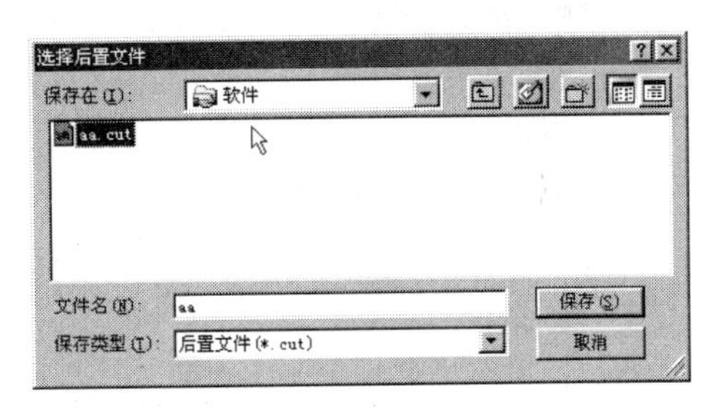

图 4－85　“选择后置文件”对话框

（2）状态栏提示“拾取刀具轨迹”，选择以上生成的粗加工和精加工轨迹，右击，弹出记事本文件，内容为生成的 G 代码，如图 4－86 所示。

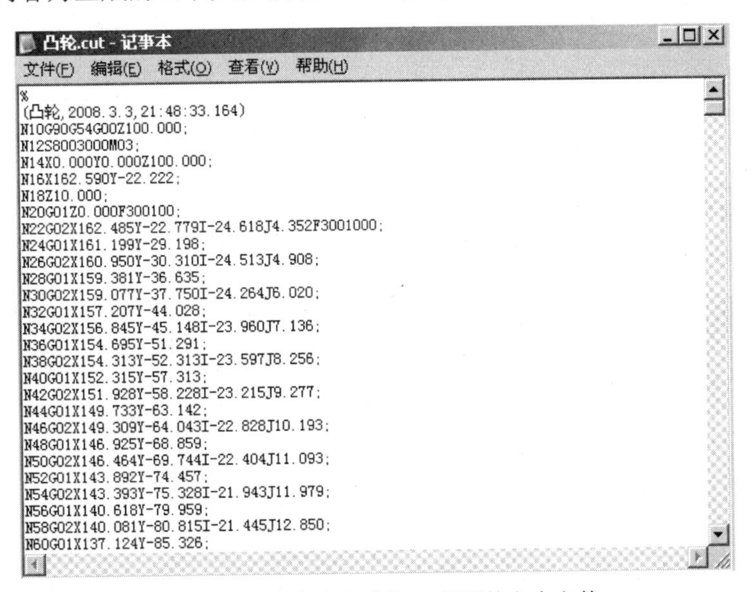

图 4－86　内容为生成的 G 代码的文本文件

7. 生成加工工艺清单

（1）选择“加工”→“工艺清单”命令，弹出“工艺清单”对话框，输入相关设计信息，

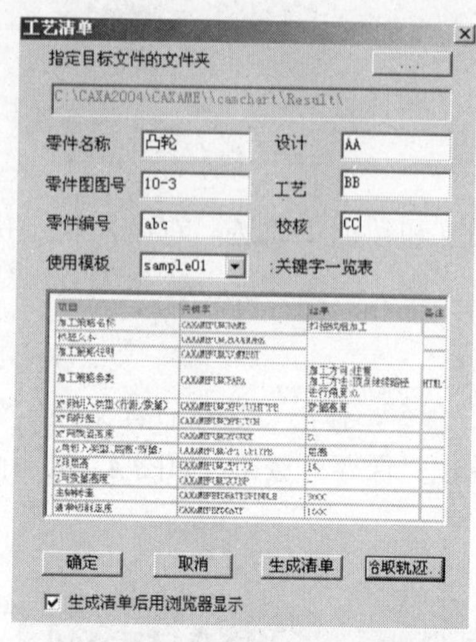

图 4－87 “工艺清单”对话框

如图 4－87 所示。

（2）拾取加工轨迹，选中全部刀具轨迹，右击确认，立即生成加工工艺清单。生成结果如图 4－88 所示。

至此，凸轮的造型、生成加工轨迹、加工轨迹仿真检查、生成 G 代码程序，生成加工工艺清单的工作已经全部做完，可以把加工工艺清单和 G 代码程序通过工厂的局域网送到车间去了。车间在加工之前还可以通过 CAXA 制造工程师软件中的校核 G 代码功能，再看一下加工代码的轨迹形状，做到加工之前心中有数。把工件打表找正，按加工工艺清单的要求找好工件零点，再按工艺清单中的要求装好刀具找好刀具的 z 轴零点，就可以开始加工了。

工艺清单输出结果

- general.html
- function.html
- tool.html
- path.html
- ncdata.html

关键字(模型、毛坯、机床、其他)

general.html

项目	关键字	结果	备注
零件名称	CAXAMEDETAILPARTNAME	凸轮	
零件图图号	CAXAMEDETAILPARTID	abc	
零件编号	CAXAMEDETAILDRAWINGID	10-3	
生成日期	CAXAMEDETAILDATE	2008.3.3	
设计人员	CAXAMEDETAILDESIGNER	AA	
工艺人员	CAXAMEDETAILPROCESSMAN	BB	
校核人员	CAXAMEDETAILCHECKMAN	CC	
机床名称	CAXAMEMACHINENAME	fanuc	
刀具起始点X	CAXAMEMACHHOMEPOSX	0.	
刀具起始点Y	CAXAMEMACHHOMEPOSY	0.	
刀具起始点Z	CAXAMEMACHHOMEPOSZ	100.	

图 4－88 生成工艺清单

模型示意图	CAXAMEMODELIMG		HTML代码
模型框最大	CAXAMEMODELBOXMAX	(146.,118.2,36.02)	
模型框最小	CAXAMEMODELBOXMIN	(-127.7,-137.4,-6.013)	
模型框长度	CAXAMEMODELBOXSIZEX	273.6	
模型框宽度	CAXAMEMODELBOXSIZEY	255.6	

图 4-88　生成工艺清单（续）

任务二 飞机模型的仿真加工

【目的要求】 学习等高线粗加工、三维偏置精加工、笔式清根补加工的工艺过程设计。
【教学重点】 三维偏置精加工、笔式清根补加工的刀具路径生成。
【教学难点】 综合运用仿真加工的有效方法，完成飞机模型的模拟制作。

一、加工前的准备工作

【操作步骤】

1. 单击“打开”文件→“CAXA”→“CAXACAM”→“samples”→飞机模型

2. 设定加工毛坯

选择菜单“加工”→“定义毛坯”命令，弹出“定义毛坯”对话框。选中“参照模型”单选按钮，其他参数随即产生，如图 4-89 所示，单击“确定”按钮，完成毛坯的定义。如图 4-90 所示。

3. 后置设置

用户可以增加当前使用的机床并给出机床名，定义适合自己机床的后置格式。系统默认的格式为 FANUC 系统的格式。

（1）选择菜单“加工”→“后置处理”→“后置设置”命令，弹出“机床后置”对话框如图 4-91 所示。

（2）选择“机床信息”选项卡，选择当前机床类型，系统默认 FANUC。

（3）后置处理设置。选择“后置设置”选项卡，根据当前的机床设置各参数。

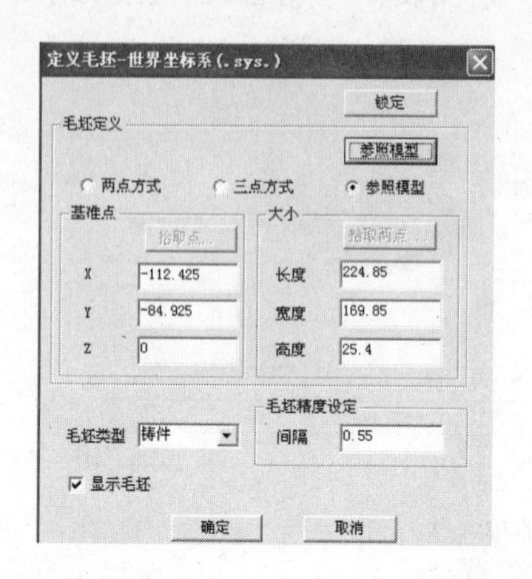

图 4-89 “定义毛坯”对话框

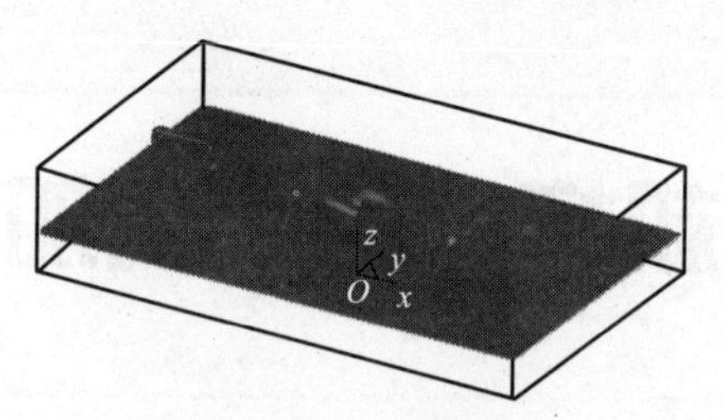

图 4-90 三维模型

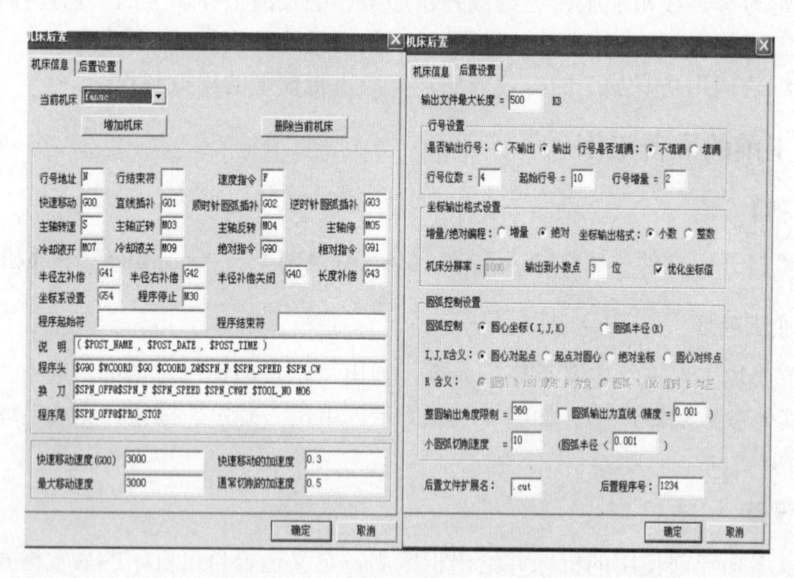

图 4-91 “机床后置”对话框

4. 飞机模型的仿真加工工艺设计

（1）等高线粗加工。

选择菜单“加工”→“粗加工”→“等高线粗加工”命令，弹出“等高线粗加工”工艺参数选项卡。

① 在“加工参数”选项中按表 4-3 设置各选项。

表4-3　等高线粗加工参数表

加工参数		切削用量	
加工方向	顺铣	主轴转速	2 000
层高	1	慢速下刀速度	100
最小行间距	5	切入切出速度	600
切削模式	环切	切削速度	800
行间连接方式	直线	退刀速度	100
加工顺序	XY优先	下刀方式	
删除面积系数	0.1	安全高度	60
删除长度系数	0.1	慢速下刀距离	10
加工精度	0.1	退刀距离	10
加工余量	0.2	切入距离	垂直
稀疏化加工	稀疏化	距离	0
间隔层高	5	刀具参数	
步长	0	刀具名	D10球铣刀
区域切削类型	抬刀切削混合	刀具半径	5
方式	不设定	刀角半径	5
加工边界			
刀具位置	边界上	z设定	参照毛坯

② 加工边界设置为参照毛坯方式。选择刀具相对边界位置为“边界上”单选按钮，单击“确定”按钮。

③ 状态栏提示“选择加工对象”，右击，在弹出的快捷菜单中选择“拾取加工边界”命令，并选择任意箭头方向。右击，在弹出的快捷菜单中选择生成等高线粗加工轨迹，如图4-92所示。

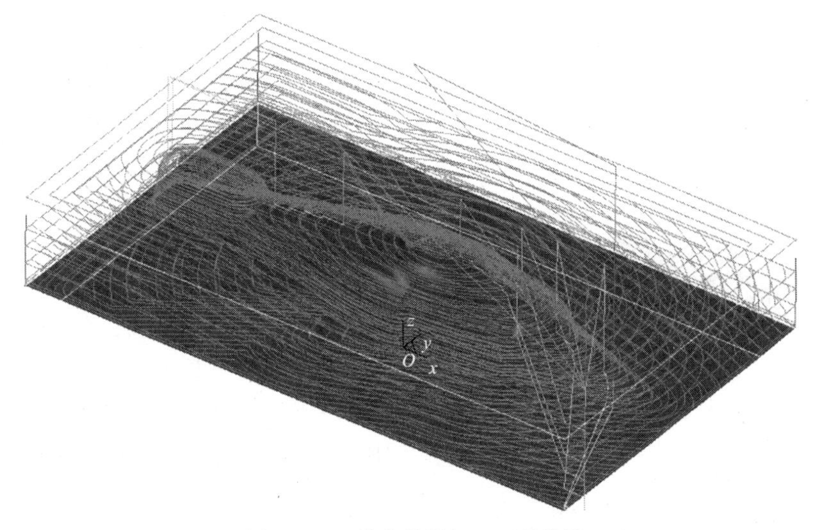

图4-92　等高线粗加工刀具轨迹

（2）三维偏置精加工

① 把粗加工的刀具轨迹线隐藏掉。

② 选择菜单“加工”→“精加工”→“三维偏置精加工”命令，弹出“三维偏置精加工”对话框。在“加工参数”选项中按表 4－4 设置各项参数。

表 4－4　三维偏置精加工参数表

加工参数		切削用量	
加工方向	顺铣	主轴转速	3 000
进行方向	内侧—边界	慢速下刀速度	100
行距	1	切入切出连接速度	800
行间连接方式	投影	切削速度	1 000
最小抬刀高度	20	退刀速度	100
加工精度	0.01	刀具参数	
加工余量	0	刀具名	D6
下刀方式		刀具半径	3
安全高度	50	刀角半径	3
慢速下刀距离	10	加工边界	
退刀距离	10	z 设定	参照模型
切入方式	垂直	刀具位置	边界上

③ 加工边界设置为默认方式，单击“确定”按钮。

④ 状态栏提示“选择加工对象”，右击，在弹出的快捷菜单中选择“拾取加工边界”命令，并选择任意箭头方向。右击，在弹出的快捷菜单中选择“生成三维偏置精加工轨迹路线”命令，如图 4－93 所示。

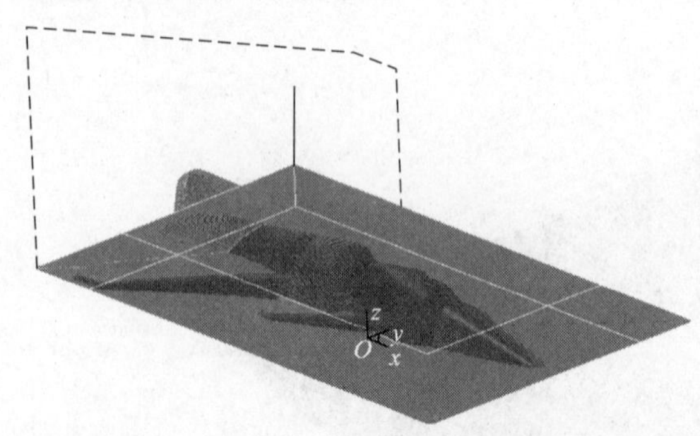

图 4－93　三维偏置精加工轨迹

⑤ 单击选择特征树下的三维偏置精加工刀具轨迹，右击，在弹出的快捷菜单中选择“实体仿真”命令进入 CAXA 轨迹仿真界面。

⑥ 选择仿真加工工具，系统将立即进行加工仿真，并弹出“仿真加工”对话框。仿真加工过程中，系统动态模拟走刀过程并显现仿真效果如图 4－93 所示。

（3）观察仿真加工走刀路线，检验判断刀路是否正确、合理（有无过切等错误），如图 4－94 所示。

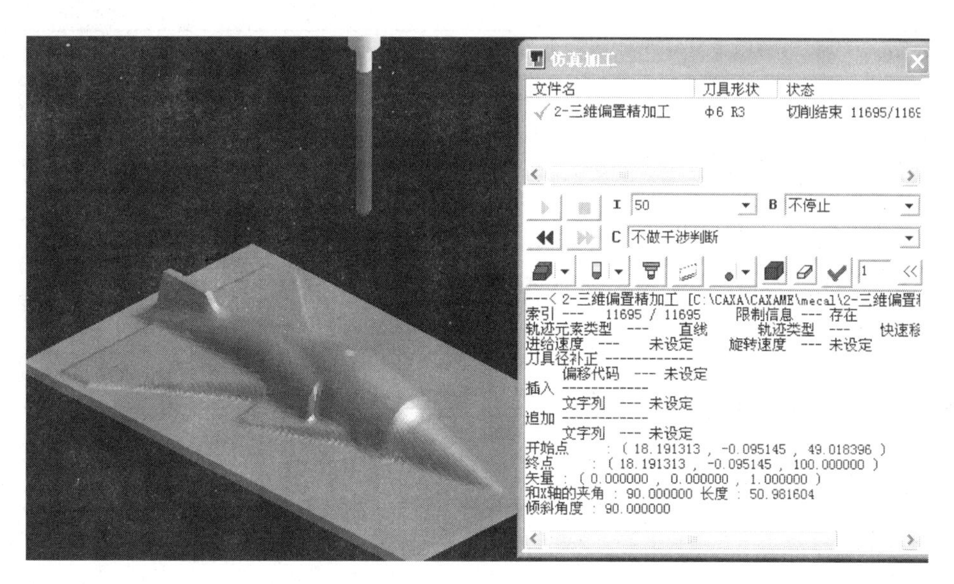

图 4－94　三维偏置精加工仿真状态结果

（4）选择菜单“应用”→“轨迹编辑”命令，弹出“轨迹编辑”表，按提示拾取相应的加工轨迹或相应轨迹点，修改相应参数，进行局部轨迹修改。若修改过大，则重新生成加工轨迹。

（5）仿真检验无误后，可保存粗/精加工轨迹。

二、笔式清根加工

（1）把前期粗、精加工的刀具轨迹隐藏掉。

（2）选择菜单“加工”→“补加工”→“笔式清根加工”命令，弹出“笔式清根加工”对话框。在“加工参数”选项中按表 4－5 设置各项参数。

表 4－5　笔式清根加工参数表

加　工　参　数		下　刀　方　式	
加工方法	顺铣	安全高度	50
刀次	1	慢速下刀距离	10
切削宽度	1	退刀距离	10
行距	0.5	切入方式	垂直
加工方向	由外到里的两侧		
计算类型	深模型	切削用量	
面面夹角	170	主轴转速	3 000
凹棱形状分界角	90	慢速下刀速度	100
近似系数	1	切入切出连接速度	800

续表

加工参数		下刀方式	
删除长度系数	1	切削速度	1 000
加工精度	0.01	退刀速度	100
加工余量	0	刀具参数	
		刀具名	D6
		刀具半径	3
		刀角半径	3

（3）修改切削用量。选择“切削用量”选项，按表 4－5 所示设置各项参数。

（4）选择“刀具参数”选项，在刀具库中选择铣刀为 D6 球刀。其他通用参数设置和生成与等高线粗加工轨迹的方法相同，笔式清根加工轨迹如图 4－95 所示。

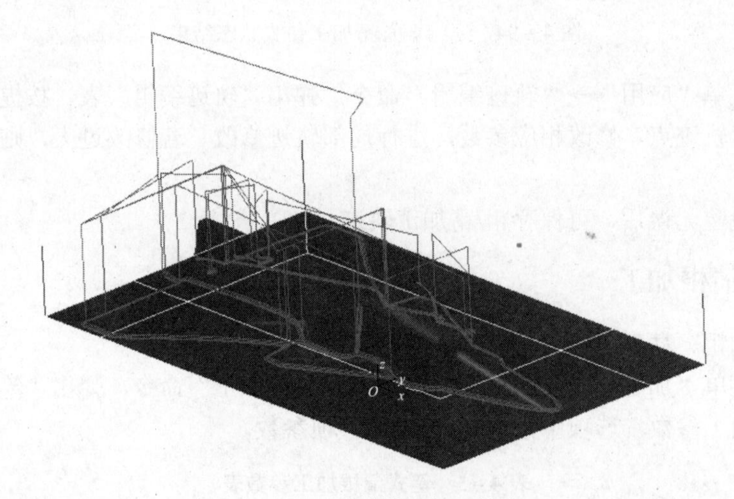

图 4－95　笔式清根加工轨迹

三、轨迹仿真

（1）单击“线面可见”按钮，显示所有已经生成的加工轨迹，然后依次拾取粗加工轨迹，右击确认。

（2）单击选择特征树下的刀具轨迹，右击，在弹出的快捷菜单中选择“实体仿真”命令进入 CAXA 轨迹仿真界面。

（3）选择仿真加工工具，系统将立即进行加工仿真，并弹出“仿真加工”对话框。仿真加工过程中，系统动态模拟走刀过程并显现仿真结果。

（4）综合运用等高线粗加工、三维偏置精加工、笔式清根加工工艺方法完成飞机模型的项目制作，仿真效果如图 4－96 所示。

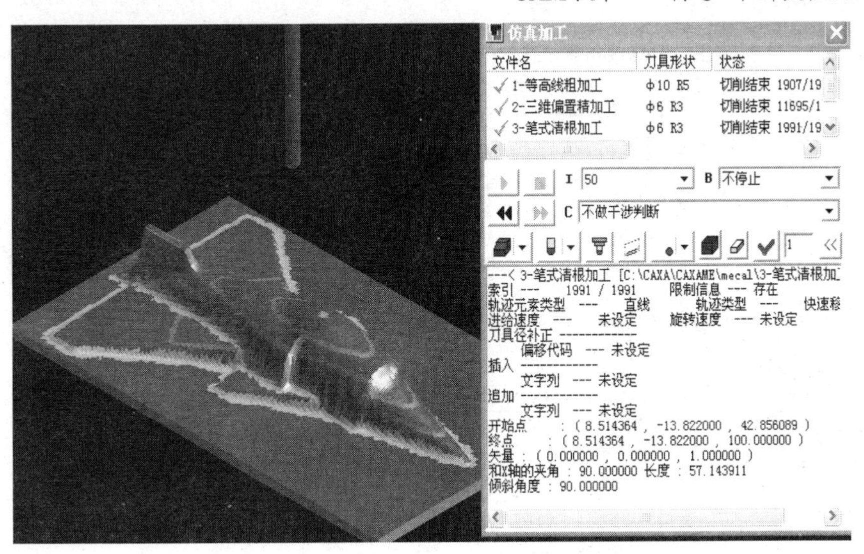

图4－96　综合加工仿真效果

四、生成G代码

（1）选择菜单“加工”→“后置处理”→“生成G代码”命令，弹出“选择后置文件”对话框，填写加工代码文件名“飞机模型粗加工”，单击“保存”按钮。

（2）状态栏提示“拾取刀具轨迹”，选择以上生成的粗加工轨迹，右键，弹出记事本文件，内容为生成的等高线粗加工G代码程序。

（3）用同样的方法生成三维偏置精加工、笔式清根补加工的G代码，如图4－97所示。

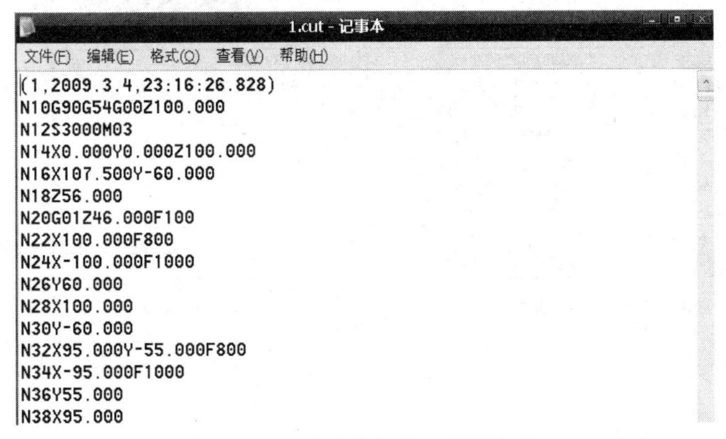
1.cut - 记事本
文件(F) 编辑(E) 格式(O) 查看(V) 帮助(H)

```
(1,2009.3.4,23:16:26.828)
N10G90G54G00Z100.000
N12S3000M03
N14X0.000Y0.000Z100.000
N16X107.500Y-60.000
N18Z56.000
N20G01Z46.000F100
N22X100.000F800
N24X-100.000F1000
N26Y60.000
N28X100.000
N30Y-60.000
N32X95.000Y-55.000F800
N34X-95.000F1000
N36Y55.000
N38X95.000
```

图4－97　生成的部分G代码文件

五、生成工艺清单

选择菜单“加工”→“工艺清单”命令，弹出“工艺清单”选项卡。在其中指定目标文件夹，先选择，再单击“拾取轨迹”按钮，单击选择等高线粗加工轨迹，然后单击“生成清单”按钮，出现图4－98所示的CAXA工艺清单。

工艺清单输出结果

- general.html
- function.html
- tool.html
- path.html
- ncdata.html

(a)

项目	关键字	结果	备注
零件名称	CAXAMEDETAILPARTNAME		
零件图图号	CAXAMEDETAILPARTID		
零件编号	CAXAMEDETAILDRAWINGID		
生成日期	CAXAMEDETAILDATE	2010.1.2	
设计人员	CAXAMEDETAILDESIGNER	-	
工艺人员	CAXAMEDETAILPROCESSMAN	-	
校核人员	CAXAMEDETAILCHECKMAN	-	
机床名称	CAXAMEMACHINENAME	fanuc	
全局刀具起始点X	CAXAMEMACHHOMEPOSX	0.	
全局刀具起始点Y	CAXAMEMACHHOMEPOSY	0.	
全局刀具起始点Z	CAXAMEMACHHOMEPOSZ	100.	
全局刀具起始点	CAXAMEMACHHOMEPOS	(0.,0.,100.)	
模型示意图	CAXAMEMODELIMG		HTML代码
模型框最大	CAXAMEMODELBOXMAX	(100.,60.,39.56)	
模型框最小	CAXAMEMODELBOXMIN	(-100.,-60.,12.16)	
模型框长度	CAXAMEMODELBOXSIZEX	200.	
模型框宽度	CAXAMEMODELBOXSIZEY	120.	
模型框高度	CAXAMEMODELBOXSIZEZ	27.4	
模型框基准点X	CAXAMEMODELBOXMINX	-100.	
模型框基准点Y	CAXAMEMODELBOXMINY	-60.	
模型框基准点Z	CAXAMEMODELBOXMINZ	12.16	
模型注释	CAXAMEMODELCOMMENT	-	
模型示意图所在路径	CAXAMEMODELFFNAME	C:\Documents and Settings\Administrator\桌面\model.jpg	
毛坯示意图	CAXAMEBLOCKIMG		HTML代码

图 4－98　工艺清单

毛坯框最大	CAXAMEBLOCKBOXMAX	(100., 60., 39.56)	
毛坯框最小	CAXAMEBLOCKBOXMIN	(-100., -60., 12.16)	
毛坯框长度	CAXAMEBLOCKBOXSIZEX	200.	
毛坯框宽度	CAXAMEBLOCKBOXSIZEY	120.	
毛坯框高度	CAXAMEBLOCKBOXSIZEZ	27.4	
毛坯框基准点X	CAXAMEBLOCKBOXMINX	-100.	
毛坯框基准点Y	CAXAMEBLOCKBOXMINY	-60.	
毛坯框基准点Z	CAXAMEBLOCKBOXMINZ	12.16	
毛坯注释	CAXAMEBLOCKCOMMENT	-	
毛坯类型	CAXAMEBLOCKSOURCE	铸件	
毛坯示意图所在路径	CAXAMEBLOCKFFNAME	C:\Documents and Settings\Administrator\桌面\\block.jpg	

（b）

图 4－98　工艺清单（续）

至此，飞机模型的加工轨迹的生成与仿真检查、生成 G 代码程序及加工工艺清单的工作已经全部做完，可以把加工工艺清单和 G 代码程序通过工厂的局域网送到车间去了。车间在加工之前可以通过 CAXA 制造工程师中的校核 G 代码功能，将工件打表找正，按加工工艺清单的要求找好工件零点，再按要求装好刀具并找好刀具的 z 轴零点，就可以开始加工了。

任务三　可乐瓶底的造型和加工

【目的要求】通过前期图形制作过程，进一步学习并深化线、面设计的功能技巧。掌握相关加工方式的运用。

【教学重点】等高线粗加工、参数线半精加工。

【教学难点】综合运用巧妙衔接完成可乐瓶底凹模型腔的整个制作过程。

【教学内容】

完成可乐瓶底曲面造型和加工，如图 4－99 和图 4－100 所示。

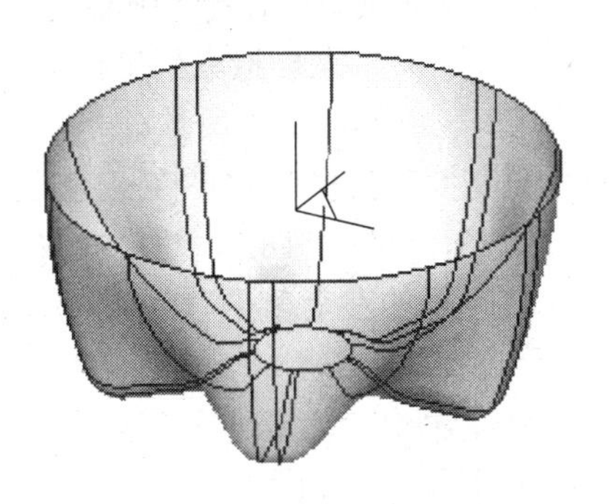

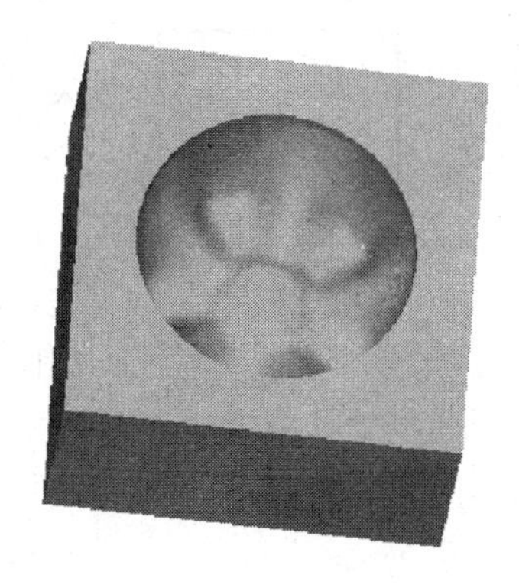

图 4－99　可乐瓶底曲面造型和凹模型腔造型

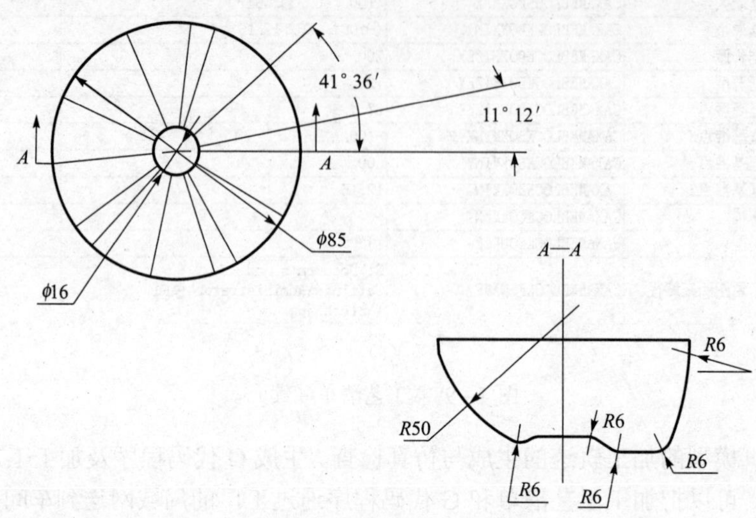

图 4－100　可乐瓶底曲面造型的二维图

一、凹模型腔的造型

【造型思路】

可乐瓶底的曲面造型比较复杂，它有五个完全相同的部分。用实体造型不能完成，所以利用 CAXA 制造工程师强大的曲面造型功能中的网格面来实现。其实只要作出一个突起的两根截面线和一个凹进的一根截面线，然后进行圆形阵列就可以得到其他几个突起和凹进的所有截面线。之后，使用网格面功能生成五个相同部分的曲面。可乐瓶底最下面的平面使用直纹面中的点＋曲线方式来作，这样做的好处是：在后期做加工时两张面（直纹面和网格面）可以一同用参数线来精加工。最后以瓶底的上口为准，构造一个立方体实体，然后用可乐瓶底的两张面把不需要的部分裁剪掉，就可以得到要求的凹模型腔。

【操作步骤】

1. 绘制截面线

（1）按 F7 键将绘图平面切换到 *xOz* 平面。

（2）选择曲线工具中的矩形工具，在界面左侧的立即菜单中选择“中心_长_宽”方式，输入长度 42.5，宽度 37，光标拾取到坐标原点，绘制一个 42.5 × 37 的矩形，如图 4－101 所示。

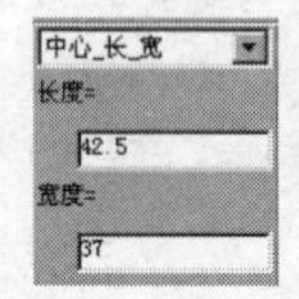

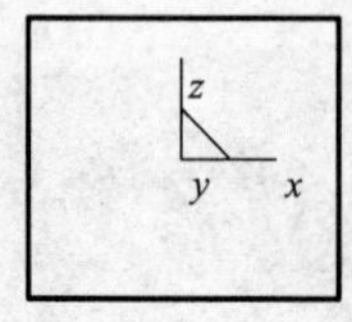

图 4－101　绘制矩形

（3）选择几何变换工具栏中的平移工具，在立即菜单中输入 DX＝21.25，DZ＝－18.5，然后拾取矩形的四条边，右击确认，将矩形的左上角平移到原点（0，0，0），如图 4－102 所示。

（4）选择曲线工具栏中的等距线工具，在立即菜单中输入距离 3，拾取矩形的最上面一条边，选择向下箭头为等距方向，生成距离为 3 的等距线，如图 4－103 所示。

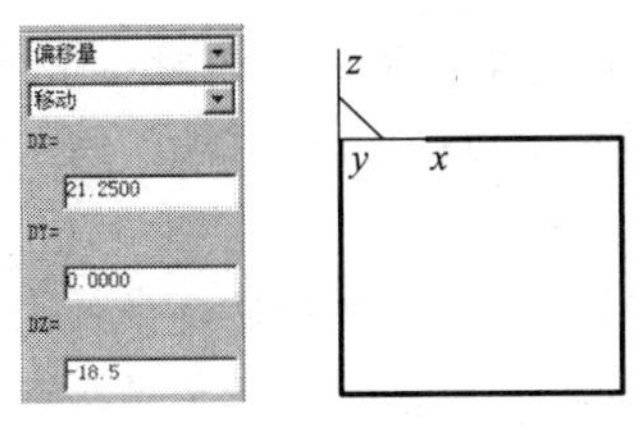

图 4－102　平移左上角

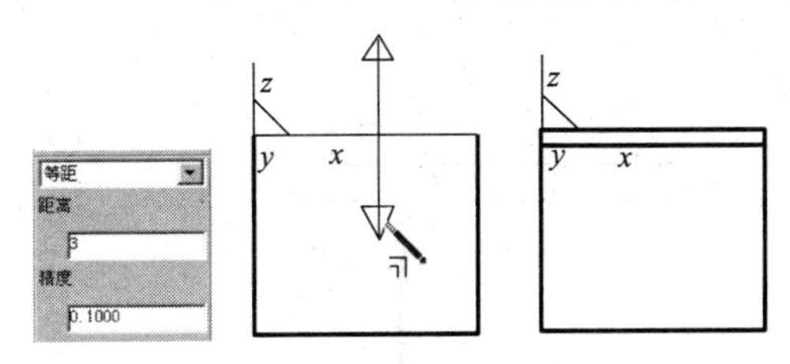

图 4－103　等距线

（5）相同的等距方法，生成图 4－104 所示的尺寸标注的各个等距线。

（6）选择曲面编辑工具栏中的裁剪工具，拾取需要裁剪的线段，然后选择删除工具，拾取需要删除的直线，右击确认删除，结果如图 4－105 所示。

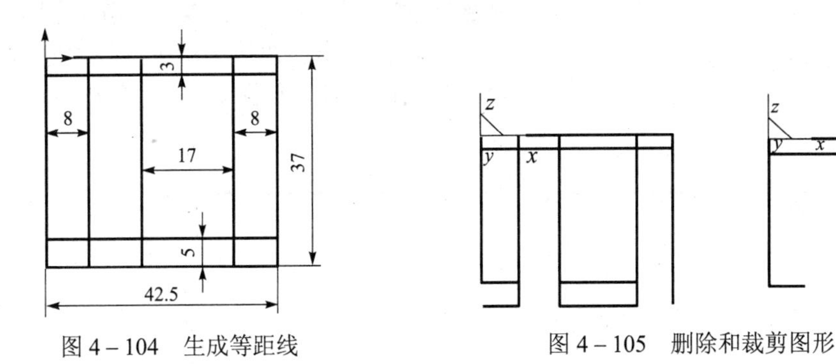

图 4－104　生成等距线 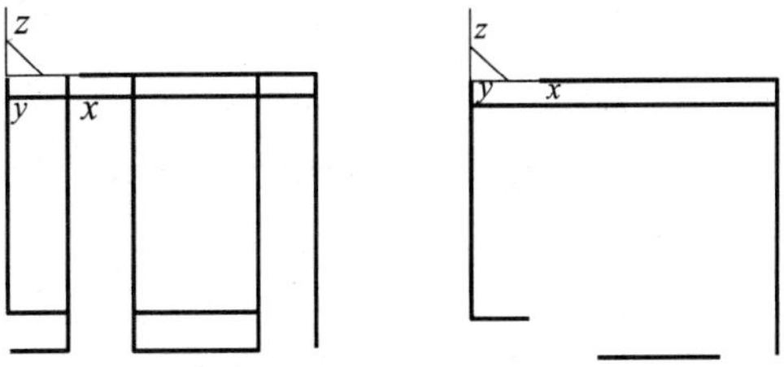　　图 4－105　删除和裁剪图形

（7）绘图。

① 作过 *P*1、*P*2 两点且与直线 *L*1 相切的圆弧。选择圆弧工具，选择“两点_半径”方式，拾取 *P*1 点和 *P*2 点，然后按空格键在弹出的“点工具”菜单中选择“切点”命令，拾取直线 L1。

② 作过 *P*4 点且与直线 *L*2 相切，半径 *R* 为 6 的圆 *R*6。选择整圆工具，拾取直线 *L*2（上一步中在“点工具”菜单中选择了“切点”命令），在“点工具”菜单中选择“缺省点”命令，然后拾取 *P*4 点，按回车键，在弹出的输入框中输入半径 6。

③ 作过直线端点 *P*3 和圆 *R*6 切点的直线。选择直线工具，拾取 *P*3 点，在“点工具”菜单选择“切点”命令，拾取圆 *R*6 上一点，得到切点 *P*5，如图 4－106 所示。

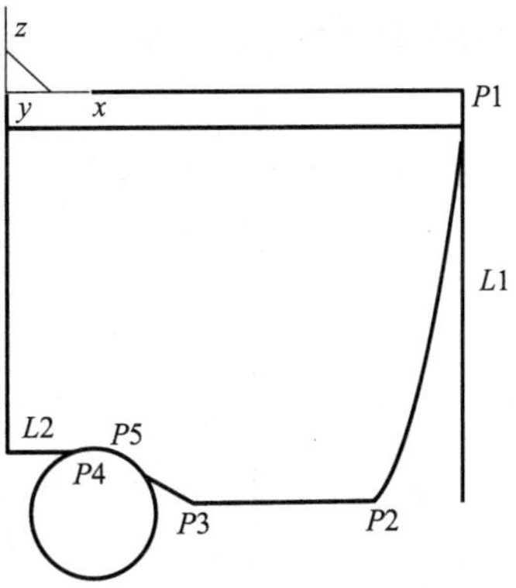

图 4－106　画圆和直线

注意：在绘图过程中注意切换点工具菜单中的命令，否则容易出现拾取不到需要点的现象。

（8）绘圆。

① 作与圆 *R*6 相切过点 *P*5，半径为 6 的圆 *C*1。选择整圆工具，再选择“两点_半径”方式，在“点工具”菜单中选择“切点”命令，拾取 *R*6 圆；在“点工具”菜单中选择“端点”命令，拾取 *P*5 点；按回车键，在弹出的输入框中输入半径 6。

② 作与圆弧 *C*4 相切，过直线 *L*3 与圆弧 *C*4 的交点，半径为 6 的圆 *C*2。选择整圆工具，选择“两点_半径”方式，选择“点工具”菜单中的“切点”命令，拾取圆弧 *C*4；在“点

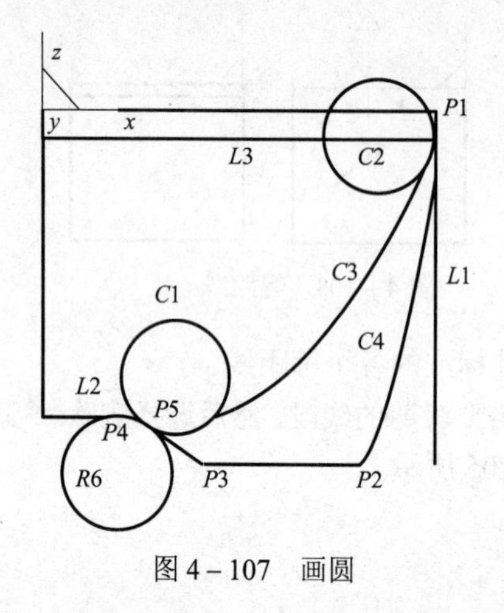

图 4-107　画圆

工具”菜单中选择“交点”命令，拾取 L3 和 C4 得到它们的交点；按回车键，在弹出的输入框中输入半径 6。

③ 作与圆 C1 和 C2 相切，半径为 50 的圆弧 C3。选择圆弧工具，选择“两点_半径”方式，在“点工具”菜单中选择“切点”命令，拾取圆 C1 和 C2，按回车键，在弹出的输入框中输入半径 50，如图 4-107 所示。

（9）选择曲面编辑工具栏中的裁剪工具和删除工具，去掉不需要的部分。在圆弧 C4 上右击，在弹出的快捷菜单中选择“隐藏”命令，将其隐藏掉，如图 4-108 所示。

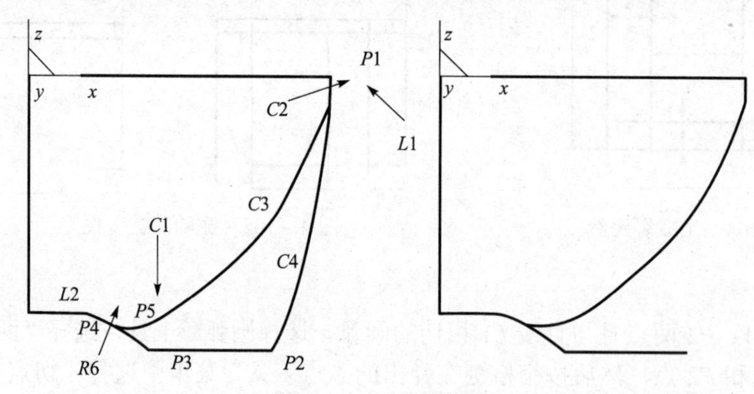

图 4-108　隐藏圆弧

（10）按 F5 键将绘图平面切换到 xOy 平面，然后再按 F8 键显示其轴测图，如图 4-109 所示。

（11）选择曲面编辑工具栏中的平面旋转工具，在立即菜单中选择“拷贝”方式，输入角度 41.6°，拾取坐标原点为旋转中心点，然后框选所有线段，右击确认，如图 4-110 所示。

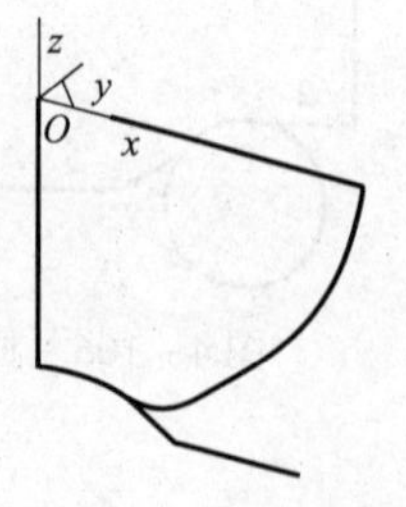

图 4-109　显示轴测图

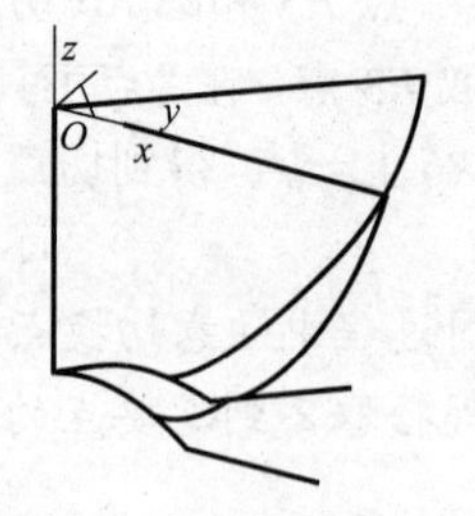

图 4-110　平面旋转

（12）选择删除工具，删掉不需要的部分。按 Shift＋方向键旋转视图。观察生成的第一条截面线。选择曲线组合工具，拾取截面线，并选择方向，将其组合为一样条曲线，如图 4-111 所示。

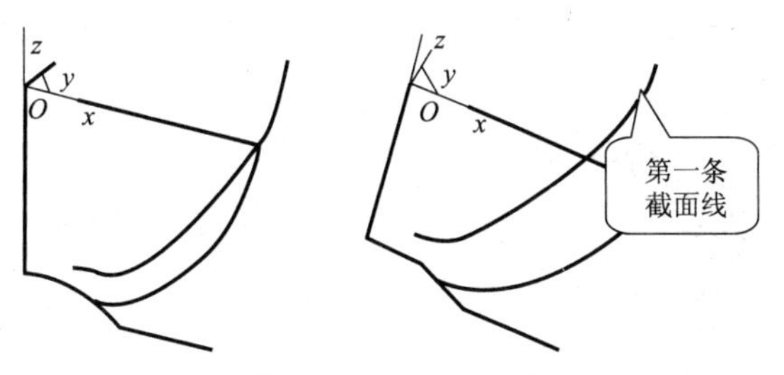

图 4-111　组合曲线

至此，第一条截面线完成。因为作第一条截面线用的是复制旋转，所以完整地保留了原来绘制的图形，只需要稍加编辑就可以完成第二条截面线。

（13）按 F7 键将绘图平面切换到 *xOz* 面内。选择线面可见工具，显示前面隐藏掉的圆弧 *C*4，并拾取确认。然后拾取第一条截面线，右击，在弹出的快捷菜单中选择“隐藏”命令，将其隐藏掉，如图 4-112 所示。

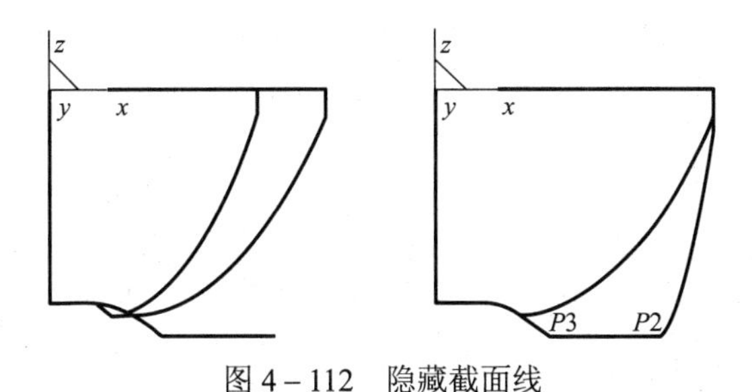

图 4-112　隐藏截面线

（14）选择删除工具，删掉不需要的线段。选择曲线过渡工具，选择“圆弧过渡”方式，半径为 6，对 *P*2 和 *P*3 两处进行过渡。

（15）选择曲线组合工具，拾取第二条截面线，并选择方向，将其组合为一样条曲线，如图 4-113 所示。

（16）按 F5 键将绘图平面切换到 *xOy* 平面，然后再按 F8 键显示其轴测图，如图 4-114 所示。

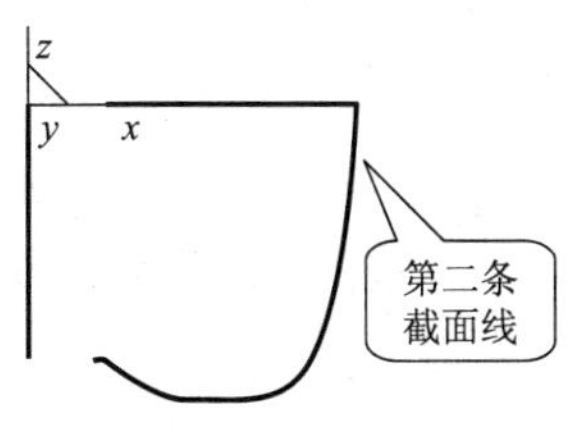

图 4-113　组合曲线

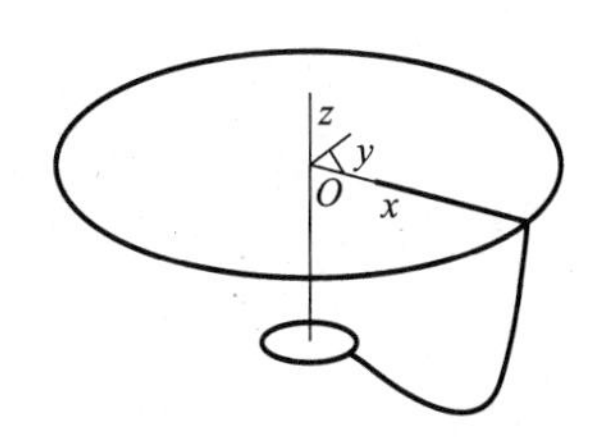

图 4-114　显示轴测图

（17）选择圆弧工具，选择“圆心_半径”方式，以 *z* 轴方向的直线两端点为圆心，拾取截面线的两端点为半径，绘制如图 4-114 所示的两个圆。

（18）删除两条直线。选择线面可见工具，显示前面隐藏的第一条截面线，如图 4-115 所示。

（19）选择曲面编辑工具栏中的平面旋转工具，在立即菜单中选择“拷贝”命令，输入角度 11.2°，拾取坐标原点为旋转中心点，拾取第二条截面线，右击确认，如图 4-116 所示。

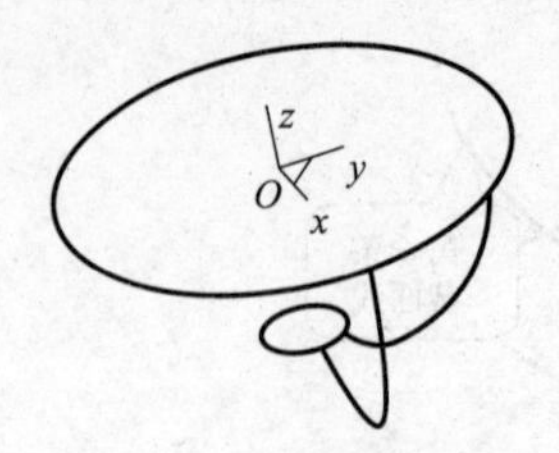

图 4-115　显示第一条线

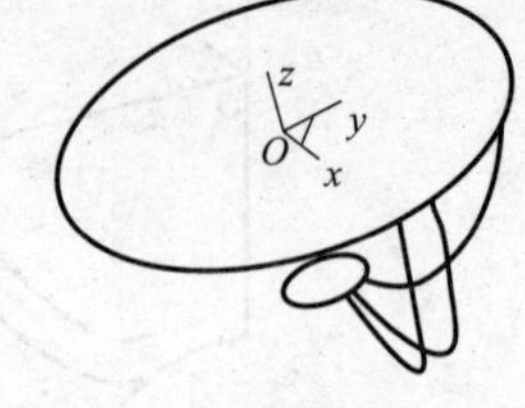

图 4-116　拾取第二条线

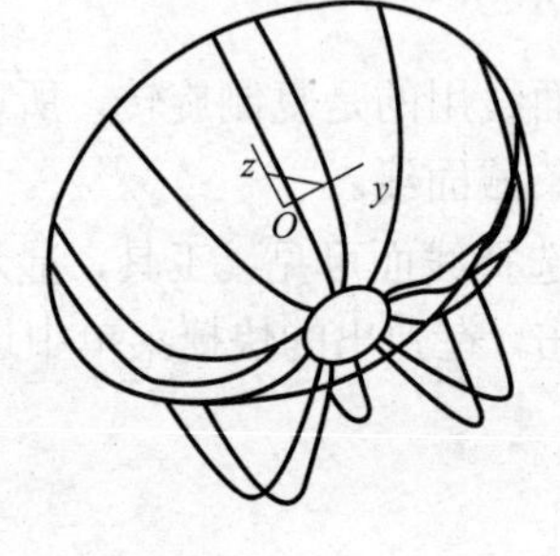

图 4-117　拾取原点

可乐瓶底有五个相同的部分，至此完成了其中一部分的截面线，通过阵列就可以得到全部，这是一种简化作图的有效方法。

（20）选择阵列工具，选择“圆形”阵列方式，份数为 5，拾取三条截面线，右击确认，拾取原点（0，0，0）为阵列中心，右击确认，立刻得到图 4-117 所示的效果。

至此为构造曲面所作的线架全部完成。

二、生成网格面

按 F5 键进入俯视图，选择曲面工具栏中的网格面工具，依次拾取 U 截面线共 2 条，右击确认；再依次拾取 V 截面线共 15 条，如图 4-118 所示，右击确认，稍等片刻后曲面生成，如图 4-119 和图 4-120 所示。

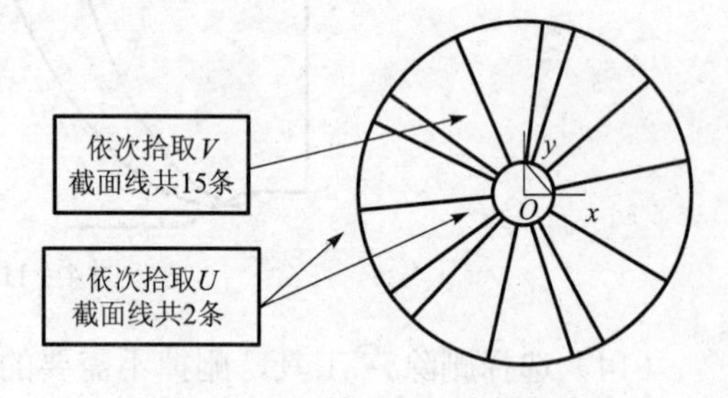

图 4-118　拾取 U、V 截面线

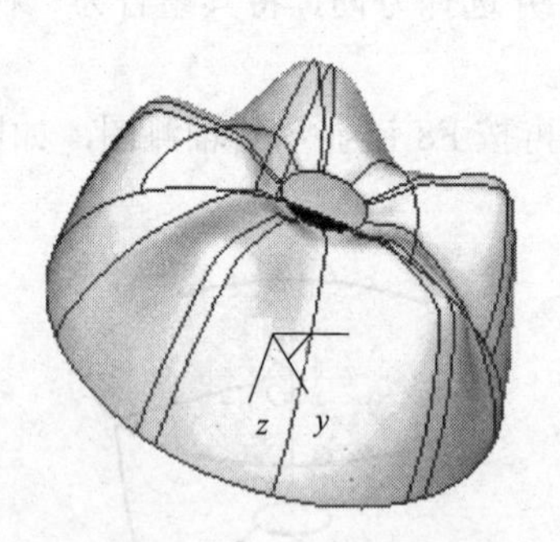

图 4-119　曲面生成一

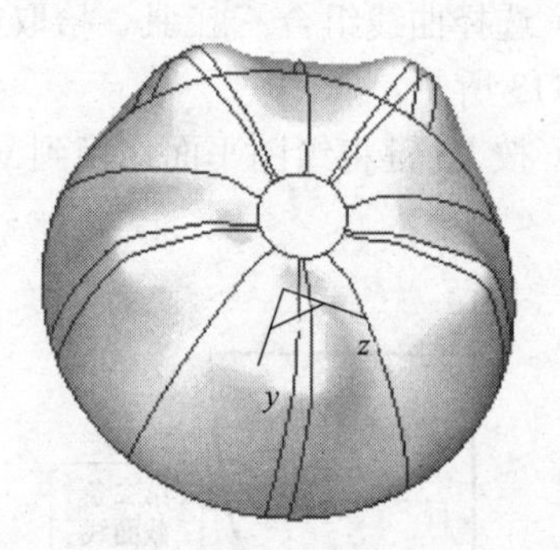

图 4-120　曲面生成二

三、生成直纹面

底部中心部分曲面可以用两种方法来制作，即裁剪平面和直纹面（点 + 曲线）。这里用直纹面“点 + 曲线”来制作，这样做的好处是在加工时，两张面（网格面和直纹面）可以一同用参数线来加工，而面裁剪平面不能与非裁剪平面一起来加工。

【操作步骤】

（1）选择曲面工具栏中的直纹面工具，选择“点 + 曲线”方式。

（2）按空格键在弹出的“点工具”菜单中选择“圆心”命令，拾取底部圆，先得到圆心点，再拾取圆，直纹面立即生成。

（3）选择菜单“设置”→“拾取过滤设置”命令，在弹出的对话框中，取消选中图形元素的类型中的“空间曲面”复选框。然后选择“编辑”→“隐藏”命令，框选所有曲线，右击确认，就可以将线框全部隐藏掉，效果如图 4－121 所示。

至此可乐瓶底的曲面造型已经全部作完。下一步的任务是如何选用曲面造型造出实体。效果如图 4－122 所示。

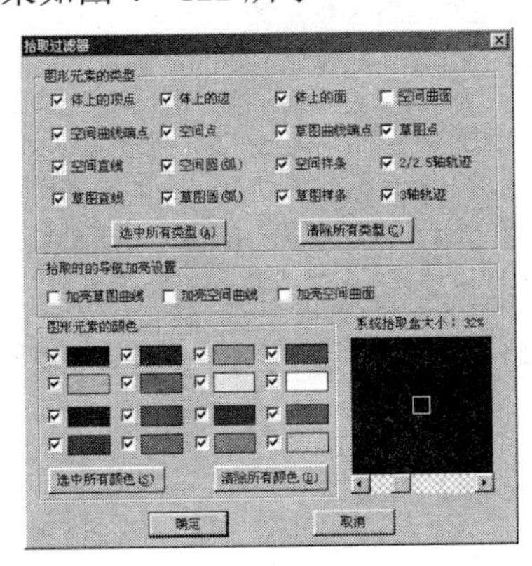

图 4－121　隐藏线框

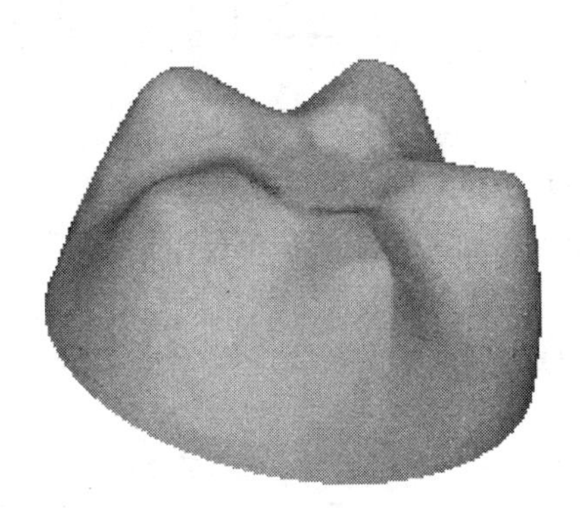

图 4－122　效果

四、曲面实体混合造型

【造型思路】

先以瓶底的上口为准，构造一个立方体实体，然后用可乐瓶底的两张面（网格面和直纹面）把不需要的部分裁剪掉，得到要求的凹模型腔。多曲面裁剪实体是 CAXA 制造工程师中非常有用的功能。

【操作步骤】

（1）单击特征树中的“平面 *xOy*”，选定平面 *xOy* 为绘图的基准面，如图 4－123 所示。

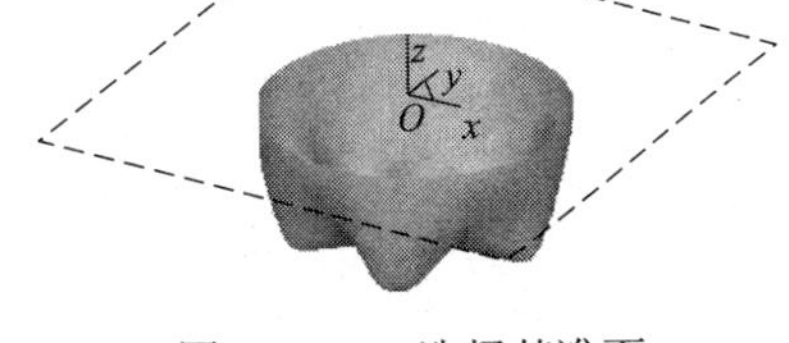

图 4－123　选择基准面

（2）选择绘制草图工具进入草图状态，在选定的基准面 *xOy* 面上绘制草图。

（3）选择曲线工具栏中的矩形工具，再选择“中心_长_宽”方式，输入长度 120，宽度 120，拾取坐标原点（0，0，0）为中心，得到一个 120×120 的正方形，如图 4－124 所示。

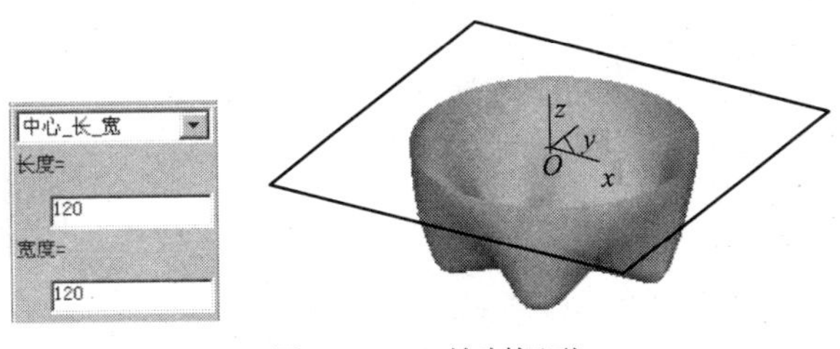

图 4－124　绘制矩形

（4）选择特征生成工具栏中的拉伸增料工具，在弹出的“拉伸”对话框中，输入深度为 50，选中“反向拉伸”复选框，单击“确定”按钮得到立方实体，如图 4－125 所示。

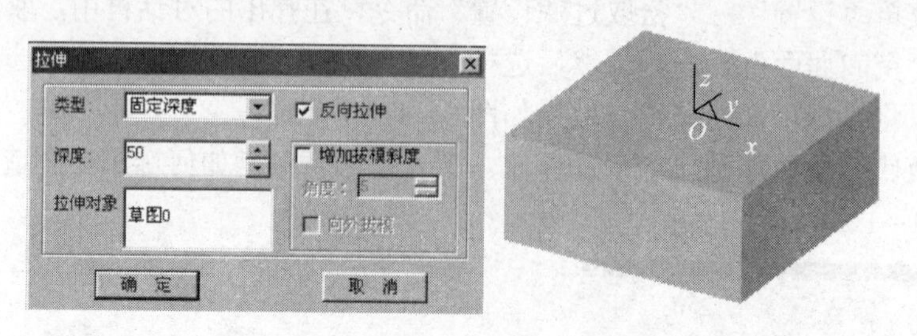

图 4－125　得到立方实体

（5）选择菜单“设置”→“拾取过滤设置”命令，在弹出的对话框中的“拾取时的导航加亮设置”选项区中选中“加亮空间曲面”复选框，这样当鼠标移到曲面上时，曲面的边缘就会被加亮。同时为了更加方便拾取，选择显示线架工具，退出真实线显示，进入线架显示，可以直接选取曲面的网格线，如图 4－126 所示。

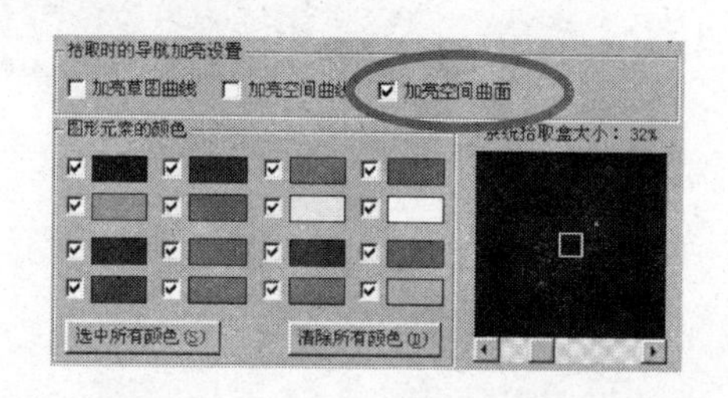

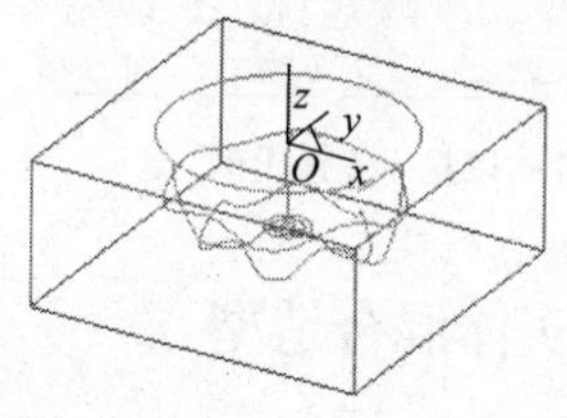

图 4－126　加亮空间曲面

（6）选择特征生成工具栏中的曲面裁剪除料工具，拾取可乐瓶底的两个曲面，选中对话框中“除料方向选择”复选框，切换除料方向为向里，以便得到正确的结果，如图 4－127 所示。

（7）单击“确定”按钮，曲面除料完成。选择菜单“编辑”→“隐藏”命令，拾取两个曲面将其隐藏掉。然后选择真实感显示工具，造型效果如图 4－128 所示。

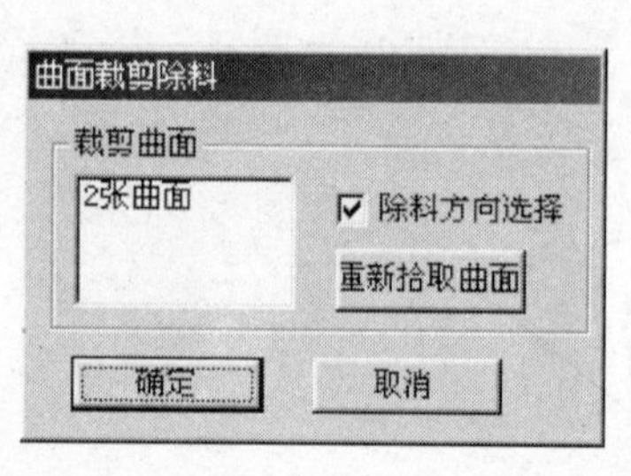

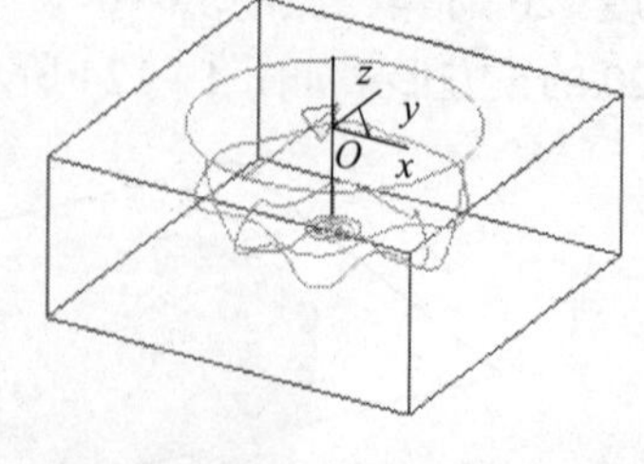

图 4－127　曲面裁剪除料

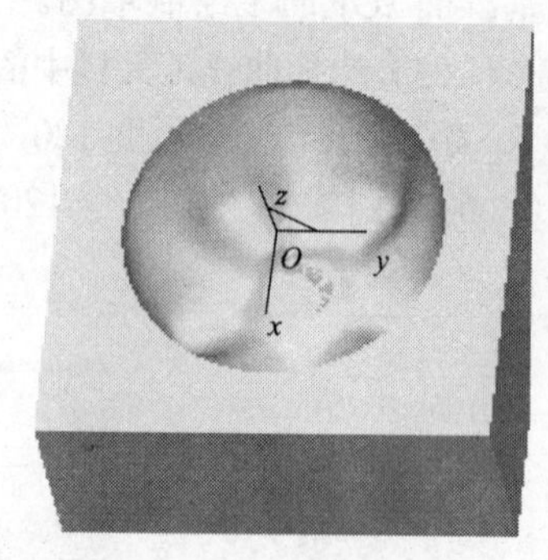

图 4－128　隐藏曲面

五、可乐瓶底的仿真加工

【加工思路】

等高线粗加工、参数线精加工。

根据本例的形状特点，很难用普通铣床进行粗加工成形，而用 CAXA 制造工程师却是一件轻而易举的事。因为可乐瓶底凹模型腔的整体形状较为陡峭，所以粗加工采用等高线粗加工方式较好。然后采用参数线加工方式对凹模型腔的中间曲面进行精加工。

1. 加工前的准备工作

【操作步骤】

（1）设定加工刀具。

① 选择菜单“加工”→“刀具库管理”命令，弹出“刀具库管理”对话框图 4－129 所示。

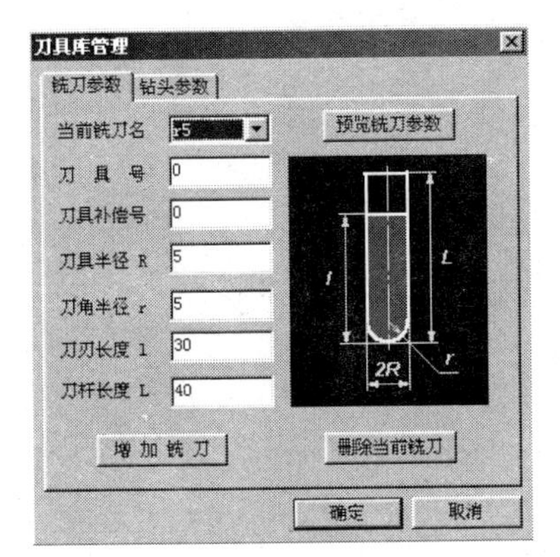

图 4－129 “刀具库管理”对话框

② 增加铣刀，这里可以任意增加刀具和删除刀具。单击“增加铣刀”按钮，在弹出的对话框中输入铣刀名称，刀具名称可以任意给，只要好识别就可以了。一般都是用铣刀的直径和刀角半径来表示，刀具名称尽量和工厂中用刀的习惯一致。即刀具名称的一般表示形式为“D10，r3”，D 代表刀具直径，r 代表刀角半径。

③ 设定增加铣刀的参数。键入正确的数值，刀具定义即可完成。其中的刀刃长度和刃杆长度与仿真状态有关而与实际加工无关。在实际加工中要正确选择吃刀量和吃刀深度，以免刀具损坏。

（2）后置设置。

用户可以增加当前使用的机床，并给出机床名，定义适合自己所用机床的后置格式。系统默认的格式为 FANUC 系统的格式。

① 选择菜单“加工”→“后置处理”→“后置设置”命令，弹出“后置设置”对话框。

② 增加机床设置。选择当前机床类型，如图 4－130 所示。

③ 后置处理设置。选择“后置处理设置”选项卡，根据当前的机床，设置各参数，如图 4－131 所示。

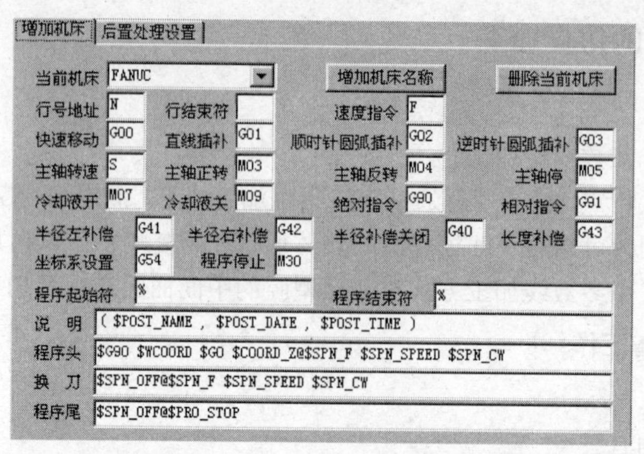

图 4－130　增加机床设置

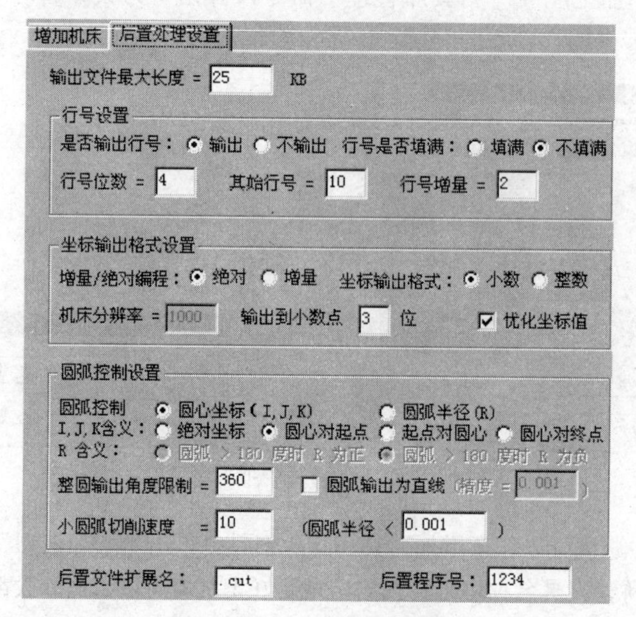

图 4－131　后置处理设置

（3）设定加工毛坯

利用实体上表面的四个角点，构建一个正方形，作为粗加工的轮廓边界，如图 4－132 所示。

图 4－132　构建一个正方形

2. 等高线粗加工刀具轨迹

（1）设置工艺参数。选择“加工”→“粗加工”→“等高线粗加工”命令，弹出“等高线粗加工”对话框，在“粗加工参数”选项中按图 4－133 和表 4－6 所示设置各项参数。注意毛坯类型选择“拾取轮廓”。

（2）加工边界的设置如图 4 – 134 所示。

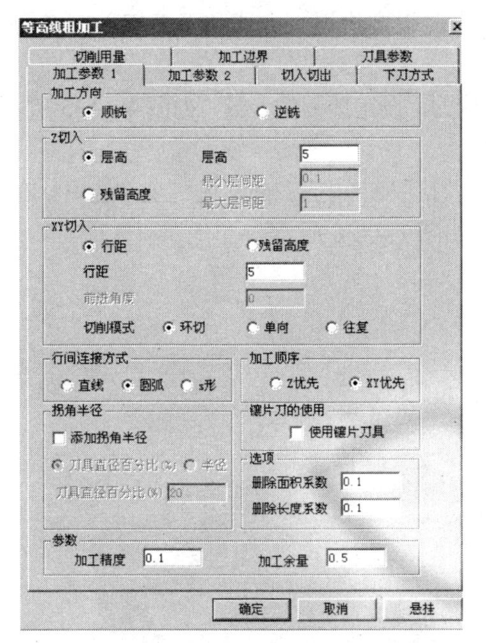

图 4 – 133　加工参数选项

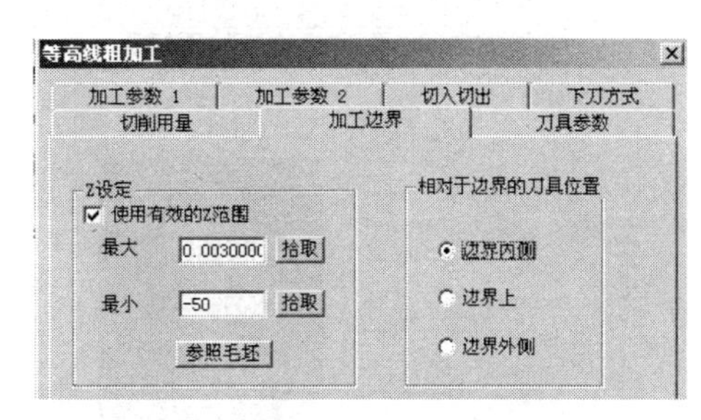

图 4 – 134　加工边界选项

表 4 – 6　等高线粗加工选项卡设置参考

加　工　参　数		切　削　用　量	
加工方向	顺铣	主轴转速	1 500
层高	3	慢速下刀速度	50
行距	3	切入切出连接速度	800
切削方式	环切	切削速度	400
行间连接方式	直线	退刀速度	1 000
加工顺序	XY 优先	下刀方式	
加工精度	0.1	安全高度	20
加工余量	0.8	慢速下刀距离	15
区域切削类型	抬刀切削混合	退刀距离	15
起始点坐标	$X=0$，$Y=0$，$Z=100$	切入方式	垂直
毛坯类型	参照模型	刀具参数	
零件类型	模具形腔	刀具名	*R*5 球刀
其他参数	不设定	刀具半径	5
加工边界		刀具半径	5
最大最小	–50/0		

（3）设置切削用量。输入相应的主轴转速，*F* 为进给速度，起止高度 60，安全高度 50，

单击“确定”按钮。

（4）选择“进退刀方式”和“下刀方式”选项卡，设定进退刀方式和下刀切入方式均为“垂直”。

（5）选择“铣刀参数”选项卡，选择铣刀为 R5 球刀，设定球刀的参数，如图 4－135 所示。

（6）选择“清根参数”选项卡，设置清根参数。

（7）根据左下方的提示拾取轮廓，然后拾取曲面。拾取曲面可以按 W 键，全部选中。右击确认以后系统开始计算，稍候得出等高线粗加工轨迹如图 4－136 所示。

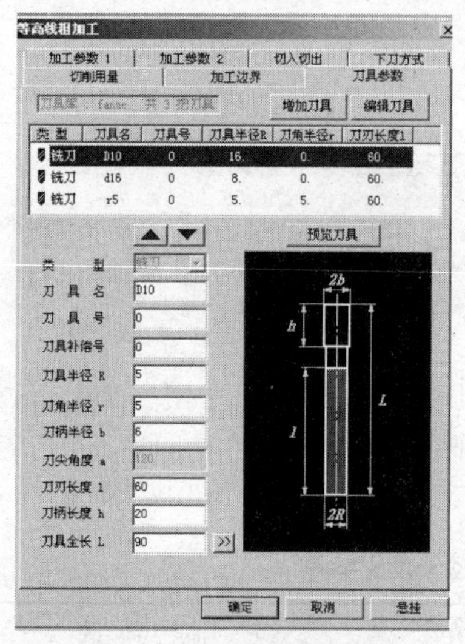

图 4－135 等高线加工刀具选项

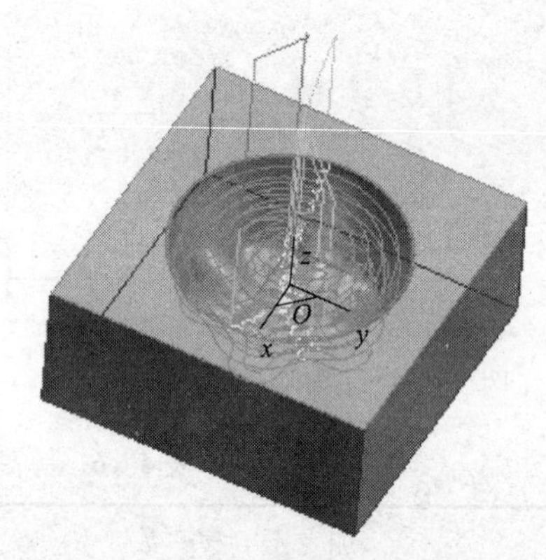

图 4－136 等高线粗加工刀具路径

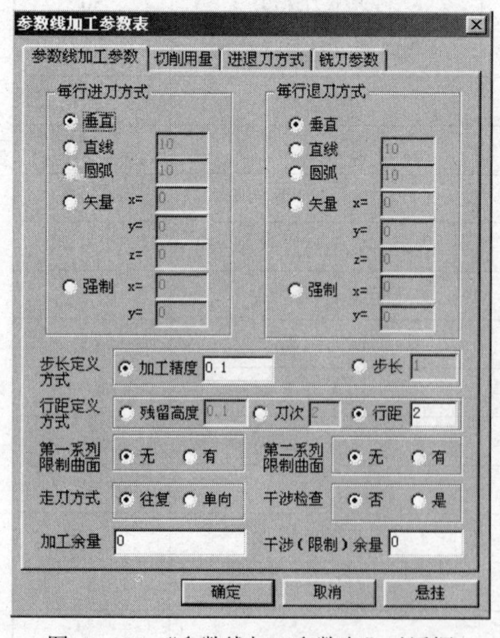

图 4－137 “参数线加工参数表”对话框

（8）拾取粗加工刀具轨迹，右击，在弹出的快捷菜单中选择“隐藏”命令，将粗加工轨迹隐藏掉，以便观察下面的精加工轨迹。

3. 精加工－参数线加工刀具轨迹

本例可以直接加工原始的曲面，这样会显得更简单一点。也可以直接加工实体。但曲面截实体以后形成的实体表面比原始的曲面要多一些，本例内型腔表面为 5 张曲面。鉴于结构的特殊性，精加工可以采用多种方式，如参数线、等高线＋等高线补加工、放射线加工等。下面仅以参数线加工为例介绍软件的使用方法和注意事项。

注意：曲面的参数线加工方法要求曲面有相同的走向、公共的边界，点取位置要对应。

（1）选择菜单“加工”→“精加工”→“参数线加工”命令，弹出“参数线加工参数表”对话框，按照表中内容设置参数线加工参数，如图 4－137 所示。刀具和其他参数按粗加工的参数来设定。完成后单击“确定”按钮。

（2）根据状态栏提示拾取曲面，当把鼠标移到型腔内部时，曲面自动被加亮显示，拾取同一高度的两张曲面后，右击确认，根据提示完成相应的工作，最后生成轨迹，如图 4－138 所示。

参考表 4－7 中的内容进行参数线精加工工艺参数设定。

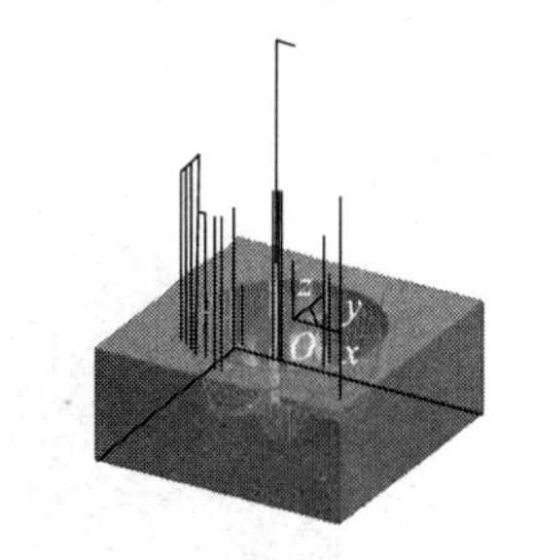

图 4－138　参数线精加工刀具路径

表 4－7　精加工工艺参数设定

加工参数		切削用量	
切入方式	不设定	主轴转速	1 800
切出方式	不设定	慢速下刀速度	100
行距	3	切入切出连接速度	800
遇面干涉	抬刀	切削速度	1 000
第一系列限制曲面	无	退刀速度	100
第一系列限制曲面	无	下刀方式	
加工精度	0.01	安全高度	20
加工余量	0	慢速下刀距离	15
干涉余量	0.01	退刀距离	15
起始点坐标	$X=0$，$Y=0$，$Z=100$	切入方式	垂直
毛坯类型	参照模型	刀具参数	
零件类型	模具形腔	刀具名	$R5$ 球刀
其他参数	不设定	刀具半径	5
加工边界		刀具半径	5
最大最小	−50/0		

4. 轨迹仿真、检验与修改

（1）选择线面可见工具，显示所有已经生成的加工轨迹，然后拾取粗加工轨迹，右击确认。

（2）选择“应用”→“轨迹仿真”命令。拾取粗、精加工的刀具轨迹，右击结束，如图 4－139 所示。

（3）右击，弹出“选择仿真文件”对话框，在此输入文件名，单击“保存”按钮，存储可乐瓶加工仿真的结果。

图 4－139　参数线仿真加工

（4）仿真检验无误后，选择菜单“文件”→“保存”命令，保存粗加工和精加工轨迹。

5. 生成 G 代码

（1）选择“加工”→“后置处理”→“生成 G 代码”命令，弹出“选择后置文件”对话框，填写加工代码文件名“可乐瓶底粗加工”，单击“保存”按钮。

（2）拾取生成的粗加工的刀具轨迹右击确认，立即弹出粗加工代码文件保存即可，如图 4－140 所示。

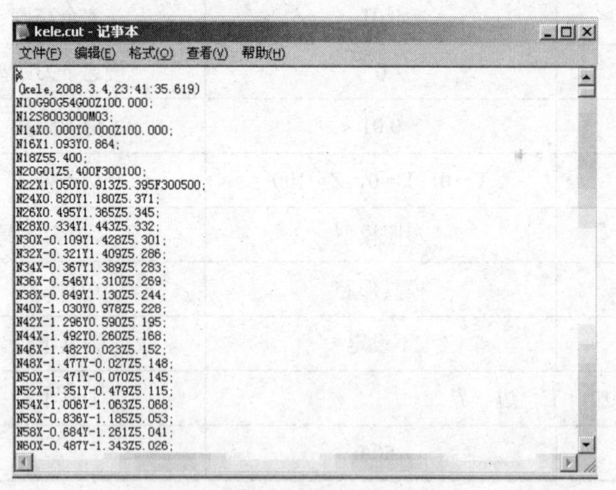


```
%
(kele,2008.3.4,23:41:35.619)
N10G90G54G00Z100.000;
N12S8003000M03;
N14X0.000Y0.000Z100.000;
N16X1.093Y0.864;
N18Z55.400;
N20G01Z5.400F300100;
N22X1.050Y0.913Z5.395F300500;
N24X0.820Y1.180Z5.371;
N26X0.495Y1.365Z5.345;
N28X0.334Y1.443Z5.332;
N30X-0.109Y1.428Z5.301;
N32X-0.321Y1.409Z5.286;
N34X-0.367Y1.389Z5.283;
N36X-0.546Y1.310Z5.269;
N38X-0.849Y1.130Z5.244;
N40X-1.030Y0.978Z5.228;
N42X-1.296Y0.590Z5.195;
N44X-1.492Y0.260Z5.168;
N46X-1.482Y0.023Z5.152;
N48X-1.477Y-0.027Z5.148;
N50X-1.471Y-0.070Z5.145;
N52X-1.351Y-0.479Z5.115;
N54X-1.006Y-1.063Z5.068;
N56X-0.836Y-1.185Z5.053;
N58X-0.684Y-1.261Z5.041;
N60X-0.487Y-1.343Z5.026;
```

图 4－140　粗加工代码文件

（3）用同样方法生成精加工 G 代码。

6. 生成工序单

（1）选择菜单“应用”→“后置处理”→“生成工序清单”命令，弹出“选择 HTML 文件名”对话框，输入文件名“可乐瓶底加工”，单击“保存”按钮。

（2）左下角提示拾取加工轨迹，单击选取或用窗口选取或按 W 键，选中全部刀具轨迹，右击确认，立即生成加工过程工艺清单。生成效果如图 4－141 所示。

工艺清单输出结果

- general.html
- function.html
- tool.html
- path.html

项目	关键字	结果	备注
零件名称	CAXAMEDETAILPARTNAME	可乐瓶	
零件图图号	CAXAMEDETAILPARTID	SSSS	
零件编号	CAXAMEDETAILDRAWINGID	123	
生成日期	CAXAMEDETAILDATE	2008.3.4	
设计人员	CAXAMEDETAILDESIGNER	AA	
工艺人员	CAXAMEDETAILPROCESSMAN	BB	
校核人员	CAXAMEDETAILCHECKMAN	CC	
机床名称	CAXAMEMACHINENAME	fanuc	
刀具起始点X	CAXAMEMACHHOMEPOSX	0.	
刀具起始点Y	CAXAMEMACHHOMEPOSY	0.	
刀具起始点Z	CAXAMEMACHHOMEPOSZ	100.	
刀具起始点	CAXAMEMACHHOMEPOS	(0.,0.,100.)	
模型示意图	CAXAMEMODELIMG		HTML代码
模型框最大	CAXAMEMODELBOXMAX	(60.,60.,2.996e-003)	
模型框最小	CAXAMEMODELBOXMIN	(-60.,-60.,-50.)	
模型框长度	CAXAMEMODELBOXSIZEX	120.	
模型框宽度	CAXAMEMODELBOXSIZEY	120.	
模型框高度	CAXAMEMODELBOXSIZEZ	50.	
模型框基准点X	CAXAMEMODELBOXMINX	-60.	
模型框基准点Y	CAXAMEMODELBOXMINY	-60.	

图 4－141　过程工艺清单

至此，可乐瓶底的设计造型、生成刀具路径、加工轨迹仿真检查、生成 G 代码程序，生成加工工艺清单的工作已经全部做完，可以把加工工艺清单和 G 代码程序通过工厂的局域网送到车间去了。车间技术人员在加工之前还可以通过 CAXA 制造工程师中的校核 G 代码功能，再看一下加工代码的轨迹形状，做到加工之前心中有数。把工件打表找正，按加工工艺清单的要求找好工件零点，再按工序单中的要求装好刀具并找好刀具的 z 轴零点，就可以开始加工了。

究竟用哪一种加工方式来生成轨迹，要根据所要加工形状的具体特点，而不能一概而论。对于本例来说，参数线方式加工效果最好。最终加工结果的好坏，是一个综合性的问题，它不单纯决定于程序代码的优劣，还决定于加工的材料、刀具、加工参数设置、加工工艺、机床特点等。只有几种因素配合好才能够得到最好的加工效果。

六、CAXA制造工程师新增功能介绍

1. 新增功能

（1）加工功能。

① 平面区域粗加工：适合2/2.5轴粗加工，与区域式粗加工类似，所不同的是该功能支持轮廓和岛屿的分别清根设置，可以单独设置各自的余量、补偿及上下刀信息。最明显的就是该功能轨迹生成速度较快。

② 等高线粗加工2：适合高速加工，生成轨迹时可以参考上一道工序生成轨迹留下的残留毛坯，支持二次开粗和抬刀自动优化。

③ 平面轮廓精加工：适合2/2.5轴精加工，支持具有一定拨模斜度的轮廓轨迹生成，可以为每层的轨迹定义不同的余量。生成轨迹速度较快。

④ 等高线精加工2：支持高速加工和抬刀自动优化。

⑤ 轮廓导动精加工：生成轨迹方式简单，支持残留高度模式。生成轨迹速度快。

⑥ 笔式清根加工2：支持高速加工及抬刀优化。

⑦ 区域式补加工2：支持高速加工及抬刀优化。

（2）数学表达式的计算功能。

在对话框输入数值时，用户可以直接输入数学表达式，按F10键后能够得到表达式的结果（注意：目前版本只支持弧度单位，暂不支持度单位）。

2. 功能增强

（1）加工功能中的改善。

在绝大多数CAXA制造工程师2004加工功能中新添加了部分加工参数选项，并且支持更强大的下刀方式和加工边界控制，在各功能页面的排列上进行了统一。具体如下所述。

① 区域式粗加工：增加了行间连接方式，圆弧和S形。增加进刀自动干涉检查。

② 等高线粗加工：支持加工边界控制。

③ 导动线粗加工：增加了边界控制。增加了进刀干涉检查，现支持圆弧接近、直线接近、接近点、延长量等。当发生干涉时，系统会自动寻找不发生干涉的位置切入，当在任何位置切入都会产生干涉时，系统会自动修改接近设定的数值，以防止干涉。

④ 等高线精加工：增加了设定导向线功能。支持加工边界控制。

⑤ 扫描线精加工：增加了干涉面的检查功能和轨迹端部延长。增加了尖角保护功能，可添加拐角。

⑥ 浅平面精加工：增加干涉面的检查功能、螺旋线的切入方式和加工方向的选择，可添加拐角。

⑦ 限制线精加工：增加了加工宽度的设定和抬刀优化。

⑧ 导动线精加工：增加了进刀干涉检查，支持圆弧接近、直线接近、接近点和延长量、自动检查干涉。

⑨ 轮廓线精加工：增加了z向切入中的螺旋加工及角度指定功能和进刀自动干涉检查。增加了输出偏移代码的控制，可以在最终轮廓处输出偏移代码。支持xy向余量和z向余量单独设定。

⑩ 等高线补加工：支持加工边界控制。

⑪ 笔式清根加工：增加了 3D 圆弧接近进刀和抬刀优化，支持加工边界控制。

⑫ 区域式补加工：增加了 3D 圆弧接近进刀和抬刀优化，支持加工边界控制。

⑬ 扫描式铣槽：增加了导向线类型的选择，提供了自由曲线和垂直平面曲线。

⑭ 曲线式铣槽：增加了二维方向的偏移功能和模型投影功能，具有不同选择。增加了直线和圆弧的接近方式及左右偏移。增加了接近点和返回点的设定及刀具补偿 G41 和 G42 功能。

（2）树管理器的改善。

① 增加了属性树的页面。支持元素属性查询的信息在属性树中的显示。支持曲线、曲面的最大和最小曲率，圆弧半径等。

② 支持 Tab 键的切换。当鼠标在树管理器中聚焦时，用户按 Tab 键可以在“零件特征”树、“加工管理”树和“属性”树之间切换。

3. 功能改进

（1）毛坯。

① 改进了建立毛坯的一些设定。在生成二维轨迹时，不用建立毛坯就可直接生成二维轨迹，操作较为方便。

② 改进了毛坯的显示方式，简洁清楚。去掉了毛坯显示时调节清晰度的选项。

（2）加工。

① 曲线式铣槽：附加延迟修改后不提示轨迹重置。添加了 NC 代码初始参数 G04 P200。

② 扫描式铣槽：修正了更改延迟后轨迹没有记录的问题。

③ 插铣式粗加工：修正了加工边界不起作用的问题。

④ 轮廓线精加工：修正了部分加工参数没有记录的问题。

⑤ 限制线精加工：*xy* 切入中的“步长”改为了“行距”。

⑥ 扫描线精加工：修正了该功能偶尔产生过切及生成的轨迹有断线的情况。

（3）后置处理。

① 修正了文件长度项不起作用的问题，可以根据输入的数据来分割文件，支持分段传输。

② 在帮助文档中，给出了后置所用到的宏指令及其说明。

③ 修正了后置有时生成 NC 文件过大的问题。

④ 修正了后置两个相连方向相反的圆弧生成 G 代码有错的问题。

⑤ 修正了有时候圆弧生成误差较大的问题。

⑥ 修正了有时候不能输出整圆代码的问题。

⑦ 支持在速度代码后面增加字符的输出，例如输出 F100*这样的代码。

⑧ 在半径编程方式下，增加了整圆的检查，将整圆分割后再处理，并增强了后置输出代码的安全性。

（4）系统。

① 修正了在草图下对线倒角与实体倒角标准不一致的问题。

② 增强了系统的稳定性和文件安全性。

③ 修正了轮廓拾取的问题。即在第一次拾取失败，以后就拾取不上的问题。

④ 提高了模型显示的稳定性。

⑤ 提高了公式曲线的计算效率。

任务四 叶轮的造型设计与加工

【目的要求】熟练应用实体造型功能，掌握相关加工方式的运用。

【教学重点】等高线精加工 2 和笔式清根加工 2。

【教学难点】加工工艺的制定及加工参数的选择。

叶轮如图 4－142 所示。

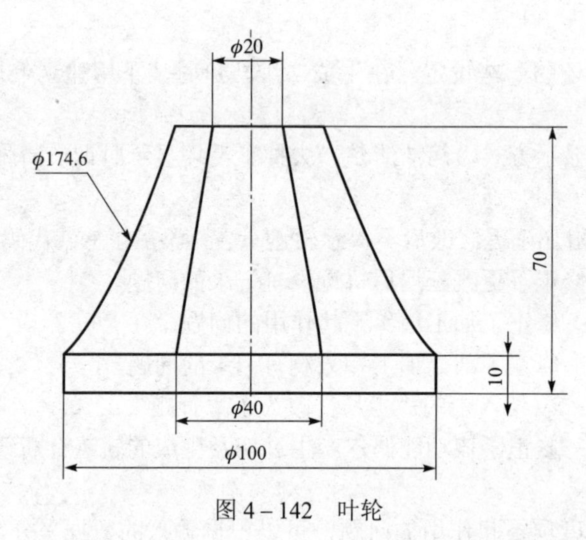

图 4－142　叶轮

1. 新增功能加工实例应用

【操作步骤】

叶轮造型分为 4 步。

（1）通过拉伸增料完成直径 100，高度为 10 的底盘，如图 4－143 所示。

（2）在 *zOy* 平面建立中心支柱，圆锥支柱，上端直径为 20，下端直径为 40，高度 60，如图 4－144 所示。

（3）完成第一个叶片，尺寸厚度为 5，注意在 *zOy* 平面建立草图平面拉伸增料时选择双向增料。如图 4－145 所示。

（4）在 *zOy* 平面上（非草图状态）建立中心线，选择环形阵列，选取建立好的中心线和第一个叶片特征，单击“确定”按钮。如图 4－146 所示。

2. 叶轮实体的仿真加工

以下通过叶轮加工实例来详细介绍新增功能等高线粗加工 2、等高线精加工 2、笔式清根加工 2 在仿真加工中的应用，如图 4－147 所示。

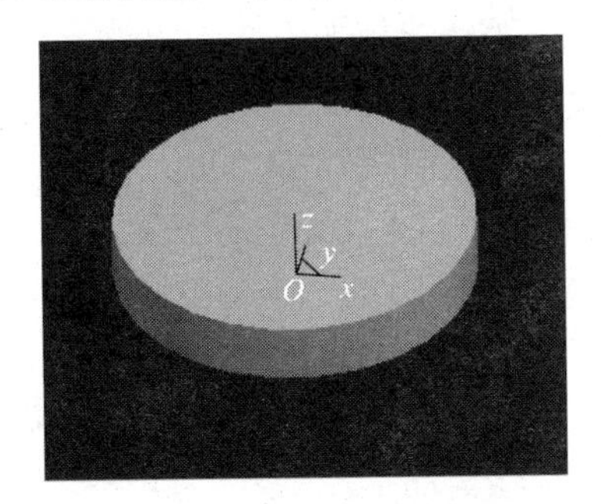

图 4－143　拉伸增料

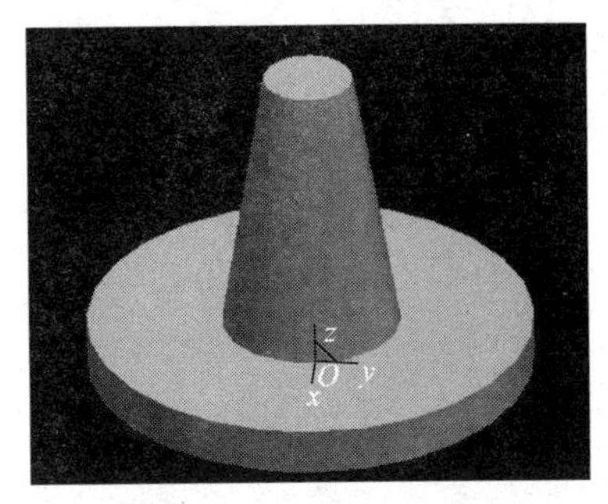

图 4－144　建立中心支柱

图 4－145　双向增料

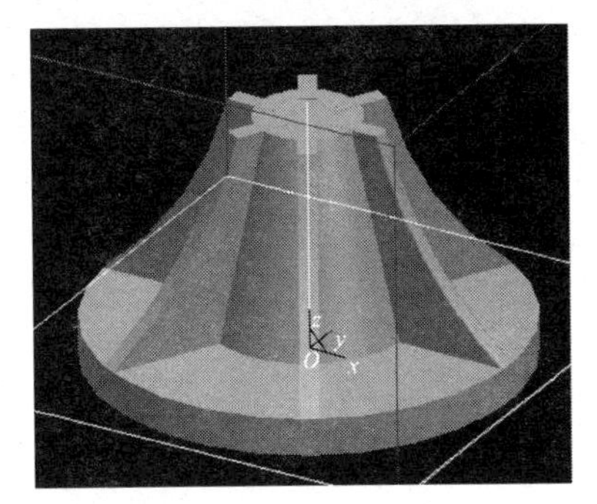

图 4－146　建立中心线

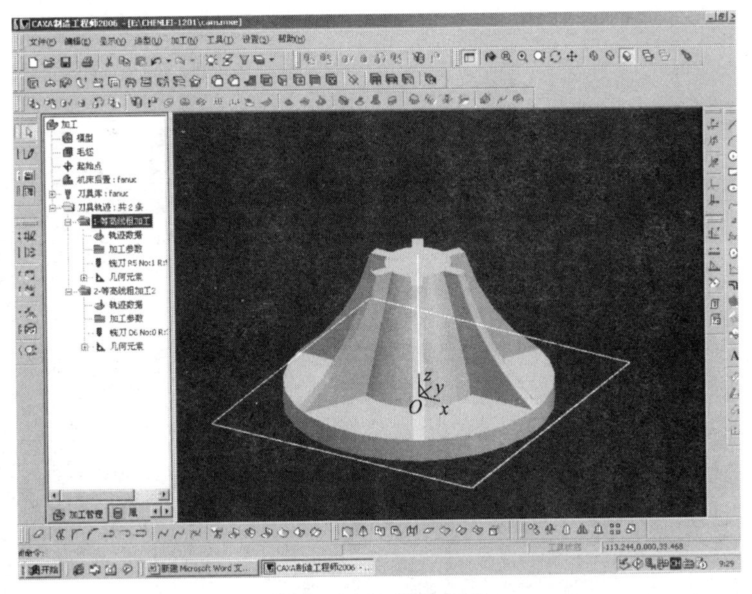

图 4－147　叶轮加工

CAXA 制造工程师新增了等高线粗加工 2，该项功能可参考上一道工序生成的轨迹留下的残留毛坯，支持二次开粗，有效精简了加工刀路轨迹。等高线精加工 2：支持高速加工，提高了加工效率。

叶轮加工实例加工共分为 4 步。

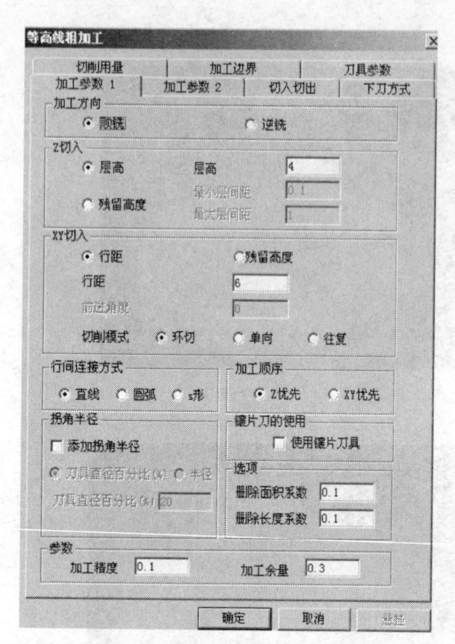

图 4 – 148 “等高线粗加工”对话框

第一步：等高线粗加工；

第二步：等高线粗加工 2；

第三步：等高线精加工 2；

第四步：笔式清根加工 2。

【操作步骤】

（1）生成等高线粗加工刀路轨迹。

选择菜单“加工”→“粗加工”→“等高线粗加工”命令，弹出“等高线粗加工”对话框。

主要加工参数如下：

行距设为 6，下刀安全高度为 80，加工边界中选择使用有效的 z 边界，最大值设为 80，粗铣刀具选 D10 铣刀，刀角半径 $r5$，刀具半径 $R5$，如图 4 – 148 所示。

图 4 – 149 是生成的等高线粗加工刀路轨迹。

（2）生成“等高线粗加工 2”的加工刀具轨迹。

在该步骤中，加工参数选项中注意选取使用残留毛坯项。选取该项后系统将按照上步等高线粗加工完成后的残留毛坯来生成加工刀路轨迹，并完成相关的参数优化。

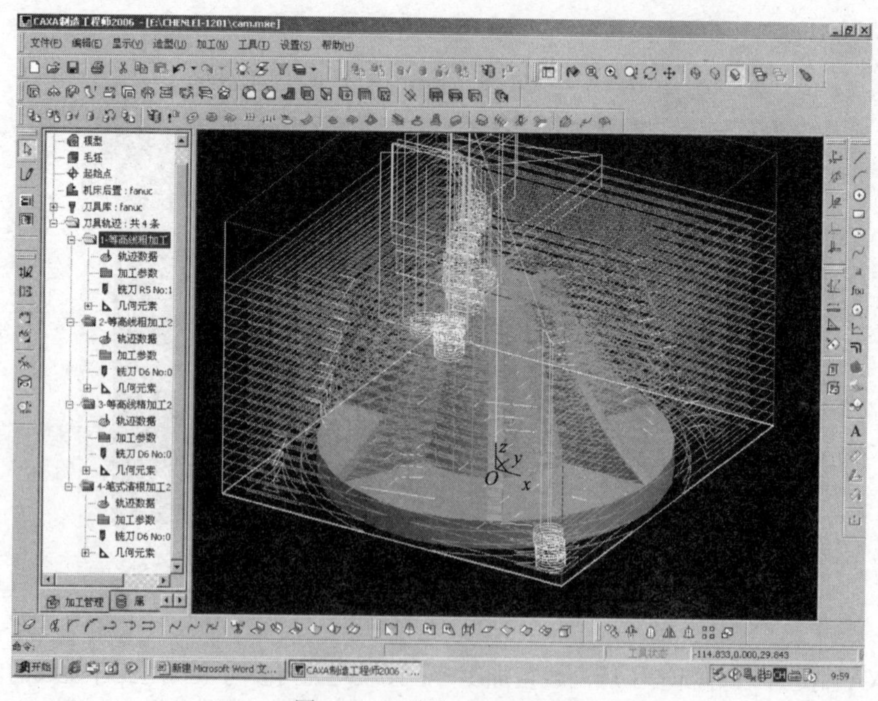

图 4 – 149 粗加工刀路轨迹

“等高线粗加工 2”主要参数参考如下。

“行距”设为 3；下刀方式中安全高度设为 80；加工精度、加工余量可以按照要求选取合适的数值，在本实例中加工精度取 0.1，加工余量取 0.3；加工边界中选择使用有效的 z 边界；最大值设为 80，粗铣刀具选 D6 铣刀，刀角半径 $r1$，刀具半径 $R3$，如图 4－150 所示。

以下是生成的“等高线粗加工 2”刀路轨迹，如图 4－151 所示。

（3）生成“等高线精加工 2”的加工刀路轨迹。

在该步骤中，下刀安全高度，加工边界中选择使用有效的 z 边界。

选择菜单“加工”→“精加工”→“等高线精加工 2”命令，弹出“等高线精加工 2”对话框，参考图 4－152 内容设置各加工参数。刀具和其他参数按粗加工的参数来设定，完成后单击“确定”按钮。

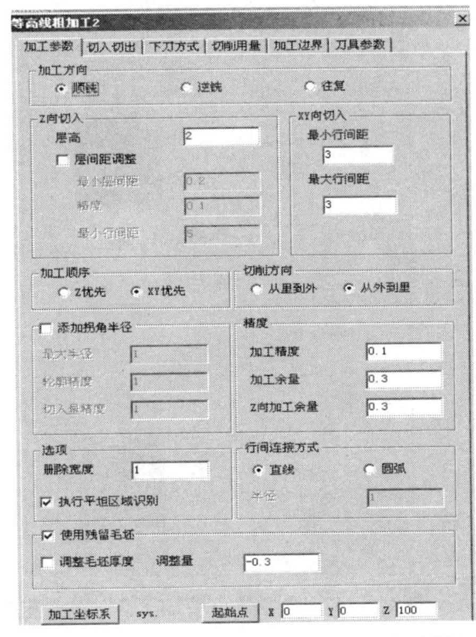

图 4－150 “等高线粗加工 2”对话框

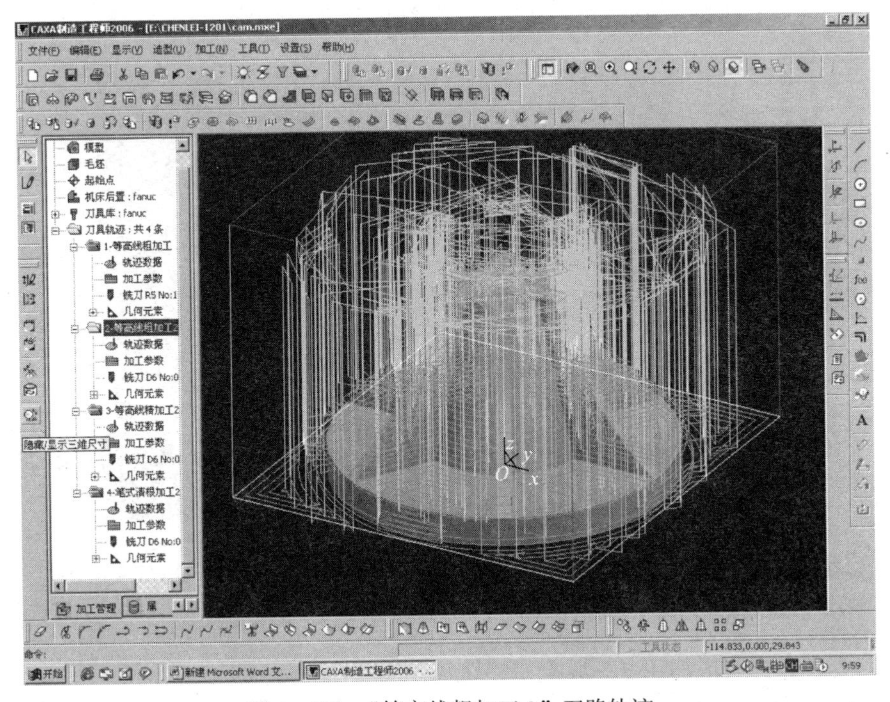

图 4－151 “等高线粗加工 2”刀路轨迹

“等高线精加工 2”主要参数参考如下。

“行距”设为 6；下刀方式中安全高度设为 80；加工边界中选择使用有效的 z 范围；精铣刀具选择 D6 铣刀；刀角半径 $r1$，刀具半径 $R3$，如图 4－153 所示。

最大值设置应与等高线粗加工选取的数值保持一致，否则会出现 G00 干涉。

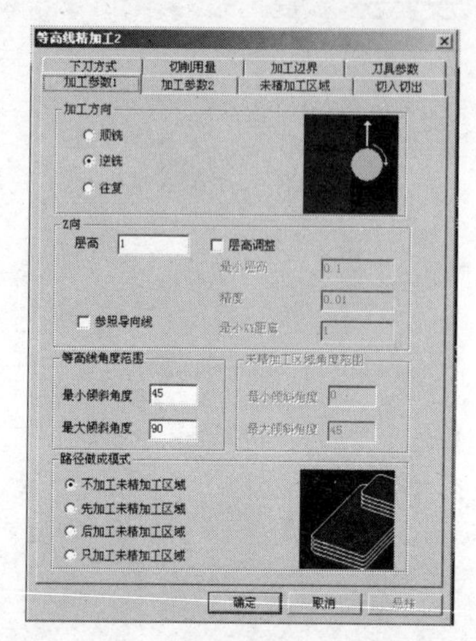

图 4－152 “等高线精加工 2”对话框

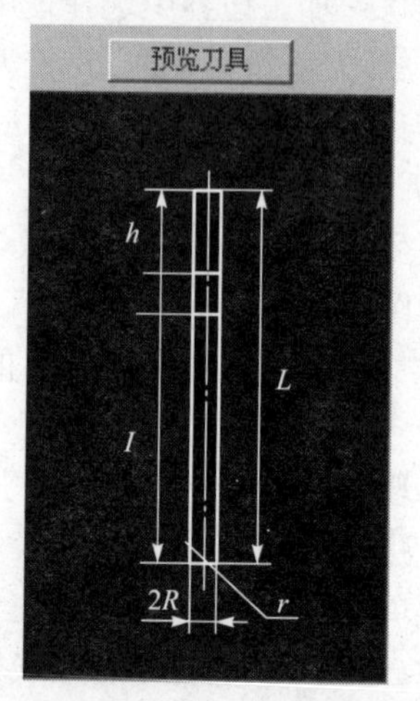

图 4－153 预览刀具

以下是生成的“等高线精加工 2”刀路轨迹，如图 4－154 所示。

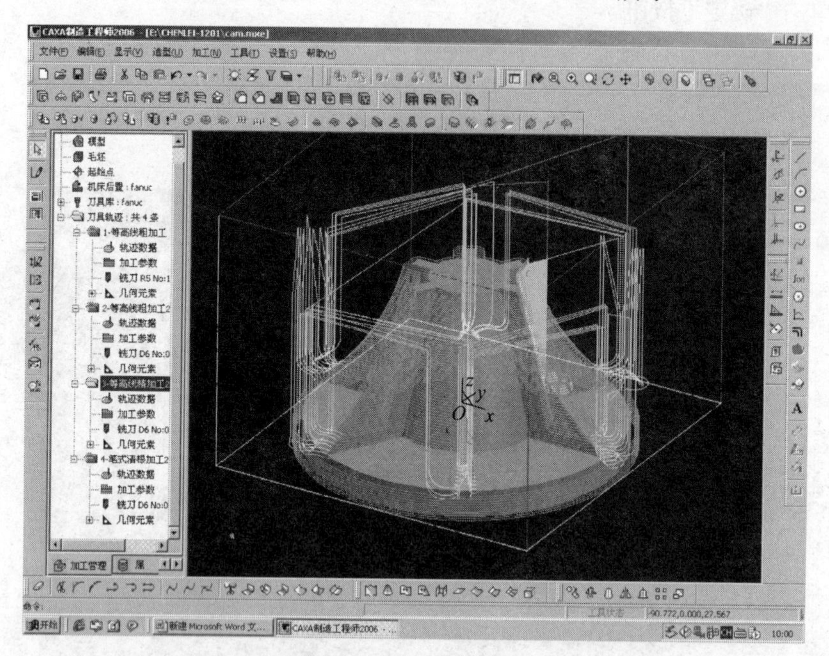

图 4－154 刀路轨迹

（4）生成“笔式清根加工 2”加工刀路轨迹。

① 把前期粗、精加工的刀具轨迹隐藏掉。

② 选择菜单“加工”→“补加工”→“笔式清根加工 2”，弹出“笔式清根加工 2”对话框。在“加工参数”选项卡参考设置各项参数，如图 4－155 所示。

该步骤中，切入切出选项卡优化部分选择完整轨迹。刀具选 D6 铣刀，刀角半径 *r*1，刀具半径 *R*3，如图 4－156 所示。

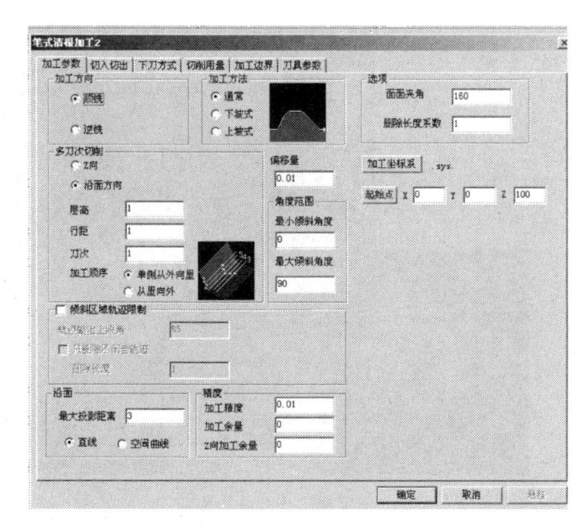

图 4－155　参数设置

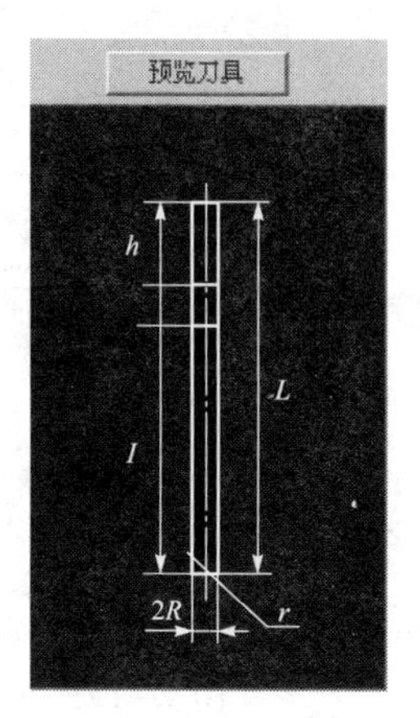

图 4－156　刀具预览

选项中各通用参数同上。

以下是生成的“笔式清根加工 2”刀路轨迹，图 4－157 所示。

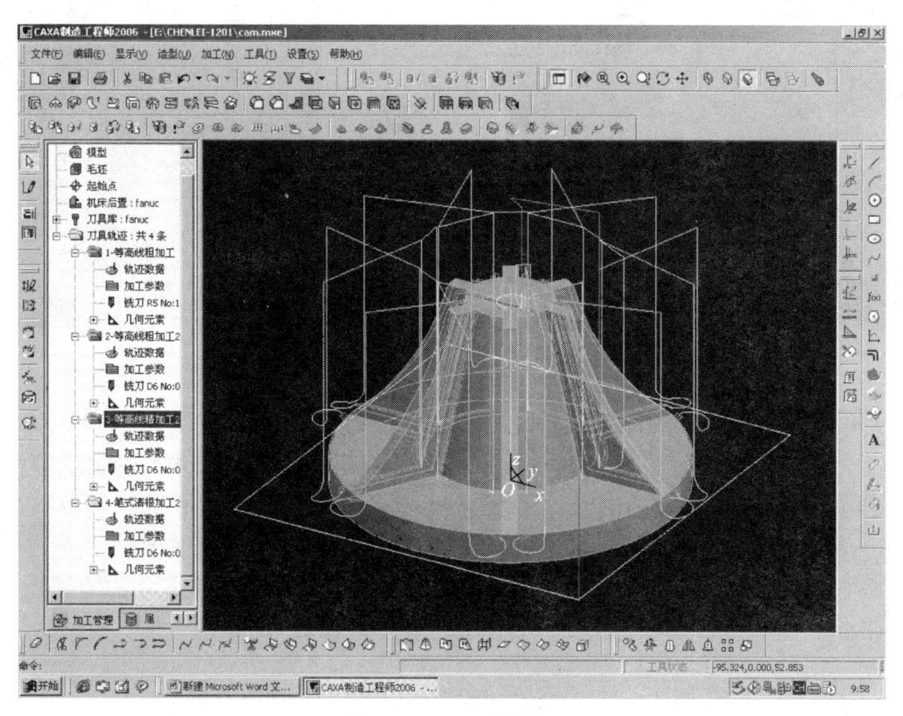

图 4－157　刀路轨迹

仿真过程如下。

（1）选择菜单“加工”→“轨迹仿真”命令。

（2）状态栏提示“拾取刀具轨迹”，拾取生成的粗加工和精加工轨迹，右击，轨迹仿真过程如图 4－158、图 4－159、图 4－160 和图 4－161 所示。

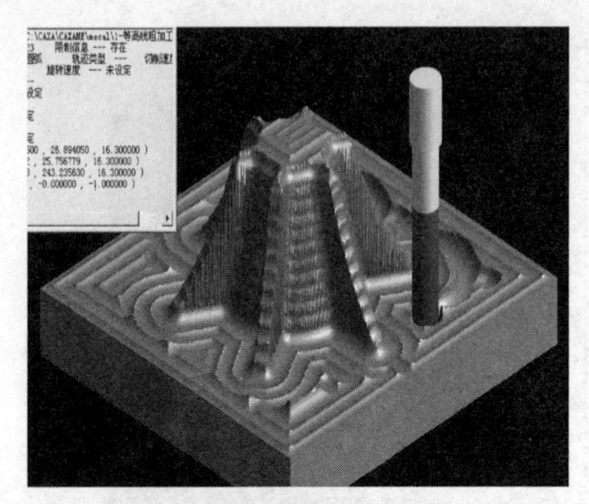

图 4－158　仿真 1

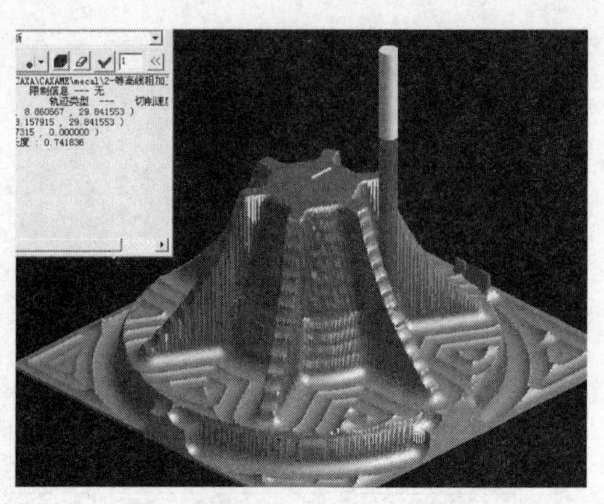

图 4－159　仿真 2

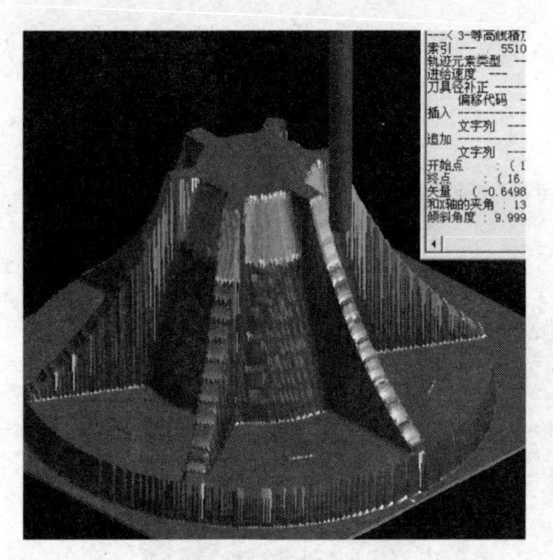

图 4－160　仿真 3

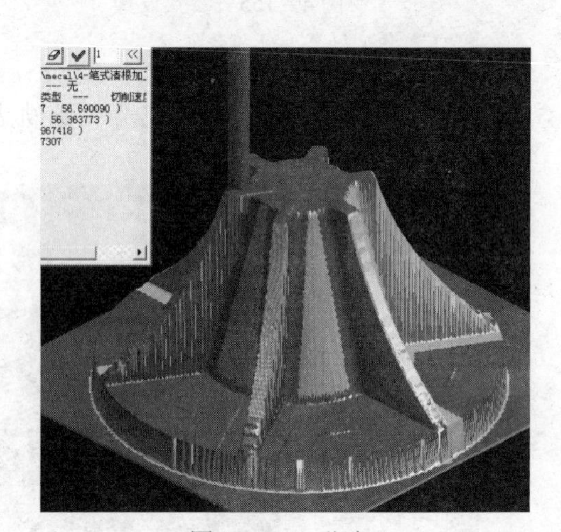

图 4－161　仿真 4

至此，叶轮实体的设计造型、生成刀具路径、加工轨迹仿真检查、生成 G 代码程序、生成加工工艺单的工作已经全部做完，可以把加工工艺单和 G 代码程序通过工厂的局域网送到车间去了。车间技术人员在加工之前还可以通过 CAXA 制造工程师中的校核 G 代码功能，再看一下加工代码的轨迹形状，做到加工之前心中有数。把工件打表找正，按加工工艺单的要求找好工件零点，再按工序单中的要求装好刀具并找好刀具的 z 轴零点，就可以开始加工了。

项目小结

➢ **核心概念**

通过本项目的学习可以熟悉 CAM 技术的理念，熟练使用典型功能创建生产实例的刀具路径，熟练应用区域式粗加工、等高线粗加工、参数线精加工、扫描线精加工的刀具路径、G 代码及工艺清单的产生，了解典型新增加工功能的知识技巧。

➢ 双基训练

CAXA 制造工程师考题

一、填空题

1. CAXA 制造工程师的“轨迹再生成”功能可实现______轨迹编辑。用户只需要选中已有的数控加工轨迹，修改原定义的加工参数表，即可重新生成加工轨迹。

2. CAXA 制造工程师可自动按照加工的先后顺序产生________。

3. CAXA 制造工程师 2 轴或 2.5 轴加工方式：可直接利用零件的轮廓曲线生成加工轨迹指令，而无须建立其________。

4. CAXA 制造工程师提供了轨迹仿真手段以检验________的正确性。

5. CAXA 制造工程师提供了_______可以将 G 代码读入后生成轨迹。

6. 刀具轨迹是系统按给定_______生成的对给定加工图形进行切削时刀具行进的路线。

7. 在切削被加工表面时，倘若刀具切到了不应该切的部分，则称作出现_______现象，或者称为________。

8. 仿真加工就是利用 CAXA 制造工程师软件系统模拟实际生产中的每一道加工过程，将刀具加工时的运行轨迹显示出来，并对加工轨迹进行_________。

9. 加工仿真后加工完成的实体可通过_____________________与理论模型进行比较。

10. CAXA 制造工程师提供的后处理器，无需生成___________就可直接输出 G 代码控制指令。

二、选择题

1. CAXA 制造工程师等高线粗加工属于（　　）轴加工。

A. 2　　B. 2.5　　C. 3　　D. 4

2. 清根加工属于（　　）加工。

A. 半精加工　　B. 精加工　　C. 补加工　　D. 其他

3. CAXA 制造工程师中参数线精加工一般用于（　　）。

A. 轮廓加工　　B. 平面加工　　C. 曲面加工　　D. 内腔加工

4. CAXA 制造工程师摆线式粗加工用于（　　）。

A. 低速铣床　　B. 中速铣床　　C. 高速铣床　　D. 加工中心

5. CAXA 制造工程师毛坯定义有三种方式：两点方式、三点方式和（　　）。

A. 点面方式　　B. 点线方式　　C. 参照模型　　D. 四点方式

6. 深腔类特征一般采用（　　）。

A. 等壁厚加工　　B. 等高线加工　　C. 插铣式加工　　D. 参数线加工

7. CAXA 制造工程师平面区域粗加工属于（　　）轴加工。

A. 2　　B. 2.5　　C. 3　　D. 4

三、判断题

1. 安全高度是指保证在此高度以上可以快速走刀而不发生过切的高度。（　　）

2. 慢速下刀高度是指由快进（G01）转为工进（G00）时的位置高度。

（ ）

3. 加工余量车、铣加工均是去除余量的过程，即从毛坯开始逐步去除多余的材料，以得到需要的零件。（ ）

4. 实际的加工模型是指定加工模型按给定的加工余量进行等距的结果。

（ ）

5. 在两轴联动控制中，对于直线和圆弧的加工存在误差，加工误差是指对样条线进行加工时用折线段逼近样条线时的误差。（ ）

6. 在三轴联动控制中，可以按给定步长的方式控制加工误差。

（ ）

7. 步长用来控制刀具步进方向上每两个刀位点之间的距离，系统按用户给定的步长计算刀具轨迹。（ ）

8. 在切削被加工表面时，倘若刀具切到了不应该切的部分，则称作出现干涉现象，或者称为过切。（ ）

9. 制造工程师系统中，干涉分为两种情况：自身干涉和空间干涉。

（ ）

10. 制造工程师系统计算刀位轨迹时默认全局刀具起始点作为刀具初始点。

（ ）

11. 机床刀库是与各种机床的控制系统相关联的刀具库。（ ）

12. 仿真加工就是利用制造工程师软件系统模拟实际生产中的每一道加工过程，将刀具加工时的运行轨迹显示出来。（ ）

13. 在 CAXA 制造工程师中可以将切削残余量用不同颜色区分表示，并把切削仿真结果与零件理论形状进行比较。（ ）

14. 在 CAXA 制造工程师中，调节仿真加工的速度，可以随意放大、缩小、旋转以便于观察细节内容。（ ）

15. 投影加工可用于曲率变化较大的场合。（ ）

16. 参数线精加工属于 2 轴加工。（ ）

17. 在轮廓加工中可按照实际需要确定加工刀次。（ ）

四、简答题

1. 简述 CAXA 制造工程师中参数化轨迹的编辑功能。

2. 简述刀具轨迹和刀位点的关系。

3. 简述平坦部面积系数的概念。

➢ 实训演练

1. 已知图形如题图 4－1，底面（基准面）已经精加工，请生成零件的加工造型，参考生成零件的造型完成其粗、精加工轨迹。

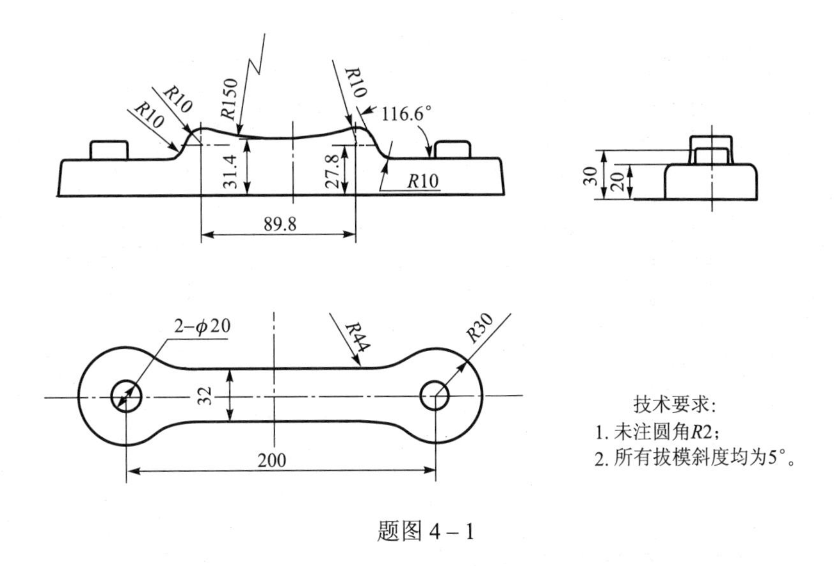

题图 4－1

2. 已知图形如题图 4－2，底面（基准面）已经精加工，请生成零件的加工造型，参考生成零件的造型完成其粗、精加工轨迹。

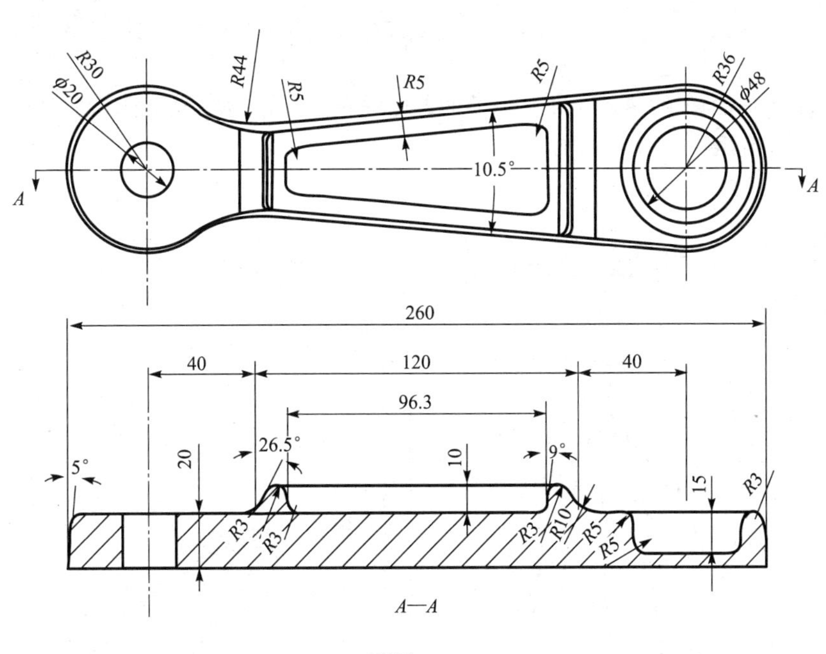

题图 4－2

3. 已知图形如下题图 4－3，底面（基准面）已经精加工，请生成零件的加工造型，参考生成零件的造型完成其粗、精加工轨迹。

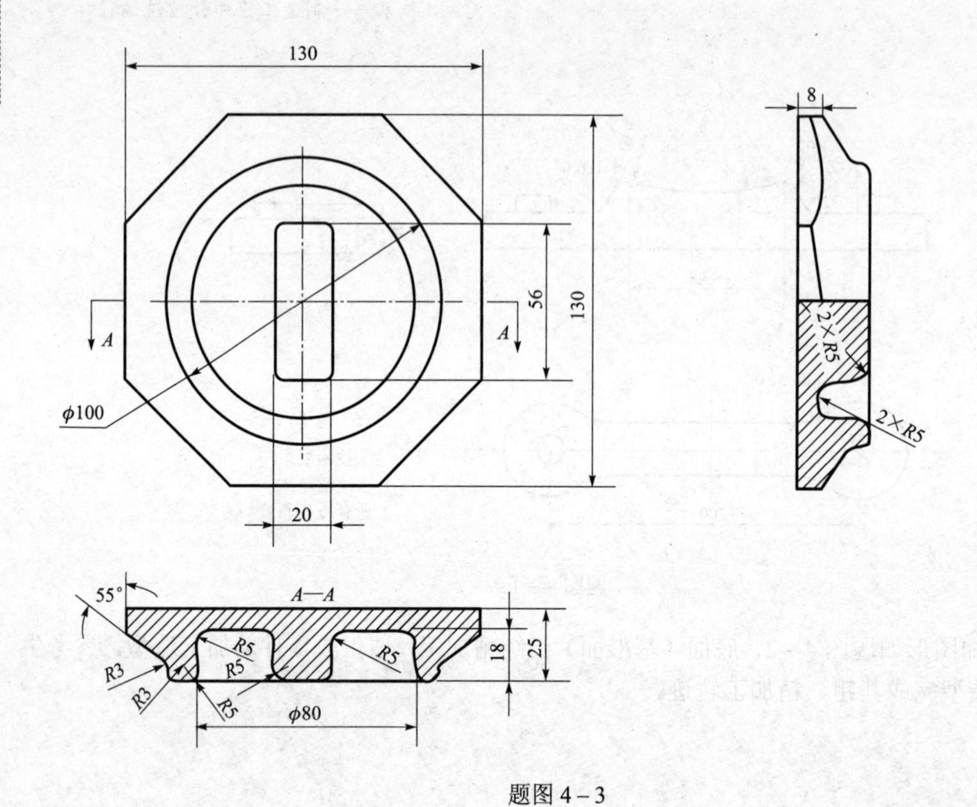

题图 4－3

4. 已知图形如题图 4－4，底面（基准面）已经精加工，请生成零件的加工造型，参考生成零件的造型完成其粗、精加工轨迹。

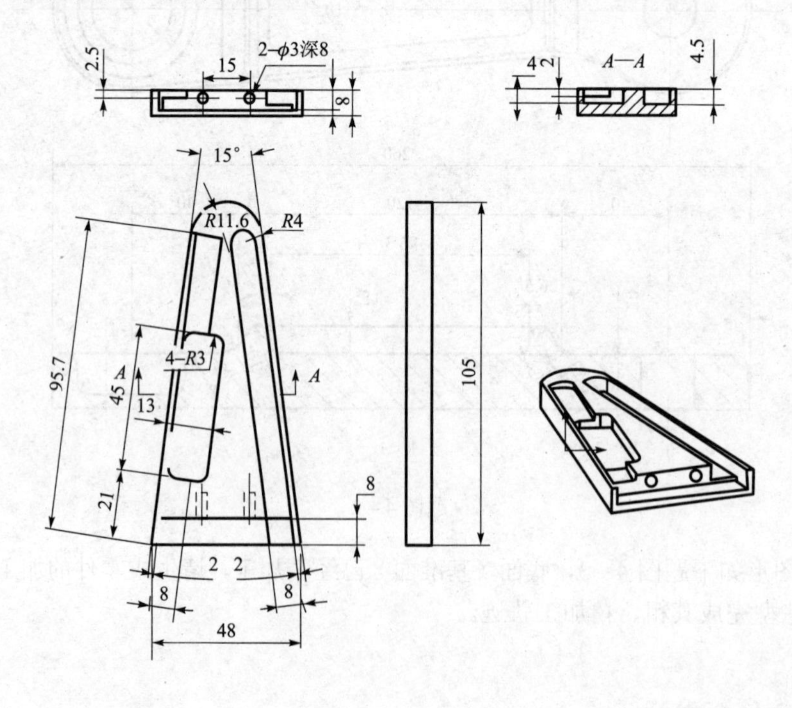

题图 4－4

项目五
造型与加工综合实例

【能力目标】

1. 具备使用空间曲线构造实体的空间线架的能力
2. 具备使用空间线架生成曲面的能力
3. 具备合理选择各种加工方法，且正确设置加工参数的能力

【知识目标】

1. 空间线架的绘制及相关编辑
2. 构造曲面，生成实体的方法及相关编辑
3. 加工参数的设置及后置处理

任务一 鼠标电极的造型与加工

【目的要求】掌握实体造型的方法及加工参数的设置。
【教学重点】等高线粗加工、扫描线精加工。
【教学难点】电极零件特征与数控加工工艺安排。

一、鼠标造型

造型思路：鼠标效果图如图 5－1 和图 5－2 所示，它的造型特点主要是外围轮廓都存在一定的角度，因此在造型时首先想到的是实体的拔模斜度。在生成鼠标上表面时，可以使用两种方法：一种是如果用实体构造鼠标，应该利用曲面裁剪实体的方法来完成造型，也就是利用样条线生成的曲面，对实体进行裁剪；另一种是如果使用曲面构造鼠标，就利用样条线生成的曲面对鼠标的轮廓进行曲面裁剪完成鼠标上曲面的造型。做完上述操作后就可以通过过渡完成鼠标的整体造型。鼠标样条线坐标点：（－60，0，15），（－40，0，25），（0，0，30），（20，0，25），（40，9，15）。

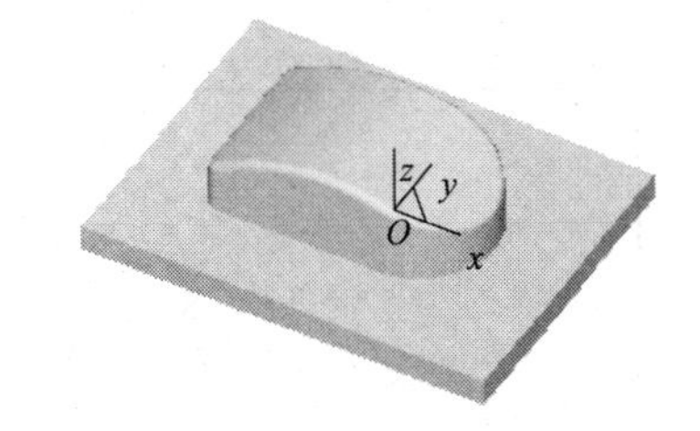

图 5－1　鼠标造型

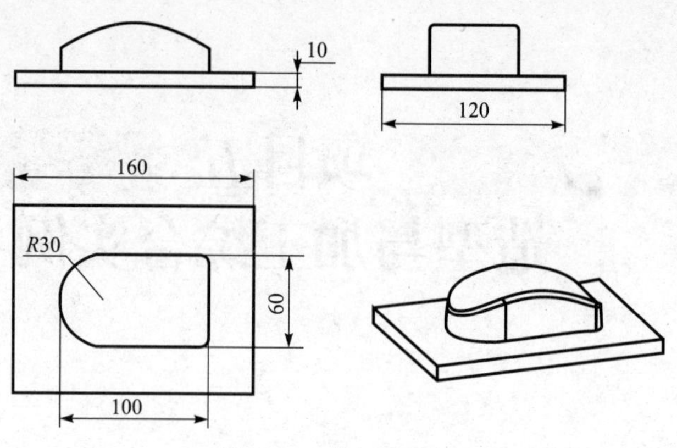

图 5－2　鼠标二维图

1. 生成扫描面

（1）按 F5 键，将绘图平面切换到在平面 xOy 上，进入草图。

（2）选择矩形工具，将其设置为“两点矩形”，输入第一点坐标（－60，30），第二点坐标（40，－30），矩形绘制完成。如图 5－3 所示。

（3）选择整圆工具，按空格键，选择切点方式，作一圆弧，与长方形右侧三条边相切。如图 5－4 所示。

图 5－3　绘制矩形　　　　图 5－4　绘制圆弧

（4）选择删除工具，拾取右侧的竖边，右击确定，删除完成。如图 5－5 所示。

（5）选择曲线裁剪工具，拾取圆弧外的直线段，裁剪完成，结果如图 5－6 所示。

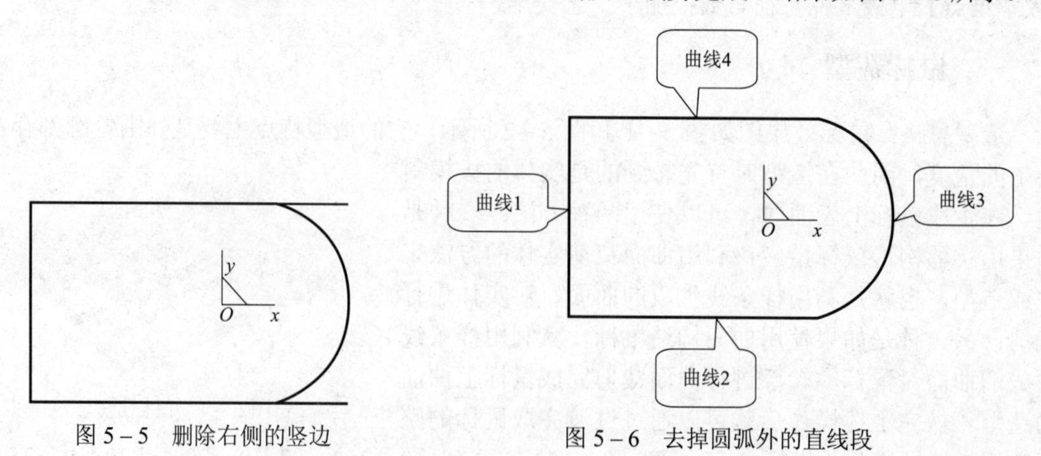

图 5－5　删除右侧的竖边　　　　图 5－6　去掉圆弧外的直线段

（6）按 F8 键，将图形旋转为轴测图，选择绘制草图工具，退出草图状态。如图 5－7 所示。

（7）选择特征工具栏上的拉伸增料工具，在弹出的“拉伸”对话框中选择相应的选项，“拉伸高度”设置为40，单击“确定”按钮，完成后效果如图5－8所示。

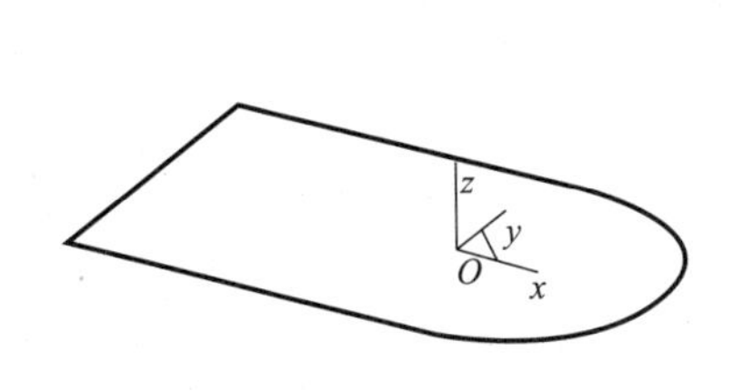

图5－7　退出草图状态

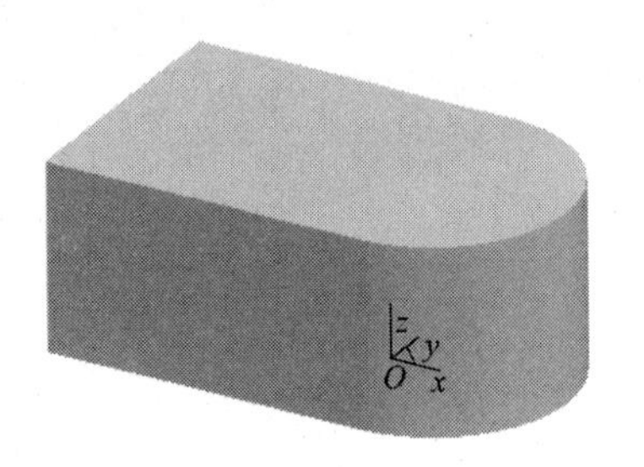

图5－8　拉伸后效果

2. 曲面裁剪

（1）选择样条线工具，按回车键，依次输入坐标点（－60，0，15），（－40，0，25），（0，0，30），（20，0，25），（40，9，15），右击确认，样条线生成，结果如图5－9所示。

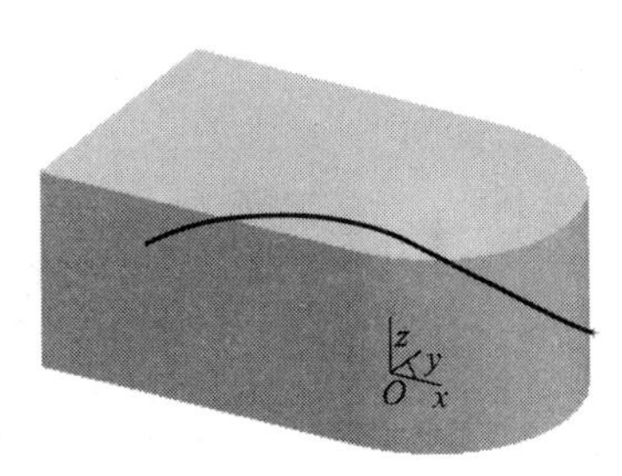

图5－9　生成样条线

（2）选择扫描面工具，设置“起始距离”值为－40，“扫描距离”值80，“扫描角度”为0，系统提示“输入扫描方向:”，按空格键弹出方向工具菜单，选择“Y轴正方向”选项，拾取样条线，扫描面生成，结果如图5－10所示。

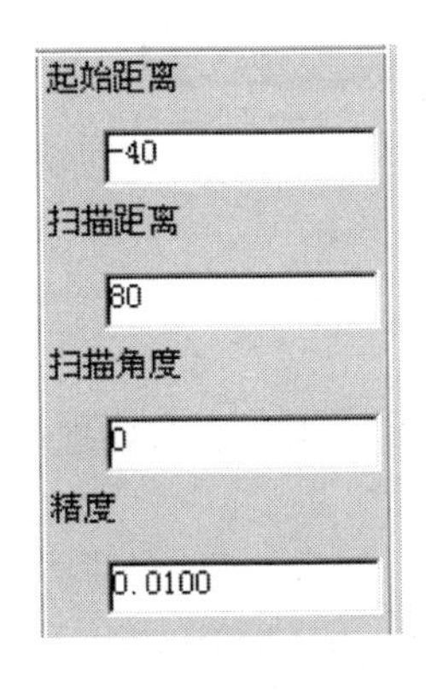

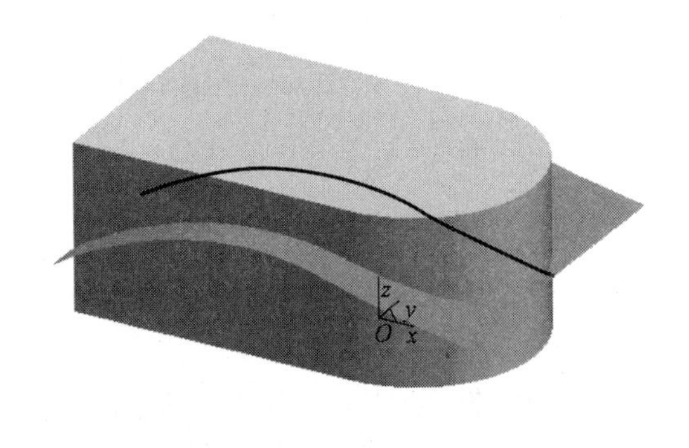

图5－10　生成扫描面

（3）利用曲面裁剪除料生成实体。选择特征工具栏上的曲面裁剪除料工具，拾取已有的曲面，并且选择除料方向，如图5－11所示，单击“确定”按钮完成。

（4）选择“编辑”→“隐藏”命令，按状态栏提示拾取曲面使其不可见，如图5－12所示。

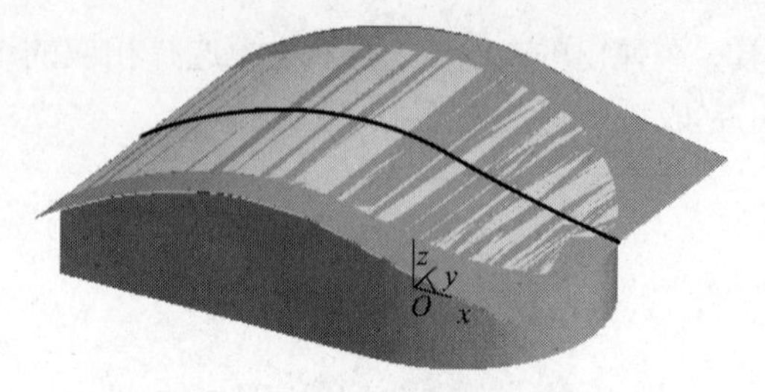

图 5-11　曲面裁剪除料

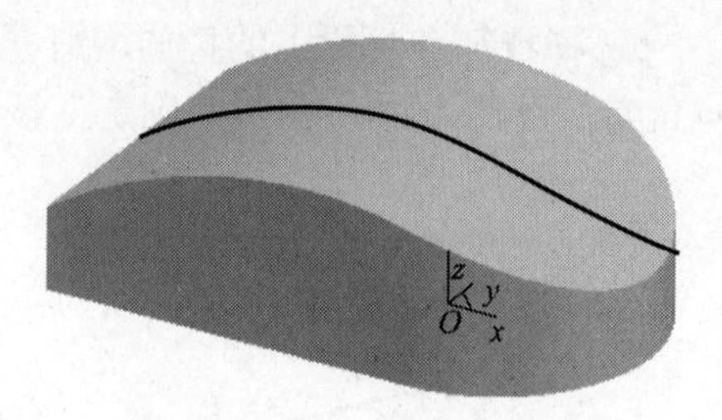

图 5-12　使曲面不可见

3. 过渡

（1）选择特征工具栏中的过渡工具，在弹出的“过渡”对话框中设置“过渡方式”为“等半径”，设置“半径”值为 2，裁剪实体。如图 5-13 所示。

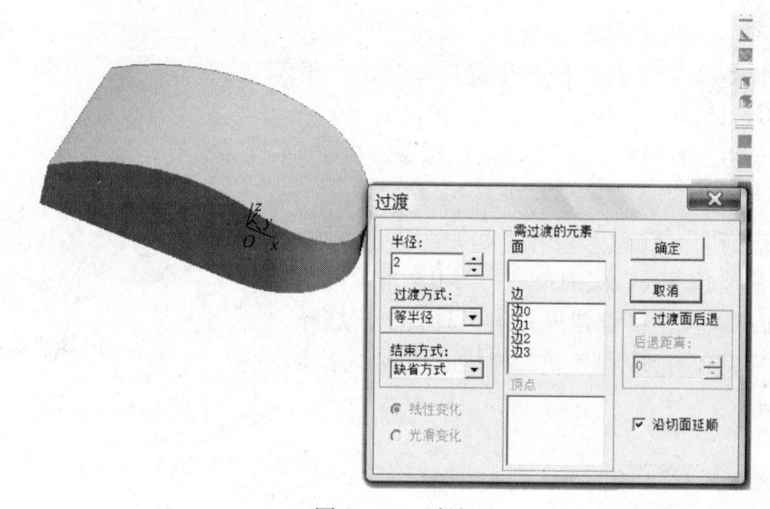

图 5-13　过渡

（2）过渡结果如图 5-14 所示。

4. 拉伸增料生成鼠标电极的托板

（1）按 F5 键切换绘图平面为 xOy 面，然后选择特征树中的“平面 XY”选项，将其作为绘制草图的基准面。

（2）选择绘制草图工具，进入草图状态。

（3）选择曲线生成工具栏上的矩形工具，绘制长为 160 宽为 120 中心为（-20，0）的矩形。如图 5-15 所示。

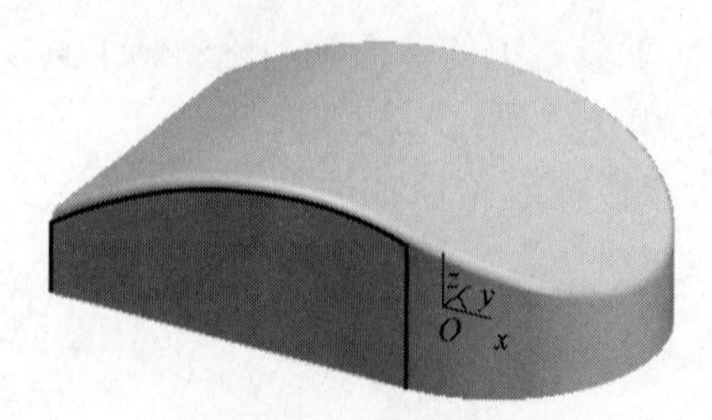

图 5-14　过渡结果

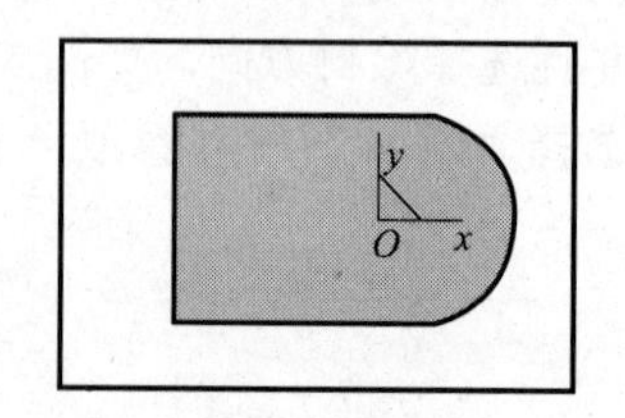

图 5-15　绘制矩形

（4）选择绘制草图工具，退出草图状态。

（5）选择拉伸增料工具，在弹出的“拉伸”对话框中设置“深度”为10，选中“反向拉伸”复选框，并单击“确定”按钮。按F8键，其轴测图如图5-16所示。

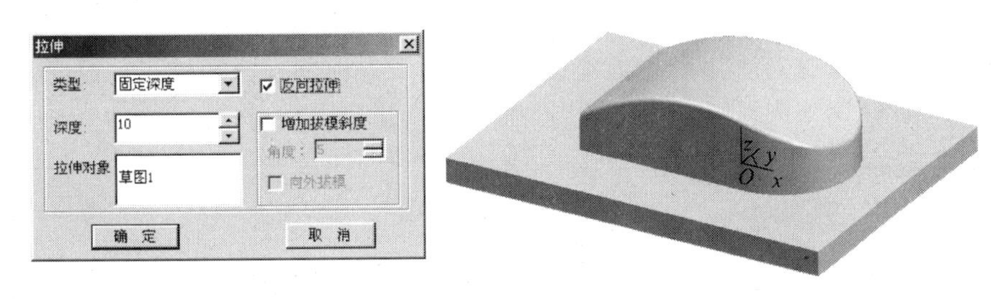

图5-16　拉伸后效果

二、鼠标加工

加工思路：等高线粗加工、扫描线精加工。

鼠标电极的整体形状较为陡峭，整体加工选择等高线粗加工，精加工采用扫描线精加工。局部精加工还可以使用平面区域、轮廓线精加工（拔模斜度）以及参数线加工。

1. 加工前的准备工作

（1）设定加工刀具。

① 打开特征树栏中的“加工基础”选项卡，双击“刀具库”选项，弹出“刀具库管理”对话框。如图5-17所示。

② 增加铣刀。单击“增加铣刀”按钮，在弹出的“增加铣刀”对话框中输入铣刀名称。如图5-18所示。

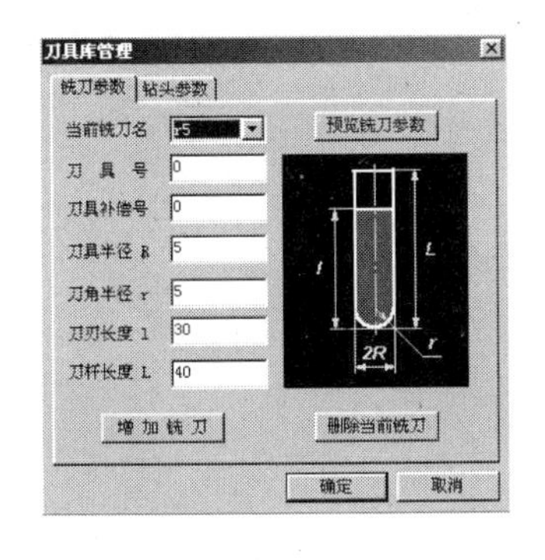

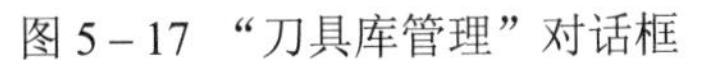

图5-17　“刀具库管理”对话框

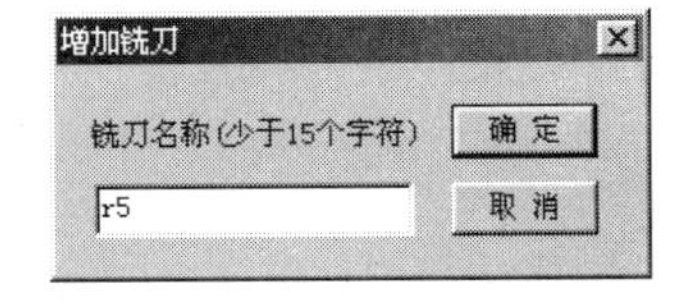

图5-18　“增加铣刀”对话框

一般都是以铣刀的直径和刀角半径来表示，刀具名称尽量和工厂中用刀的习惯一致。刀具名称一般表示形式为“$D10$，$r3$”，D代表刀具直径，r代表刀角半径。

③ 设定增加的铣刀的参数。在“刀具库管理”对话框中输入正确的数值，刀具定义即可完成。其中的刀刃长度和刃杆长度与仿真有关而与实际加工无关，在实际加工中要正确选择吃刀量和吃刀深度，以免刀具损坏。

（2）后置设置。

用户可以增加当前使用的机床，给出机床名，定义适合自己机床的后置格式。系统默认的格式为 FANUC 系统的格式。

① 选择“加工”→“后置处理”→“后置设置”命令，弹出“后置设置”对话框。

② 增加机床设置。选择当前机床类型，如图 5-19 所示。

③ 后置处理设置。打开“后置处理设置”选项卡，根据当前的机床，设置各参数，如图 5-20 所示。

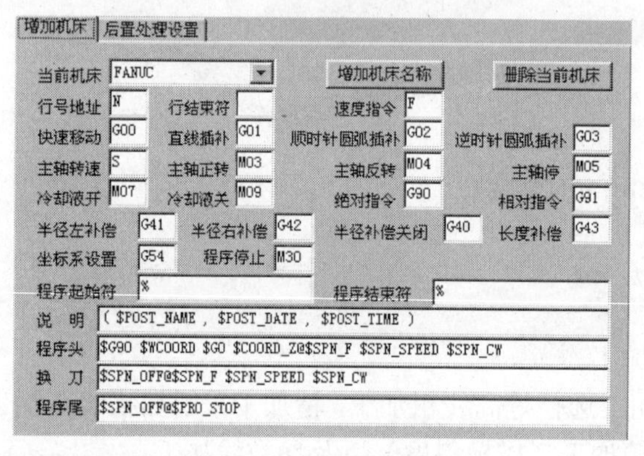

图 5-19 增加机床设置

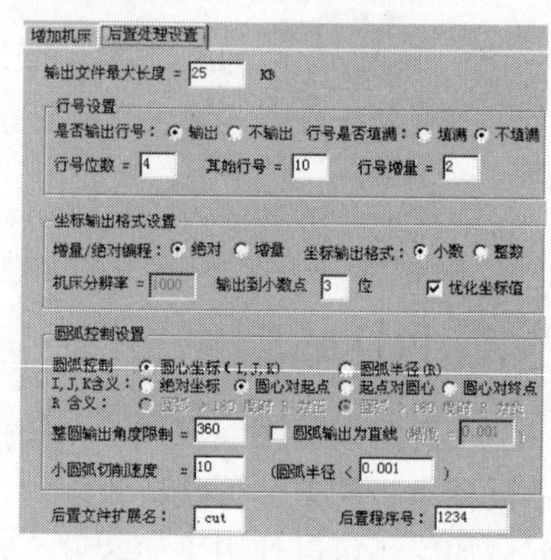

图 5-20 后置处理设置

④ 选择“加工”→“定义毛坯”命令，弹出“定义毛坯”对话框，选择参照模型。如图 5-21 所示。

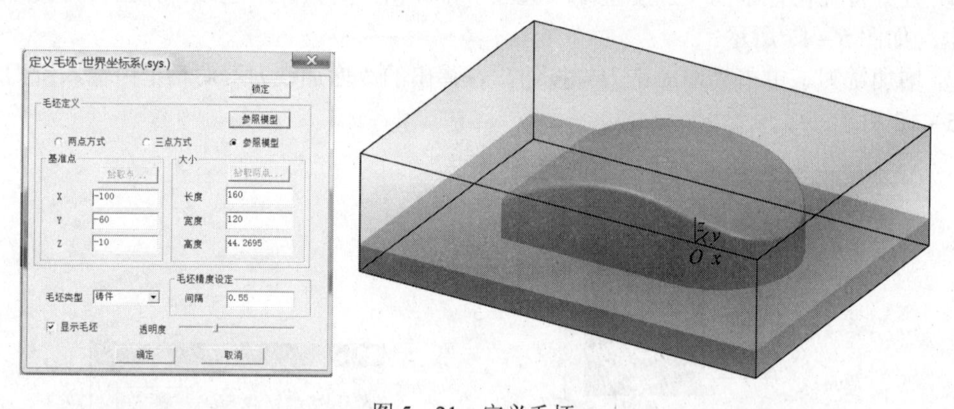

图 5-21 定义毛坯

2. 等高线粗加工

（1）设置粗加工参数。选择“加工”→“粗加工”→“等高线粗加工”命令，在弹出的“等高线粗加工”对话框中设置粗加工参数，如图 5-22 所示。

（2）设置粗加工“刀具参数”。如图 5-23 所示。

（3）设置粗加工“切削用量”参数。如图 5-24 所示。

（4）确认“进退刀方式”、“下刀方式”、“清根方式”为系统默认值。单击“确定”按钮退出参数设置。

（5）按系统提示拾取加工轮廓。拾取整个表面，然后右击结束。如图 5-25 所示。

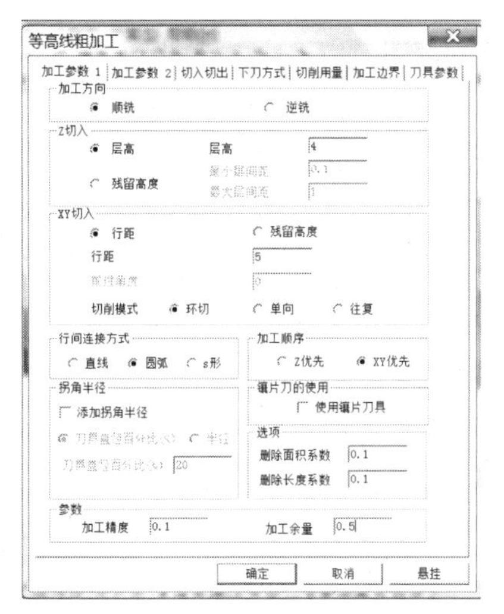

图 5－22 “等高线粗加工”对话框

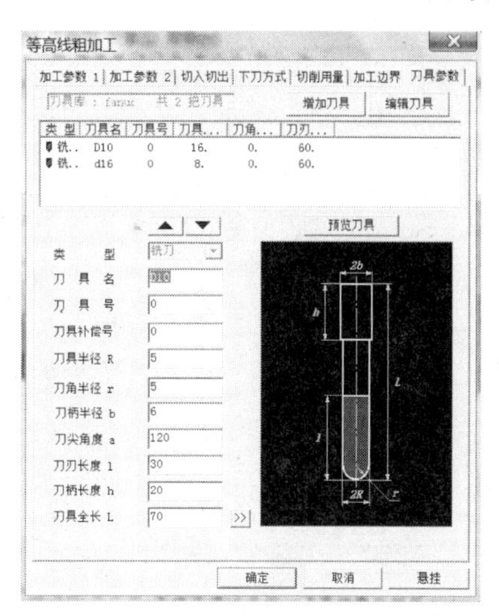

图 5－23 “刀具参数”选项卡

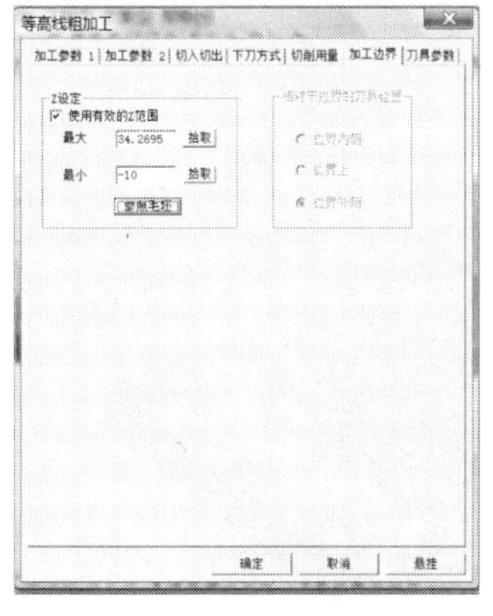

图 5－24 “切削用量”选项卡

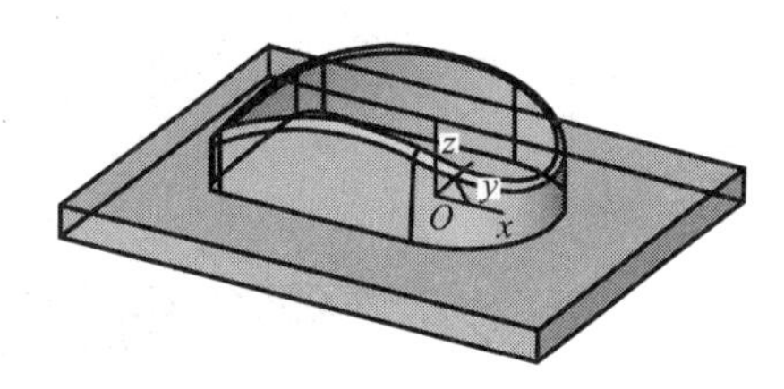

图 5－25 拾取整个表面

（6）生成粗加工刀路轨迹。系统提示“正在计算轨迹”，然后系统就会自动生成粗加工轨迹。结果如图 5－26 所示。

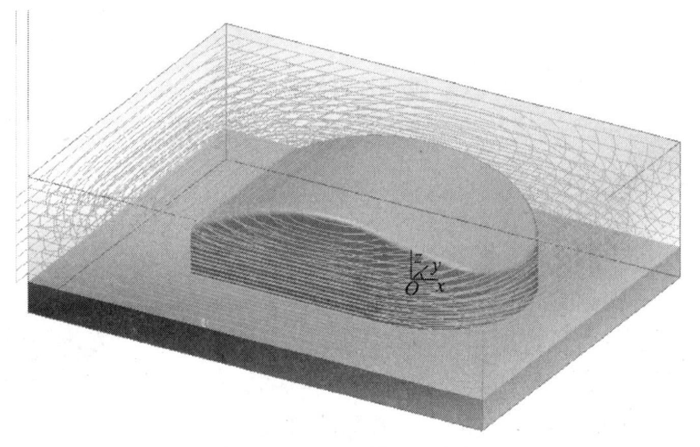

图 5－26 生成粗加工轨迹

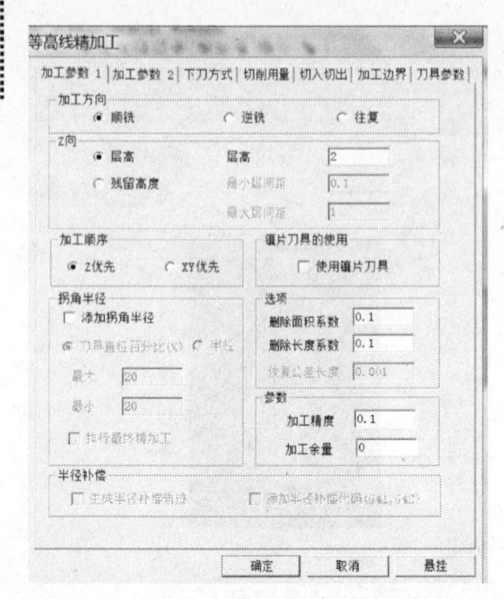

图 5－27 “扫描线精加工”对话框

（7）隐藏生成的粗加工轨迹。拾取轨迹，右击，在弹出的快捷菜单中选择“隐藏”命令，隐藏生成的粗加工轨迹，以便于下步操作。

3. 扫描线精加工

（1）设置扫描线精加工参数。选择“加工”→“精加工”→“扫描线精加工”命令，在弹出的“扫描线精加工”对话框中设置扫描线精加工参数，如图 5－27 所示。

（2）“切削用量”、“进退刀方式”和“刀具参数”按照粗加工的参数来设定，完成后单击“确定”按钮。

（3）按系统提示拾取整个零件表面为加工曲面，右击确定。

（4）生成精加工轨迹。如图 5－28 所示。

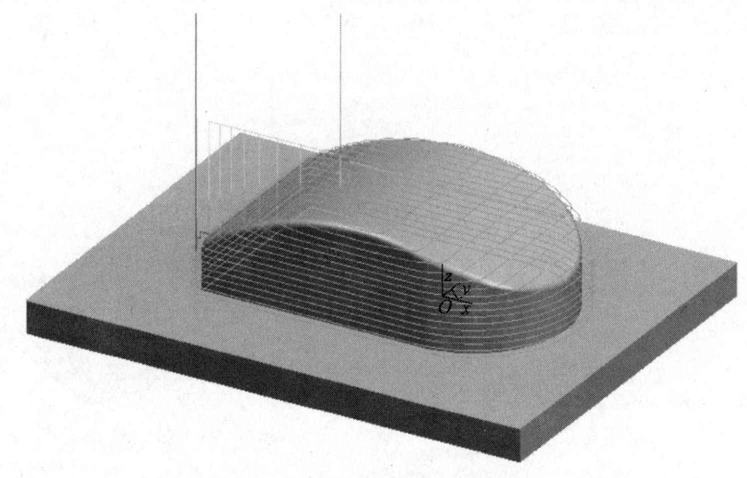

图 5－28 生成精加工轨迹

注意：精加工的加工余量为 0。

4. 加工仿真

（1）选择可见工具，显示所有已生成的粗/精加工轨迹。

（2）选择“加工”→“轨迹仿真”命令，选定选项，按系统提示同时拾取粗加工刀具轨迹与精加工轨迹，右击，系统将进行仿真加工。如图 5－29 所示。

（3）观察仿真加工走刀路线，检验判断刀路是否正确、合理（有无过切等错误）。

（4）选择“加工”→“轨迹编辑”命令，弹出“轨迹编辑”级联菜单，按提示拾取相应加工轨迹或相应轨迹点，修改相应参数，进行局部轨迹修改。若修改过大，重新生成加工轨迹。

图 5－29 仿真加工

（5）仿真检验无误后，可保存粗/精加工轨迹。

5. 生成 G 代码

（1）选择“加工”→“后置处理”→“生成 G 代码”命令，在弹出的“选择后置文件”对话框中给定要生成的 NC 代码文件名（鼠标粗加工.cut）及其存储路径，单击“确定”按钮。

（2）按提示分别拾取粗加工轨迹，右击确定，生成粗加工 G 代码。如图 5－30 所示。

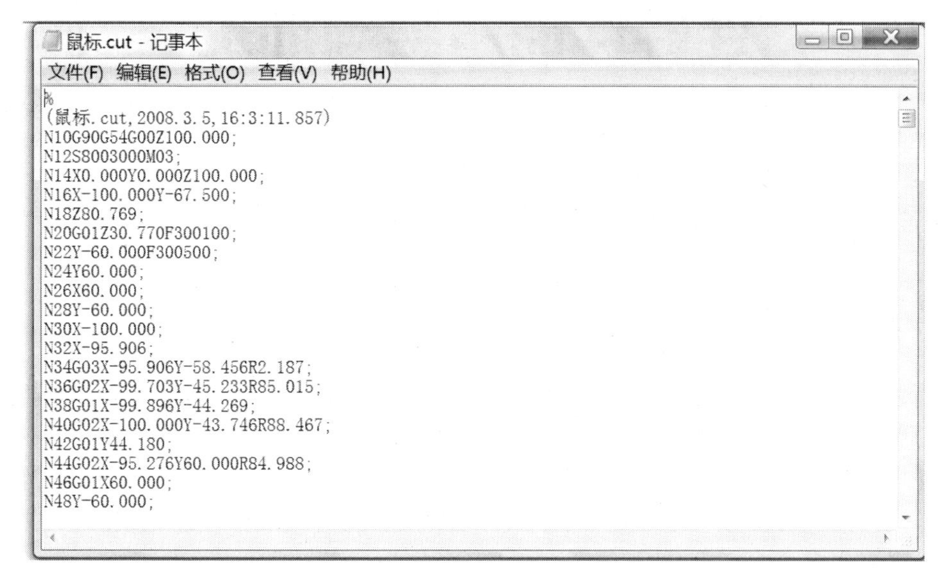

图 5－30　生成粗加工 G 代码

（3）用同样的方法生成精加工 G 代码。

6. 生成加工工艺清单

（1）选择“加工”→“工艺清单”命令，在弹出的“工艺清单”对话框中输入加工工艺清单相关设置信息，单击“确定”按钮。如图 5－31 所示。

（2）按提示分别拾取粗加工轨迹与精加工轨迹，右击确定，生成加工工艺清单，如图 5－32 所示。

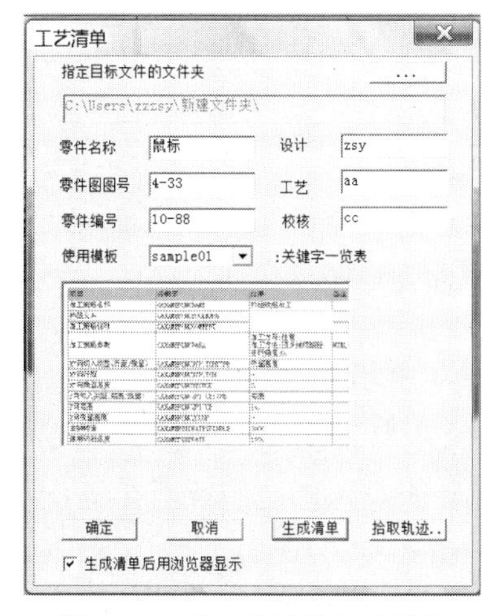

图 5－31　“工艺清单”对话框

图 5－32　生成加工工艺清单

至此，鼠标的造型和加工的过程就结束了。

连杆件的造型与加工

【目的要求】掌握复杂实体零件的造型。
【教学重点】零件实体造型思路。
【教学难点】多种加工方法的综合运用。

一、连杆件的实体造型

造型思路：根据连杆的造型及其三视图（如图 5－33 和图 5－34 所示）可以分析出连杆主要包括底部的托板、基本拉伸体、两个凸台、凸台上的凹坑和基本拉伸体上表面的凹坑。底部的托板、基本拉伸体和两个凸台通过拉伸草图来得到；凸台上的凹坑使用旋转除料来生成；基本拉伸体上表面的凹坑先使用等距实体边界线得到草图轮廓，然后使用带有拔模斜度的拉伸除料来生成。

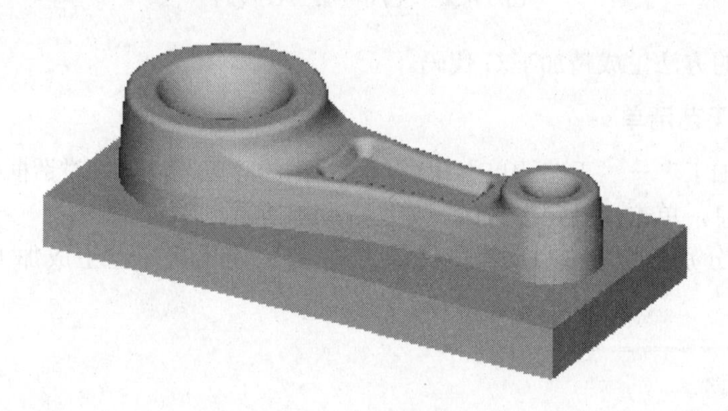

图 5－33　连杆造型

1. 作基本拉伸体的草图

（1）选择零件特征树的“平面 *xOy*”选项，选择 *xOy* 面为绘图基准面。

（2）选择绘制草图工具，进入草图绘制状态。

（3）绘制整圆。选择曲线生成工具栏上的整圆工具，将其设置为圆心_半径，按回车键，在弹出的文本框中先后设置圆心为（70，0，0），半径 *R* 为 20 并确认，然后右击结束该圆的绘制。同样方法设置圆心为（－70，0，0），半径 *R* 为 40 绘制另一圆，并连续右击两次退出圆的绘制，结果如图 5－35 所示。

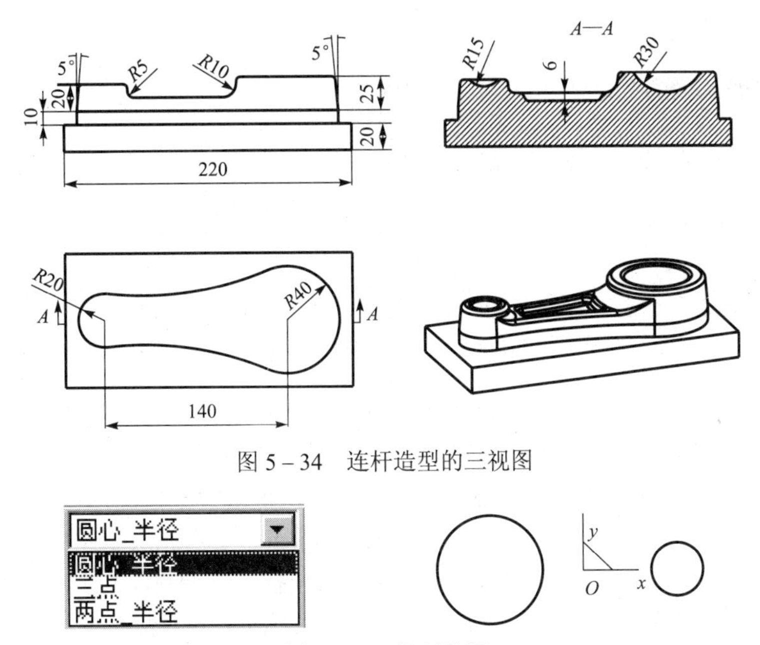

图 5-34 连杆造型的三视图

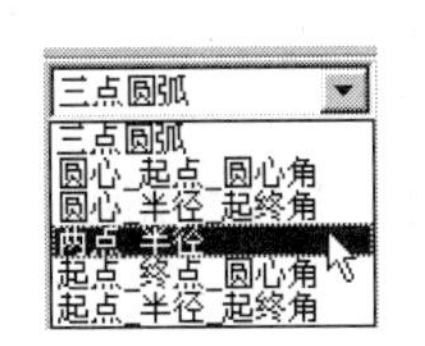

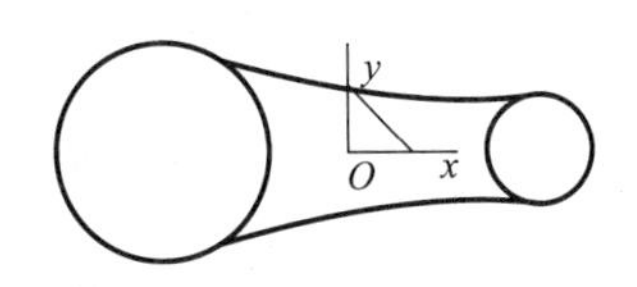

图 5-35 绘制整圆

（4）绘制相切圆弧。选择曲线生成工具栏上的圆弧工具，在特征树下的立即菜单中选择圆弧方式为“两点_半径”，然后按空格键，在弹出的菜单中选择“切点”命令，拾取两圆上方的任意位置，按回车键，设置半径 R 为 250 并确认完成第一条相切线。接着拾取两圆下方的任意位置，同样设置半径 R 为 250，结果如图 5-36 所示。

图 5-36 绘制相切圆弧

（5）裁剪多余的线段。选择曲线裁剪工具，拾取需要裁剪的圆弧上的线段，结果如图 5-37 所示。

（6）退出草图状态。选择绘制草图工具，退出草图绘制状态。按 F8 键观察草图轴测图，如图 5-38 所示。

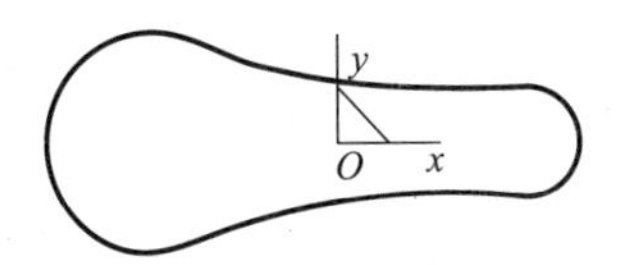

图 5-37 裁剪多余的线段

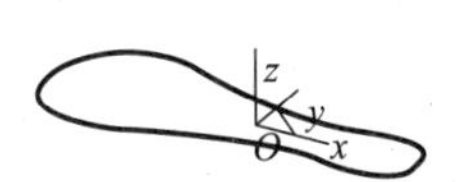

图 5-38 退出草图状态

2. 利用拉伸增料生成拉伸体

（1）选择特征工具栏上的拉伸增料工具，在弹出“拉伸”对话框中设置“深度”为 10，选中“增加拔模斜度”复选框，设置拔模角度为 5，并单击“确定”按钮，结果如图 5－39 所示。

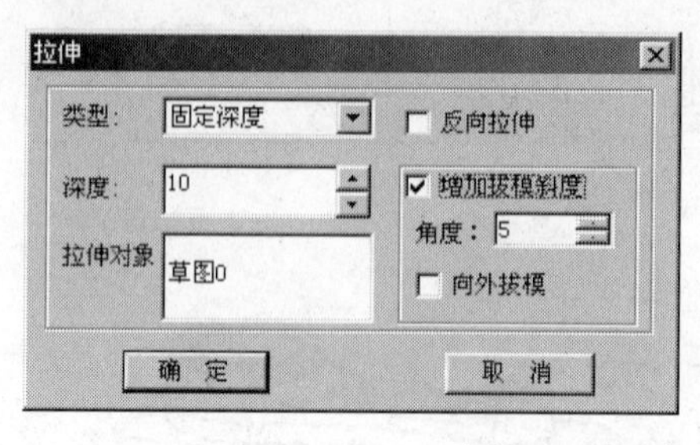

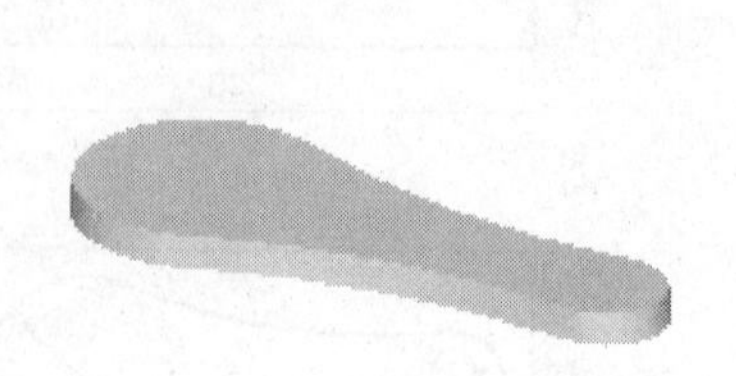

图 5－39 “拉伸”对话框

（2）拉伸小凸台。单击基本拉伸体的上表面，选择该上表面为绘图基准面，然后选择绘制草图工具，进入草图绘制状态。选择整圆工具，按空格键，在弹出的菜单中选择“圆心”命令，单击上表面小圆的边，拾取到小圆的圆心，再次按空格键，在弹出的菜单中选择“端点”命令，单击上表面小圆的边，拾取到小圆的端点，右击完成草图的绘制。

（3）选择绘制草图工具，退出草图状态。然后选择拉伸增料工具，在弹出的“拉伸”对话框中设置“深度”为 10，选中“增加拔模斜度”复选框，设置拔模角度为 5，并单击“确定”按钮，结果如图 5－40 所示。

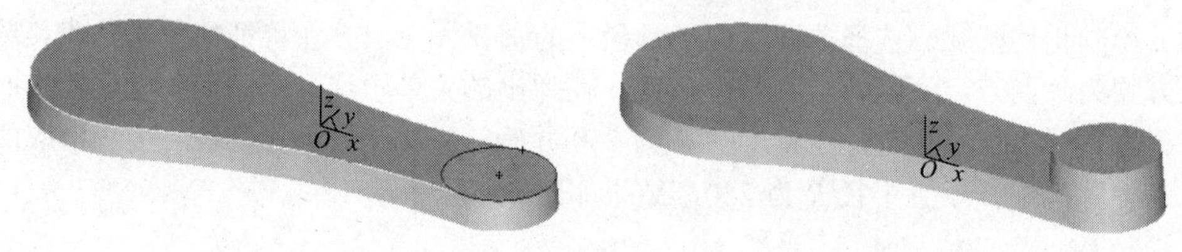

图 5－40 拉伸小凸台

（4）拉伸大凸台。与绘制小凸台草图步骤相同，拾取上表面大圆的圆心和端点，完成大凸台草图的绘制。

（5）与拉伸小凸台步骤相同，设置“深度”为 15，拔模角度为 5，生成大凸台，结果如图 5－41 所示。

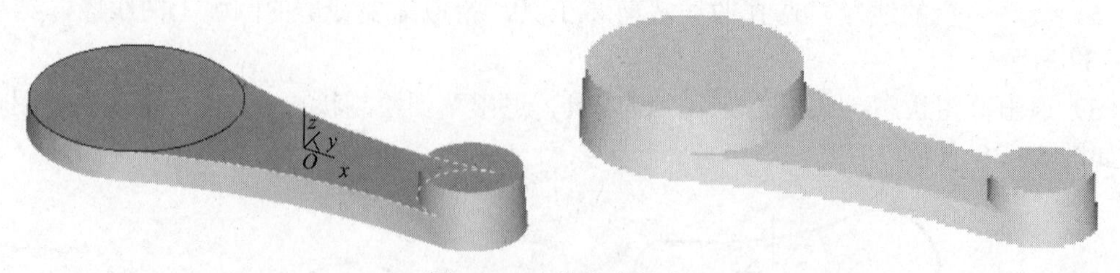

图 5－41 生成大凸台

3. 利用旋转除料生成小凸台凹坑

（1）选择零件特征树的“平面 *xOz*”选项，选择平面 *xOz* 为绘图基准面，然后选择绘制草图工具，进入草图绘制状态。

（2）作直线 1。选择直线工具，按空格键，在弹出的菜单中选择“端点”命令，拾取小凸台上表面圆的端点为直线的第 1 点，按空格键，在弹出的菜单中选择“中点”命令，拾取小凸台上表面圆的中点为直线的第 2 点。

（3）选择曲线生成工具栏的等距线工具，设置“距离”为 10，拾取直线 1，选择等距方向为向上，将其向上等距 10，得到直线 2，如图 5－42 所示。

（4）绘制用于旋转除料的圆。选择整圆工具，按空格键，在弹出的菜单中选择“中点”命令，单击直线 2，拾取其中点为圆心，按回车键输入半径 15，右击结束圆的绘制，如图 5－43 所示。

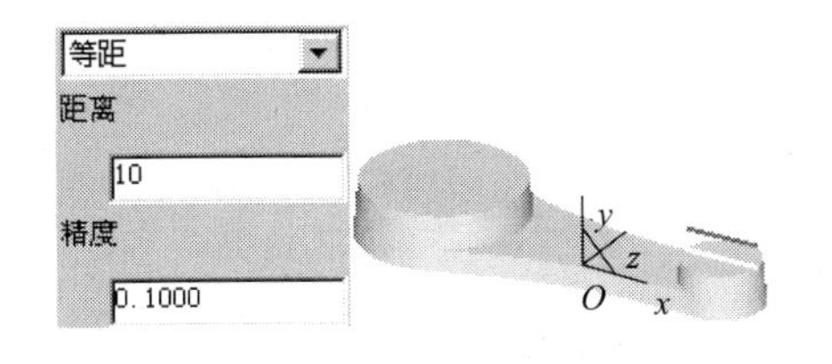

图 5－42　得到直线 2

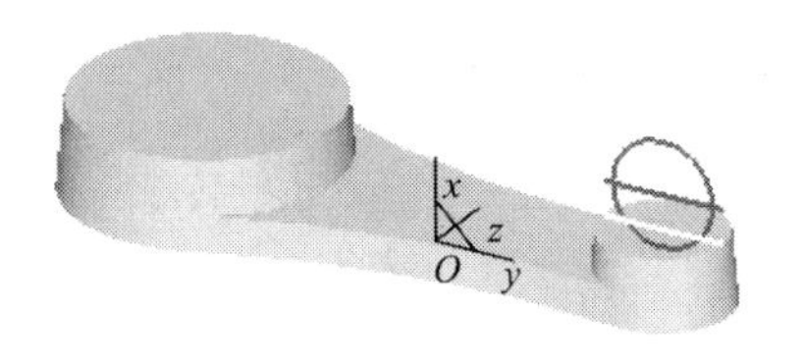

图 5－43　绘制用于旋转除料的圆

（5）删除和裁剪多余的线段。拾取直线 1，右击，在弹出的快捷菜单中选择“删除”命令，将直线 1 删除。选择曲线裁剪工具，裁剪掉直线 2 的两端和圆的上半部分，如图 5－44 所示。

（6）绘制用于旋转轴的空间直线。选择绘制草图工具，退出草图状态。选择“直线”工具，按空格键选择“端点”命令，拾取半圆直径的两端，绘制与半圆直径完全重合的空间直线。如图 5－45 所示。

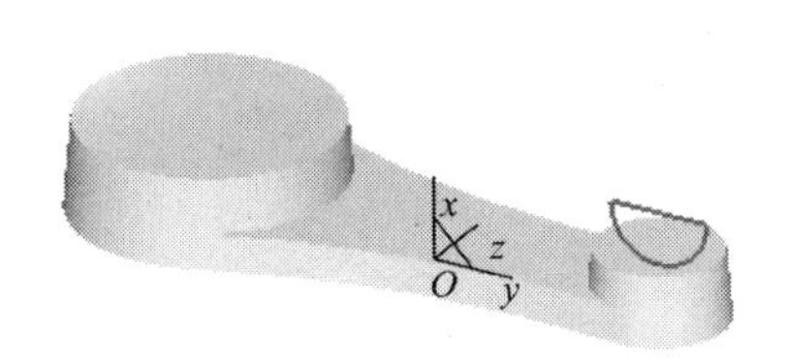

图 5－44　裁剪后的效果

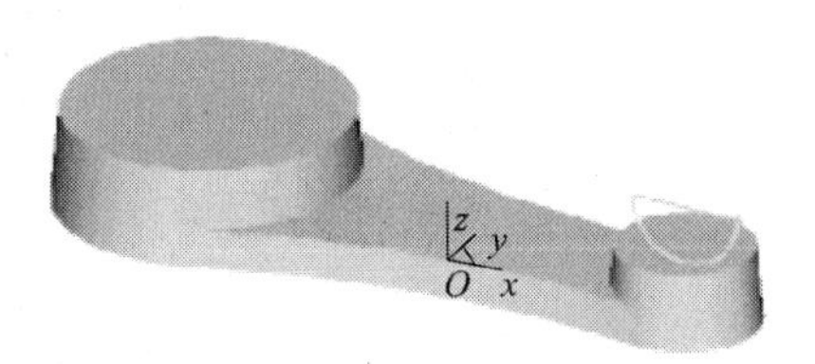

图 5－45　绘制用于旋转轴的空间直线

（7）选择特征工具栏的旋转除料工具，在弹出的“旋转特征”对话框中拾取半圆草图和作为旋转轴的空间直线，单击“确定”按钮，然后删除空间直线，结果如图 5－46 所示。

4. 利用旋转除料生成大凸台凹坑

（1）用与绘制小凸台上旋转除料草图和旋转轴空间直线完全相同的方法，绘制大凸台上旋转除料的半圆和空间直线。具体参数：直线等距的距离为 20，圆的半径 R 为 30，结果如图 5－47 所示。

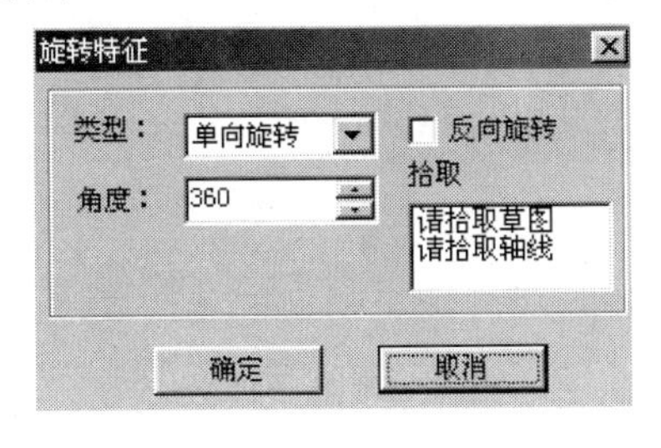

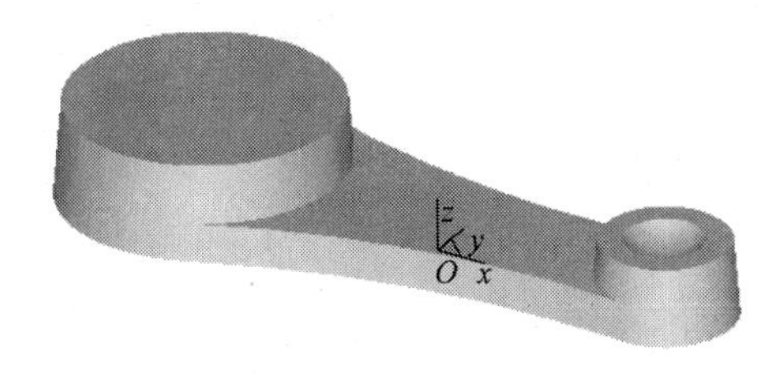

图 5－46　旋转除料后的效果

（2）选择旋转除料工具，在弹出的“旋转特征”对话框中拾取大凸台上半圆草图和作为旋转轴的空间直线，单击“确定”按钮，然后删除空间直线，结果如图 5－48 所示。

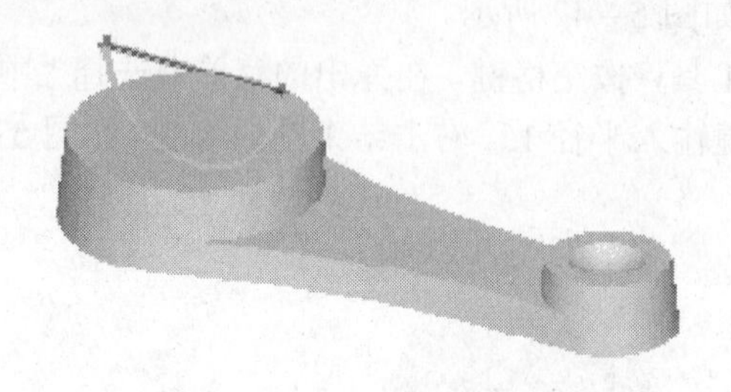

图 5－47　绘制大凸台上旋转除料的半圆和空间直线

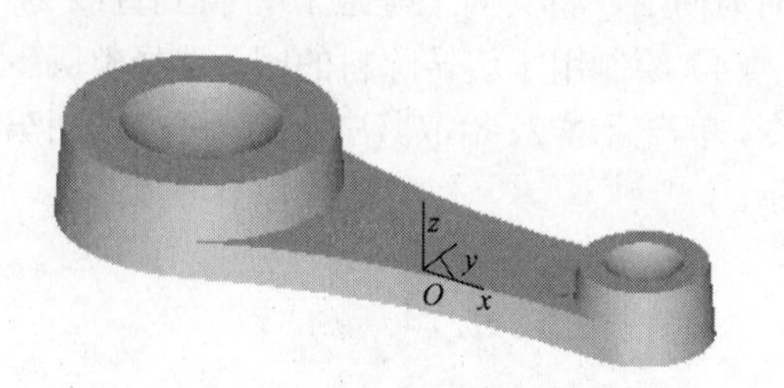

图 5－48　旋转除料后的效果图

5. 利用拉伸除料生成基本体上表面的凹坑

（1）单击基本拉伸体的上表面，选择拉伸体上表面为绘图基准面，然后选择绘制草图工具，进入草图状态。

（2）选择曲线生成工具栏的相关线工具，将其设置为“实体边界”，拾取如图 5－49 所示的四条边界线。

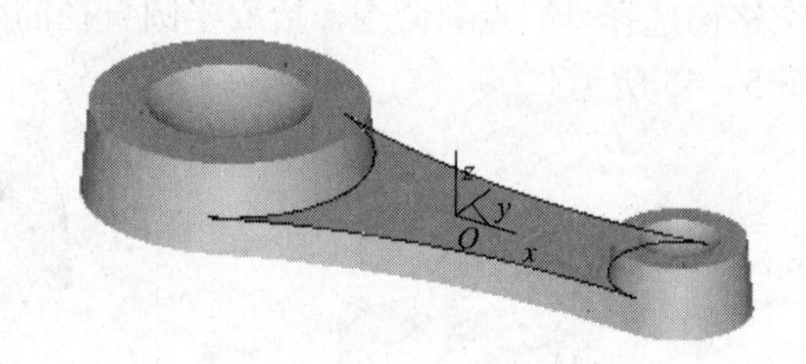

图 5－49　拾取四条边界线

（3）生成等距线。选择等距线工具，以等距距离 10 和 6 分别作刚生成的边界线的等距线，如图 5－50 所示。

（4）曲线过渡。选择线面编辑工具栏的曲线过渡工具，设置其半径为 6，对等距生成的曲线作过渡，结果如图 5－51 所示。

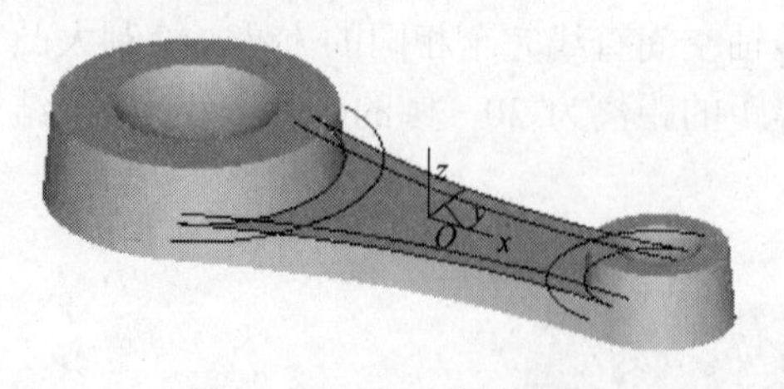

图 5－50　生成等距线

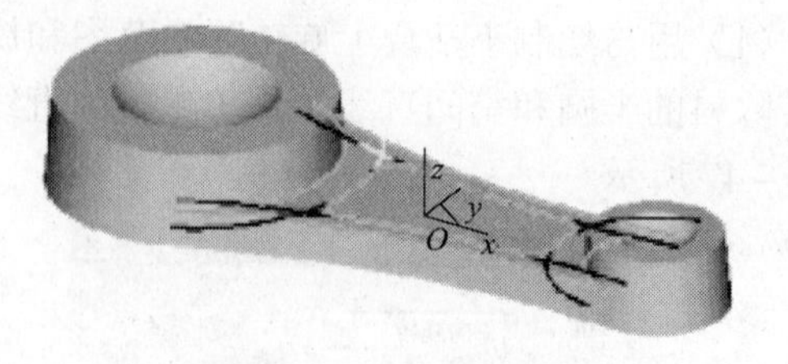

图 5－51　曲线过渡

（5）删除多余的线段。选择线面编辑工具栏的删除工具，拾取四条边界线，然后右击将各边界线删除，结果如图 5－52 所示。

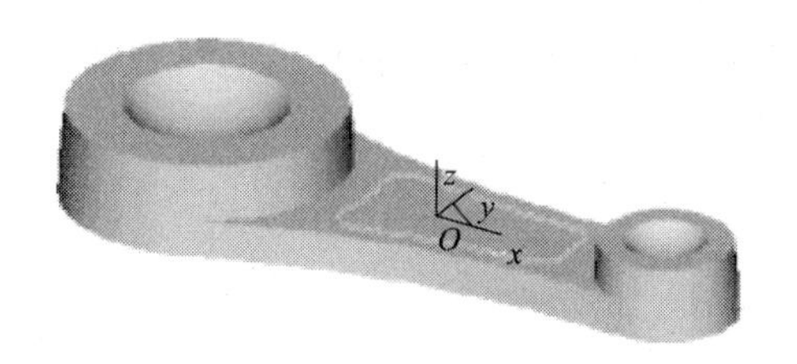

图 5－52　删除多余的线段

（6）拉伸除料生成凹坑。选择绘制草图工具，退出草图状态。选择特征工具栏的拉伸除料工具，在弹出的“拉伸减料”对话框中设置深度为 6，角度为 30，结果如图 5－53 所示。

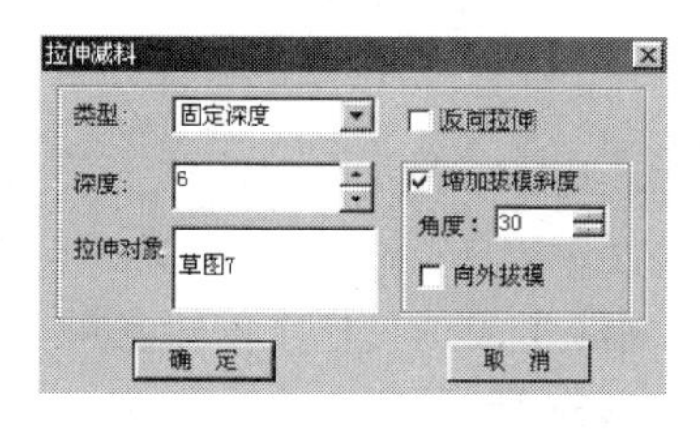

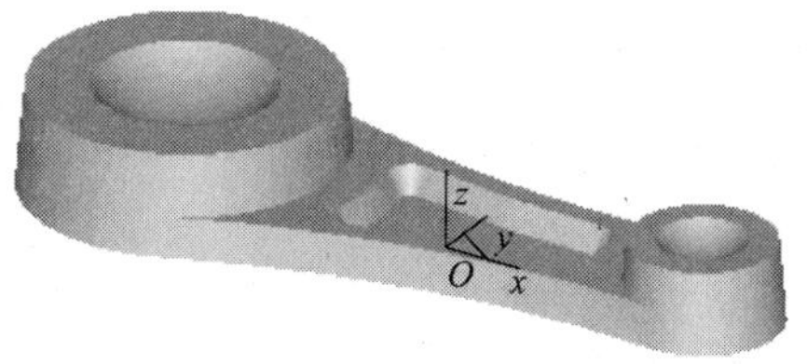

图 5－53　拉伸除料生成凹坑

6. 过渡零件上表面的棱边

（1）选择特征工具栏的过渡工具，在弹出的“过渡”对话框中设置半径为 10，拾取大凸台和基本拉伸体的交线，单击“确定”按钮，结果如图 5－54 所示。

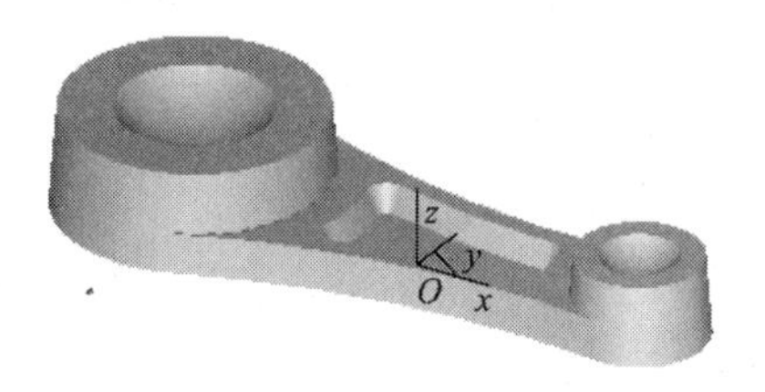

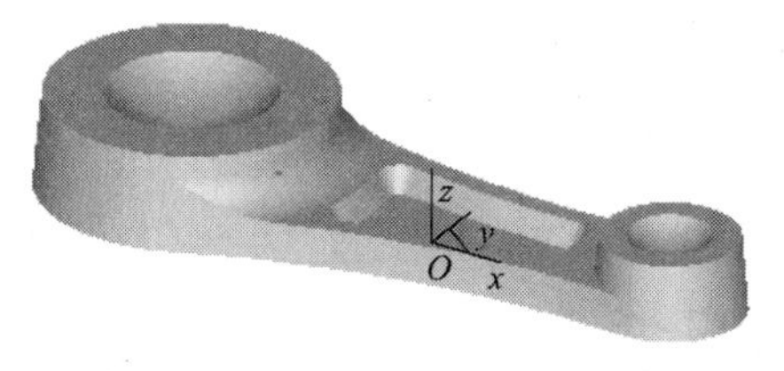

图 5－54　“过渡”（半径为 10）

（2）选择过渡工具，在弹出的“过渡”对话框中设置半径为 5，拾取小凸台和基本拉伸体的交线，单击“确定”按钮。

（3）选择过渡工具，在弹出的“过渡”对话框中设置半径为 3，拾取上表面的所有棱边并单击“确定”按钮，结果如图 5－55 所示。

7. 利用拉伸增料延伸基本体

（1）单击基本拉伸体的下表面，选择该拉伸体下表面为绘图基准面，然后选择绘制草图工具，进入草图状态。

（2）选择曲线生成工具栏上的曲线投影工具，拾取拉伸体下表面的所有边将其投影得到草图，如图 5－56 所示。

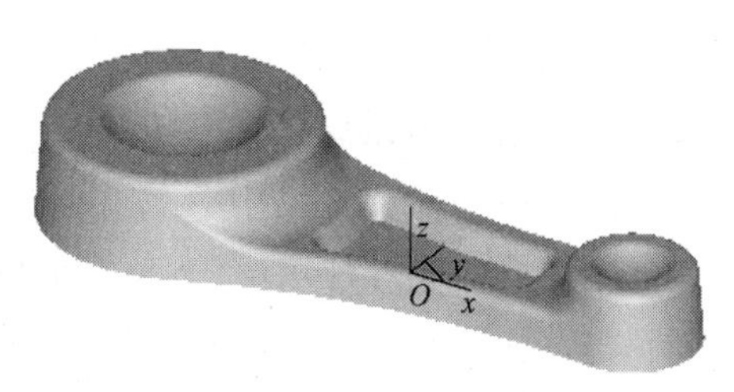

图 5－55　过渡后的效果

（3）选择绘制草图工具，退出草图状态。选择拉伸增料工具，在弹出的“拉伸”对话框中设置“深度”为 10，取消选中“增加拔模斜度”复选框，单击“确定”按钮，结果如图 5 – 57 所示。

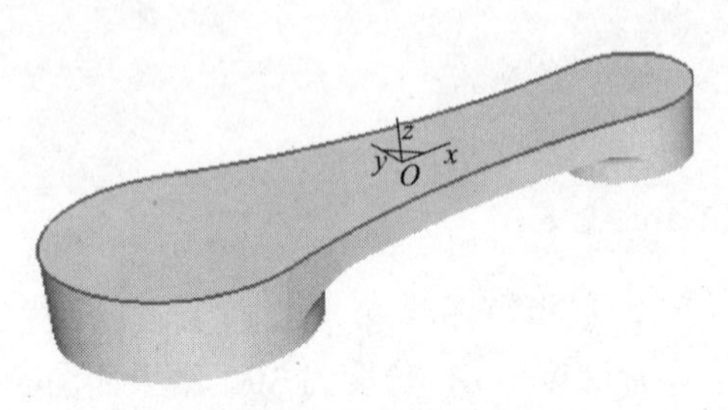

图 5 – 56　得到草图

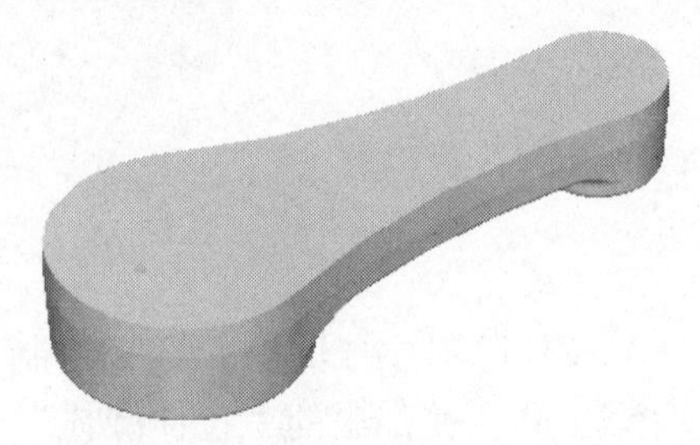

图 5 – 57　拉伸增料后的效果

8. 利用拉伸增料生成连杆的托板

（1）单击基本拉伸体的下表面，选择绘制草图工具，进入以拉伸体下表面为基准面的草图状态。

（2）按 F5 键切换显示平面为 *xy* 面，然后选择曲线生成工具栏上的矩形工具，绘制长为 220 宽为 100 中心为（ – 10，0）的矩形，如图 5 – 58 所示。

（3）选择绘制草图工具，退出草图状态。选择拉伸增料工具，在弹出的“拉伸”对话框中设置“深度”为 10，取消选中“增加拔模斜度”复选框，单击“确定”按钮。按 F8 键，其轴测图如图 5 – 59 所示。

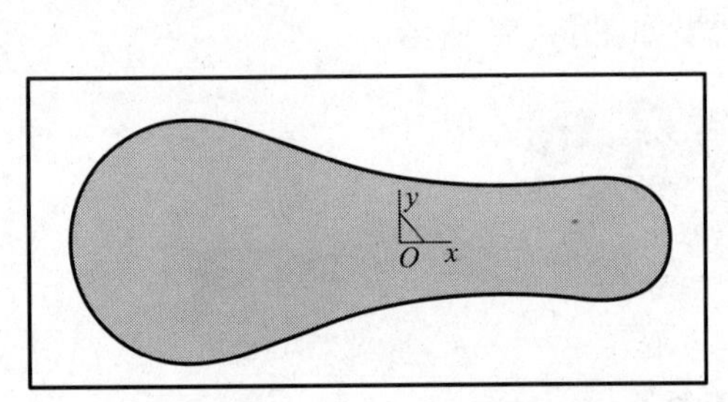

图 5 – 58　绘制矩形

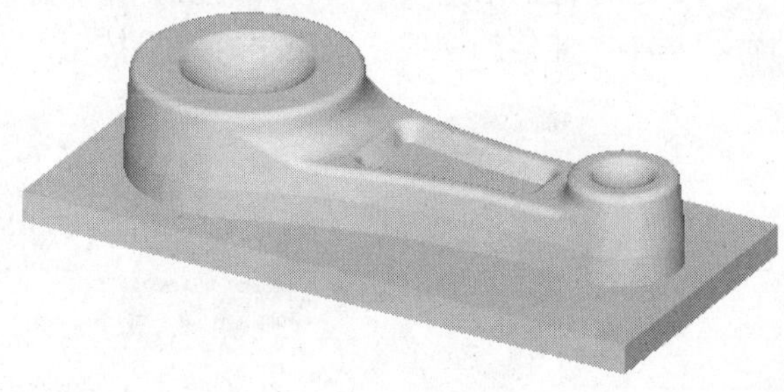

图 5 – 59　轴测图

二、连杆件加工

加工思路：等高线粗加工、等高线精加工。

连杆件的整体形状较为陡峭，整体加工选择等高线粗加工，精加工采用等高线精加工。对于凹坑的部分根据加工需要还可以应用参数线精加工方式进行局部加工。

1. 加工前的准备工作

（1）设定加工刀具。

① 打开特征树栏中的“加工管理”选项卡，双击“刀具库”选项，弹出“刀具库管理”对话框，如图 5 – 60 所示。

② 增加铣刀。单击“增加铣刀”按钮，在弹出的“增加铣刀”对话框中输入铣刀名称，

如图 5－61 所示。

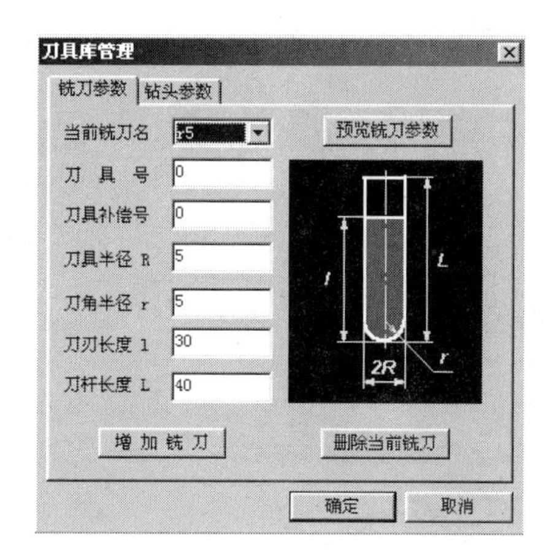

图 5－60 “刀具库管理”对话框

图 5－61 “增加铣刀”

一般都是以铣刀的直径和刀角半径来表示，刀具名称尽量和工厂中用刀的习惯一致。刀具名称一般表示形式为“D10，r3”，D 代表刀具直径，r 代表刀角半径。

③ 设定增加的铣刀的参数。在“刀具库管理”对话框中输入正确的数值，刀具定义即可完成。其中的刀刃长度和刃杆长度与仿真有关而与实际加工无关，在实际加工中要正确选择吃刀量和吃刀深度，以免刀具损坏。

（2）后置设置。

用户可以增加当前使用的机床，给出机床名，定义适合自己机床的后置格式。系统默认的格式为 FANUC 系统的格式。

① 选择“加工”→“后置处理”→“后置设置”命令，弹出“后置设置”对话框。

② 增加机床设置。选择当前机床类型，如图 5－62 所示。

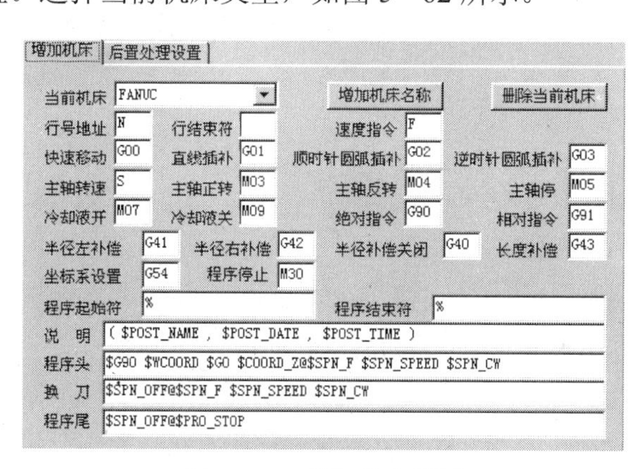

图 5－62 增加机床设置

（3）后置处理设置。打开“后置处理设置”选项卡，根据当前的机床，设置各参数，如图 5－63 所示。

（4）选择“加工”→“定义毛坯”命令弹出“定义毛坯”对话框，选择参照模型。如图 5－64 所示。

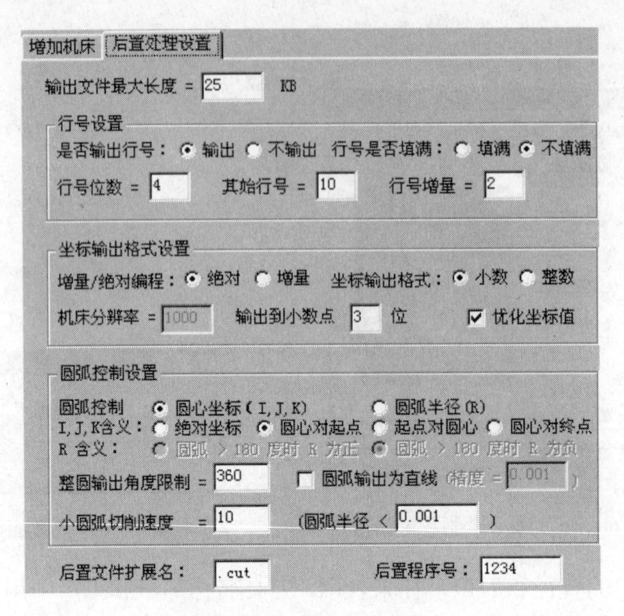

图 5－63　后置处理设置

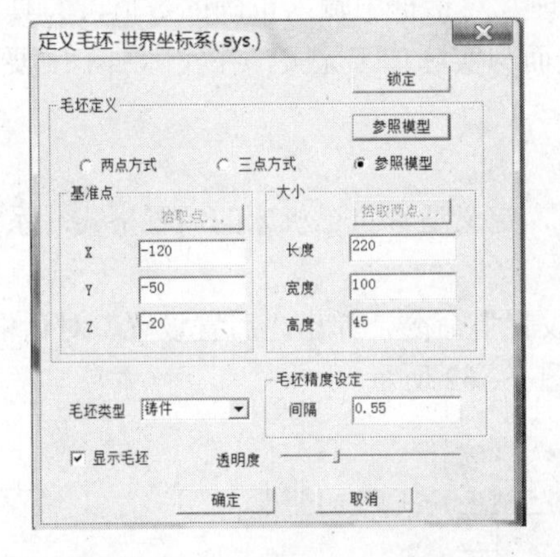

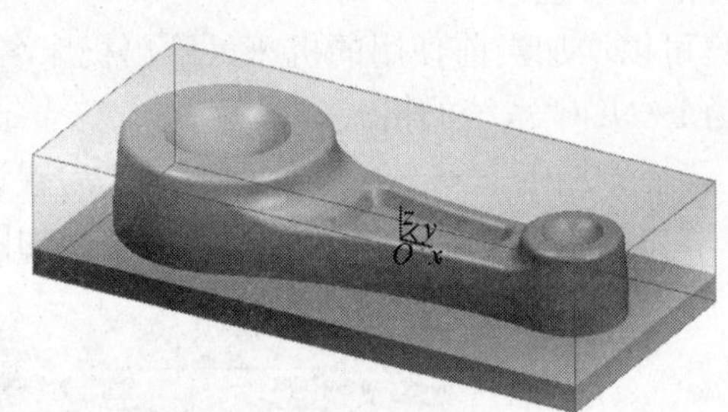

图 5－64　定义毛坯

2. 等高线粗加工刀具轨迹

（1）设置粗加工参数。选择“加工”→“粗加工”→“等高线粗加工”命令，在弹出的“等高线粗加工”对话框中设置粗加工的参数如图 5－65 所示。

注意：“毛坯类型”为“拾取轮廓”。顶层高度和底层高度可以通过单击“拾取点”按钮，拾取零件上的点来得到。

（2）根据使用的刀具，设置“切削用量”参数，如图 5－66 所示，单击“确定”按钮。

（3）打开“进退刀方式”和“下刀方式”选项卡，设定进退刀方式和下刀切入方式均为“垂直”。

（4）打开“刀具参数”选项卡，选择在刀具库中已经定义好的铣刀 R5 球刀，并可再次设定和修改球刀的参数。如图 5－67 所示。

（5）打开“清根参数”选项卡，设置清根参数。

（6）粗加工参数设置好后，单击“确定”按钮，屏幕左下角状态栏提示“拾取加工轮廓”。拾取设定加工范围的矩形，并单击链搜索箭头即可。

（7）拾取加工曲面。系统提示“拾取加工曲面”，选中整个实体表面，系统将拾取到的所有曲面变红，然后右击结束，如图 5－68 所示。

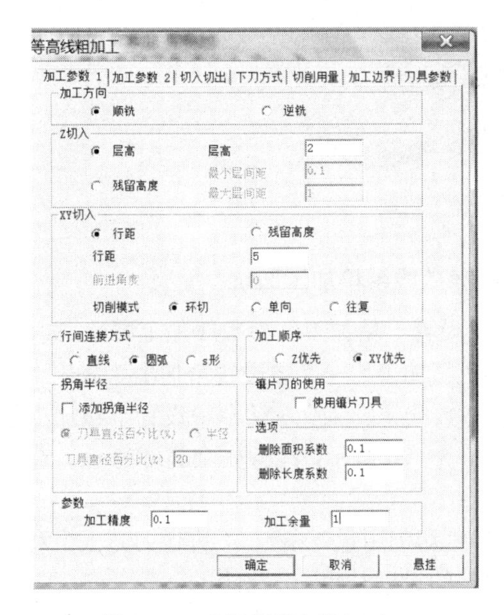

图 5－65 “等高线”粗加工

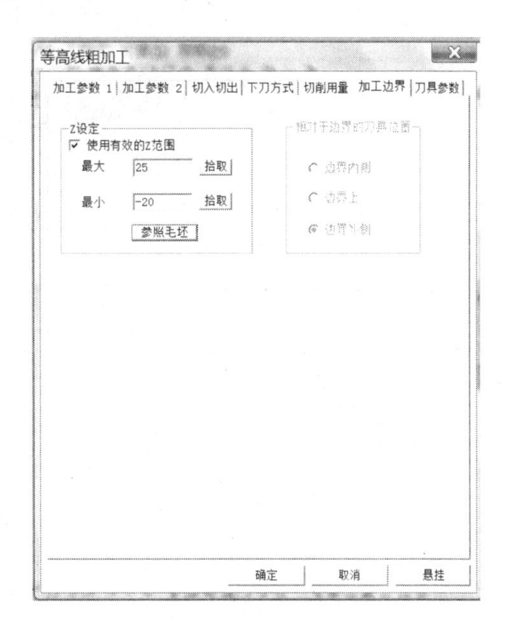

图 5－66 “切削用量”选项卡

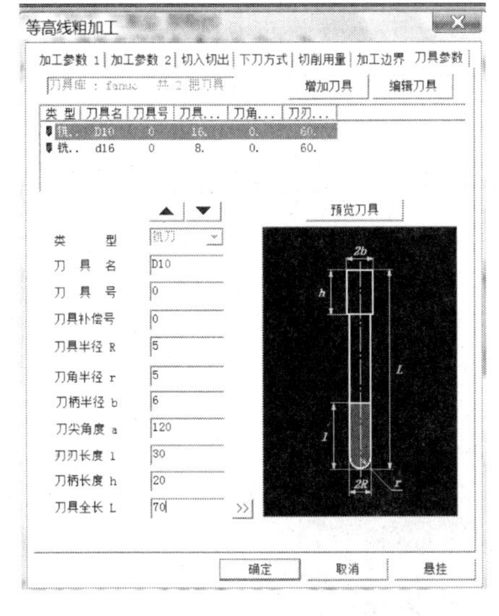

图 5－67 “刀具参数”选项卡

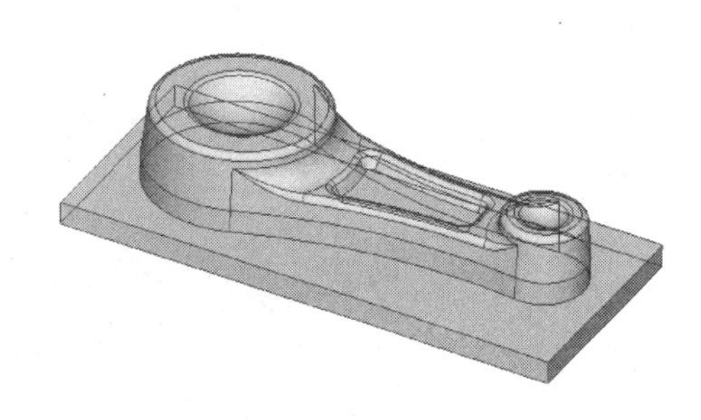

图 5－68 拾取加工曲面

（8）生成加工轨迹。系统提示“正在准备曲面请稍候”、“处理曲面”等，然后系统就会自动生成粗加工轨迹，如图 5－69 所示。

（9）隐藏生成的粗加轨迹。拾取轨迹，右击生成的粗加工轨迹，在弹出的快捷菜单中选择“隐藏”命令即可。

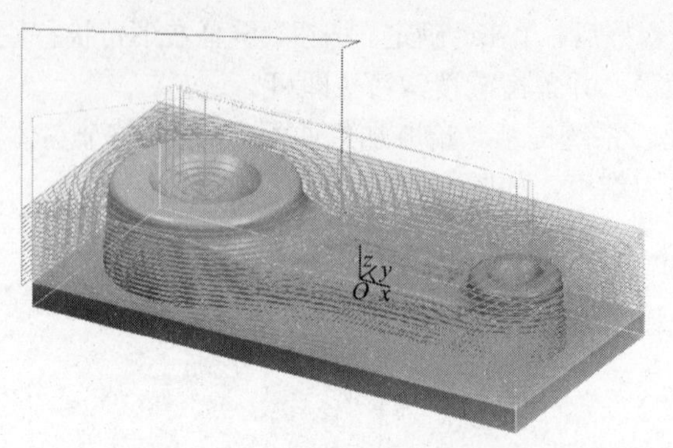

图 5－69　生成粗加工轨迹

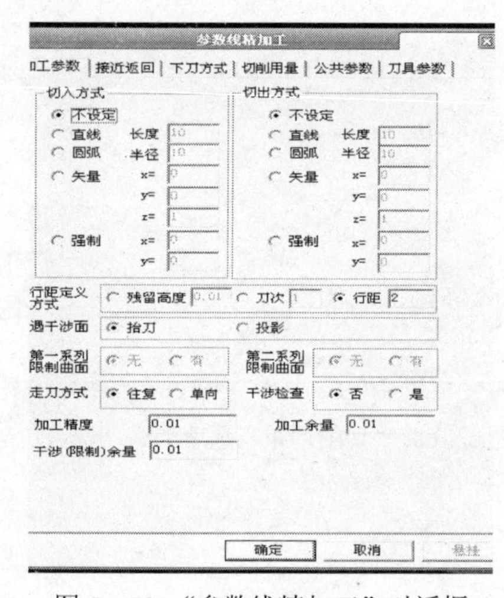

图 5－70　“参数线精加工”对话框

3. 参数线半精加工凹坑

（1）设置半精加工的参数线加工参数。选择“加工”→“精加工”→“参数线精加工”命令。在弹出的“参数线精加工”对话框中设置半精加工的参数，如图 5－70 所示，注意安全高度为 60，选择球刀 $R=r=3$。

（2）“切削用量”参数、“进退刀方式”和“刀具参数”的设置与粗加工的相同。

（3）根据左下角状态栏提示拾取加工曲面。拾取一个凹坑表面，右击确定；拾取进刀点，右击确认环切方式；不改变曲面方向（右击确认）、不拾取干涉曲面（右击确认）。系统开始计算刀具轨迹，几分钟后生成参数线半精加工大凹坑的刀具轨迹。同理加工小凹坑：在切换加工方向时左键单击选择径向切削方式，生成参数线半精加工小凹坑轨迹如图 5－71 所示。

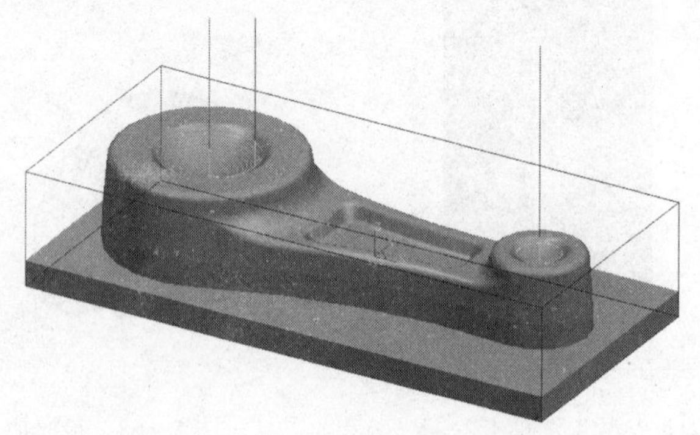

图 5－71　生成半精加工轨迹

4. 等高线精加工刀具轨迹

（1）设置精加工的等高线加工参数。选择“加工”→“精加工”→“等高线精加工”命令，在弹出的“等高线精加工”对话框中设置精加工的参数，如图 5－72 所示，注意加工余量为 0，补加工选择“需要”。

（2）“切削用量”参数、“进退刀方式”和“刀具参数”的设置与粗加工的相同。

（3）根据左下角状态栏提示拾取加工曲面。拾取整个零件表面，右击确定。系统开始计算刀具轨迹，几分钟后生成精加工的轨迹，如图 5－73 所示。

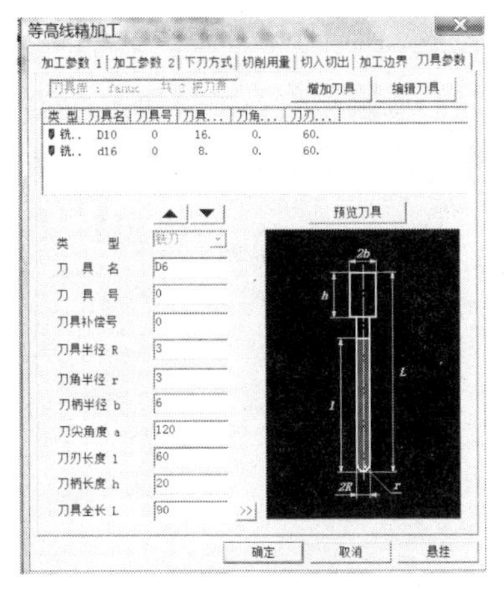

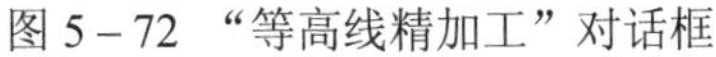
图 5－72 “等高线精加工”对话框

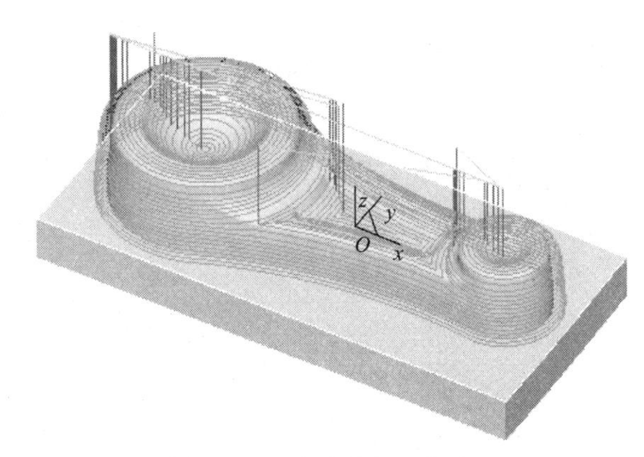

图 5－73 生成精加工轨迹

（4）隐藏生成的精加工轨迹。拾取轨迹单击鼠标右键在弹出的菜单中选择【隐藏】命令即可。

注意：精加工的加工余量为 0。

5. 轨迹仿真、检验与修改

（1）选择可见工具，显示所有已经生成的加工轨迹，然后拾取粗加工轨迹，右击确认。

（2）选择“加工”→“轨迹仿真”命令。拾取粗加工刀具轨迹，右击结束，如图 5－74 所示。

（3）右击，弹出“选择仿真文件”对话框，输入文件名“连杆件粗加工仿真”，单击“保存”按钮，存储粗加工仿真的结果。

（4）精加工仿真。隐藏粗加工轨迹，选择可见工具，显示精加工轨迹。

（5）选择“加工”→“轨迹仿真”命令。拾取精加工刀具轨迹，右击确认，弹出“选择仿真文件”对话框，选择已经保存的“连杆件粗加工仿真”文件，单击“打开”按钮后立即在粗加工仿真结果的基础上进行精加工仿真，如图 5－75 所示。

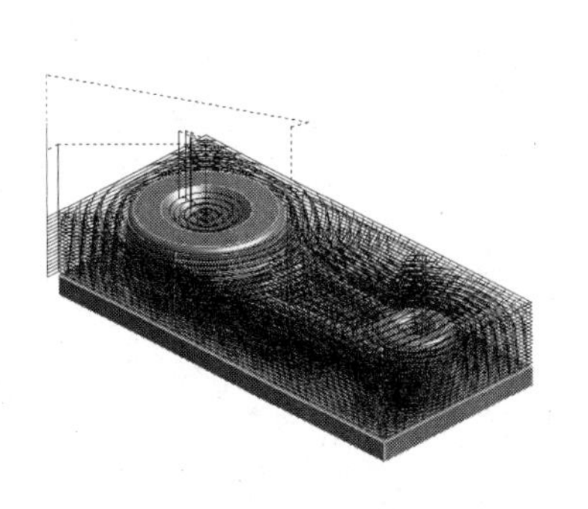

图 5－74 粗加工轨迹仿真

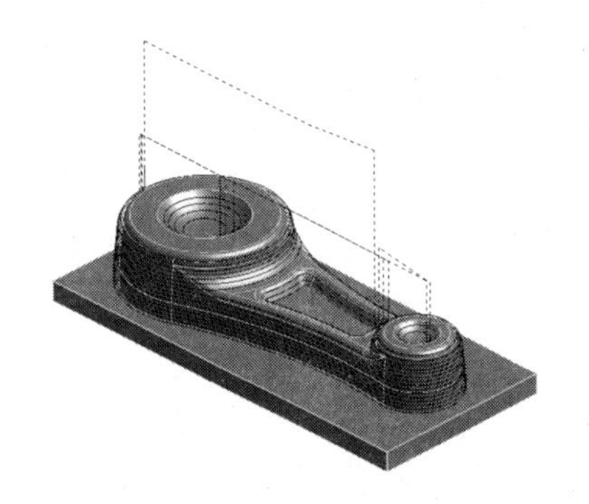

图 5－75 精加工轨迹仿真

（6）在仿真过程中，系统显示走刀速度。仿真结束后，拾取点观察精加工仿真截面。然后右击，弹出“选择仿真文件”对话框，输入文件名，单击“保存”按钮，存储精加工仿真的结果。

（7）仿真检验无误后，选择“文件”→“保存”命令，保存粗加工和精加工轨迹。

6. 生成 G 代码

（1）前面已经做好了后置设置。选择“加工”→“后置处理”→“生成 G 代码”命令，弹出“选择后置文件”对话框，输入文件名“粗加工代码”，单击“保存”按钮。

（2）拾取生成的粗加工的刀具轨迹，右击确认，立即弹出粗加工 G 代码文件，保存即可，如图 5－76 所示。

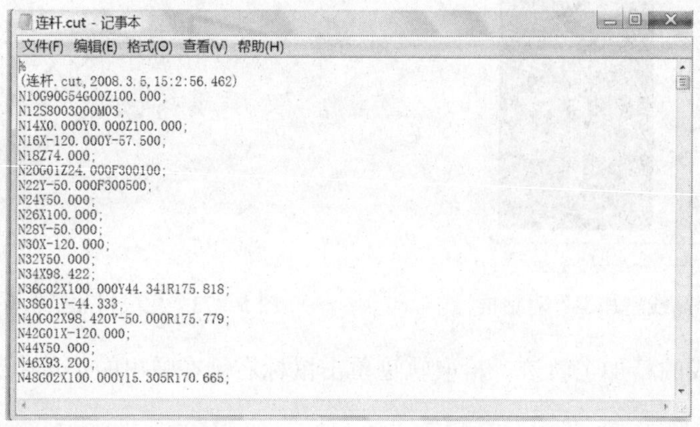

图 5－76　G 代码文件

（3）同样方法生成半精加工及精加工 G 代码并保存参数线、等高线精加工刀具代码文件。

7. 生成加工工艺清单

（1）选择“加工”→“工艺清单”命令，弹出“工艺清单”对话框，输入相关设计信息，单击“确定”按钮，如图 5－77 所示。

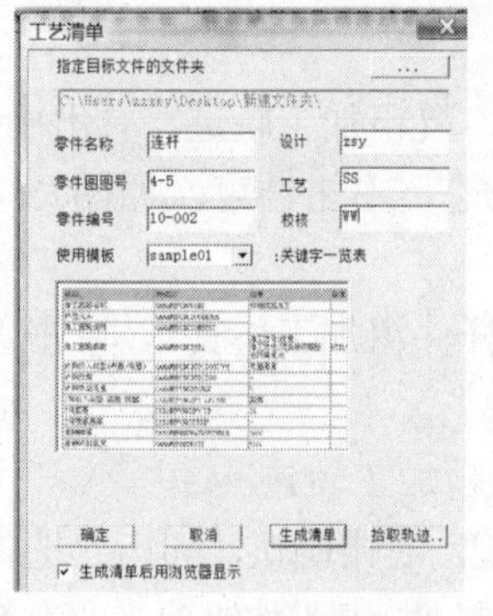

图 5－77　“工艺清单”对话框

（2）屏幕左下角的状态栏中提示“拾取加工轨迹”，用鼠标选取或用窗口选取或按 W 键，选中全部刀具轨迹，右击确认，立即生成加工工艺清单，生成结果如图 5－78 所示。

图 5－78　生成加工工艺清单

至此，连杆的造型、生成加工轨迹、加工轨迹仿真检查、生成G代码程序、生成加工工艺清单的工作已经全部做完，可以把加工工艺清单和G代码程序通过工厂的局域网送到车间去了。车间在加工之前还可以通过CAXA制造工程师软件中的校核G代码功能，再看一下加工代码的轨迹形状，做到加工之前心中有数。把工件打表找正，按加工工艺清单的要求找好工件零点，再按工序清单中的要求装好刀具找好刀具的 z 轴零点，就可以开始加工了。

数控技能竞赛题目 造型与加工

【目的要求】 掌握复杂零件的造型思路与方法。
【教学重点】 数控加工余量设置与后续加工工艺安排。
【教学难点】 综合应用各种命令完成零件的造型与加工。

一、零件三维造型

目前三维空间造型大多数是根据二维图纸来作的，所以，如何很好地理解二维三视图是能否作出实体造型的第一步。首先根据二维图纸在脑子里建立起要作的造型的空间形状，然后根据脑中建立的模型、二维图纸提供的数据和CAXA制造工程师软件提供的造型功能确定用什么样的造型方法来作造型，这是在作三维造型时的一般规律。现在通过2004年全国数控技能大赛数控铣/加工中心（学生组）软件应用竞赛试题来讲解复杂零件的造型与数控工艺安排。图纸如图5－79所示。

1. 分析图纸

根据图纸提供的4个视图要能想象出这个零件是一个什么样的空间形状。它是一个由多个不同截面形状草图拉伸生成的主体，前端是由垂直面和倾斜面过渡形成的面，底面是带有 5° 的倾斜面，筋板是由两不同截面导动增料构成的，其圆角和拔模角度较复杂，最易出错。

图纸中确定零件形状的关键视图是局部视图、俯视图和剖视图。从俯视图中可以确定造型主体的总体外形尺寸，配合局部视图和剖视图便可以造出主体形状。利用图形给定的形状，首选的功能是拉伸增料、拉伸除料。主体的造型设计有两种思路：一种是有实体造型通过拉伸增料、拉伸除料和导动增、除料来完成造型；另一种是通过构建实体线框，再通过曲面生成实体的功能得到造型。

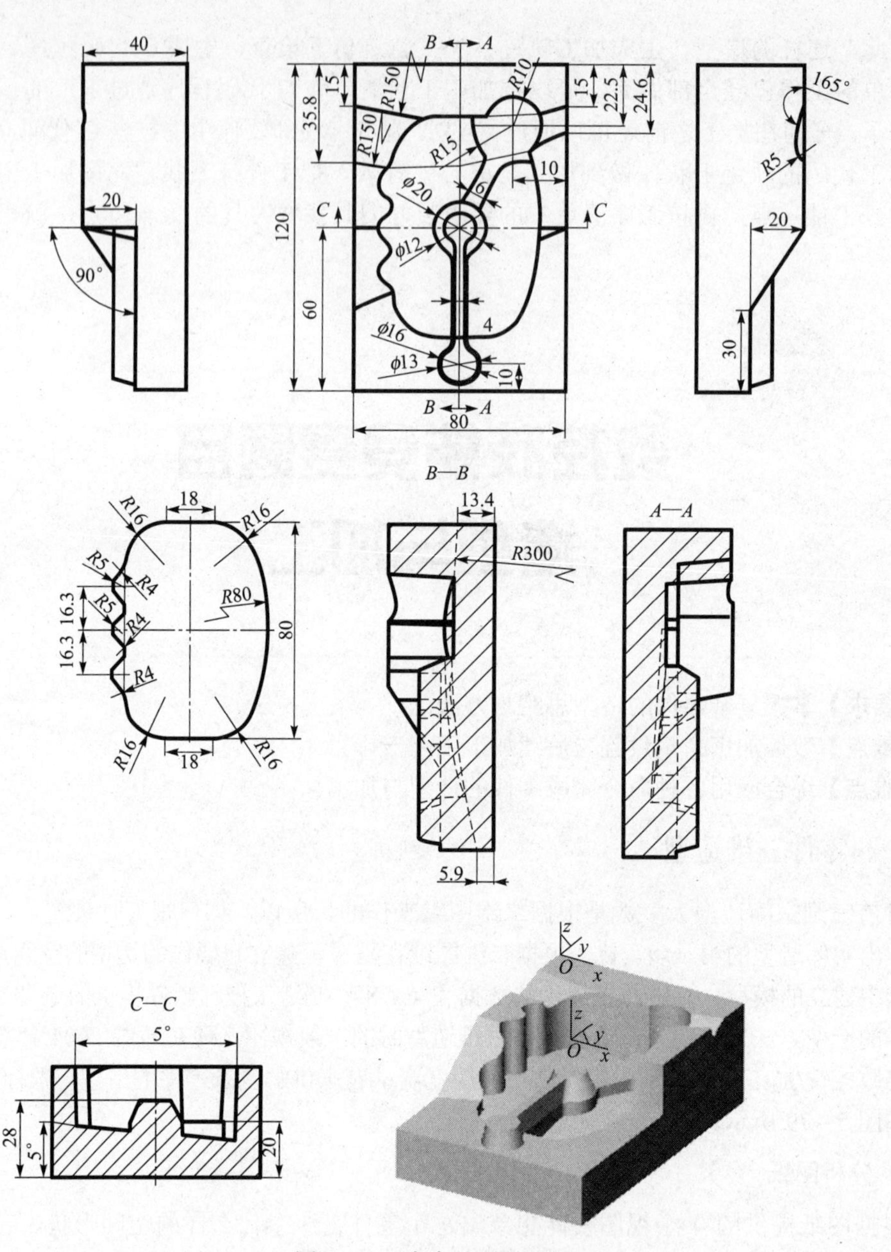

图 5－79　竞赛试题图纸

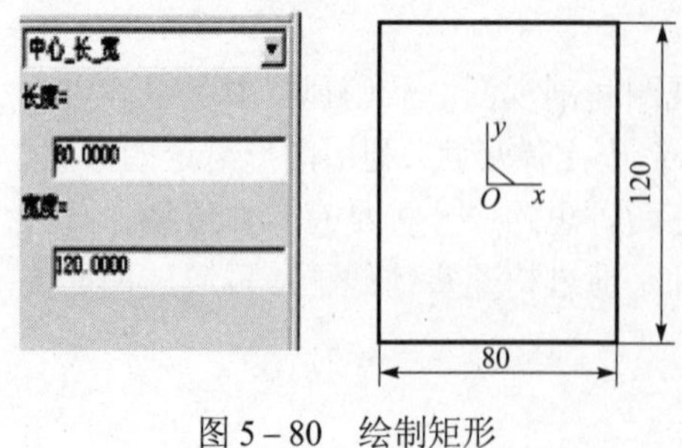

图 5－80　绘制矩形

2. 造型步骤

（1）构建主体轮廓线。

① 建立外形线框。在 xOy 平面绘制草图，选择矩形工具，将其设置为“中心_长宽”，绘制一个长宽分别为 80 和 120 的矩形，如图 5－80 所示。

选择拉伸增料工具，在弹出的“拉伸增料”对话框中设置“深度”为 40，按回车键，生成如图 5－81 所示的实体。

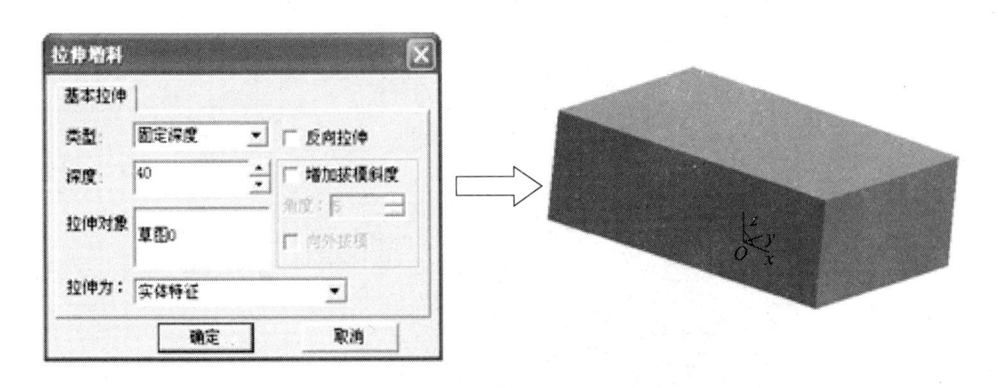

图 5－81　拉伸增料后的效果

② 根据图纸上的两个侧视图，选择相关线工具，将其设置为“实体边界”，在右端面上提取左、上边作为参照线，再选择等距线工具，分别向下和向右偏移 20 和 60。再通过曲线过渡工具和曲线裁剪工具进行修改，效果如图 5－82 所示。

③ 根据图纸上的两个侧视图，在左端面上提取右、下边作为参照线，选择等距线工具，分别向上和左偏移 20 和 60。再通过曲线过渡工具和曲线裁剪工具进行修改，效果如图 5－83 所示。

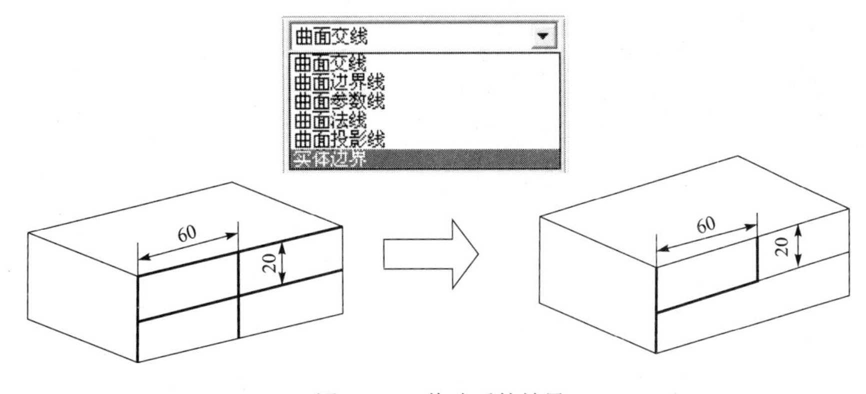

图 5－82　修改后的效果

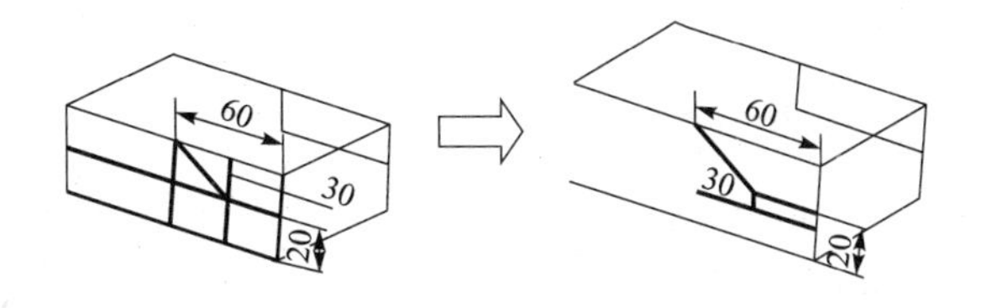

图 5－83　进一步修改后的效果

④ 选择直线工具，分别将已绘制出的空间曲线首尾连接。绘制出如图 5－84 所示的线框的构造。

⑤ 选择边界面工具，将其设置为“四边面”，生成曲面，如图 5－85 所示。

图 5－84　线框的构造

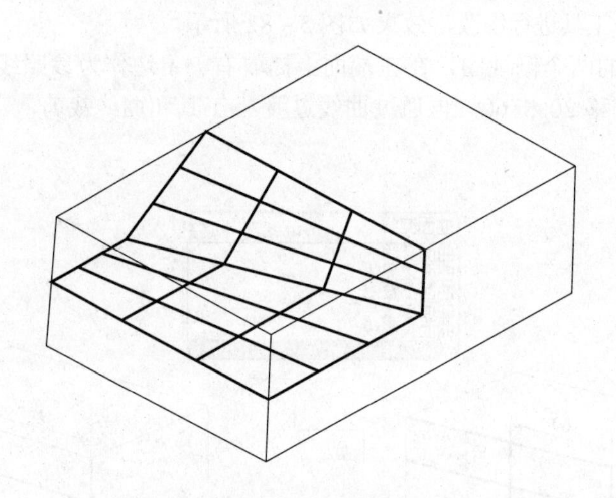

图 5－85　生成曲面

⑥ 选择曲面裁剪除料工具，弹出“曲面裁剪除料”对话框，选择生成的两曲面，再单击“确定”按钮，裁剪除料生成的实体如图 5－86 所示。

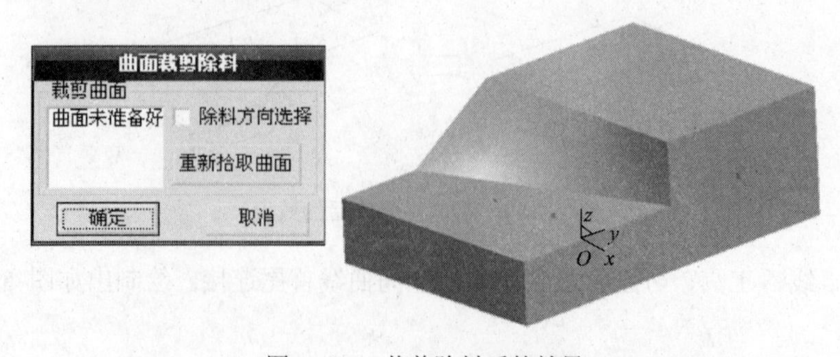

图 5－86　裁剪除料后的效果

⑦ 激活 xOz 平面，在前端面上选择相关线工具，将其设置为“实体边界”，提取四边线，如图 5－87 所示。

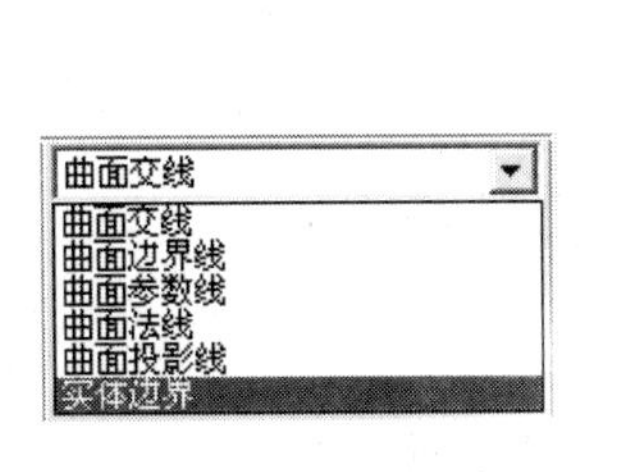

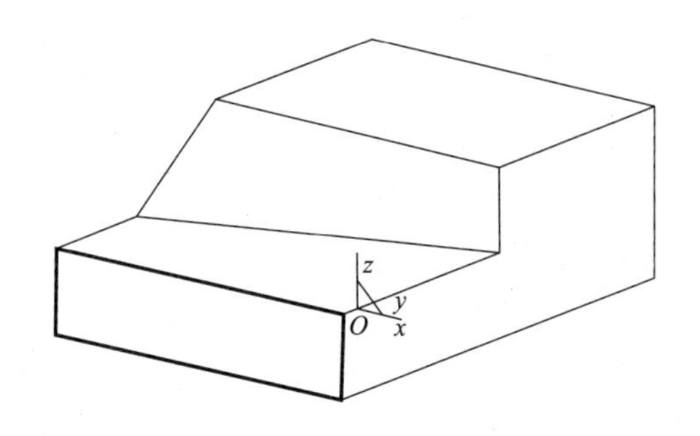

图 5－87　提取四边线

⑧ 将底端直线利用等距线工具，向上偏移 5.9 的距离，如图 5－88 所示。

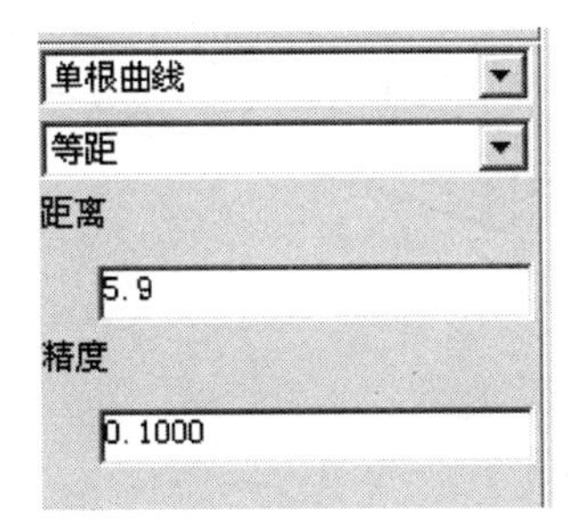

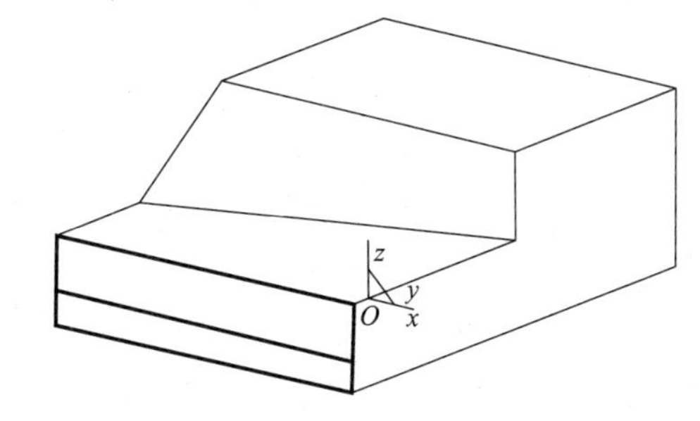

图 5－88　利用“等距线”工具向上偏移底端直线

⑨ 选择直线工具，将其设置为“角度线”“X 轴夹角”“角度”设置为 －5，如图 5－89 所示。

⑩ 按图示要求绘制倾斜角为 5° 的直线，选择删除工具，删除多余线条，如图 5－90 所示。

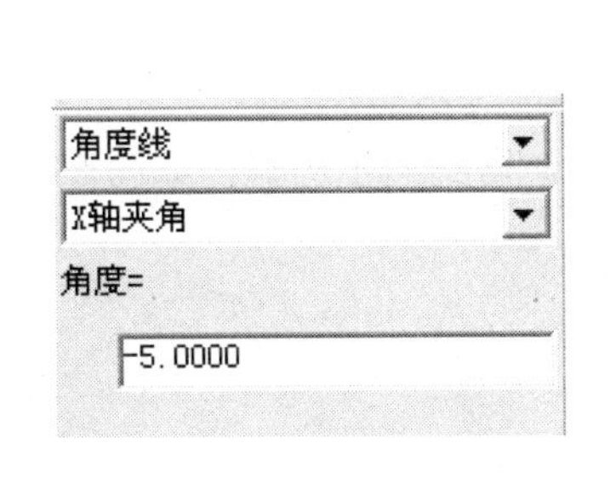

图 5－89　设置“直线”工具

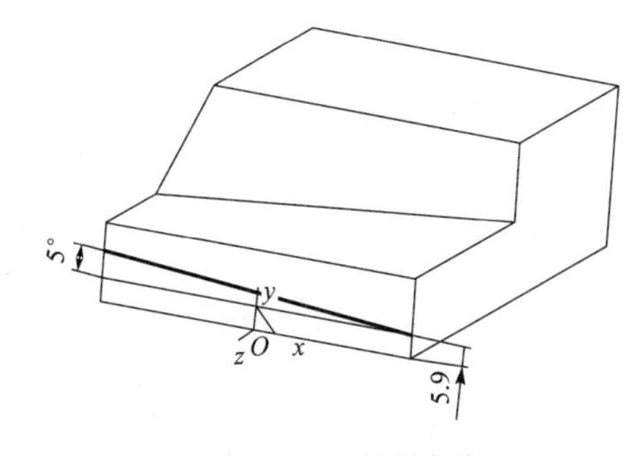

图 5－90　绘制直线

⑪ 激活 yOz 平面，在右端面上提取两边线，如图 5－91 所示。

⑫ 将底端直线利用等距线工具向上偏移 13.4 的距离，如图 5－92 所示。

⑬ 删除多余线条，利用已作出的线条和圆弧工具，并将其设置为“两点_半径”，如图 5－93 所示。

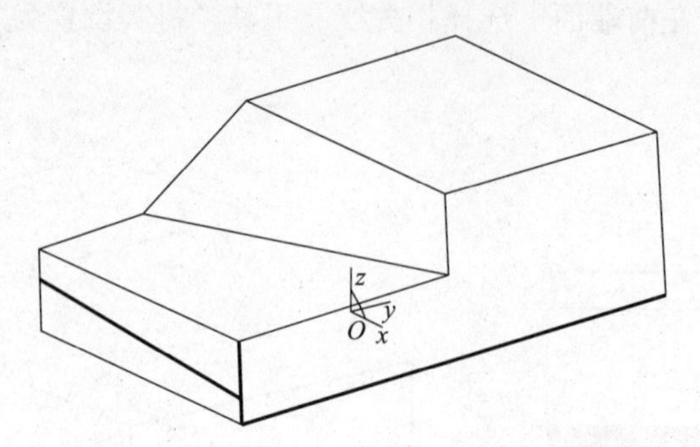

图 5－91　提取 yOz 平面右端面上的两边线

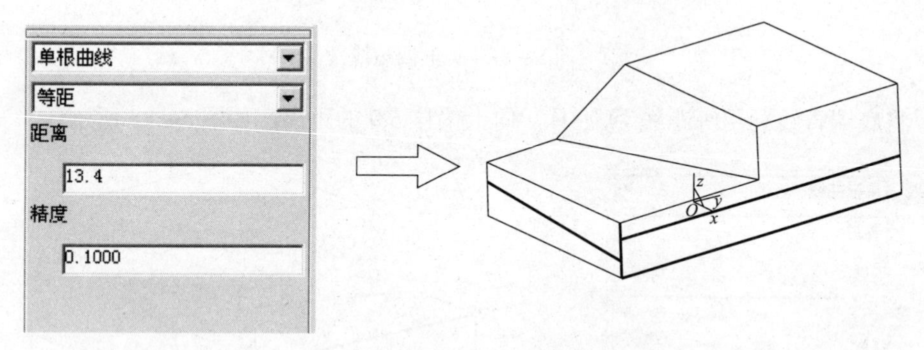

图 5－92　将底端直线向上偏移 13.4 的距离

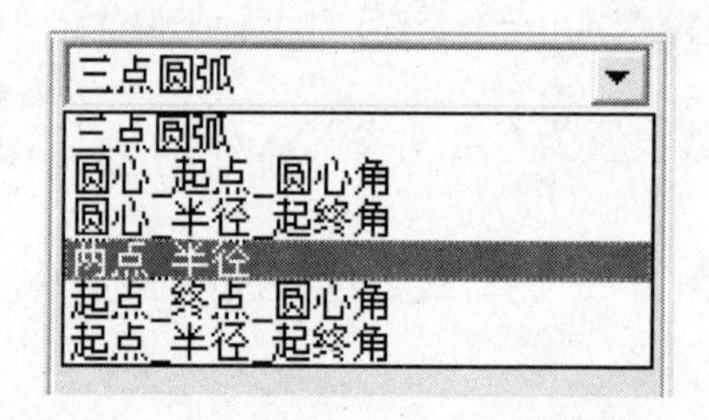

图 5－93　设置曲线

⑭ 按图示要求依次选择两端点后输入半径 R 为 300，得到图示圆弧，如图 5－94 所示。

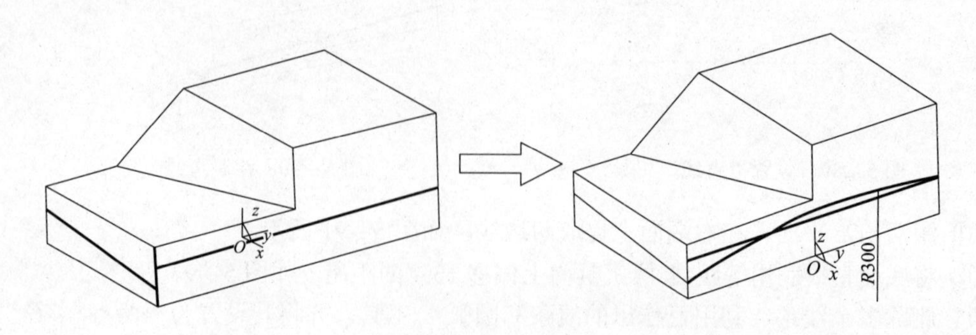

图 5－94　绘制圆弧

⑮ 选择导动面工具，将其设置为“固接导动”“单截面线”，如图 5－95 所示。

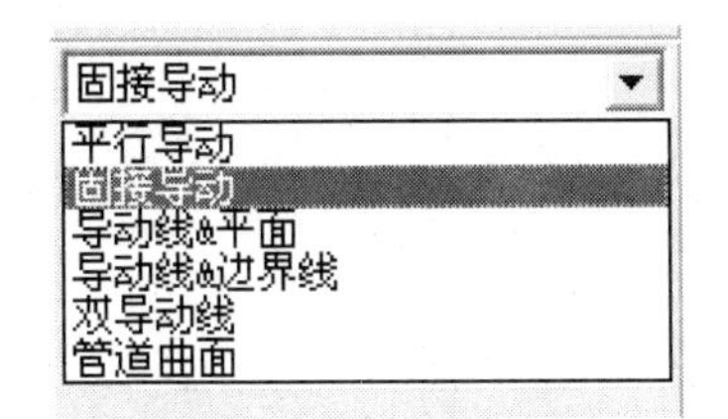

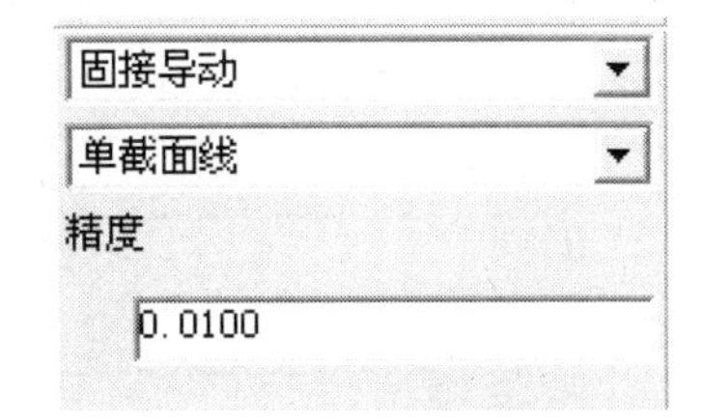

图 5－95　设置步骤

⑯ 按照状态栏提示的“拾取导动线”选择圆弧为导动线，按照状态栏提示的“拾取截面曲线”选择 5 线为截面曲线，生成曲面，如图 5－96 所示。

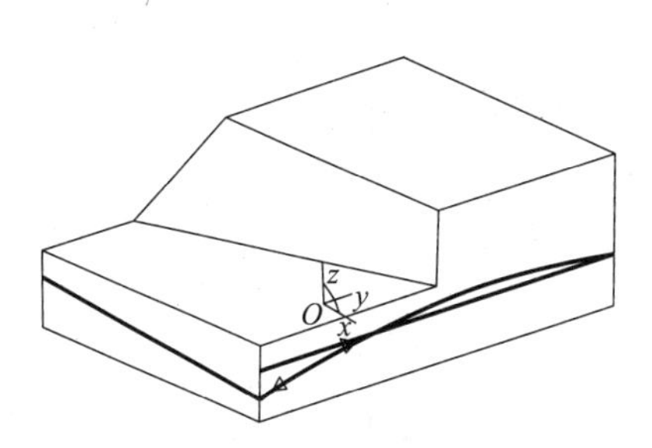

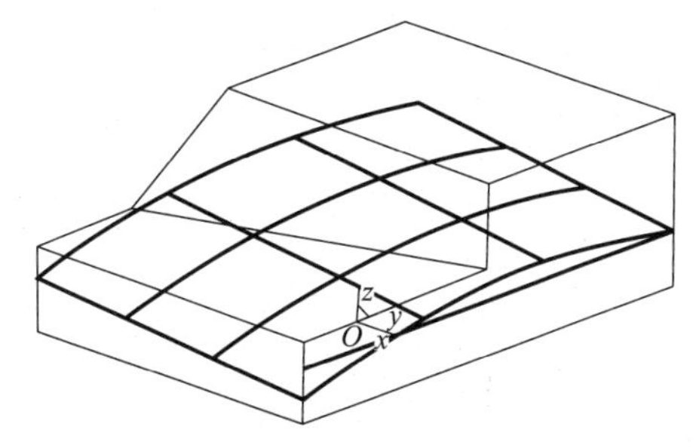

图 5－96　拾取导动线和截面曲线生成曲面

⑰ 隐藏曲面，选中曲面后右击，选择层设置工具，在弹出的“图层管理”对话框中单击“新建图层”按钮，将可见性设置为“隐藏”，再单击“确定”按钮，如图 5－97 所示。

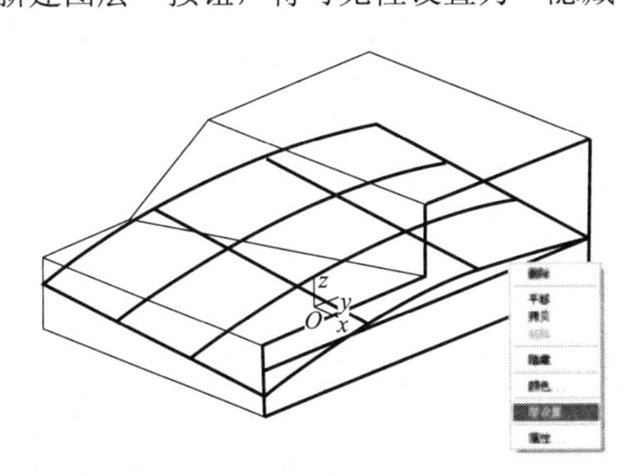

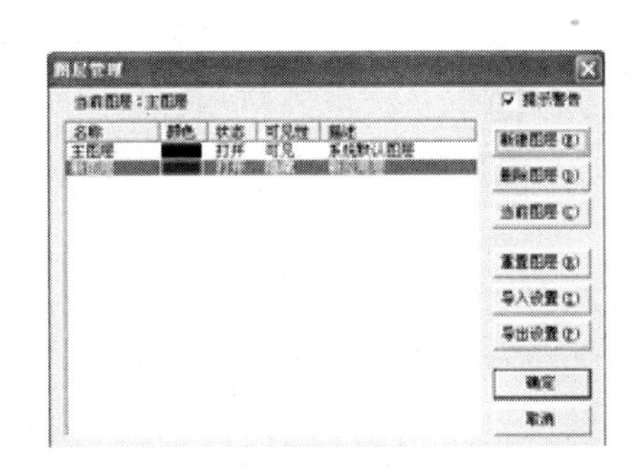

图 5－97　隐藏曲面

⑱ 绘制局部视图。选择已生成的实体上表面，进入草图模式；绘制定位辅助十字线，如图 5－98 所示。

⑲ 利用等距线工具，将垂直中心线向右偏移 9 的距离，如图 5－99 所示。

⑳ 利用等距线工具，将水平中心线向上偏移 40 的距离，如图 5－100 所示。

㉑ 画圆，选择整圆工具，将其设置为“两点_半径”，并将第一点设置为两偏移直线上端交点，如图 5－101 所示。

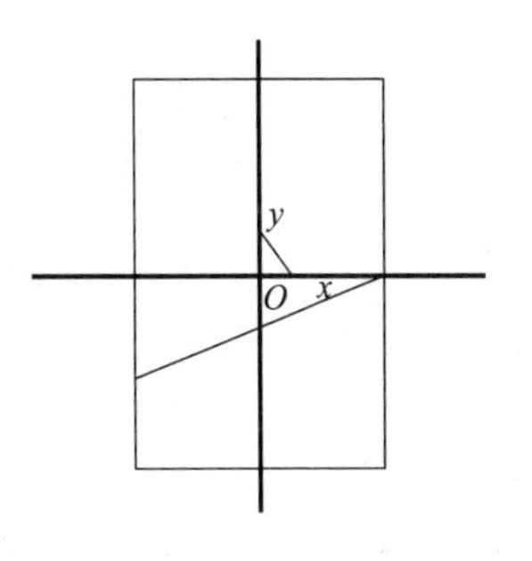

图 5－98　绘制局部视图

将第二点设置为按空格键后弹出的菜单中的“切点”（也可以直接按 T 键）。然后输入半径值为 16，如图 5－102 所示。

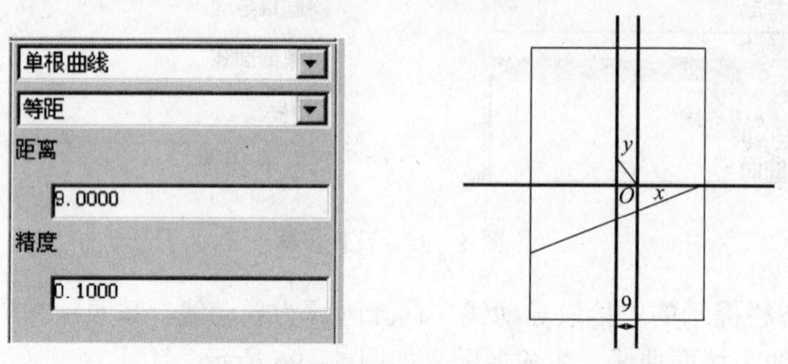

图 5－99　将垂直中心线向右偏移 9 的距离

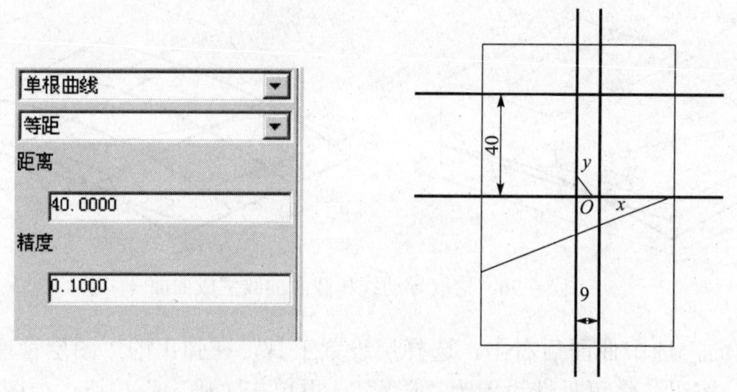

图 5－100　将水平中心线向上偏移 40 的距离

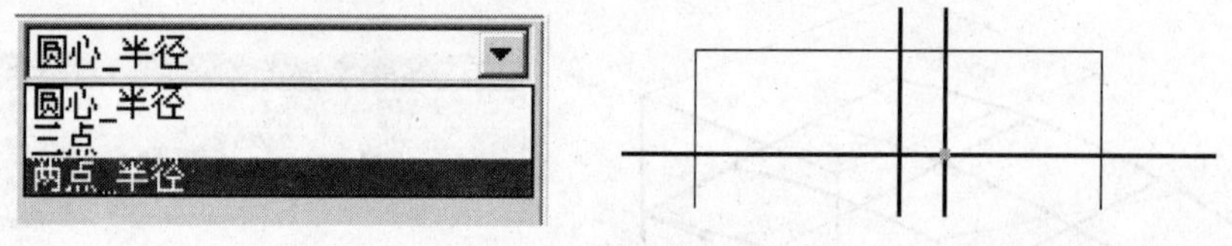

图 5－101　设置第一点

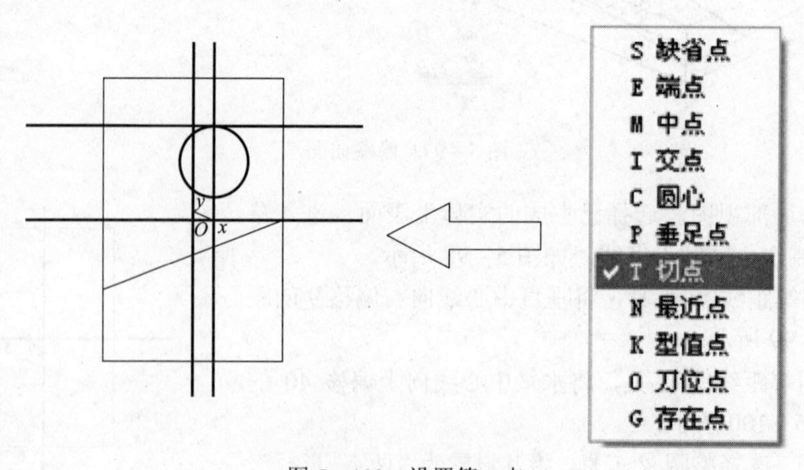

图 5－102　设置第二点

㉒ 选择平面镜像工具，将其设置为“拷贝”，再根据状态栏提示的“镜像轴首点”和“镜像轴末点”依次选择水平轴线的两端点。根据状态栏提示的“拾取元素”选择圆后右击两下，效果如图 5－103 所示。

㉓ 绘制圆弧。选择圆弧工具，将其设置为“两点_半径”，然后按 T 键后，依此单击两个圆，输入半径为 80，如图 5－104 所示。

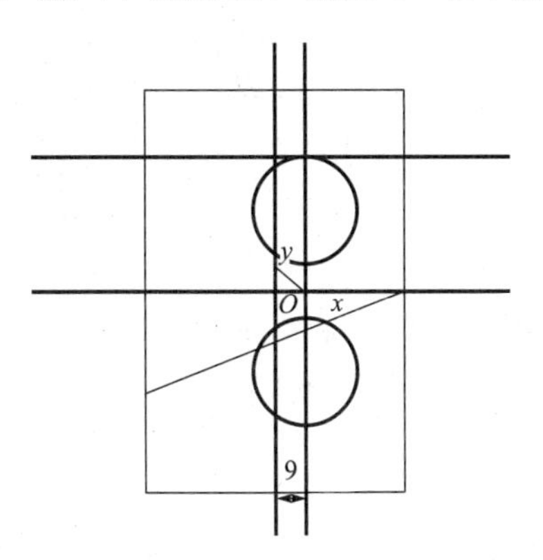

图 5－103　利用平面镜像工具进行修改

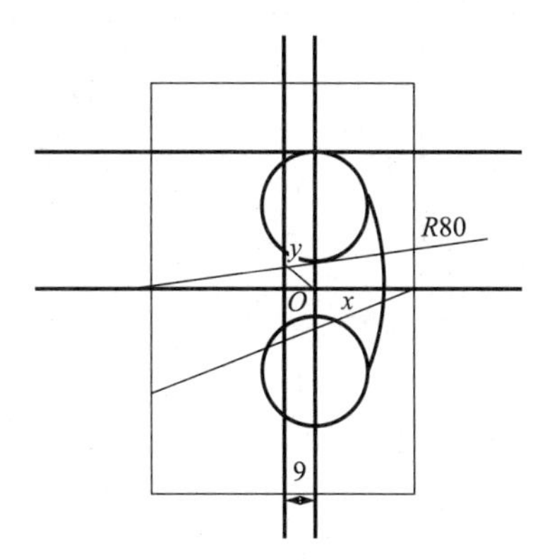

图 5－104　绘制圆弧

㉔ 利用删除工具、曲线裁剪工具和曲线过渡这三个工具，删除、修剪、过渡多余的线条，得到如图 5－105 所示的图形。

㉕ 选择平面镜像工具，将其设置为“拷贝”，再根据状态栏提示的“镜像轴首点”和“镜像轴末点”依次选择垂直轴线的两端点。根据状态栏提示的“拾取元素”选择右半部分除去 *R*80 圆弧图形后右击两下，得到如图 5－106 所示的图形。

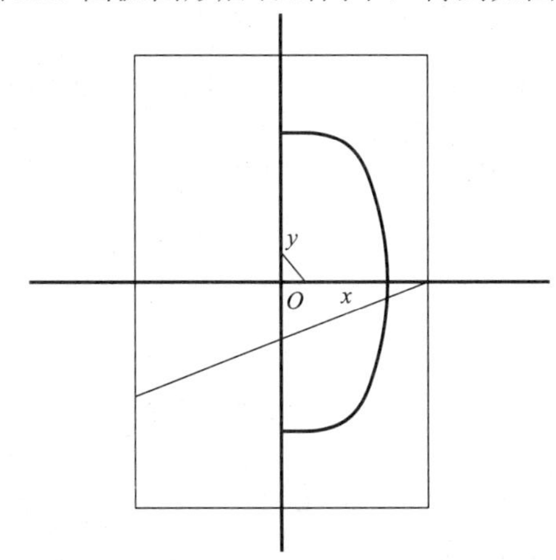

图 5－105　删除、修剪、过渡多余的线条

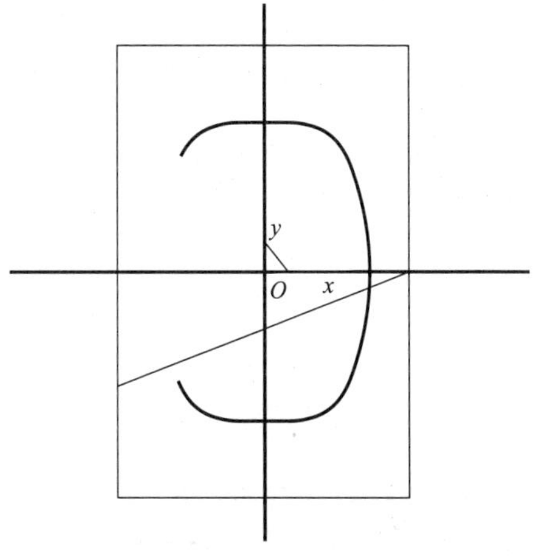

图 5－106　利用平面镜像工具进行修改

㉖ 利用直线工具将两开口端连接上，得到如图 5－107 所示图形。

㉗ 利用等距线工具，将水平中心线分别上下偏移 16.3 的距离，如图 5－108 所示。

㉘ 在四段直线交点处画圆，选择整图工具，将其设置为“圆心_半径”，半径为 5，得到如图 5－109 所示的图形。

㉙ 选择曲线过渡工具，将其设置为“圆弧过渡”，如图 5－110 所示。将圆角半径值设置为 4，依次选择直线和圆，如图 5－111 所示。得到如图 5－112 所示的图形。

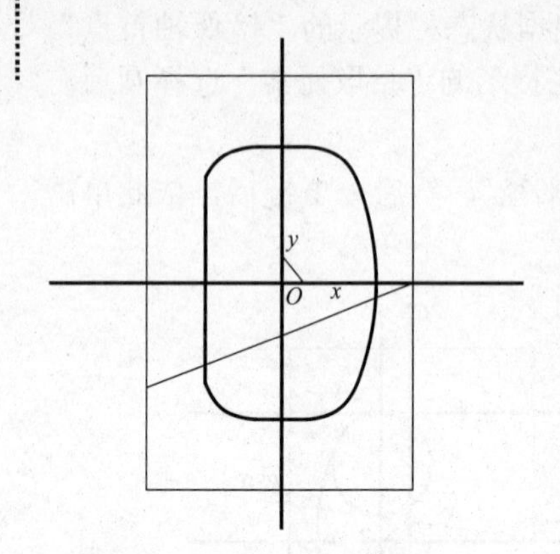

图 5-107　利用“直线”工具将两开口端连接上

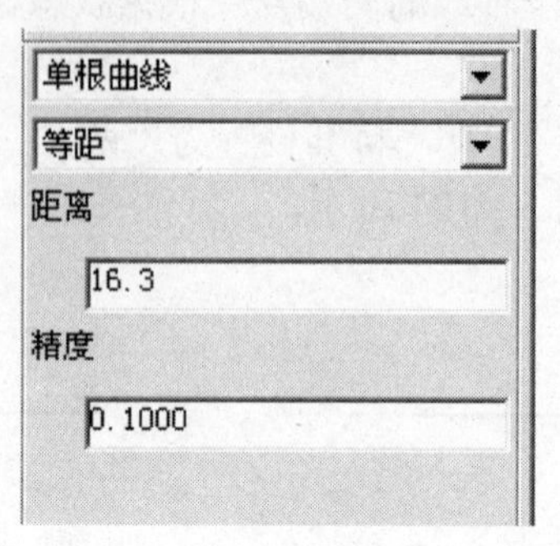

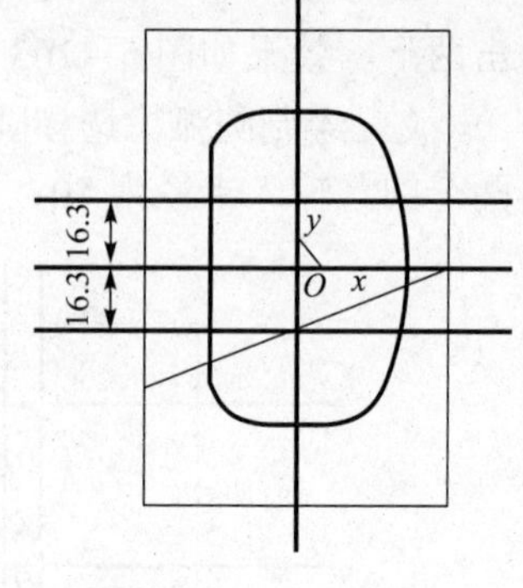

图 5-108　利用“等距线”工具将水平中心线分别上下偏移 16.3 的距离

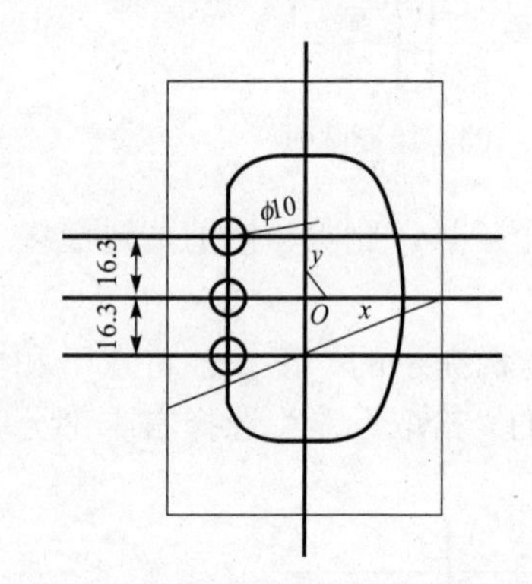

图 5-109　在四段直线交点处画圆

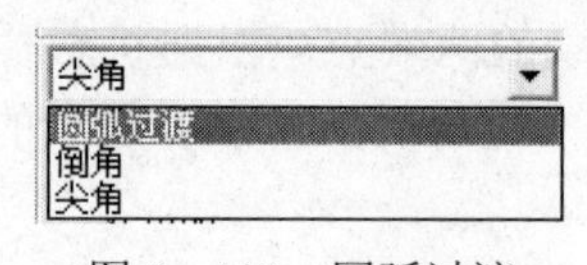

图 5-110　圆弧过渡

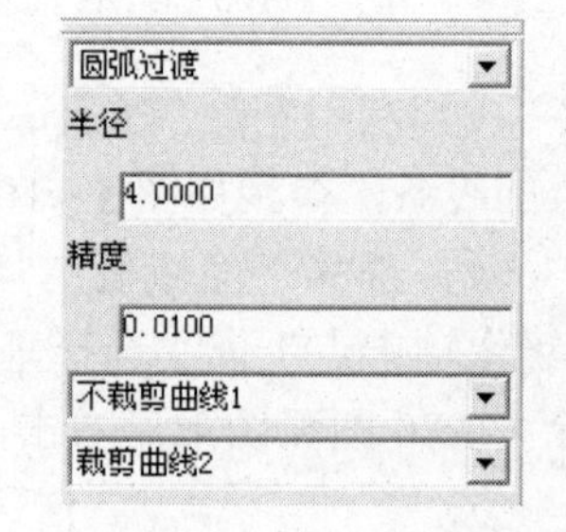

图 5-111　半径设置为 4

㉚ 利用删除工具删除多余直线，再选择曲线过渡工具，将其设置为“尖角”，修改后的效果如图 5-113 所示。

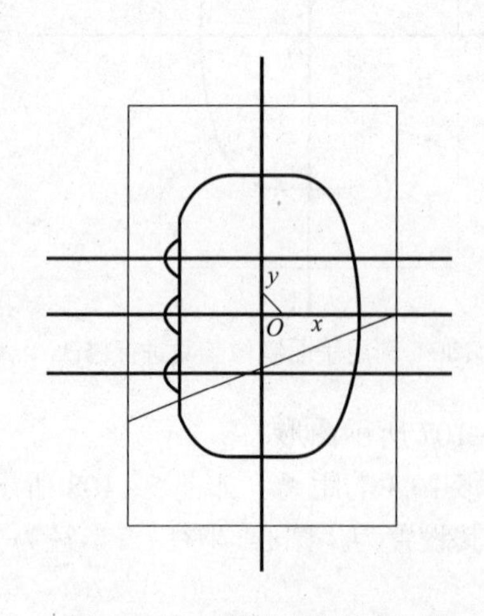

图 5-112　曲线过渡后的效果

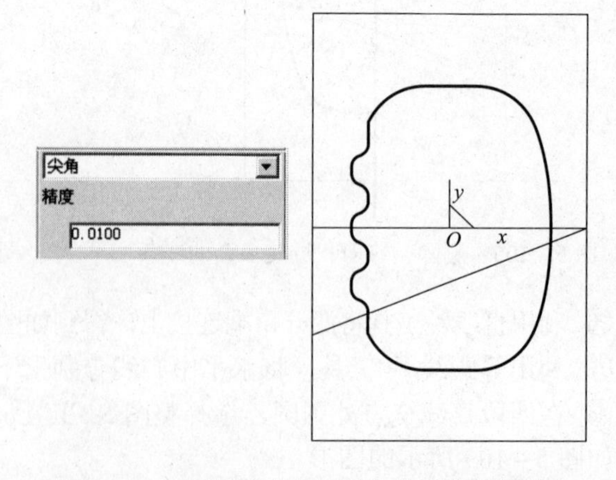

图 5-113　删除多余直线并曲线过渡后的效果

㉛ 选择检查草图环是否闭合工具，若弹出如图 5-114 所示的对话框，则表示图形绘

制没有问题。

㉜ 图形绘制以后，退出草图。显示出刚刚所隐藏的曲面，选择层设置工具，在弹出的“图层管理”对话框中将新建的图层设置为可见，如图 5-115 所示。

㉝ 选择拉伸除料工具，在弹出的“拉伸除料”对话框中选择草图为拉伸对象，在“类型”下拉列表框中选择“拉伸到面”选项，添加拔模角度为 2.5，选择拉伸到曲面，效果如图 5-116 所示。

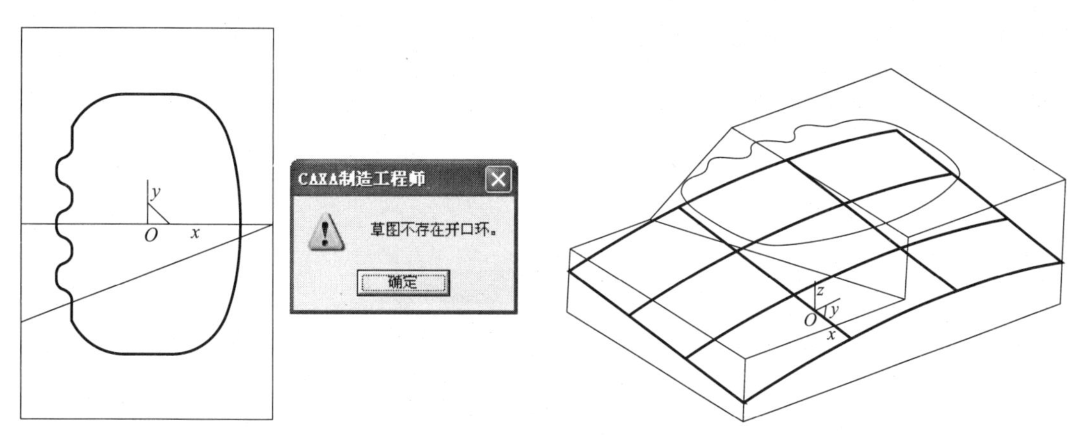

图 5-114　草图不存在开口环　　　　图 5-115　显示曲面

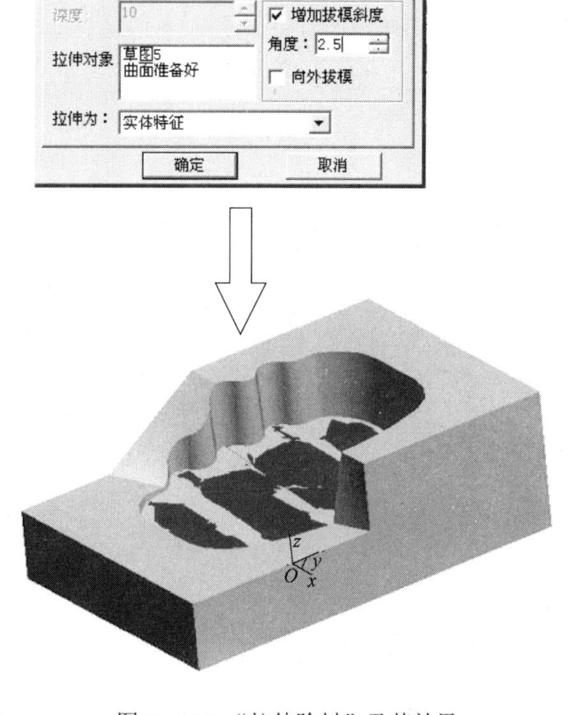

图 5-116 “拉伸除料”及其效果

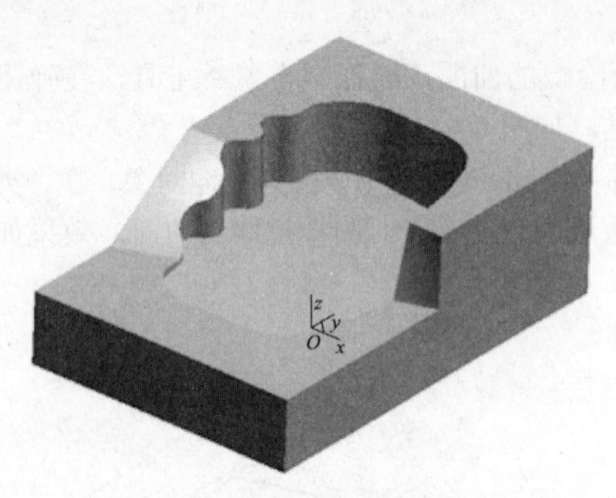

图 5－117　隐藏曲面

㉞ 隐藏曲面，如图 5－117 所示。

㉟ 构建基准面。选择构造基准面工具，在弹出的“构造基准面”对话框中选择第一种类型，选择 *xOy* 基准平面作为参照平面，设置“距离”为 20，单击“确定”按钮，如图 5－118 所示。

㊱ 选择所构建的基准平面，进入草绘模式，按 F5 键。绘制十字线辅助线，并拾取上、右端边界线。利用等距线工具，将右边界左偏移 20.2 的距离，上端线下偏移 22.5 的距离，如图 5－119 所示。

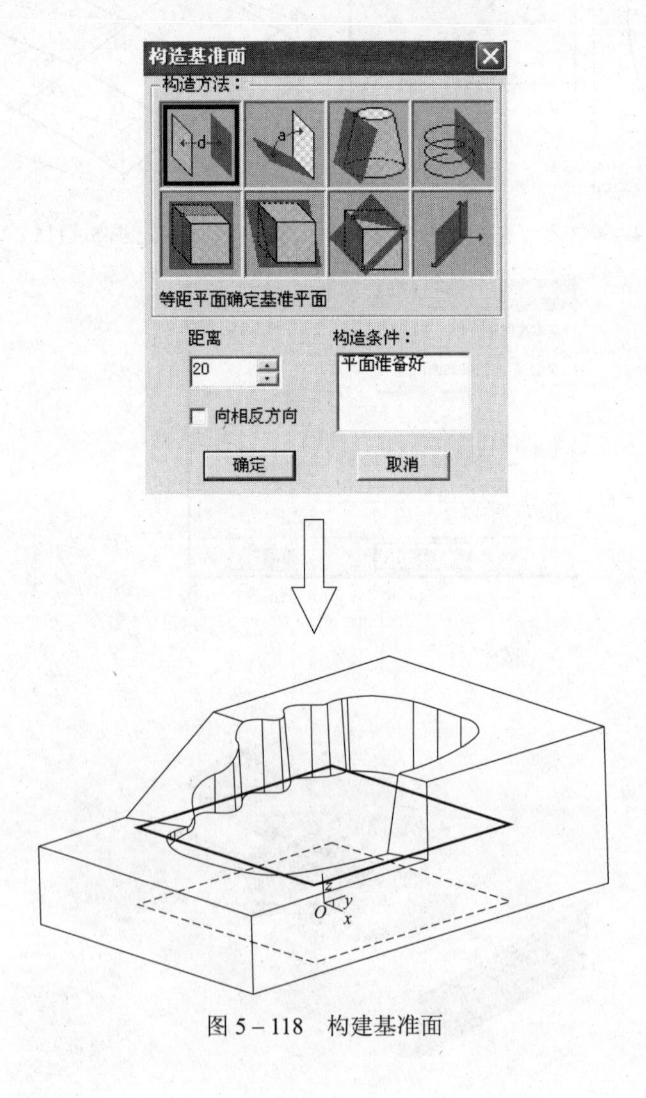

图 5－118　构建基准面

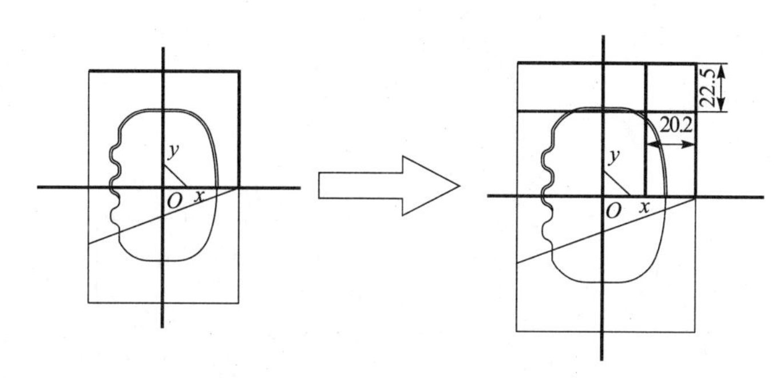

图 5－119　将右边界左偏移 20.2 的距离，将上端线下偏移 22.5 的距离

㊲ 拾取下端边界线，并利用等距线工具将其上偏移 10 的距离，如图 5－120 所示。

㊳ 分别在三个交点处画圆，直径分别为 30、20、16，如图 5－121 所示。

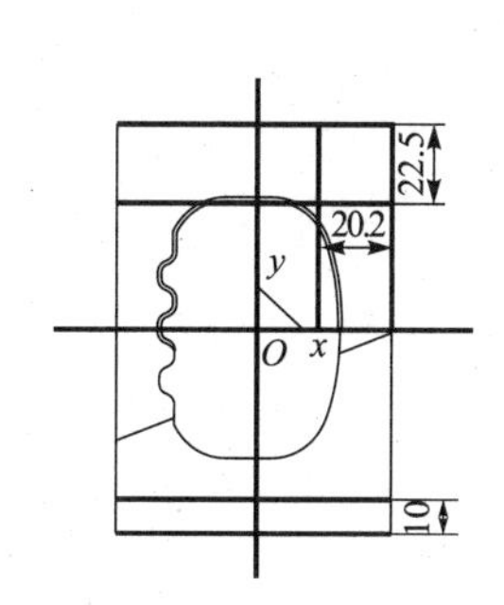

图 5－120　将下端边界上偏移 10 的距离

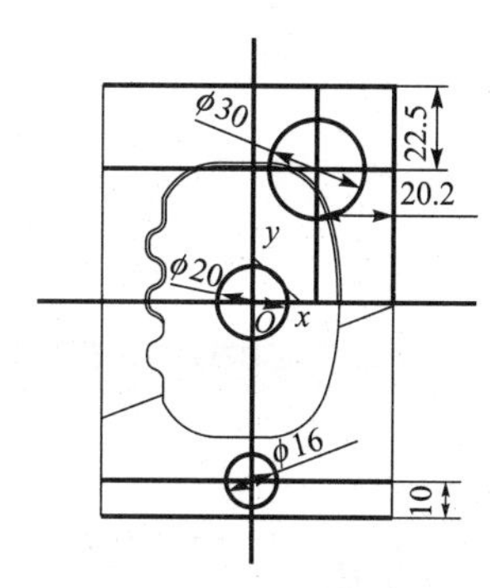

图 5－121　在三个交点处画圆

㊴ 连接两两圆的圆心，再利用等距线工具，将圆心连线两侧偏移 3 的距离，并使用删除工具删除多余的线条。得到如图 5－122 所示结果。

㊵ 选择曲线过渡工具，将其设置为“圆弧过渡”，半径设置为 3，得到如图 5－123 所示效果。

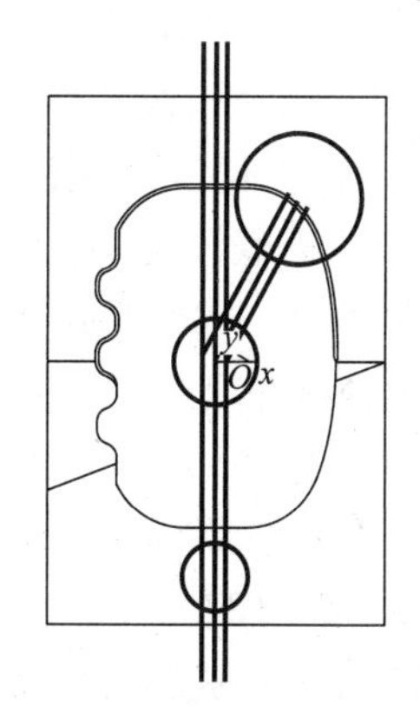

图 5－122　两两连接圆心并修改连线

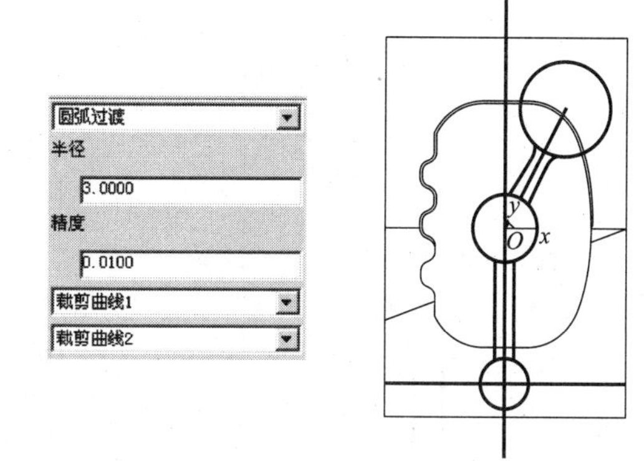

图 5－123　曲线过渡后的效果

㊶ 利用删除工具删除多余线条，并检查草图环是否封闭，得到如图 5－124 所示效果。

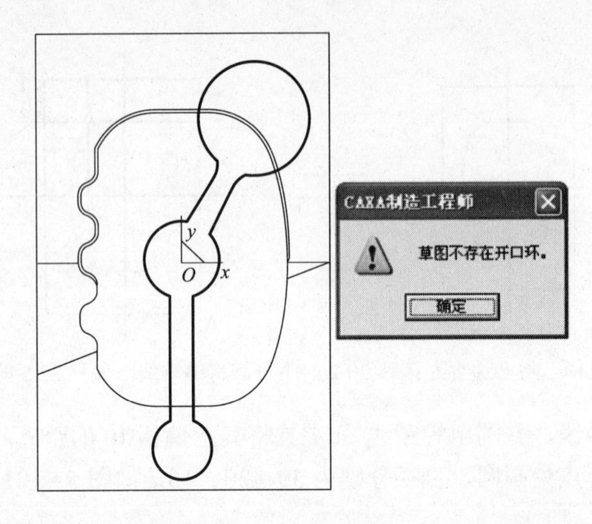

图 5－124　草图不存在开口环

㊷ 选择拉伸增料工具，弹出“拉伸增料”对话框，在“类型”下拉列表框中选择“拉伸到面”选项，选择草图为拉伸对象，底面为拉伸的终止端，得到的效果如图 5－125 所示。

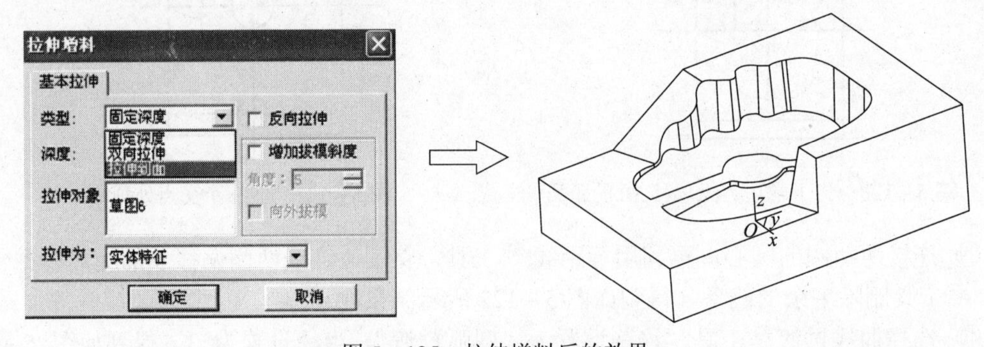

图 5－125　拉伸增料后的效果

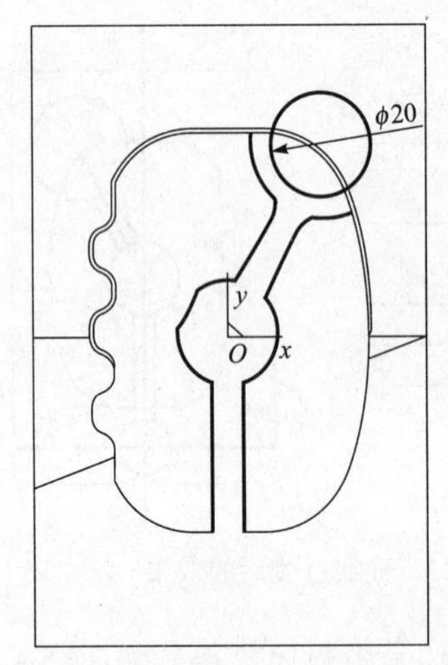

图 5－126　绘制半径为 10 的整图

㊸ 选择实体上平面为草绘平面，选择绘制草图工具进入草图；选择整圆工具并将其设置为“圆心_半径”，再按 C 键，选取右上角的圆弧端，提取该圆心，并设置半径值为 10，得到如图 5－126 所示的效果。

㊹ 选择拉伸除料工具，在“类型”下拉列表框中选择“拉伸到面”选项，选择该草绘圆，拉伸至下表面 20 的平面，添加拔模角度为 2.5，如图 5－127 所示。

㊺ 再次选择构建的基准平面为草绘平面，选择绘制草图工具进入草图。选择相关线工具，提取相关要素，并检测结果，如图 5－128 所示。

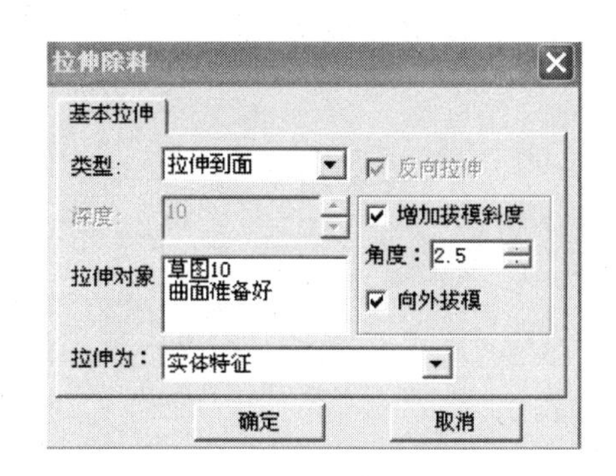

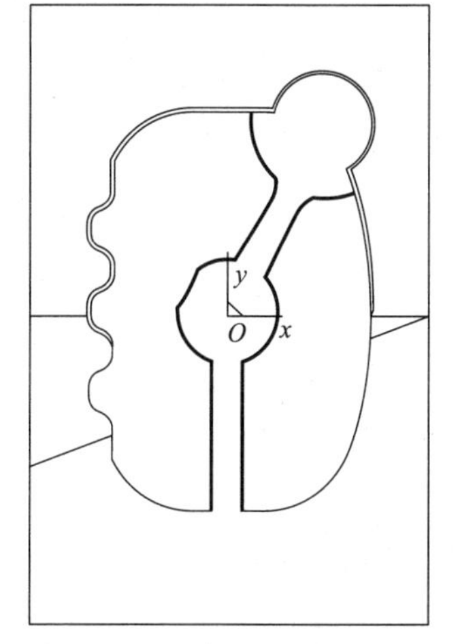

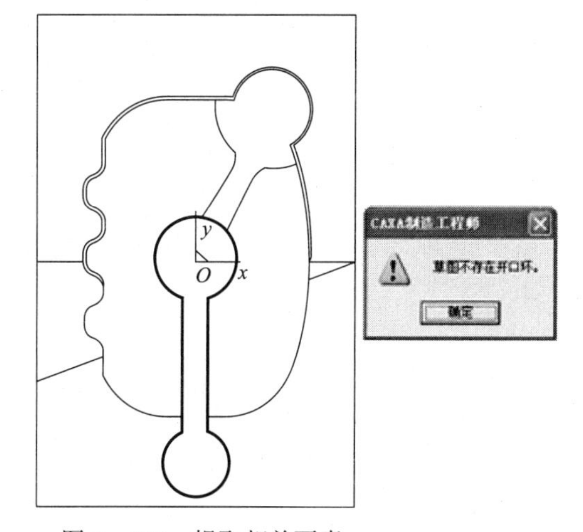

图 5－127　拉伸除料的设置及效果　　　　图 5－128　提取相关要素

㊻ 再认选择绘制草图工具退出草图后，再创建基准平面，以 xOy 平面为基准向上偏移 28 作基准平面，进入草绘，如图 5－129 所示。

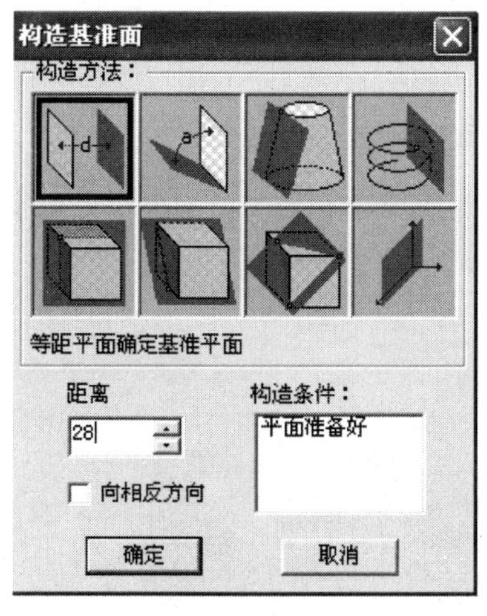

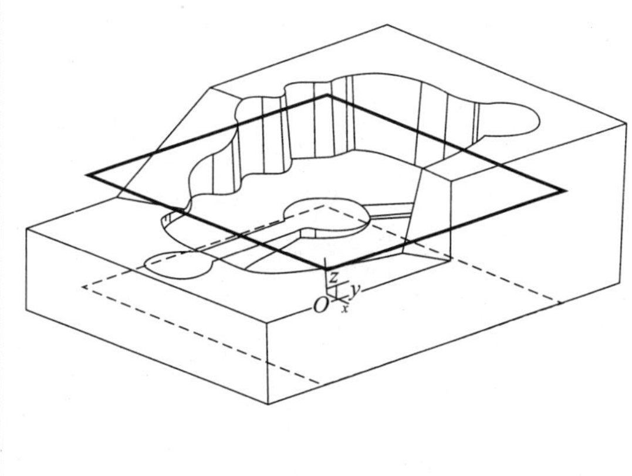

图 5－129　再创建基准平面

㊼ 选择直线工具，创建十字辅助线。并以两圆心绘制圆，半径值都为 6，如图 5－130 所示。

㊽ 利用等距线工具将垂直线向两侧偏移 2 的距离，并将圆与直线利用曲线过渡工具过渡为半径为 3 的圆角，如图 5－131 所示。

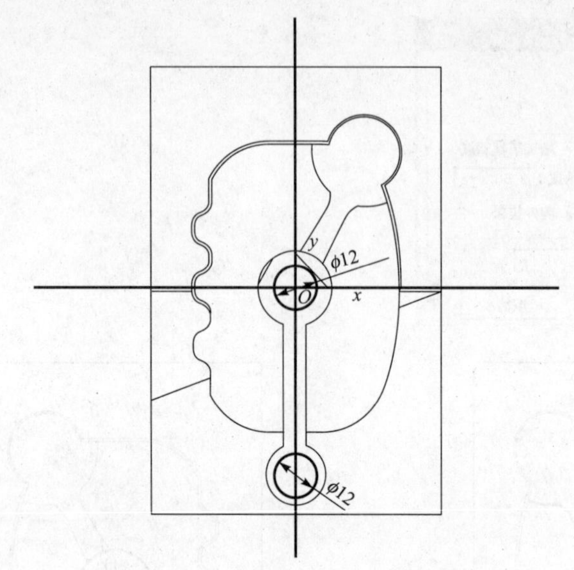

图 5－130　创建十字辅助线并绘制圆

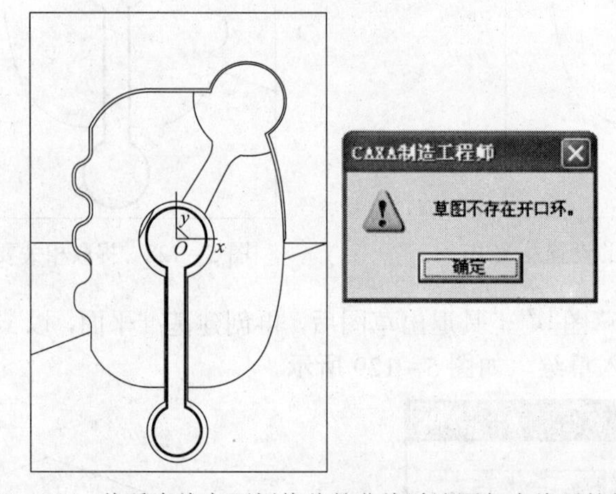

图 5－131　将垂直线向两侧偏移并曲线过渡圆与直线后的效果

㊾ 再次选择绘制草图工具退出草图。选择导动增料工具，根据提示选择上下草绘后，单击“确定”按钮。生成如图 5－132 所示的实体。

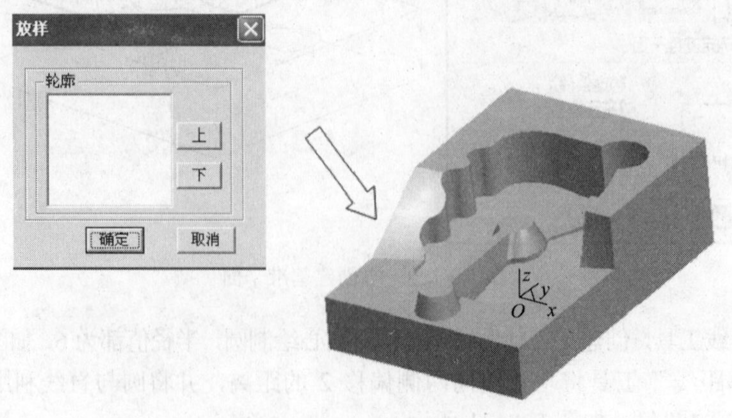

图 5－132　生成实体

⑤⓪ 构建导动线。选择相关线工具，拾取上表面的三段直线边界。再利用等距线工具，将前端边界线向下偏移 15，如图 5－133 所示。

⑤① 过偏移直线的两端点利用圆弧工具绘制一段圆弧，将其设置为“两点_半径”。圆弧半径为 150，如图 5－134 所示。

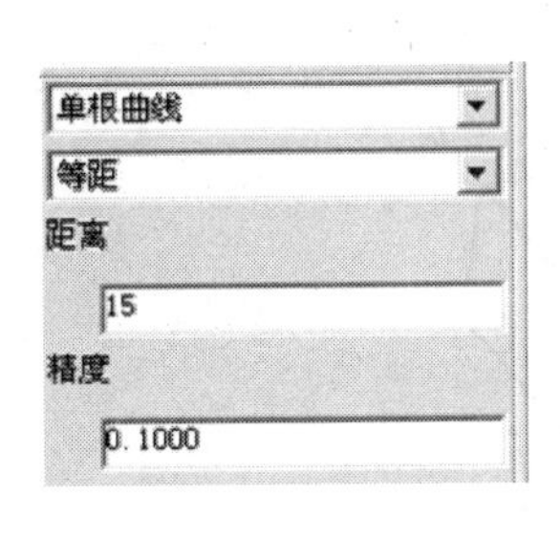

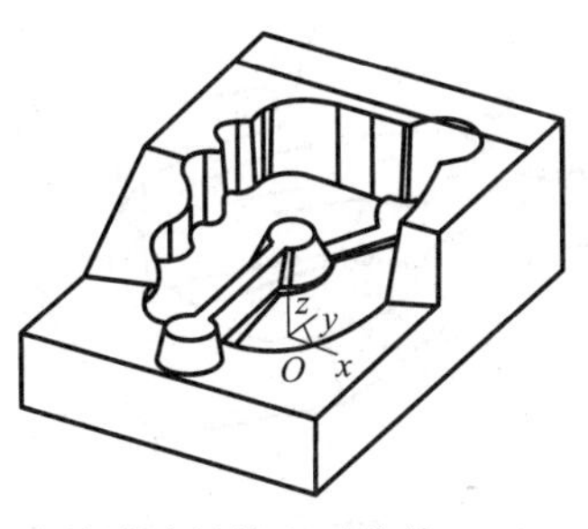

图 5－133　利用等距线工具将前端边界线向下偏移 15

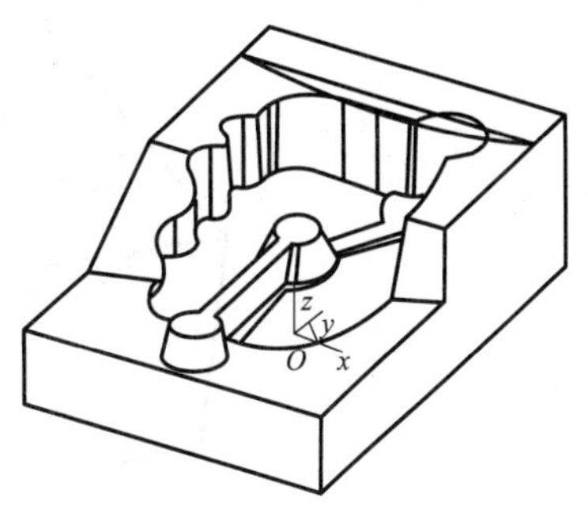

图 5－134　绘制圆弧

⑤② 再利用等距线工具，将前端边界线向下分别偏移 24.6 和 35.8，如图 5－135 所示。

⑤③ 过偏移直线的两端点利用圆弧工具绘制一段圆弧，将其设置为“两点_半径”。圆弧半径为 150。修剪不用的线条后，如图 5－136 所示。

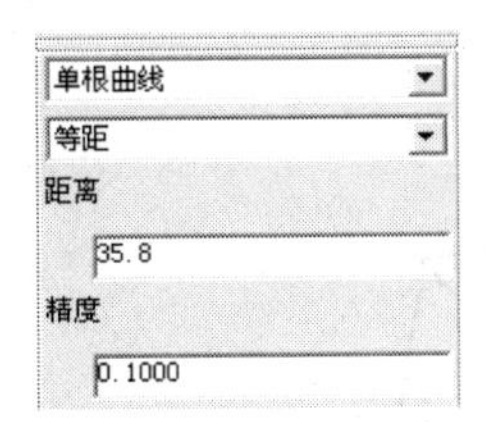

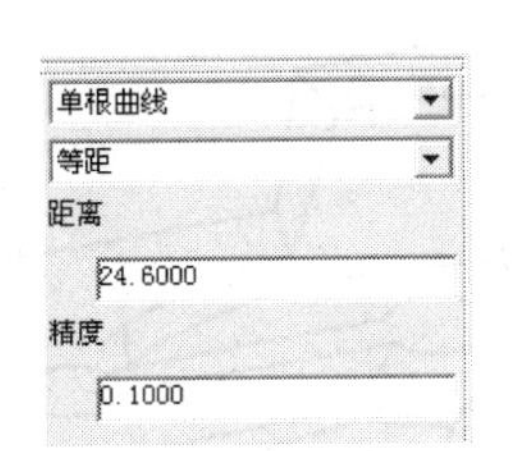

图 5－135　将前端边界线分别向下偏移 24.6 和 35.8

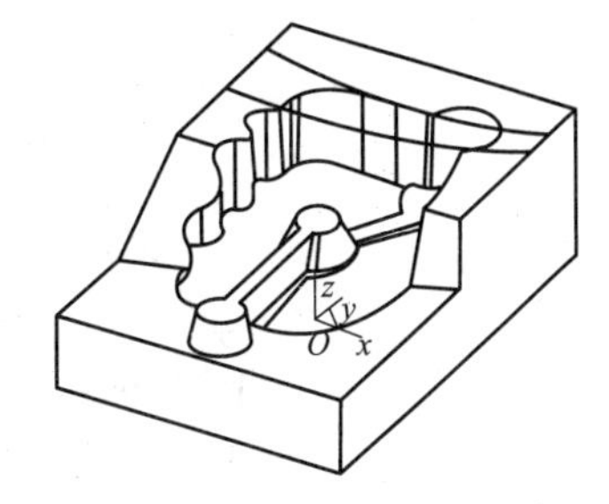

图 5－136　再绘制一段圆弧

⑤④ 按 F9 键激活 *yOz* 平面，在左端面上拾取上边界线，选择直线工具，将其设置为“角度线”、“*x* 轴夹角”，设置“角度”为 15。生成图 5－137 所示的效果。

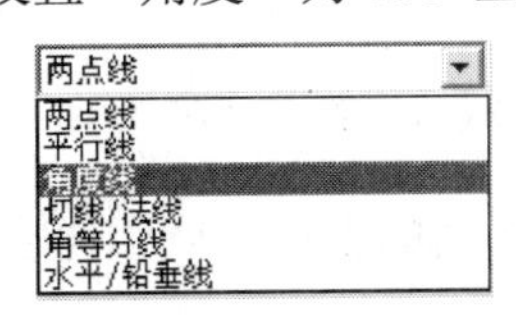

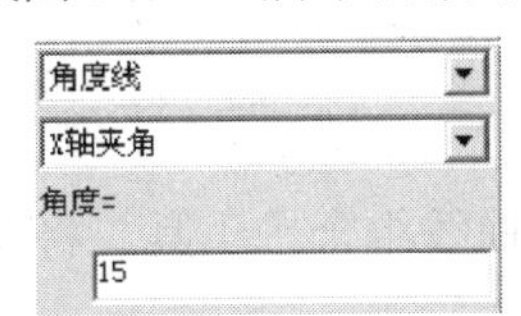

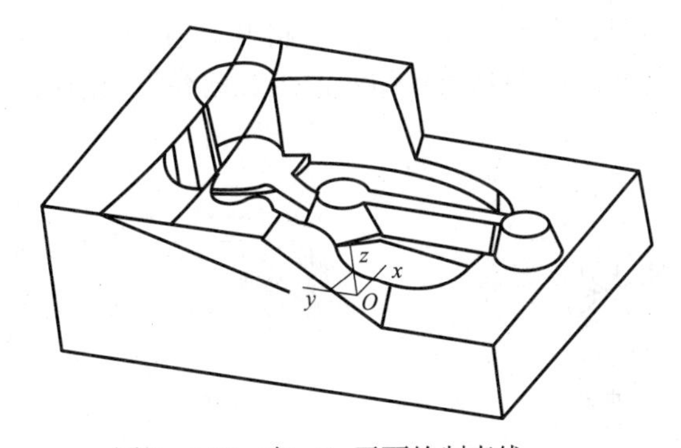

图 5－137　在 *yOz* 平面绘制直线

(55) 选择整圆工具，将其设置为“两点_半径”。将第一点设置为圆弧与直线的交点，然后按 T 键设置第二点，选择倾斜直线，再设置半径值为 8，如图 5-138 所示。

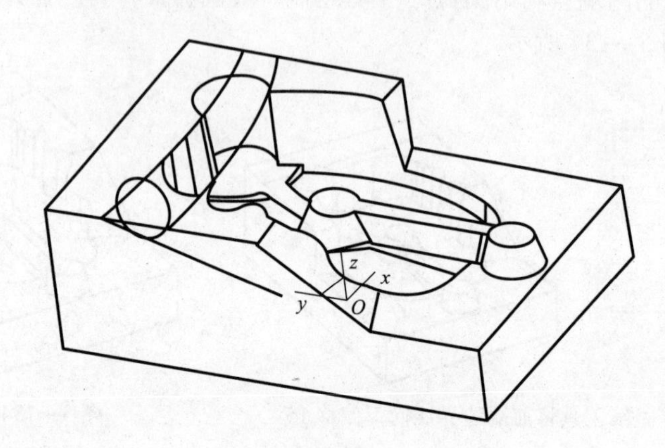

图 5-138　绘制一个圆

(56) 利用曲线裁剪工具修剪曲线后得到的效果如图 5-139 所示。

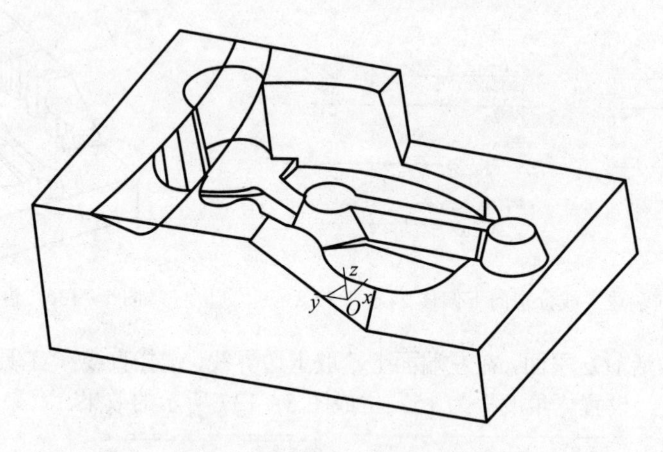

图 5-139　修剪曲线后的效果

(57) 组合曲线。选择曲线组合工具，将左端面的直线与圆弧组合成整体，如图 5-140 所示。

(58) 导动生成曲面。选择导动面工具，将其设置为“双导动线”，“单截面线”，如图 5-141 所示。依次选择两段圆弧为导动线，组合曲线为截面曲线，生成如图 5-142 所示的曲面。

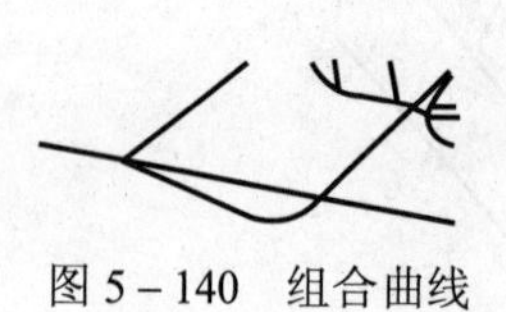

图 5-140　组合曲线

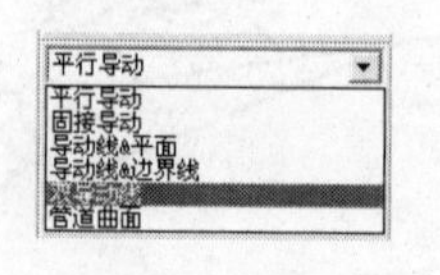

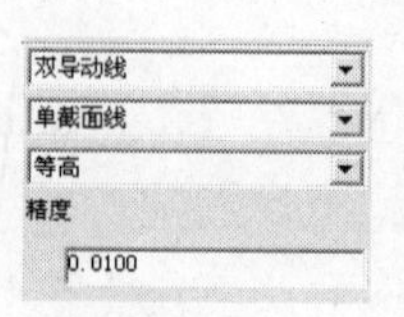

图 5-141　导动面工具设置

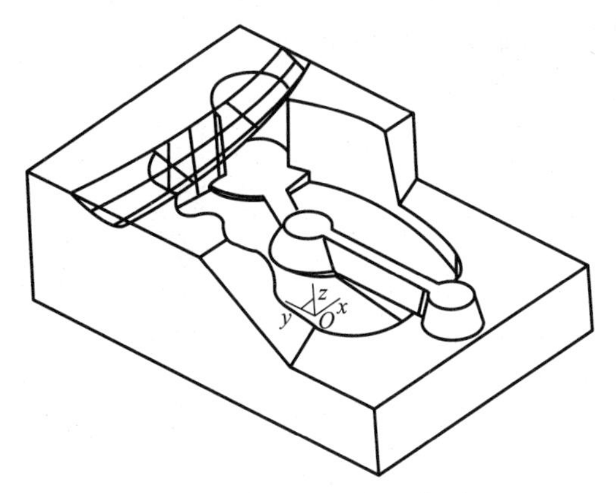

图 5－142　导动生成曲面

⑤⑨ 曲面裁剪除料。选择曲面裁剪除料工具，弹出曲面裁剪除料对话框，选择刚生成的曲面为裁剪曲面，最后单击“确定”按钮，得到如图 5－143 所示的效果。

⑥⓪ 隐藏曲面后按 F8 键，得到的最后造型效果如图 5－144 所示。

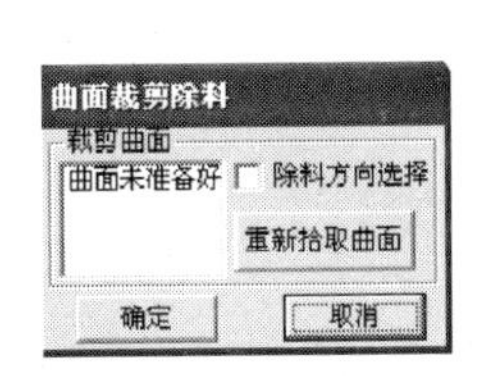

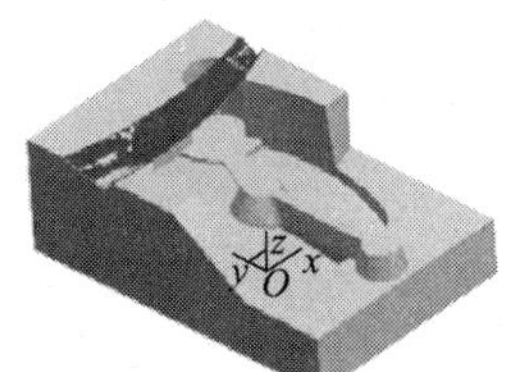

图 5－143　曲面裁剪除料

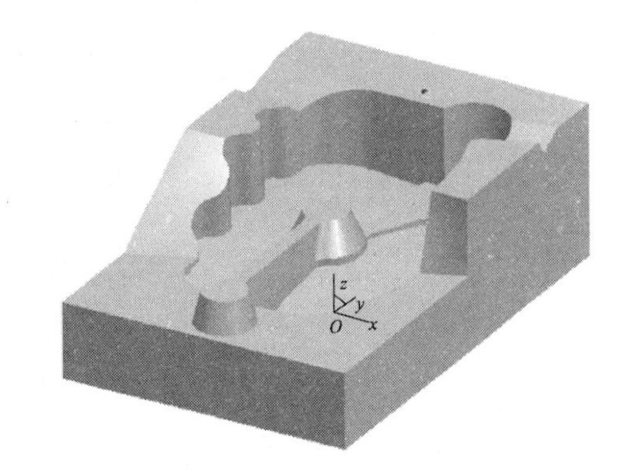

图 5－144　最终效果图

二、零件的数控加工工艺分析

加工思路：等高线粗加工、等高线精加工、区域式补加工。

本零件是模具形腔类零件，有许多特征部位都是刀具无法加工到位的，必须采用电火花成形机床进行加工，所以加工工艺安排要考虑后续加工，数控机床上完成主要的部分，因此整体加工时应该选择等高线粗加工，等高线精加工和区域式补加工。

1. 加工工艺安排

（1）定义毛坯。根据题目给出的毛坯尺寸画出线架，参照模型方式定义毛坯，如图 5－145 所示。

（2）等高线粗加工。选用直径为 16 mm 的平底铣刀，加工余量为 0.5 mm。对于某些特殊要求，如毛坯材料较软，或零件的塑性较大时，或需要使切削载存均匀化时，应考虑采用稀疏化加工方式来优化轨迹，“加工参数 2”选项卡中的“稀疏化”复选框是指对等高线粗加工后的残余部分，用相同的刀具从下往上生成加工路径，如图 5－146 所示。

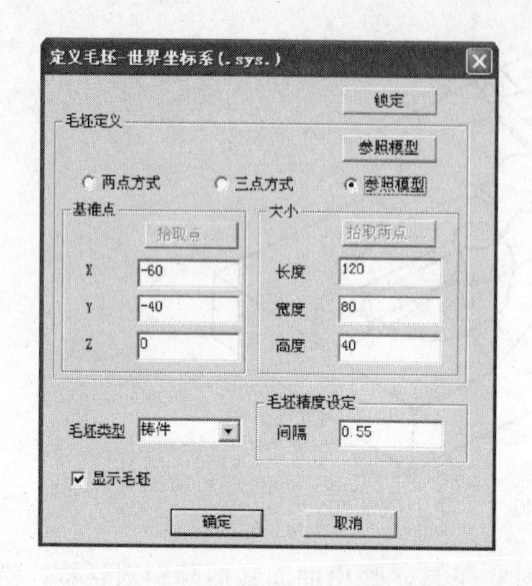

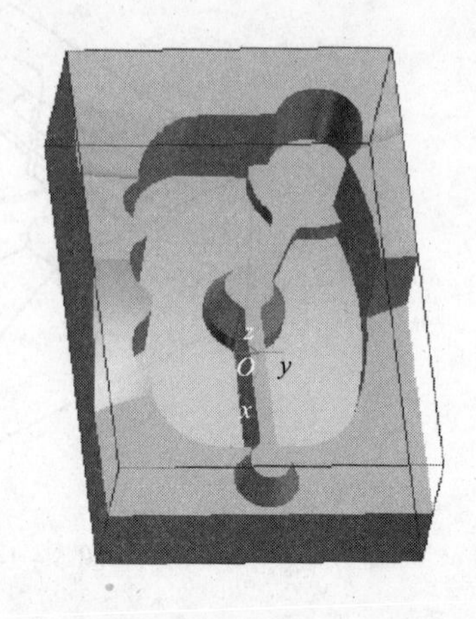

图 5－145　定义毛坯

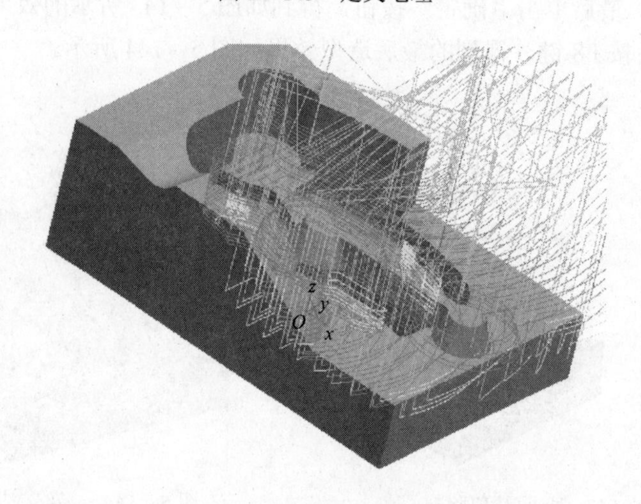

图 5－146　等高线粗加工

（3）等高线精加工。由于选用直径为 8 mm 的球刀来加工，主要靠残留高度来控制加工质量，在采用等高线精加工时需要注意以下问题：① 以曲面加工为主，各个部位的曲面陡坦程度不一，系统是根据设定的残留高度来计算等高线加工每次层降高度的，其大小会影响球刀的加工质量和效率，对于较陡斜面，应该防止层降过高，对于平坦面，应该防止层降过小。② 对于平面部分的加工工艺，应和曲面部分有所区别，软件具有自动区分平坦部分的功能，这一部分的残留高度可以单独设置。

（4）很难有一种加工策略兼顾所有表面时，可以考虑后续单独提取曲面进行补加工，如图 5－147 所示。

（5）区域式补加工。此部分轨迹的目的主要是针对前面等高线加工部分和造型相比还有剩余未加工部分，所以选用刀具直径一定要比等高线加工刀具直径小，否则系统无法生成补加工轨迹，如图 5－148 所示。

（6）笔式清根加工，如图 5－149 所示。

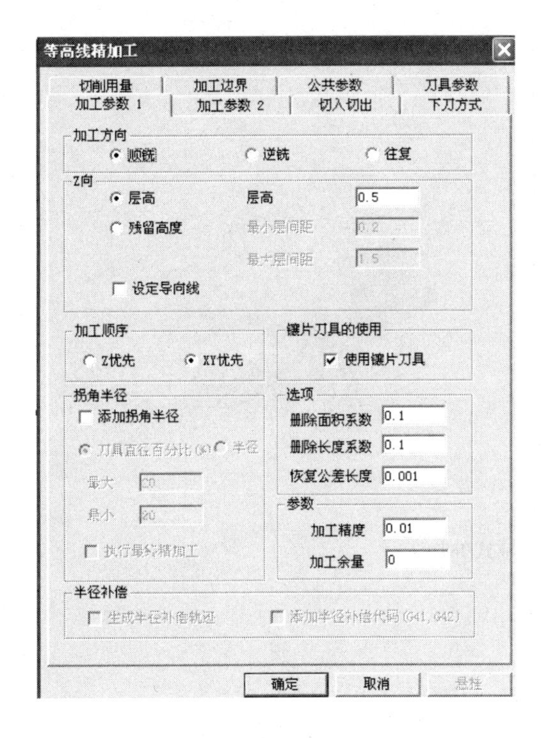

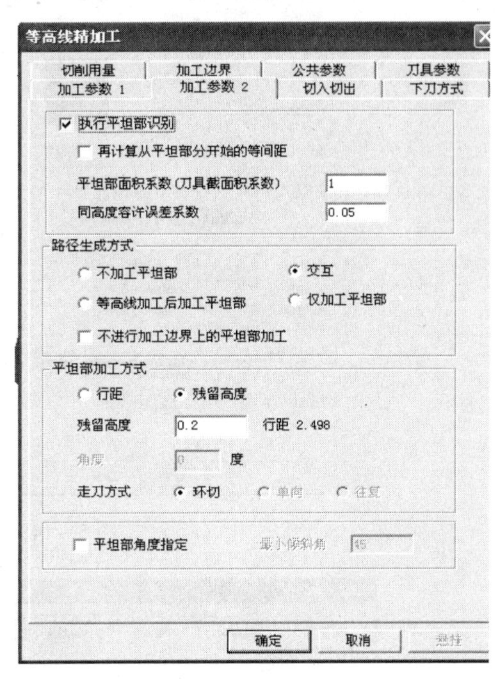

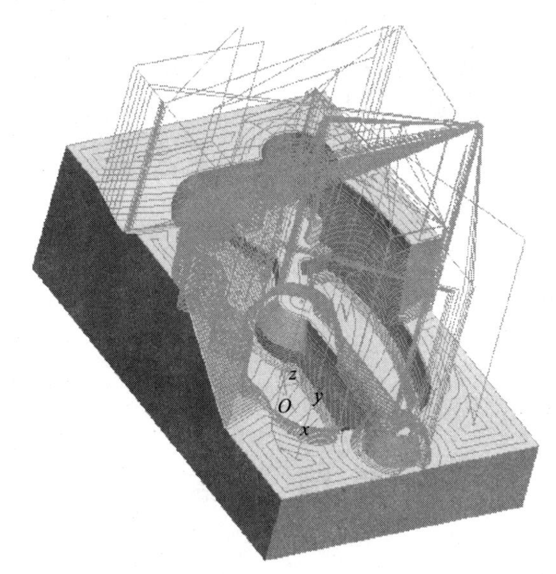

图 5－147　等高线精加工

至此，竞赛题目的造型、数控加工工艺分析已经全部完成，生成加工轨迹、加工轨迹仿真检查、生成 G 代码程序以及生成加工工艺清单的工作在前面的例子中已经详细介绍，在这里不再赘述。

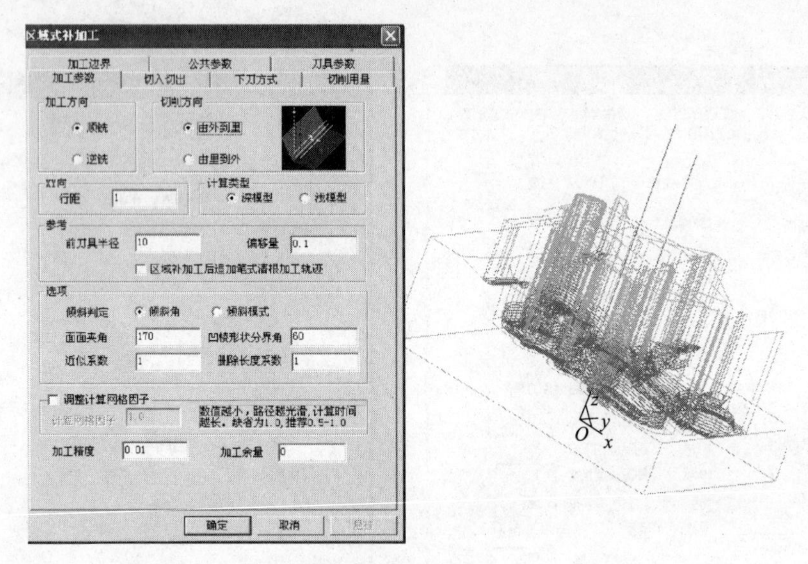

图 5－148　区域式补加工

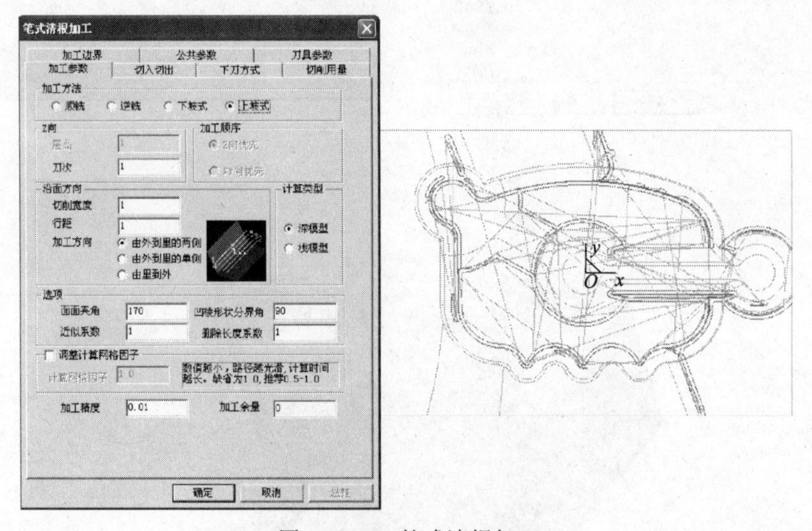

图 5－149　笔式清根加工

项 目 小 结

➢ **核心概念**

通过本项目的学习可以进一步提高空间线架的绘制及相关编辑的能力，使用空间线架生成曲面的能力，综合应用各种命令生成实体的方法及相关编辑功能的运用，合理选择各种加工方法，具有正确设置加工参数及后置处理的能力。

➢ **实训演练**

1. 已知图形如题图 5－1，底面（基准面）已经精加工，请生成零件的加工造型，参考生成零件的造型完成其粗、精加工轨迹。

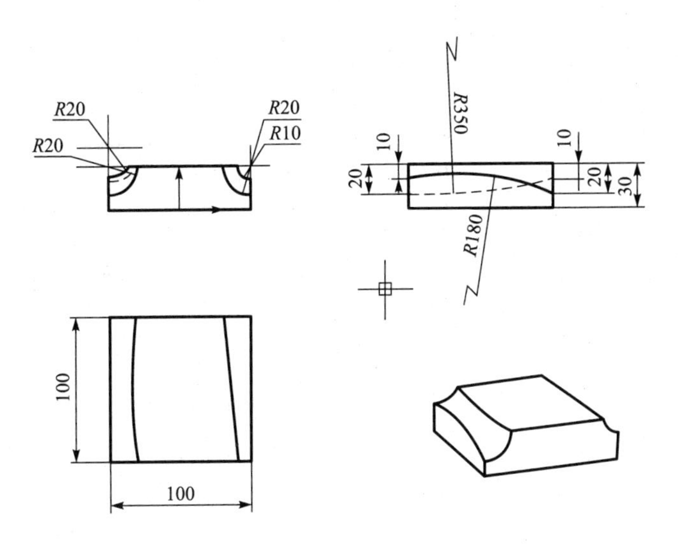

题图 5－1

2. 已知图形如题图 5－2，底面（基准面）已经精加工，请生成零件的加工造型，参考生成零件的造型完成其粗、精加工轨迹。

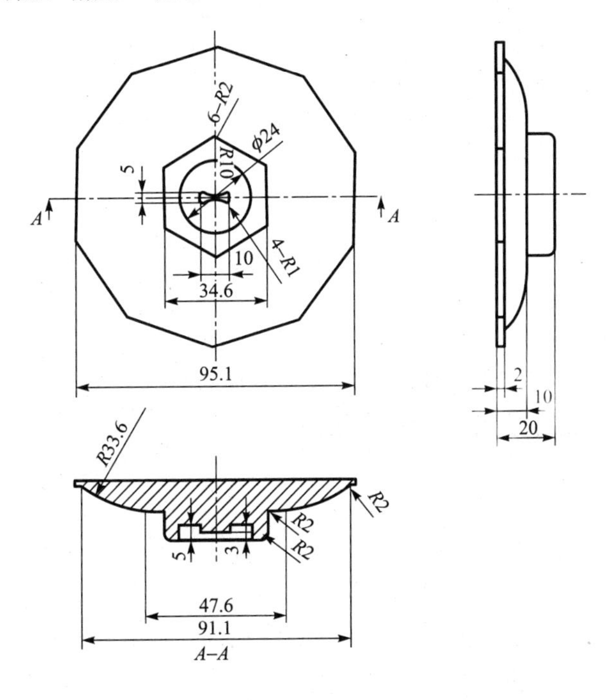

题图 5－2

3. 已知图形如题图 5－3，底面（基准面）已经精加工，请生成零件的加工造型，参考生成零件的造型完成其粗、精加工轨迹。

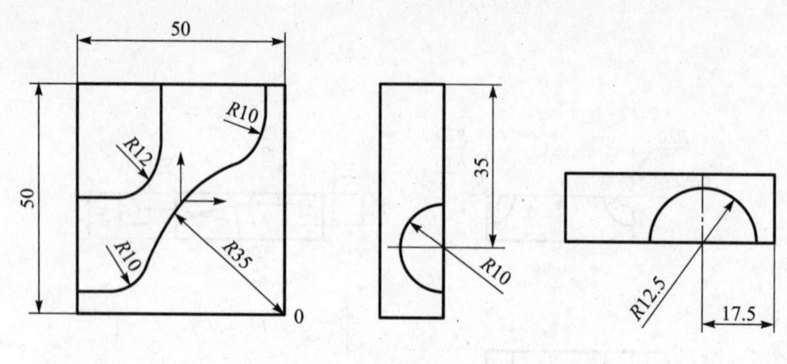

题图 5－3

4. 已知图形如题图 5－4，底面（基准面）已经精加工，请生成零件的加工造型，参考生成零件的造型完成其粗、精加工轨迹。

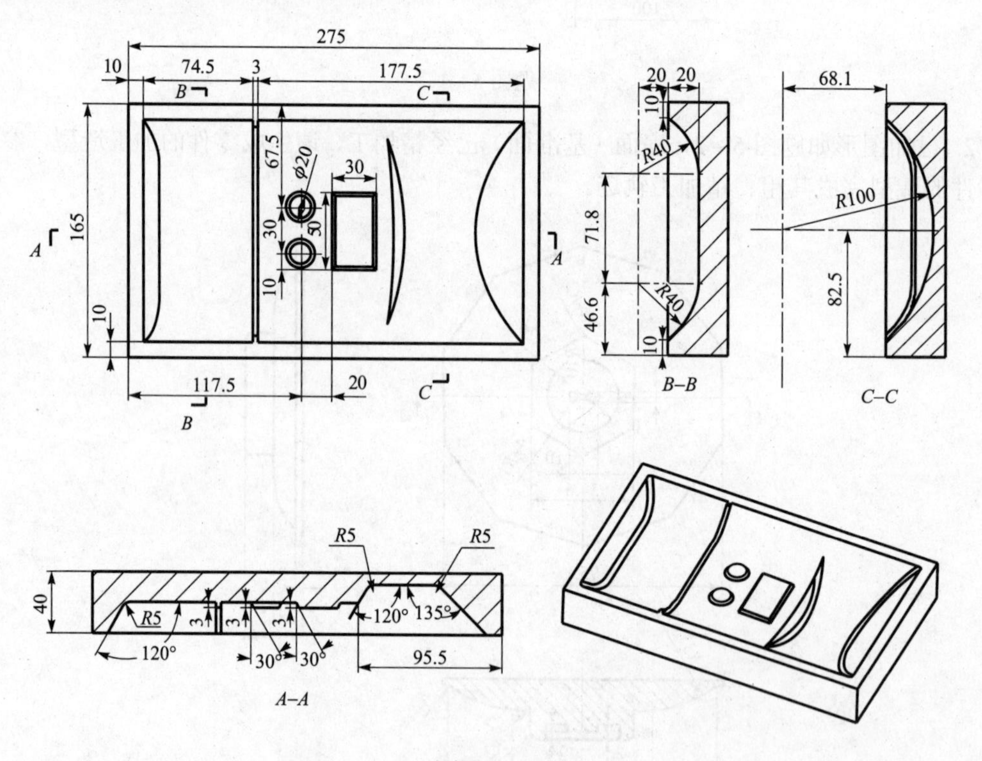

题图 5－4

5. 已知图形如题图 5－5，底面（基准面）已经精加工，请生成零件的加工造型，参考生成零件的造型完成其粗、精加工轨迹。

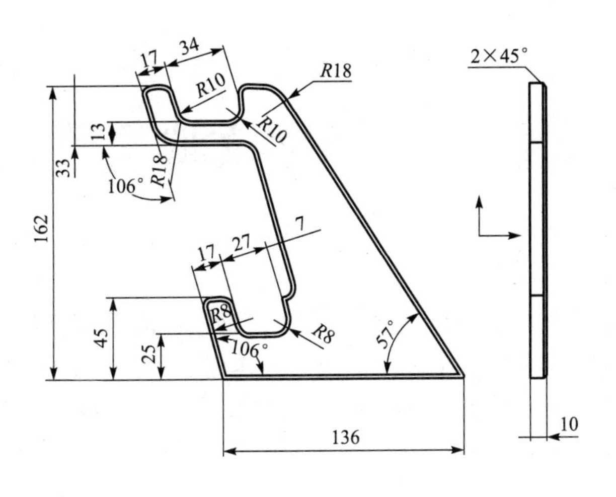
17
34
R18
R10
13
R10
33
R18
106°
162
7
17
27
2×45°
45
R8
R8
25
106°
57°
136
10

题图 5－5

参考文献

［1］刘颖. CAXA 制造工程师 2006 实例教程［M］. 北京：清华大学出版社，2006.
［2］田美丽. CAD/CAM 应用技术［M］. 大连：大连理工大学出版社，2006.
［3］冯荣坦. CAXA 制造工程师 2004 基础教程［M］. 北京：机械工业出版社，2005.
［4］北航 CAXA 教育培训中心. CAXA 数控加工造型・编程・通信［M］. 北京：北京航空航天大学出版社，2002.
［5］张德强. CAXA 数控铣 CAD/CAM 技术［M］. 北京：机械工业出版社，2005.
［6］杨伟群. 数控工艺培训数据［M］. 北京：清华大学出版社，2002.
［7］潘毅. CAXA 模具设计与指导［M］. 北京：清华大学出版社，2004.
［8］李超. CAD/CAM 实训——CAXA 软件应用［M］. 北京：高等教育出版社，2003.
［9］伊启中. 模具 CAD/CAM［M］. 北京：机械工业出版社，2003.